多星座GNSS数学仿真原理与RAIM技术

张鹏飞 著

哈爾濱工業大學出版社

内 容 简 介

多星座全球导航卫星系统（GNSS）数学仿真系统的设计涉及整个导航系统的基础理论和技术，包括四大导航系统之间坐标系统和时间系统的转换、卫星轨道仿真、空间环境仿真和用户场景仿真等多项技术。接收机自主完好性监测（RAIM）是完好性监测的一种有效方法，RAIM 对卫星故障及空中异常反应迅速、完全自主，无须外界干预，能及时、有效地给用户提供告警信息，而且用户级完好性实现简单，投入成本较低。面向多星座融合应用的 RAIM 技术具有巨大的研究与应用价值。本书从介绍 GNSS 的基础理论和技术出发，对多星座 GNSS 数学仿真原理与 RAIM 技术进行了描述，并结合自主研发的多星座 GNSS 数学仿真系统给出了具体的仿真实例，读者可以结合仿真实例进行相关数学仿真实验研究。

本书适合高等学校导航专业研究生阅读，也可供从事导航专业的研究人员参考使用。

图书在版编目（CIP）数据

多星座 GNSS 数学仿真原理与 RAIM 技术 / 张鹏飞著
. — 哈尔滨：哈尔滨工业大学出版社，2023.11
（航天先进技术研究与应用系列）
ISBN 978-7-5767-0014-5

Ⅰ. ①多… Ⅱ. ①张… Ⅲ. ①卫星导航-全球定位系统-数学仿真-仿真系统-系统设计 Ⅳ. ①P228.4

中国版本图书馆 CIP 数据核字（2022）第 105334 号

策划编辑 王桂芝
责任编辑 佟 馨 陈 洁
出版发行 哈尔滨工业大学出版社
社 址 哈尔滨市南岗区复华四道街 10 号 邮编 150006
传 真 0451-86414749
网 址 http://hitpress.hit.edu.cn
印 刷 哈尔滨久利印刷有限公司
开 本 720 mm×1 000 mm 1/16 印张 27.25 字数 471 千字
版 次 2023 年 11 月第 1 版 2023 年 11 月第 1 次印刷
书 号 ISBN 978-7-5767-0014-5
定 价 188.00 元

前　言

随着四大全球导航卫星系统（GNSS）的组网，多星座组合应用已成为必然趋势。目前GNSS在轨运行的有四大系统，分别是美国的全球定位系统（GPS）、俄罗斯的格洛纳斯（GLONASS）、欧盟的伽利略（Galileo）系统和中国的北斗卫星导航系统（BDS）。多星座GNSS数学仿真系统是多星座GNSS信号模拟器的上位机软件仿真部分，对多星座GNSS信号仿真结果有重要影响。GNSS信号模拟器的研制可以为系统建设和系统性能验证提供实验数据支撑。同时，GNSS信号模拟器作为卫星导航终端产品功能和性能测试的重要仪器，可以解决外场真实环境下测试费时、费力、费钱且无法提供定量受控的实验验证环境的问题。完好性仿真也是GNSS数学仿真的重要内容，接收机自主完好性监测（RAIM）是完好性监测的一种有效方法，对多星座RAIM技术的研究可以为多星座GNSS的应用提供理论指导。

GNSS信号模拟器是由数学仿真系统和射频信号生成系统组成的。数学仿真系统主要完成卫星导航信号的数学实时仿真，并将导航电文、观测数据等仿真结果实时发送给射频信号生成系统，最终生成用户终端天线接收到的卫星导航射频信号。GNSS数学仿真系统的设计涉及整个导航系统的基础理论和技术，包括四大导航系统之间坐标系统和时间系统的转换、卫星轨道仿真、空间环境仿真和用户场景仿真等多项技术。因此，本书从介绍全球卫星导航系统的基础理论和技术出发，对GNSS数学仿真系统的具体设计与实现进行了描述，旨在让读者在全面掌握全球卫星导航系统数学仿真原理的基础上更好地了解GNSS数学仿真系统的构建流程。同时，本书结合自主研发的GNSS数学仿真系统给出了具体的仿真实例，读者可以结合仿真实例利用GNSS数学仿真系统进行相关的GNSS数学仿真实验研究。

同时，本书对多星座GNSS接收机自主完好性监测方法进行了研究，分析了随着星座的增多，卫星故障出现的概率，研究了基于多星座的单星故障RAIM方法和基于多星座的双星故障RAIM方法，推导了RAIM可用性和连续性的计算方法，并对北斗区域服务系统和未来北斗全球服务系统分别进行了仿真分析，对北斗用户端自主完好性监测进行了一些有益的探索。

本书共12章，第1章绪论，阐述了全球导航卫星系统的基本概念、GNSS数学仿真系统及RAIM技术研究现状；第2章介绍了GNSS时空基准及其转换方法；第3章卫星轨道仿真，介绍了四大导航系统卫星星座特点，分析了不同卫星无摄运动和受摄运动下的轨道模型，并给出了卫星轨道仿真实例；第4章卫星星历描述与导航电文，介绍了历书数据、广播星历及后处理星历的特点，介绍了四大导航系统的导航电文编码与数据生成；第5章空间环境仿真，介绍了通用的电离层延迟模型和对流层延迟模型，并给出相应的仿真实例；第6章载体运动建模与仿真，针对简单运动、车辆运动、舰船运动、飞机运动及导弹运动建立了相应的载体运动模型，并以飞机运动为例给出了相应的仿真实例；第7章观测数据仿真，建立了伪距观测模型和载波相位观测模型，并分析了各观测量的主要误差来源；第8章介绍了卫星导航系统定位方法，分析了观测方程的线性化方法，并对常用的定位算法进行了研究和仿真分析；第9章介绍了多星座GNSS接收机自主完好性监测技术基本理论，对多星座单星故障和双星故障进行了仿真分析；第10章介绍了系统的总体架构和各子系统研发的技术路线，就系统运行的软件和硬件环境进行了介绍，最后介绍了系统工作流程；第11章从仿真模型的基本理论和概念出发，针对模型的设计和管理给出了相关实现方案，尤其针对服务化仿真模型的设计和管理，在语义网概念和相关技术的基础上给出了整体的构架方案；第12章从场景设计出发，首先介绍了多星座GNSS数学仿真系统中场景的概念及场景的方案设计，然后结合场景设计介绍了几个典型的仿真实例。

本书由中北大学张鹏飞撰写，在收集素材和整理书稿的过程中，中北大学的硕士生刘磊磊、冀云彪、何印、马振华、王智伟、朱志鹏和李凯旋等提供了帮助，在此表示感谢。感谢出现在本书参考文献中的各个书目或论文的作者，你们的工作给本书的撰写提供了大量的素材，为本书的完成奠定了基础。本书所涉及的研究得到了山西省基础研究计划资助项目（No. 20210302124187）的相关支持，在此一并感谢。

由于作者水平有限，书中疏漏及不足之处在所难免，恳请读者批评指正。

作　者

2023年9月

目　　录

第 1 章　绪论……1

1.1　引言……1

1.2　全球导航卫星系统概述……7

1.3　GNSS 数学仿真系统……15

1.4　RAIM 技术研究现状……19

第 2 章　GNSS 时空基准及其转换方法……23

2.1　坐标系统……23

2.2　坐标系统之间的转换……31

2.3　时间系统……50

2.4　时间系统之间的转换……58

第 3 章　卫星轨道仿真……63

3.1　GNSS 星座特点分析……63

3.2　卫星轨道基础理论……69

3.3　基于星历参数的卫星轨道仿真……80

3.4　仿真实例……92

第 4 章　卫星星历描述与导航电文……102

4.1　历书数据……102

4.2　广播星历……106

4.3 后处理星历……114
4.4 导航电文编码……118
4.5 导航电文数据生成……144

第5章 空间环境仿真……156

5.1 电离层效应……156
5.2 对流层效应……172

第6章 载体运动建模与仿真……194

6.1 载体运动建模……195
6.2 仿真实例……238

第7章 观测数据仿真……246

7.1 观测量误差来源分析……246
7.2 伪距观测量仿真……255
7.3 多普勒频移和载波相位观测量仿真……259

第8章 载体定位算法分析与仿真……264

8.1 卫星导航系统定位方法……264
8.2 观测方程的线性化……279
8.3 卫星导航系统常用定位算法……285

第9章 多星座GNSS接收机自主完好性监测技术……300

9.1 RAIM基本理论……300
9.2 基于多星座的单星故障RAIM方法……307
9.3 基于多星座的双星故障RAIM方法……318

第10章 GNSS数学仿真系统总体方案……328

10.1 系统总体设计……328

10.2　系统运行环境构建 …… 334
10.3　系统工作流程 …… 338

第11章　GNSS数学仿真系统设计与实现 …… 341

11.1　仿真任务设计子系统设计与实现 …… 341
11.2　仿真任务运行子系统设计与实现 …… 357
11.3　数据管理子系统设计与实现 …… 362
11.4　仿真模型管理子系统设计与实现 …… 367
11.5　综合显示子系统设计与实现 …… 373

第12章　GNSS数学仿真系统仿真实例 …… 379

12.1　GNSS仿真系统的卫星导航场景设计 …… 379
12.2　定位算法性能仿真 …… 387
12.3　混合星座DOP值仿真 …… 392
12.4　卫星导航系统的星座覆盖性能仿真 …… 396
12.5　多星座GNSS可用性和连续性仿真 …… 406

参考文献 …… 420

名词索引 …… 427

第1章 绪　　论

随着全球导航卫星系统（Global Navigation Satellite System，GNSS）的发展，卫星导航已深入到现代社会生活的各个方面；随着计算机技术的不断进步，系统仿真已成为分析、研究各种系统的重要工具。本章将从卫星导航和系统仿真的基本概念出发，简述目前在轨运行的四大全球导航卫星系统——美国的全球定位系统（GPS），俄罗斯的格洛纳斯导航卫星系统（Global Navigation Satellite System，GLONASS），欧盟的伽利略导航卫星系统（Galileo Navigation Satellite System，Galileo）和中国的北斗导航卫星系统（BeiDou Navigation Satellite System，BDS）的现状，介绍目前国际和国内成熟的卫星导航仿真系统，使读者在了解 GNSS 建设情况的基础上对当今主流的 GNSS 仿真技术有一定的了解。本章介绍了搭建 GNSS 数学仿真系统的可行性和必要性，对本书提出的 GNSS 数学仿真系统的设计需求进行了分析。同时，对接收机自主完好性监测（Receiver Autonomous Integrity Monitoring，RAIM）技术和研究现状进行了介绍。

1.1 引　　言

本节首先简要地介绍了卫星导航发展简史和其中的一些基本概念，包括导航、卫星导航和全球卫星导航，为读者了解卫星导航提供了一些概念性的材料。之后，简要介绍了系统仿真技术，包括数学仿真、半实物仿真和物理仿真，并对现有的卫星导航仿真系统进行了总结和描述。最后，对 RAIM 技术进行了概述。

1.1.1 卫星导航概述

导航是指实时地测定导航系统的载体在行进途中的位置和速度，引导其到达目的地的技术或方法。导航技术可追踪到几百年前，是为适应航海的需求在实践中逐步发展起来的，最初的导航手段是采用罗盘领航和天文导航技术，此后该技术逐渐被陆地车辆和航空飞行器所利用。导航主要分为两类：①自主式导航：利用飞行器或船舶上的设备进行导航；②非自主式导航：利用飞行器、船舶、汽车等交通设备与有关的地面或空中设备相配合，以无线电通信的方式进行导航。本书介绍的卫星导航属于非自主式导航。

在无线电通信技术发明之前，地面的无线电导航台是舰船和飞机等载体“定位”和“定向”的测量基准点，因而陆基无线电导航（导航信号来自陆地）系统得到了迅速的发展，随着当代航海、航空及陆地等领域对导航定位精度需求的提高，陆基无线电导航技术已经难以胜任，20 世纪 50 年代末，人造卫星的上天和随后人造卫星技术的发展与应用，天基无线电导航（导航信号来自天空）系统开始崭露头角，并得到了迅猛的发展。卫星导航是天基无线电导航中最常见的一种。

卫星导航，是指接收机接收导航卫星发送的导航定位信号，并以导航卫星作为动态已知点，实时测定接收机载体的位置和速度，进而完成导航。卫星导航是利用到达时间测距原理（TOA）来确定载体位置的，TOA 是指信号从卫星到达接收机所经历的时间乘光速，即二者之间的距离。接收机通过测量从多颗卫星发射的信号的传播时间，便能确定自己的位置。假设一颗卫星（记作 S_1）在 t_1 时刻发射测距信号，接收机在 t_2 时刻接收到了这一信号，两个时刻相减，便可得到信号从卫星到用户的传播时间。将其乘光速即卫星与用户之间的距离 R_1，如图 1.1（a）所示，用户处于以 S_1 为球心、R_1 为半径的球面 A_1 上。如果同时用第二颗卫星（记作 S_2）的测距信号进行测量，其距离为 R_2，则用户亦处于以 S_2 为球心、R_2 为半径的球面 A_2 上。因此，如图 1.1（b）和图 1.1（c）所示，可以确定用户处于 A_1 和 A_2 的交线上（记作圆周 L_1）。利用第三颗卫星（记作 S_3）重复进行上述测量过程，则以 S_3 为球心、R_3 为半径的球面 A_3 会与 L_1 有两个交点，其中一个即为用户的正确位置（较低的一点），如图 1.1（d）所示。

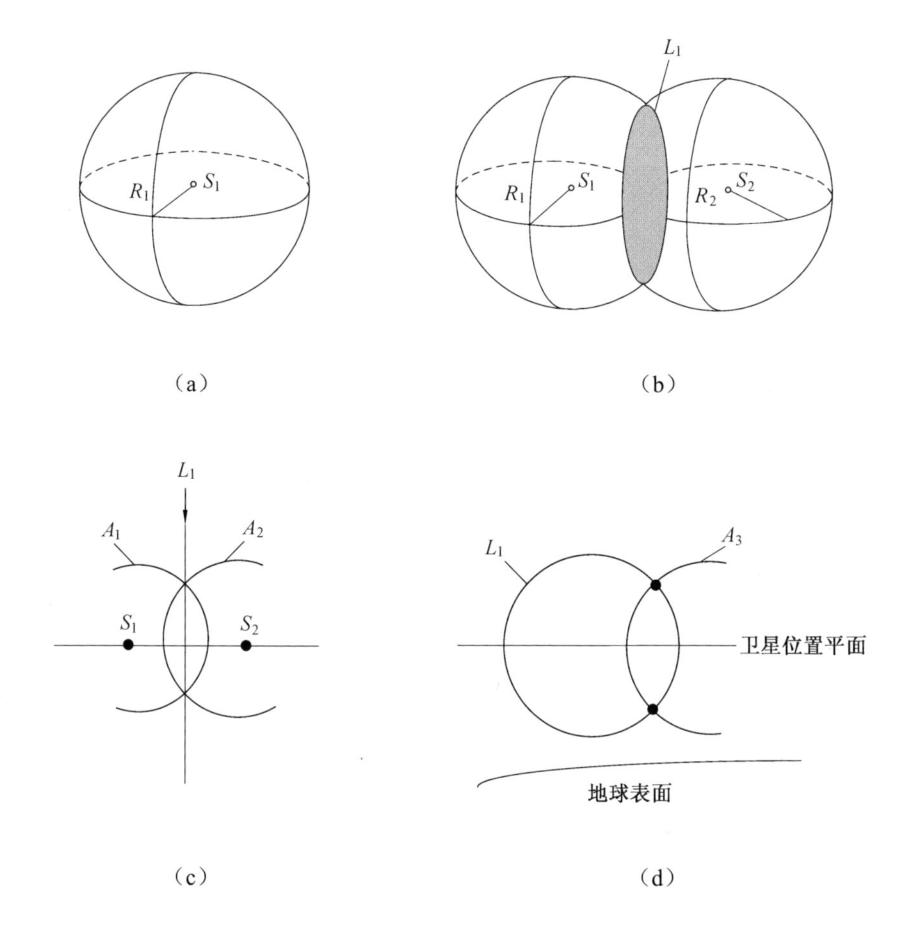

图 1.1 卫星导航定位原理

卫星导航从 20 世纪 50 年代起，经历了长足的发展。第一代卫星导航系统——美国的子午仪系统和苏联的 Cicada 系统开创了卫星导航定位的先河，但它们存在诸多不足，如用户得不到连续定位，每次定位时间过长，等等，这些缺点的限制使它们仅适合低速运动的用户而不适合高动态用户（如飞机、导弹）。为了突破卫星导航系统的应用局限性，实现全天候、全球性和高精度的连续实时导航与定位，第二代卫星导航系统，全球定位系统（GPS）应运而生。GPS 的应用几乎渗透到社会生活的各个角落，它使我们的生活发生了很大的变化。在 GPS 之后，基于军用和民用的需求，各国争相发展导航卫星系统，这些系统有一部分只能达到区域覆盖（称之为区域导航卫星系统），有一部分可达到全球覆盖（称之为全球导航卫星系统）。区域导航卫星系统有日本的准天顶卫星系统（QZSS）、印度的区域导航卫星系统（IRNSS）、美国的广域增强系统（WAAS）、印度的GPS辅助型静地轨道增强导航（GAGAN）以及欧洲的地球同步卫星导航增强服务系统（EGNOS）等。全球导航卫星系统除了美国的GPS外，俄罗斯的GLONASS也发展得较为成熟，欧盟Galileo系统的建设已经取得了显著的进展，中国的BDS已经完成“三步走”战略，能够向全球提供服务。GNSS从广义上讲包括上述所有的全球导航卫星系统和区域导航卫星系统，从狭义上讲只包括四大全球导航卫星系统GPS、GLONASS、Galileo和BDS。本书中所提的GNSS是狭义上的。

卫星导航系统是由多颗导航卫星构成的导航星座、地面监测网和用户导航定位设备等三大部分组成的。在正常运行的状态下，任何一个全球卫星导航系统都可为地球表面、近地表和地球外空任意地点用户提供全天候、实时、高精度的PVT（三维位置、速度以及时间信息）服务。目前，全球卫星导航系统在各专业应用领域和大众消费市场获得了广泛应用，对于人们的生产和生活方式产生了深远的影响，已成为名副其实的跨学科、跨行业、广用途、高效益的综合性高新技术。

1.1.2 系统仿真技术

1. 系统仿真基本概念

系统仿真是20世纪40年代末以来伴随着计算机技术的发展而逐步形成的一门新兴学科。系统仿真是指通过构造一个“模型”来模拟实际系统内部所发生运动的过程，建立在以模型为基础构建的仿真系统上的实验技术称为仿真技术。

根据仿真所用模型的不同，系统仿真可分为数学仿真、物理仿真和半实物仿真。

数学仿真是指在计算机上运行数学模型，在数学模型上进行实验的仿真。数学模型是通过理论分析推导和物理实验得出的关于现实世界的一个抽象和简化的结构。具体来说，数学模型就是为了某种目的，用字母、数字及其他数学符号建立起来的数学方程，是描述客观事物的特征及其内在联系的数学结构表达式。如运用MATLAB软件搭建卫星动力学模型，实现卫星轨道仿真。

物理仿真是基于物理模型的仿真。物理模型也称作“实体模型”，是根据系统之间的相似性而建立起来的模型，如对飞机、导弹模型在风洞中进行吹风实验。

半实物仿真又称物理-数学仿真，或半物理仿真。半物理仿真是指针对仿真研究内容，将被仿真对象系统的一部分以实物（或物理模型）方式引入仿真回路；被仿真对象系统的其余部分以数学模型描述，并把它转化为仿真计算模型，借助物理效应模型，进行实时数学仿真与物理仿真的联合仿真，如飞行员利用飞行仿真器进行飞行训练等。

2. 卫星导航仿真

仿真技术是卫星导航领域的热点技术之一。国内外已经有许多公司和科研机构开发了卫星导航仿真系统。典型系统包括如下几个：

（1）美国从20世纪70年代开始先后建立了YUMA、IGR等测试场，并开发了NavTK、STK等导航仿真软件。通过这些手段在导航卫星上天之前验证GPS在理论上的可行性，并进行信号体制实验。20世纪90年代后期，为了支撑GPS现代化策略的制定，美国利用SST（Space Simulation Tool）建立了可支持分布式交互的GPS仿真系统，完成了新星座方案的比较分析、新导航信号格式的模拟设计、新增频段的干扰分析、卫星功率增强技术实验、GPS与Galileo协同工作模式分析、信号干扰分析等，据此制定了GPS现代化的具体措施。当前，为了配合GPS系统的现代化及GPS Ⅲ的实施，Rockwell（罗克韦尔）、Lockheed Martin（洛克希德·马丁）等公司对已有的仿真系统资源进行了整合和更新，以更好地适应卫星导航新技术的研发与应用。

（2）Galileo系统在论证阶段即由欧盟投资8 000万欧元建设了综合软件工具（Galileo System Simulation Facility，GSSF），以支持系统设计验证与系统性能分析。与之并列的另一仿真验证工具称为GSVF（Galileo Signal Verification Facility），用以在实验室环境中验证实际系统条件下的导航性能，可支持各种信号结构设计与配置，通过比较实际测量数据与预期的系统性能，优化系统参数。在Galileo系统建设阶段，GSTB（Galileo System Test Bed）被用作系统关键设计与技术的实验验证平台，以降低系统研发的风险。

（3）Spirent（思博伦）公司开发的可自由配置 GNSS 模拟器，为 GNSS 信号的接收和相关系统的测试提供了有效的途径，GSS9000 实现了对 GNSS 信号的全面模拟和测试。它支持多频率和多 GNSS 信号的模拟，也支持空中测试、GPS/惯性测试、高动态测试等多种测试场景。GSS9000 广泛应用于 GNSS 接收机测试与研发、卫星信号研究、导航卫星系统研究、电子对抗研究、系统集成测试等领域，在军事和国防应用中，成为全面评估 PNT（定位，导航，授时）系统性能可靠性和安全性的关键测试设备。

（4）国内也有许多科研院所和科技公司开发了卫星导航仿真系统。如国防科技大学三院推出的"天衡"GNS8000 系列卫星导航模拟器，包括生产型（GNS810x）、双频式（GNS8220）、多星座（GNS833x）、多体制（GNS8440）和多载体（GNS8450）等，其中 GNS8440 功能最全面，可任选多个频点组合，可选配干扰信号；国防科技大学四院推出的 NSS8000（NSS8000M）导航信号模拟源，能够产生 GPS L1、L2/L2C、L5，Galileo E1、E5，GLONASS G1、G2 和 BDS B1、B2、B3 等各频点任意组合的信号，可同时模拟 2 个用户的动态，能够产生宽带、窄带等各类干扰信号；中国电子科技集团公司第五十四研究所研发的多体制卫星导航信号模拟器 CETC_NS8400、可实现四大全球导航系统全部民用导航信号模拟产生，具备北斗授权信号扩展能力；航天恒星科技有限公司开发了三个系列的卫星导航信号模拟器，基本型 CSG-5000、实时型 CSG-6000 和专用型 CSG-7000；华力创通开发了一系列的卫星导航信号模拟器，目前功能最全面的是 HWA-GNSS-8000，支持的频点包括 BDS B1、B2 和 B3，GPS L1 和 GLONASS G1。此外，国内还有很多单位开发了卫星导航仿真系统。

纵观目前常见的卫星导航仿真系统，可分为两类：一类是以信号模拟器为主的半实物仿真系统，要完成卫星导航闭环仿真（从用户轨迹生成到用户定位解算），此类系统需要与接收机连通；另一类是数字仿真软件，可分为两种，一种是与信号模拟器配套的配套产品，如 SimGEN 软件和 NCS 软件；另一种是在建设星座初期，用于验证星座性能的软件，如 STK、SST 和 GSSF。这些数字仿真软件的仿真结果为观测数据，如伪距、多普勒频移和载波相位，但都缺失了在数字仿真环境下利用观测数据实现用户定位这一环。

1.1.3 RAIM 技术概述

完好性最初起源于民用航空用户对系统的高可靠性需求。随着国际航空运输业务量的迅速增长，民用航空完好性服务的重要性越来越突出。通过完好性监测可以对故障进行检测和识别并及时向用户报警，从而提高卫星导航系统的可靠性。用户级完好性监测即接收机自主完好性监测（RAIM）是完好性监测的一种有效方法，RAIM 对卫星故障及空中异常反应迅速、完全自主，无须外界干预，能及时、有效地给用户提供告警信息。用户级完好性实现简单，投入成本较低。此外，随着四大系统的组网，面向多星座融合应用的 RAIM 技术具有巨大的研究与应用价值。RAIM 包括两个功能：监测卫星是否存在故障；辨别存在故障的卫星，并在导航解算过程中将其排除。

1.2 全球导航卫星系统概述

全球导航卫星系统是以人造卫星为参考点的无线电导航系统，由于其具有高精度、全天候、全天时、全球覆盖、实时连续的独特优势，因此在各专业应用领域和大众消费市场获得了广泛应用，是国家安全和国民经济不可或缺的基础设施。目前，世界已建成的四大 GNSS 有：美国的 GPS、俄罗斯的 GLONASS、欧盟的 Galileo 系统和我国的 BDS。

1.2.1 中国 BDS 全球导航卫星系统

北斗导航卫星系统（BDS）是我国正在实施的自主发展、独立运行的全球卫星导航系统。该系统目前已完成亚太区域布网，成功应用于测绘、电信、水利、渔业、交通运输、森林防火、减灾救灾和公共安全等诸多领域，产生显著的经济效益和社会效益。特别是在 2008 年北京奥运会、汶川抗震救灾中发挥了重要作用。根据系统建设总体规划，覆盖全球的北斗导航卫星系统已于 2020 年 7 月建成并开通服务。

BDS 标称空间星座由 3 颗地球静止轨道（GEO）卫星、3 颗倾斜地球同步轨道（IGSO）卫星和 24 颗中圆地球轨道（MEO）卫星组成。GEO 卫星轨道高度为 35 786 km，分别定点于东经 80°、110.5° 和 140°；IGSO 卫星轨道高度为 35 786 km，轨道倾角 55°；MEO 卫星轨道高度为 21 528 km，轨道倾角 55°。地面段包括主控站、注入站和监测站等若干个地面站，用户段包括北斗用户终端以及与其他卫星导航系统兼容的终端。BDS 卫星星座如图 1.2 所示。

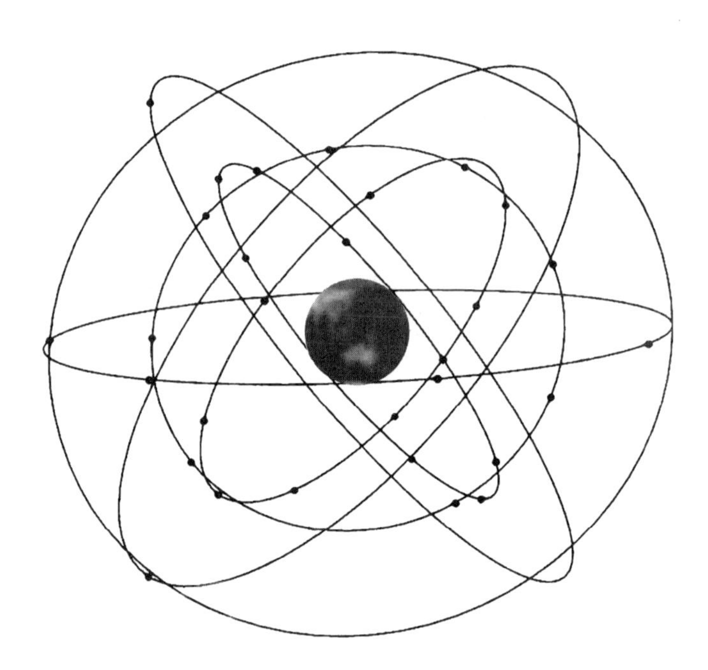

图 1.2　BDS 卫星星座

地面控制部分由若干主控站、注入站和监测站组成。主控站收集各个监测站的观测数据，进行数据处理，生成卫星导航电文、广域差分信息和完好性信息，完成任务规划与调度，实现系统运行控制与管理等；注入站在主控站的统一调度下，完成卫星导航电文、广域差分信息和完好性信息的注入以及有效载荷的控制管理；监测站对导航卫星进行连续跟踪监测，接收导航信号，发送给主控站，为卫星轨道确定和时间同步提供观测数据。用户终端部分是指各类北斗用户终端，以及与其他卫星导航系统兼容的终端，以满足不同领域和行业的应用需求。

北斗导航卫星系统能够为全球用户提供定位、测速和授时服务，并为我国及周边用户提供定位精度优于 1 m 的广域差分服务和 120 个汉字/次的短报文通信服务。

其主要功能为定位、测速、单双向授时、短报文通信，其性能指标主要有定位精度优于 10 m；测速精度优于 0.2 m/s；授时精度优于 20 ns。北斗导航卫星系统主要用于国家建设，为我国的交通运输、气象、石油、海洋、灾害预报以及其他特殊行业提供高效的导航定位与授时服务。

1.2.2　美国 GPS 全球导航卫星系统

GPS 是由美国国防部设计、建设、控制和维护的。1978 年 2 月 22 日，第一颗实验卫星的发射成功，标志着 GPS 工程研制阶段的开始；1989 年 2 月 14 日，第一颗 GPS 工作卫星的发射成功，宣告 GPS 系统进入了生产作业阶段；到 20 世纪 90 年代中期，整个系统全部运转。GPS 星座由轨道高度为 20 230 km 的 21 颗工作卫星和 3 颗在轨备用卫星组成。卫星分布在 6 个等间隔、55° 倾角的近圆轨道上，运行周期 718 min。相邻轨道面的升交点赤经相差 60°，每颗 GPS 卫星处于半长轴为 26 578 km 的椭圆轨道上。这样的星座可使全球任何地点上的用户都至少能同时看到 6 颗卫星，平均可看见 9 颗，最多可看到 11 颗，这就保证了导航卫星的全球导航覆盖能力和三维定位能力。GPS 卫星星座如图 1.3 所示。

GPS 地面控制部分由 1 个主控站、3 个注入站和 5 个监测站组成，其主要任务是：跟踪所有的卫星以测定轨道和时钟、预测修正模型参数和为卫星加载导航电文等。主控站设在美国科罗拉多州，主要任务是收集和处理主控站和各监测站的跟踪测量数据，计算卫星的轨道和时钟参数，将预测的卫星星历、钟差、状态数据及大气传播改正参数编制成导航电文传送到 3 个注入站，以便最终向卫星加载数据。3 个注入站分别设在南大西洋的阿松森岛、印度洋的迪戈加西亚岛和北太平洋马绍尔群岛，主要是将主控站发来的导航电文用 S 波段射频链路上行注入到相应的卫星上。5 个监测站分别设在科罗拉多州的斯普林斯、阿森松岛，印度洋的迪戈加西亚，太平洋的夸贾林环礁和夏威夷。所有监测站都装备有精密的铯钟和接收机，用于确定广播星历和卫星时钟。星历和星钟修正信号被发送到卫星，卫星反过来用这些来更新它们送给 GPS 接收机的信号。

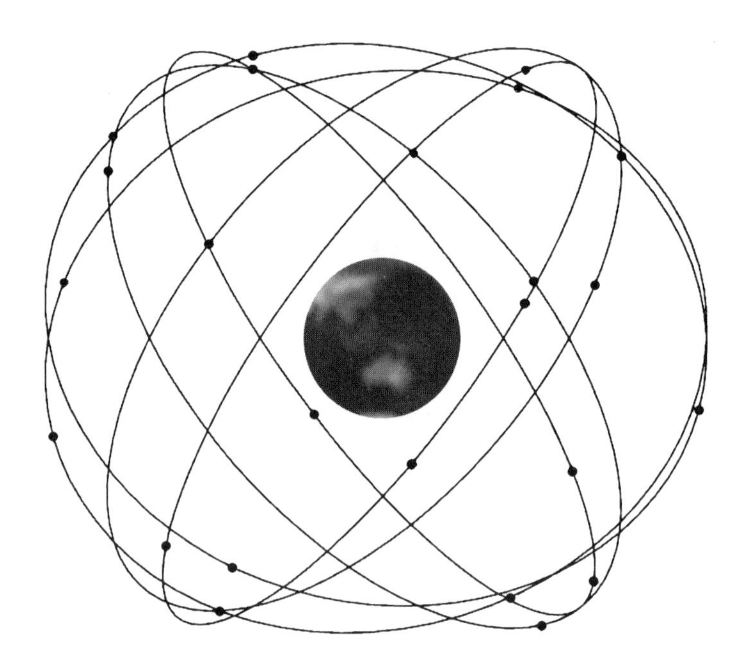

图 1.3 GPS 卫星星座

每颗 GPS 卫星按三个频率传输数据：L1（1 575.42 MHz）、L2（1 227.60 MHz）和 L5（1 176.45 MHz）。伪随机噪声码（PRN），连同卫星星历、电离层模型参数和卫星时钟修正值一起被调制到 L1、L2 和 L5 载波频率上。信息从卫星到接收机的传输时间测量值被用来计算伪距。Course-Acquisition（C/A）码，有时称为标准定位服务（SPS），是一个在 L1 载波上调制的伪随机噪声码。精码（P 码），有时称为精密定位服务（PPS），调制在 L1、L2 和 L5 载波上以消除电离层的影响。

GPS 卫星轨道是通过广播或国际导航卫星系统服务（IGS）获取的。IGS 轨道是事后或准实时处理后的精密星历。所有 GPS 接收机都存储有卫星历书，告诉用户各颗卫星何时在何处。卫星历书是一个数据文件，包含所有卫星的轨道和时间修正信息，由 GPS 卫星传送到 GPS 接收机，使得 GPS 接收机能够快速捕获卫星。GPS 接收机利用探测、解码和处理接收到的卫星信号来产生伪距、相位和多普勒测量值，这些数据可以实时使用或存储下载。接收机的内嵌软件通常采用单点定位法来处理实时数据，并把信息输出给用户。由于接收机软件的限制，精确的定位和导航一般由具有更强能力软件的外部计算机来处理。GPS 的基本作用就是为用户提供 PVT 信息。自从 GPS 技术民用以来，GPS 的应用已经变得几乎无所不在。

为巩固 GPS 在军事及民用卫星导航领域中的主导地位，美国于 1999 年提出了 GPS 现代化计划。现代化对 GPS 卫星未来的整体功能提出新的要求，主要包括：在 BLOCKⅡR 型卫星的 L2 频段上添加新的军码（M 码）和民用 C/A 码信号；在 BLOCKⅡF 型卫星上基于ⅡR 型卫星已有功能，继续开发第三频段的民用信号(L5)；研制 A、B、C 型 BLOCK Ⅲ卫星，逐渐取代旧型号卫星。至 2022 年 1 月，GPS 在轨运行卫星有 30 颗，其中包含 7 颗ⅡR 型卫星、7 颗ⅡR-M 型卫星、12 颗ⅡF 型卫星及 4 颗 GPSⅢ/ⅢF 型卫星，GPSⅢ/ⅢF 型卫星是由美国洛克希德·马丁公司负责研发的，该型号卫星是对现有星座的一次重大升级，其精度和抗干扰能力分别是前代卫星的 3 倍和 8 倍。除了引入一种与其他导航卫星系统兼容的新民用信号外，在轨的 4 颗 GPSⅢ/ⅢF 卫星还完成了 M 代码的空间部分——一种用于军事用途的更加安全和准确的信号。GPSⅢ/ⅢF 卫星将比其前身更先进。最值得注意的是，新的空间系统将证明一种新的区域军事保护能力，一种可操纵的 M 代码信号，可以将效果集中在特定区域。区域军事保护（RMP）能力，可将战区的抗干扰能力提高 60 倍，帮助确保士兵能够在竞争环境中访问关键位置、导航和计时数据。其他新功能包括激光后向反射器阵列，以提高精度；升级的核探测爆炸系统有效载荷；以及搜救有效载荷。

1.2.3　俄罗斯 GLONASS 全球导航卫星系统

在 20 世纪 70 年代中期，为了满足军事上的要求，苏联军方提出 GLONASS 计划。GLONASS 系统是继美国 GPS 系统之后又一全天候、高精度的卫星定位导航系统。1994 年，俄罗斯开始按计划进行布满星座的 7 次发射中的第一次发射。1995 年 12 月，俄罗斯成功发射了最后一批 3 颗卫星，布满了 24 颗卫星星座。1996 年 2 月，俄罗斯宣布这些卫星具备了全运行能力。从 1996 年至 2001 年，俄罗斯仅仅发射了两组卫星，每组 3 颗。这对于维持整个星座是不够的。2001 年，整个星座退化到 6～8 颗卫星。自 2002 年开始，GLONASS 由俄罗斯国防部和俄罗斯航天局共同管理。2003 年 12 月，由俄罗斯列舍特涅夫应用力学科研生产联合公司研制的新一代卫星交付俄罗斯联邦航天局和国防部试用，为 2008 年全面更新 GLONASS 系统做准备。2004 年，印度和俄罗斯签署了《关于和平利用俄全球导航卫星系统的长期合作协议》，正式加入了GLONASS系统，计划联合发射18颗导航卫星。2006年12月25日，俄罗斯用质子-K运载火箭发射了3颗GLONASS-M卫星，使GLONASS系统的卫星数量达到17颗。2010年12月5日，俄罗斯携带有3颗卫星的质子-M运载火箭发射后偏离正常轨道，坠落夏威夷附近的太平洋中。2011年2月26日，发射了一颗GLONASS-K卫星。2013年7月2日，搭载三颗“GLONASS-M”导航卫星的俄罗斯质子-M运载火箭在哈萨克斯坦拜科努尔航天发射场点火升空后发生偏转并爆炸解体。目前GLONASS在轨正常运行的卫星数量为24颗，均为2006年之后发射的。尽管GLONASS系统星座已于1996年1月全部发射入轨运行，但到2008年10月，仅有17颗卫星能正常工作，全部卫星能全部工作的情况比较少见。事实上，该系统自1995年以来就从未全面运行过，直到2013年4月，GLONASS系统正常工作的卫星达到了24颗，实现了全球覆盖。新一代GLONASS卫星采用“GLONASS-K”和“GLONASS-K2”，与上一代“GLONASS-M”卫星不同，拥有更多所发射的导航信号（“GLONASS-M”有5个信号，“GLONASS-K”和“GLONASS-K2”各有7个和9个）以及更长的寿命（“GLONASS-M”是7年，“GLONASS-K”和“GLONASS-K2”是10年）。

GLONASS星座是由处于3个轨道面上的21颗卫星加3颗处于工作状态的在轨备份卫星组成的。24颗卫星均匀地分布在升交点赤经相隔120°的3个轨道平面上。21颗卫星星座为地球表面上97%的地区提供4颗卫星的连续可见性，而24颗卫星星座使地球表面99%以上的地区同时连续观测到的卫星不少于5颗。每颗GLONASS卫星都处于离地面19 100 km的椭圆轨道上，倾角为64.8°，轨道周期为11 h 15 min，每个轨道面的升交点赤经与上一个轨道面相差120°，而在同一轨道面内的卫星均间隔45°。两个轨道平面上相同通道内卫星的纬度辐角相差15°。每颗卫星在半长轴为25 510 km的近圆轨道上运行。GLONASS卫星星座如图1.4所示。

GLONASS的地面控制站仅分布在俄罗斯的领土，包括位于莫斯科的系统控制中心和分布在全俄罗斯境内的指令跟踪站。指令跟踪站有圣彼得堡、捷尔诺波尔、恩塞（Eniseisk）、共青城（Komosomolsk-na-Amure）等4个站。每个指令跟踪站内都有高精度时钟和激光测距装置，它的主要功能是跟踪观测GLONASS，进行测距数据采集和监测。系统控制中心主要是收集和处理指令跟踪站采集的数据，最后由指令跟踪站将GLONASS卫星状态、轨道参数和其他导航信息上传至卫星。

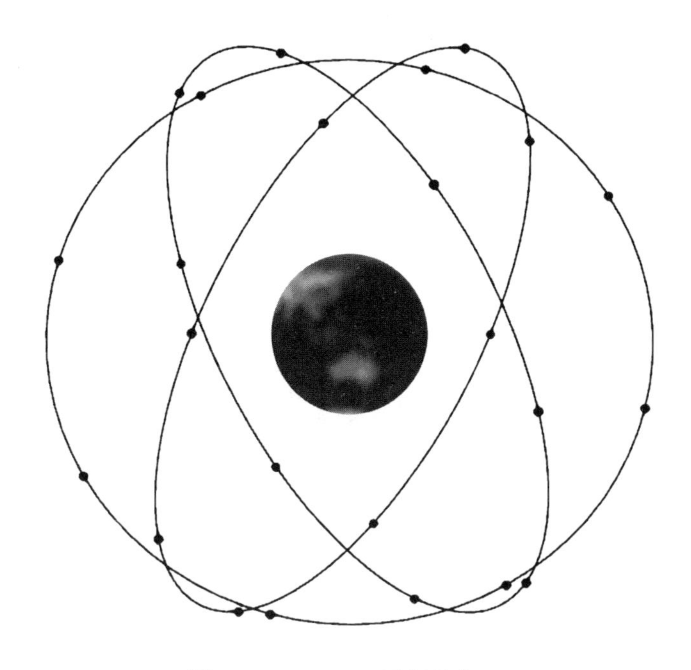

图 1.4 GLONASS 卫星星座

GLONASS 卫星使用铯钟。铯钟的频率日稳定优于 10^{-13} d。卫星分别在两个频段 1 602～1 615.5 MHz 和 1 246～1 256.5 MHz 上以两个频率传输编码信号，频率间隔分别为 0.562 5 MHz 和 0.437 5 MHz。信号可以被地球表面任意位置的用户接收，通过测距实时确定它们的位置和速度。GLONASS 使用的坐标和时间系统不同于美国的 GPS，详情参见第 2 章。GLONASS 卫星是采用不同的载波频率来识别的，而不是采用不同的 PRN 码。

1.2.4 欧盟 Galileo 全球导航卫星系统

Galileo 系统是由欧盟（EU）和欧洲航天局（ESA）发起建设的以民用为目的的全球导航卫星系统，与 GPS 相比，它在设计上采取更为开放的理念，更为先进的技术。Galileo 标称星座由 30 颗中轨地球卫星组成，这些卫星分布在 3 个轨道面上，每个轨道面上等间距部署 9 颗工作星和 1 颗待激活的备份星。每个轨道的升交点赤经与上一轨道面均间隔 120°，各轨道面的轨道倾角为 56°，每颗 Galileo 卫星在近圆轨道上运行，轨道的半长轴为 29 600 km，轨道周期为 14 h。Galileo 卫星绕其指向地球的轴旋转，使其太阳阵列帆板总是面向太阳以收集最多的太阳能。展开的太阳阵列跨度为 13 m。天线总是指向地球。Galileo 系统卫星星座如图 1.5 所示。

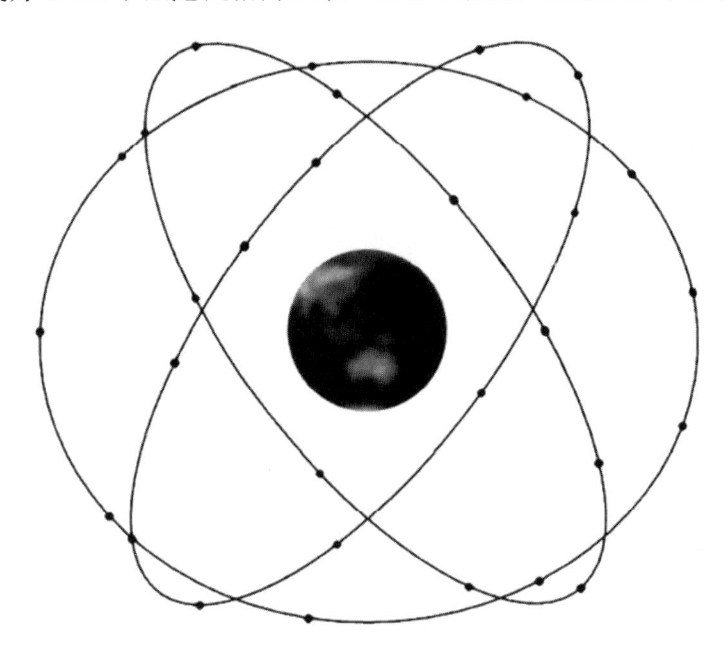

图 1.5　Galileo 系统卫星星座

Galileo 卫星有 4 个时钟，每种类型 2 个（被动式微波激射器和铷钟，稳定度：12 h 内分别为 0.45 ns 和 1.8 ns）。在任何时候，每类仅有一个钟在工作。工作的微波激射器产生一个基准频率，并由此产生导航信号。如果微波激射器失效，工作的铷钟将立即取代之，同时两个备用时钟开始工作。第二个微波激射器在完全运转几天后将代替铷钟。然后铷钟将再次变为备用状态。这样，Galileo 卫星可以保证在任何时候都产生导航信号。Galileo 可提供 10 个右旋圆极化（RHCP）的导航信号和一个搜救信号，导航信号频率范围为 1 164～1 215 MHz、1 215～1 300 MHz 和 1 559～1 592 MHz。

Galileo 系统的开发始终遭受经费不足、外来政治因素和欧盟内部对系统领导权竞争等多方面的困扰，卫星发射不断延期，进入全面运行的预计日期一而再、再而三被推迟。至 2023 年 1 月，系统已经全面组成（含 28 颗卫星和 1 个全球地面系统）并告成熟；已成为世界上最精确的卫星导航系统，服务全球超过 30 万用户。

1.2.5 GNSS 的兼容互操作

无论是 GPS、Galileo、GLONASS 还是 BDS，任何一个全球卫星导航系统都能达到对整个地球的全时空覆盖，实现任一时刻、任一地点载体的定位，但是，如果联合使用其中的两个或多个，定位精度会大幅提升。目前，单一的 GNSS 已经远远不能满足一些特殊行业的要求。研究发现，像民航、铁路等领域不仅希望卫星导航系统的定位精度高，同时在其可用性、完好性、连续性和稳定性等方面也提出了较高要求。而 GNSS 兼容互操作是一种系统级的资源互用方法，系统之间的兼容互操作可以增加接收机的可视卫星的数量，在可用性、完好性、连续性和稳定性等方面提升卫星导航系统的性能，能够满足特殊用户的需求。

所谓兼容，是指各个 GNSS 不论单独运行还是联合运行均不会干扰其他 GNSS 的信号或运行，不会影响导航性能；所谓互操作，是指多个 GNSS 联合起来所能提供的导航服务性能比其中任何一个 GNSS 单独运行所能提供的性能要好。兼容性强调各个 GNSS 之间互不干扰，互操作强调各个 GNSS 相辅相成。目前，已有 100 多颗导航卫星盘旋在地球上空，面对适合发射卫星导航定位信号的 L 波段频带信号拥挤不堪的状况，再加上对政治、军事和经济各方面的考虑，各个 GNSS 开发者都在认真思考和实现 GNSS 的兼容互操作，例如，Galileo 系统在设计中就充分考虑了与 GPS 的兼容，欧盟为此与美国在 2004 年 6 月 26 日相互签订了协议，统一将 BOC（1，1）调制①作为 Galileo 和 GPS 在 L1 波段上民用信号的共同基准。

1.3 GNSS 数学仿真系统

本书所提的 GNSS 数学仿真系统，是运用数学模型搭建的卫星导航数学仿真系统，该系统可仿真从用户真实轨迹生成到用户定位的卫星导航全过程。GNSS 数学仿真系统的仿真流程如图 1.6 所示。

总结国内外有关卫星导航的软件功能和性能特点（1.1.2 节），我们发现，目前，能够实现全球卫星四大导航系统灵活配置的、能够完成从用户真实轨迹生成到用户

①BOC（1，1）调制是一种用于 GNSS 信号的调制方式，它将一个二进制数字序列映射为一个无限长的带限信号。

定位的卫星全过程的卫星导航数学仿真软件还很少见。

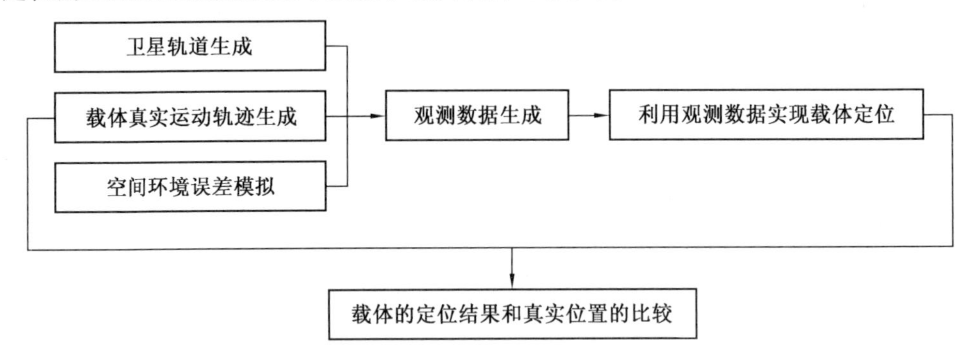

图 1.6　GNSS 数学仿真系统的仿真流程

搭建这一系统的目的在于：

（1）实现数学仿真环境下的卫星导航仿真，用户不需要信号模拟器、不需要接收机，仅在一台搭载 GNSS 数学仿真系统的计算机上，便可完成卫星导航全过程的仿真。用户利用这一系统，可以采集可见星信息，完成导航星座覆盖性分析和 DOP（精度衰减因子）值分析；可以采集定位误差数据，分析不同定位算法的定位精度差异。

（2）为研究四大全球卫星导航系统的兼容互用提供平台。

（3）实现全球四大卫星导航系统，多频点灵活配置，为分析不同组合频点下的定位导航性能提供平台。

基于上述目的，汲取国内外卫星导航数字仿真系统的优秀经验，我们搭建了本书中所指的 GNSS 数学仿真系统。它是根据数学仿真原理搭建的 GNSS 仿真平台，主要完成 GPS、GLONASS、Galileo、BDS 四星座的卫星轨道计算、空间环境仿真、用户运动轨迹仿真、观测数据生成以及利用观测数据进行定位解算等功能。GNSS 数学仿真可为广大的科研和教学工作者提供便利，在实验室环境下便可实现卫星导航各个环节的数据采集，完成卫星导航全过程的系统仿真。

1.3.1　功能分析

GNSS 数学仿真系统应具备以下功能。

1. 仿真任务设计功能

为了实现多系统、多频点的 GNSS 仿真，在仿真任务设计阶段，应实现各仿真参数的灵活配置，包括坐标系、仿真时间、导航系统及频点、星历文件、可见星判别角、用户场景、电离层误差模拟、对流层误差模拟和用户信息解算方法等的配置。

2. 仿真任务运行功能

为了方便操作者对仿真实验的控制，GNSS 数学仿真系统设计有仿真任务初始化、仿真任务开始、仿真任务暂停、仿真任务恢复、仿真任务停止和仿真任务回放的功能，同时仿真任务运行模块负责完成整个系统仿真算法的实现，包括坐标系统的转换、时间系统的转换、卫星轨道仿真、空间环境仿真、载体运动轨迹仿真、观测数据的仿真以及利用观测数据进行定位解算等。

3. 数据管理功能

为了对用户信息、仿真任务信息以及整个仿真过程产生的仿真数据进行存储与管理，GNSS 数学仿真系统应该具备数据管理的功能。

4. 仿真模型管理功能

GNSS 数学仿真系统涉及大量的仿真模型，包括时空系统模型、卫星轨道仿真模型、卫星时钟仿真模型、电离层延迟仿真模型、对流层延迟仿真模型、相对论效应仿真模型、观测数据仿真模型以及利用观测数据进行定位测速解算模型，为了更方便整个系统的模块化设计，需要将这些模型进行统一管理，仿真模型管理功能需要实现仿真模型的录入以及对录入仿真模型的统一管理。

5. 综合显示功能

为了能使操作者直观地了解仿真实验结果，GNSS 数学仿真系统将以二维地图显示设定的用户场景及解算的用户场景；以二维站心图展示可见星的情况；以仪表盘显示所设定的用户速度、高度及姿态角；以曲线图展示定位测速误差。同时综合显示功能还要实现系统仿真状态的显示。

1.3.2 性能分析

GNSS 数学仿真系统旨在实现 GPS、GLONASS、Galileo 和 BDS 四星座的仿真，能够实现的最大仿真卫星数为：GPS 卫星 30 颗、GLONASS 卫星 24 颗、Galileo 卫星 30 颗和 BDS 卫星 30 颗。伪距观测数据精度需达到±0.02 m，载波相位观测数据精度需达到±0.1 周，多普勒频移观测数据需达到±0.2 Hz。

在用户场景仿真方面，GNSS 数学仿真系统不仅要实现简单的静态、匀加速、匀速圆周运动，而且要实现车辆、舰船、火箭和飞机这几种典型的应用场景，场景中各参数可灵活配置，能够生成复杂的运动轨迹。其中，速度的设定范围为 0～10 000 m/s，加速度的设定范围为 0～500 m/s^2。

在空间环境仿真方面，需模拟电离层误差、对流层误差、多径误差等。

此外，GNSS 数学仿真系统的计算频度和可视化数据更新频度为 1 Hz。

1.3.3 运行环境与数据格式

GNSS 数学仿真系统的运行环境与数据格式如下：

①操作系统：Windows7。

②数据库：采用 SQL Sever 数据库，提交数据字典。

③网络传输协议：TCP/IP 协议，UDP 协议。

④开发语言：C#。

⑤开发平台：Visual Studio 2010。

⑥输入数据格式：标准二进制数据流、XML（可扩展标记语言）文件、C#格式源文件以及 RINEX（接收机通用交换格式）。

⑦输出数据格式：标准二进制数据流、XML（可扩展标记语言）文件、C#格式源文件以及 RINEX（接收机通用交换格式）。

1.3.4 人机交互界面

GNSS 数学仿真系统的人机交互界面旨在为用户提供一个合理的布局和美观的综合显示界面，同时可以让用户根据自己的使用习惯自由灵活地调整布局，交互界面需求如下：

①界面风格要具有一致性。

②常用操作要有快捷方式。

③提供必要的错误处理功能。

④提供信息反馈。

⑤允许操作可逆。

⑥设计良好的联机帮助。

⑦合理划分并高效地使用显示屏幕。

1.4 RAIM技术研究概述

1987年，Kalafus首次引入了RAIM概念，对当前时刻冗余变量进行一致性校验，要求至少5颗可见卫星存在才能进行故障检测，至少存在6颗可见星才能进行故障识别与排除。但最早在1986年，Lee便提出了利用伪距比较法来判断伪距异常值，即利用某一时刻所获得的冗余观测数据进行比较来判断异常的伪距测量值。1988年，Parkinson提出了最小二乘残差法，该方法以测量一致性为基础对GPS线性观测方程中的状态量进行最小二乘估计，通过获得观测量误差的最小二乘解得到距离残差矢量，进而根据分布特性确定故障检测统计量和监测门限进行故障检测。同年，Sturza提出了奇偶矢量法（Parity Method），通过对观测矩阵进行QR（正交三角）分解得到奇偶矩阵，噪声误差转换到奇偶空间中进行故障检测。此三种算法已被证明具有等效性。由于这三种RAIM算法仅仅采用当前时刻的观测值，而不必对系统当前状况的前后过程做出假设，因此这三种经典的RAIM算法被称为基于时间序列的快照式算法。其中，奇偶矢量法计算相对简单，被普遍采用，也成为美国航空无线电技术委员会（Radio Technical Commission for Aeronautics，RTCA）推荐的基本算法。快照式算法对于单个故障假设和噪声服从高斯分布的情况下具有较好的效果。之后，国内外很多专家学者针对某方面性能的提升也对基本的快照算法进行改进，提出了新的RAIM快照式算法。

Borwn于1998年提出了改进的奇偶矢量算法，利用卡方检验的方法对检测门限和保护水平进行了研究。同年，Pervan等人针对解分离算法改进提出的多假设解分离（Multiple Hypothesis Solution Separation，MHSS）算法在原始解分离算法的基础上，放宽了对故障识别的保守性，以提高系统的可用性，但是计算量也随之增大。Yu Ding等人提出了一种超紧耦合（Ultra-Tight Coupling，UTC）技术的新RAIM方法，能够在4 s内检测出变化速率小至0.1 m/s的伪距偏差，并将伪距偏差引起的定位误差控制在很小范围。Tsai给出了利用多频信号（L1、L2、L5）进行接收机完好性监测，多频RAIM算法在探测小故障方面有较高的性能。Lee提出了最优加权平均解（Optimally Weighted Average Solution，OWAS）算法，该算法针对GPS、Galileo

双系统融合情况下的 RAIM，处理结果可以对集中于单个系统中的故障进行隔离，但是无法处理分散在不同系统中的多个故障。Abidat 于 2006 年对奇偶矢量算法做了进一步深入研究，指出奇偶矢量算法的应用仅限于非精密进近和航路阶段。Hwang 提出了一种新的最优完好性 RAIM（Novel Integrity-Optimized RAIM，NIORAIM）算法，采用递推的方法确定最优加权矩阵，以平衡各伪距观测量的使用，同等几何观测条件下，该方法可以达到 RAIM 可用性的上限，但该算法最优加权矩阵需要多次迭代完成，计算难度大，并不适合实时 RAIM 处理应用。斯坦福 GPS 实验室提出了伪距一致性（Range Consensus，RANCO）算法，该算法可以同时检测多卫星故障，并且可以确定伪距偏差的最优估计。

国内 Jin 等人提出了一种针对特定传感器故障进行诊断的最优奇偶矢量法。陈金平于 21 世纪初全面跟踪引进了 RAIM 处理技术，并对其应用性能进行了分析。黄继勋等人通过对接收机时钟偏差的建模，将模型预测的时钟偏差引入伪距残差最小二乘的 RAIM 算法中，保证了在可见星仅为 4 颗的情况下，仍能利用卡方检验法对 GPS 进行完好性监测。杨静等人将这种思想应用到卫星故障识别上，但仅考虑了单星故障的情况。张强等人将最优奇偶矢量法进行改进应用于两颗故障卫星识别，利用对单颗卫星故障敏感的最优奇偶矢量对所有可能的两颗故障卫星组合分别构造两个新的奇偶矢量，提高了两颗故障卫星的正确识别率。刘文祥于 2010 年提出了一种可检测和改正微小慢变伪距偏差的改进奇偶矢量算法，该方法可显著改善对微小慢变伪距偏差的检测性能，但对于快变误差的检测效果反而下降。孙淑光提出基于极大似然比的分层完好性检测方法用于多卫星同时故障的 RAIM 算法。秘金钟等人在奇偶向量法的基础上，重点考察设计矩阵向量间的相关距离，通过其时间序列区分单个粗差和多个粗差的粗差集。沙海于 2014 年提出了一种基于非相干积累的微小伪距偏差 RAIM 方法，有效地提高了多历元积累 RAIM 算法在快变伪距条件下的检测效果，但此方法仍存在时延性的问题。胡彦逢等人提出一种基于多历元相关距离的监测方法，通过构造奇偶矢量多历元叠加矩阵，可有效监测静态和低动态条件下存在慢变伪距偏差的情况。

典型的 RAIM 算法除快照式算法外，还有滤波式算法，滤波式算法是利用历史信息和当前观测值一致性的检验。经典的 RAIM 滤波式算法是卡尔曼滤波 RAIM 算法。Brown R.于 1986 年首先提出了基于卡尔曼滤波的 RAIM 算法。卡尔曼滤波算法是一种线性最小方差估计，可以利用历史观测量提高效果，但必须给出先验误差特性，如果预测不准反而会降低效果。Teunissen 于 1990 年将假设检验方法结合到卡尔曼滤波算法中，找出了并行操作的卡尔曼滤波算法如何探测、修复和诊断误差。Farrell 于 1991 年证明卡尔曼滤波 RAIM 算法比一般的奇偶矢量算法更具有稳健性。Wassaf 等人提出了一种扩展 RAIM，利用卡尔曼滤波和观测值的历史记录估计 RAIM 算法的检验统计量。孙国良于 2006 年对卡尔曼滤波的新息检测方法进行了数学建模，分析了其优点和缺陷，提出了将时域处理和集合统计相结合来实现接收机自主完好性监测的方法。该方法不仅可以减少对可视卫星数目的要求，弥补快照（Snapshot）RAIM 算法对多故障不敏感的缺陷，同时提高了故障检测的概率。周富相等人提出了能够对多个故障进行检测和识别的基于卡尔曼滤波的卫星导航接收机自主完好性检测方案，方案中引入了故障检测调整系数，有效地降低了漏检率和虚警率。2015 年，Bhattacharyya 验证了扩展卡尔曼滤波在针对斜坡故障时具有和加权最小二乘算法相同的检测效果。

随着我国北斗导航卫星系统和 Galileo 系统的快速发展，俄罗斯的 GLONASS 星座恢复，多星座 RAIM 算法的研究得到推动。Lee 等人针对 GPS 和 Galileo 双模卫星导航系统设计了最优加权平均解算法，通过对两个星座的定位结果在定位域加权，提高算法的可用性。Belabbas 等人分别采用仿真数据对 GPS 和 Galileo 系统下 RAIM 算法的可用性进行了分析，指出 Galileo 系统下的 RAIM 可用性要高于 GPS 系统，组合系统充足的可见卫星为高可靠性的 RAIM 算法提供保障。Joerger 提出了基于多星座导航系统的观测量误差模型和故障检测算法，该算法旨在直接测定最差情况的单星故障。Feng 提出了一种针对多星座下多故障的 RAIM 算法——自底向上方法（Bottom Up Approach，BUA）。任锴分析了 GPS/GLONASS 融合星座 RAIM 可用性，并绘制了 RAIM 空洞图。卢德兼建立了多星座的仿真环境，对未来多星座双频的完整性监测性能进行分析，得出多星座情况下 VPL（垂直保护值）比单星座情况下小得多，多星座双频情况下使用 RAIM 进行完整性监测可以达到 LPV-200 的要求。许龙霞通过仿真对多模卫星导航系统的 RAIM 算法进行了研究，指出多模卫星导航系统不仅能为用户提供更高的定位精度，还能为用户提供更好的完好性保障。李鹤峰基于时空同一，融合 BDS、GPS、GLONASS 三大卫星导航系统，建立了 BDS/GPS/GLONASS 高精度差分网定位模型，并对定位性能进行了详细而深入的研究，同时利用融合系统充足的空间卫星，对融合系统的RAIM算法进行必要的研究。此外，GNSS进化结构研究（GEAS小组）提出了先进RAIM（Advanced RAIM，ARAIM）的概念，其主要特征是基于未来多星座、多个频点导航信号的兼容使用，有地面完好性信息的支持。之后国内外专家对ARAIM算法展开了相关的研究。

以上研究大多是基于GPS、GLONASS和Galileo系统，对北斗导航卫星系统及其与其他GNSS组合的RAIM方法研究尚处于起步和发展阶段，针对多星座组合带来的多故障概率鲜有论文进行研究，而且针对北斗导航卫星系统与其他GNSS组合的RAIM可用性和连续性的研究较少。因此，针对以上问题展开相关研究是十分必要的。

第 2 章　GNSS 时空基准及其转换方法

坐标系统和时间系统是卫星导航系统的两个参考基准。坐标系统为研究空间物体的位置和运动提供了空间基准，也为建立卫星导航数学模型、表示卫星和接收机状态信息及其他关联信息解算提供了前提条件。时间系统主要用于实现全球用户和卫星的时间同步，进而实现卫星与用户间距离的测量，以完成准确的定位授时服务。然而，GPS、GLONASS、Galileo 系统和 BDS 的时空基准均不一致，对同一事件的描述也就存在着一定的差别。因此，在多星座 GNSS 应用中，需要对坐标系统和时间系统分别进行统一，以尽量减少由此造成的服务性能降低等问题。

2.1　坐标系统

卫星导航系统是以导航卫星为参照物来实现定位、导航与授时功能的系统，目标位置需要在选定的参考坐标系下描述。不同卫星导航系统所定义的参考坐标系是不同的；同一导航系统内参考坐标系的选择根据不同的导航任务又有不同；而同一坐标系统下的坐标又有不同的表示方法。目标位置的确定涉及诸多不同的坐标系统及表示方法，因此实现不同坐标系统之间的转换及同一坐标系统下不同形式坐标之间的转换，对导航数据的处理、计算及结果比较有很重要的意义。地球参考模型是为了更方便描述地球形状和测量表面物体，每个卫星导航系统都会定义一个它自身便于使用的参考模型作为测量基础。在此基础上，卫星导航涉及很多不同的坐标系统，包括地球惯性坐标系、地心地固坐标系、大地坐标系、当地地理坐标系等，本节将在介绍地球参考模型的基础上对不同的坐标系统进行介绍。

2.1.1　地球参考椭球模型简介

由于地球真实形状的不规则性，要在地面上开展一系列定位和导航的计算，需要选定一个规则曲面作为测量计算的基准面。适于大地测量计算的基准面应当满足以下三个要求：

（1）应是接近地球自然形体的曲面，这样可使地面观测量计算的改正数很微小。

（2）这个曲面应是一个便于计算的数学曲面，从而能保证由观测量计算坐标的可行性。

（3）这个曲面与地球的空间位置要固定，即能建立起地面点与基准面上点的一一对应。

17 世纪以来的大地测量结果表明，地球本身的形状非常接近一个南北稍扁的旋转椭球体。在大地测量中用来代表地球形状和大小的旋转椭球称为地球参考椭球。地球参考椭球是现在大地测量学中普遍采用的地球参考模型，它是对地球形状的几何概括，是地球真实形状的数学化模型。

GPS 采用的地球参考椭球模型是由美国国防部下属的国防制图局制定的 1984 年版的大地系（World Geodetic System，WGS），简称 WGS-84。GLONASS 采用的地球参考椭球模型是由俄罗斯建立的 26 个地面观测基准站共同测量确定的 PZ-90。Galileo 系统采用的地球参考椭球模型称为 Galileo 地球参考框架（Galileo Terrestrial Reference Frame，GTRF），它与由国际地球自转服务（International Earth Rotation Service，IERS）负责建立的国际地球参考系统（International Terrestrial Reference System，ITRF）紧密相关，由于 ITRF 的基准站考虑地球板块和潮汐等这些随时间变化的影响因素，因而 ITRF 会不断更新，GTRF 与 ITRF2006 保持一致。BDS 采用的地球参考椭球模型是 2000 国家大地坐标系（China Geodetic Coordinate System 2000，CGCS2000）。地球参考椭球示意图如图 2.1 所示。

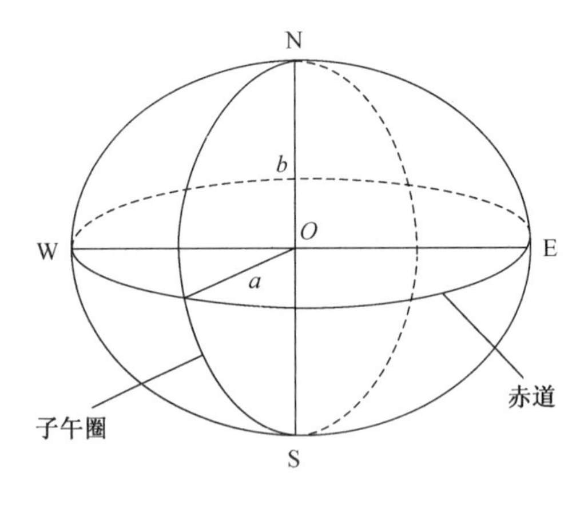

图 2.1　地球参考椭球示意图

地球参考椭球的几何定义（图 2.1）：O 是椭球中心，NS 为椭球的旋转轴，a 为长半轴，b 为短半轴。

不同地球参考椭球模型对基本大地参数的定义不同，卫星导航系统中常用的地球参考椭球模型基本大地参数包括长半轴 a、短半轴 b、扁率 f、偏心率 e、地心引力常数 GM[①]和地球自转角速度ω。

其中

$$e=\frac{\sqrt{a^2-b^2}}{a} \tag{2.1}$$

$$f=\frac{a-b}{a} \tag{2.2}$$

由以上两式可以推出椭球扁率和偏心率之间的关系为

$$e=\sqrt{2f-f^2} \tag{2.3}$$

各全球卫星导航系统采用的地球参考椭球模型基本参数见表 2.1。

表 2.1　各全球卫星导航系统采用的地球参考椭球模型基本参数

导航系统	椭球模型	长半轴 a/m	扁率 f	地心引力常数 $GM/(\mathrm{m^3 \cdot s^{-2}})$	地球自转角速度 $\omega/(\mathrm{rad \cdot s^{-1}})$
GPS	WGS-84	637 813 7	$\frac{1}{298.257\ 223\ 563}$	$3\ 986\ 005.0\times10^8$	$7\ 292\ 115.146\ 7\times10^{-11}$
GLONASS	PZ-90	6 378 136	$\frac{1}{298.257\ 839\ 303}$	$3\ 986\ 004.418\times10^8$	$7\ 292\ 115.0\times10^{-11}$
Galileo	GTRF	6 378 136.49	$\frac{1}{298.256\ 450\ 000}$	$3\ 986\ 004.418\times10^8$	$7\ 292\ 115.146\ 7\times10^{-11}$
BDS	CGCS2000	6 378 137	$\frac{1}{298.257\ 222\ 101}$	$3\ 986\ 004.418\times10^8$	$7\ 292\ 115.0\times10^{-11}$

2.1.2　地球惯性坐标系

由空间力学问题可以知道卫星的运动遵循牛顿力学原理，而牛顿力学是在惯性

①地心引力常数 $GM=G\cdot M$，其中 G 为万有引力常数；M 为地球质量。

坐标系下才有效的。所以为方便描述GNSS导航卫星的运动，定义了地球惯性（Earth Centered Inertial，ECI）坐标系。GNSS卫星轨道的确定就是在ECI坐标系中进行的。在典型的ECI坐标系中，将xy平面取为与地球的赤道面重合，x轴的方向从地球质心指向春分点，而z轴取为与xy平面垂直而指向北极的方向，y轴的取向与其他两轴形成右手直角坐标系。然而，在实际操作中，要建立一个严格意义上的惯性坐标系其实相当困难。由于地球运动的不规则性，地球的形状是扁圆的，受月球和太阳对地球赤道区鼓胀部分的引力，地球赤道面相对于天球来说是移动的，这种不规则性将导致ECI坐标系并非真正是惯性的。解决这个问题的方法是，在特定的历元上定义各轴的方向。

地球惯性坐标系运动的规律，即地球磁极相对于黄道磁极的运动情况，图 2.2很好地表示了由于受月球和太阳的微重力效应的影响，地球扁率和黄道的倾斜度结合在一起，导致了赤道在黄道上的慢速旋转，周期大约为 26 000 a，这种现象被称为岁差；与此同时，还存在一种较快的运动，周期约为 14 d 到 18.6 a，这种现象被称为章动。把岁差和章动的影响考虑到ECI中，可以将地球的平极（相对于平均赤道）转换为地球的真极（相对于真实赤道）。岁差和章动示意图如图 2.2 所示。

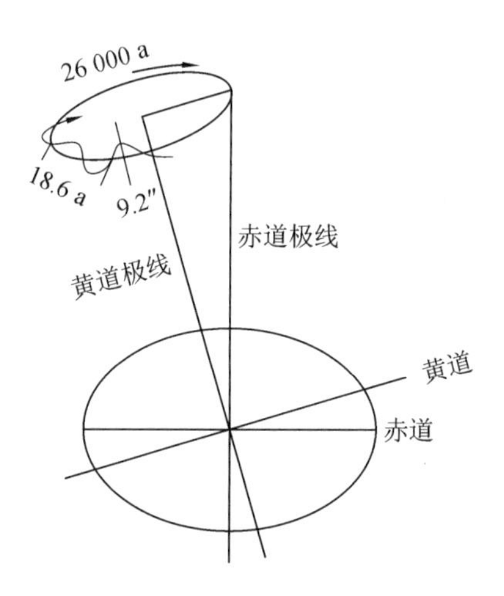

图 2.2　岁差和章动示意图

2.1.3　地心地固坐标系

在计算地球上用户的位置时，使用地心地固（Earth Centered Earth Fixed，ECEF）坐标系会更为方便。和地球惯性坐标系一样，地心地固坐标系是右手笛卡儿坐标系，记作（x，y，z），其原点与地球质心重合，xy 平面与地球赤道面重合。但是 ECEF 的 x 轴指向平均格林尼治子午线，z 轴垂直于赤道平面指向地理北极，y 轴与 x 轴，z 轴形成右手坐标系。地心地固坐标系示意图如图 2.3 所示。

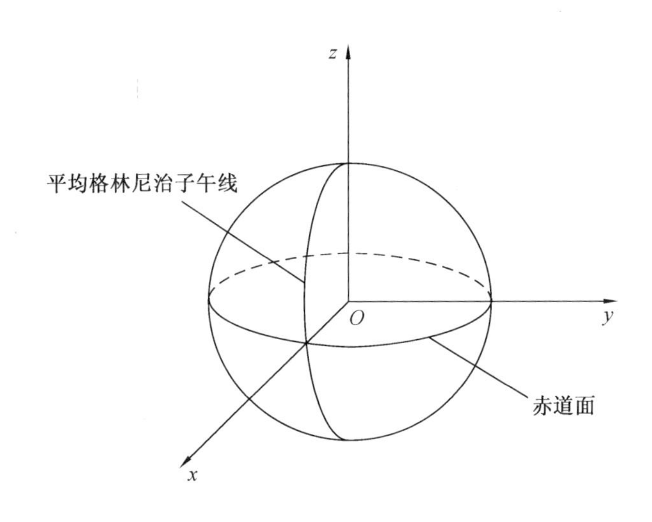

图 2.3　地心地固坐标系示意图

ECEF 坐标系是基于地球参考椭球建立的。采用的地球参考椭球不同，相应的 ECEF 坐标系也会不同，因此，由于目前全球各导航系统采用的地球参考椭球模型的不同（采用的模型已在 2.1.1 节中做出介绍），它们在定位计算中所使用的 ECEF 坐标系也是不同的。它们的主要区别是 z 轴的指向不同，WGS-84 地球参考椭球下地心地固坐标系的 z 轴指向国际时间局（BIH）所定义的、编号为 1984.0 的协议地球北极；PZ-90 地球参考椭球下地心地固坐标系的 z 轴指向 IERS 所推荐的协议地极，即 1900 年至 1905 年间的平均北极位置点；ITRF-96 和 CGCS2000 地心地固坐标系的 z 轴均是指向 IERS 定义的参考极方向。

2.1.4 大地坐标系

大地坐标系是以地球参考椭球面为基准面建立起来的坐标系，建立这个坐标系主要是为了更方便、直接地表示地球表面的位置信息。在大地坐标系中，地面点的位置用大地经度、大地纬度和大地高度表示。大地坐标系也是建立在地球参考椭球基础上的。地球参考椭球一旦确定，则标志着大地坐标系已经建立。大地坐标系示意图如图 2.4 所示。

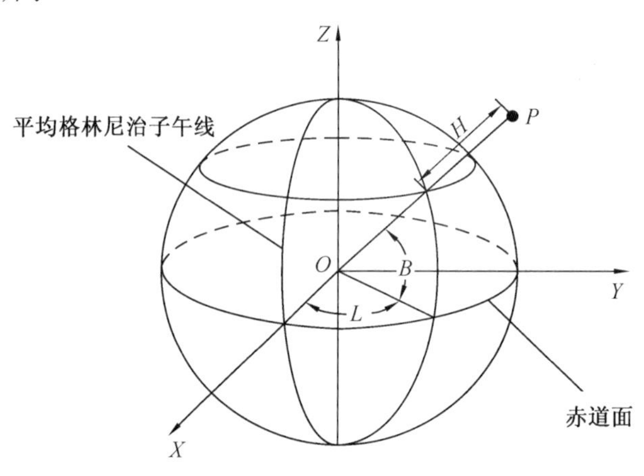

图 2.4　大地坐标系示意图

大地坐标表示包括大地经度 L、大地纬度 B 和大地高 H 三个坐标分量。大地坐标系是以地球参考椭球的起始子午面与赤道的交点为原点。在计算位置时，大地经度表示为以该点所在的子午面与起始子午面的二面角[由起始子午面起算，向东为正，称为东经（0°～180°），向西为负，称为西经（0°～180°）]；大地纬度是经过该点作椭球面的法线与赤道面的夹角[由赤道面起算，向北为正，称为北纬（0°～90°），向南为负，称为南纬（0°～90°）]；大地高是地面点沿椭球的法线到椭球面的距离。

2.1.5 当地[①]地理坐标系

当地地理坐标系（x'，y'，z'）一般使用右手笛卡儿坐标系进行定义，比如东北

① "当地"指研究所所处位置。

天坐标系：坐标原点位于当地点 P_1（x_1，y_1，z_1），其 z' 轴垂直向上，x' 轴指向东，y' 轴指向北，$x'y'$ 平面称为水平面。当地地理坐标系示意图如图 2.5 所示。

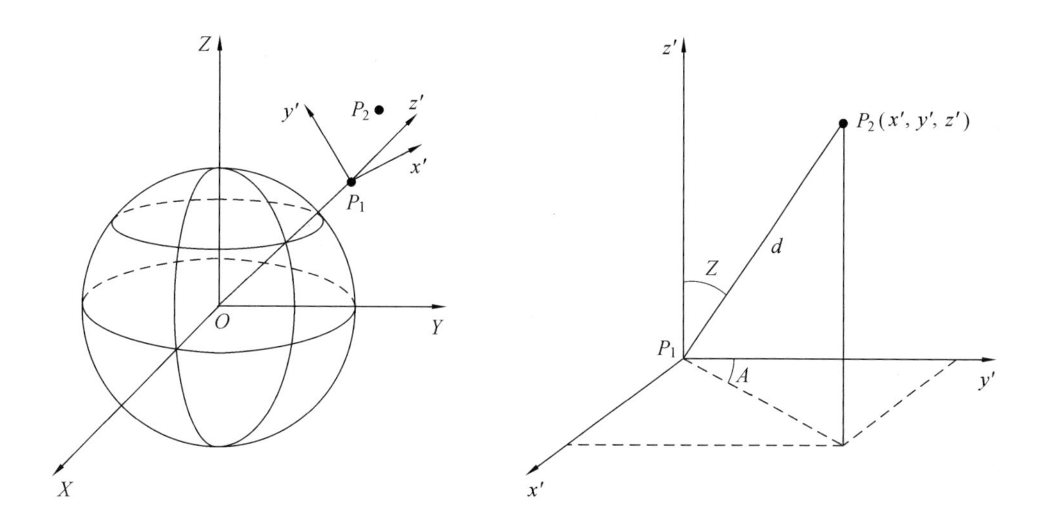

图 2.5　当地地理坐标系示意图

这样的坐标系也称为当地水平坐标系或站心坐标系或导航坐标系。对于任何点 P_2，其坐标（x'，y'，z'）在当地地理坐标系中可通过下面的参数和公式进行表示：

$$\begin{bmatrix} x' \\ y' \\ z' \end{bmatrix} = d \begin{bmatrix} \cos A \quad \sin Z \\ \cos Z \\ \sin A \quad \sin Z \end{bmatrix} \tag{2.4}$$

即

$$\begin{cases} d = \sqrt{x'^2 + y'^2 + z'^2} \\ \tan A = \dfrac{z'}{x'} \\ \cos Z = \dfrac{y'}{d} \end{cases} \tag{2.5}$$

式中，A 为方位角；Z 为高度角；而 d 是 P_2 在当地坐标系的向径。A 是从正北顺时针起算，Z 是垂线与向径 d 之间的夹角。

2.1.6 卫星轨道坐标系

为了求解卫星位置，需要建立卫星轨道坐标系。如图 2.6 所示，卫星轨道坐标系为 $O\text{-}X_oY_oZ_o$，原点与地球质心相重合，X 轴指向近地点方向；Y 轴在轨道面内垂直于 X 轴，指向上为正；Z 轴垂直于轨道面指向上为正。图中 $O\text{-}XYZ$ 为地心地固坐标系，i 为轨道倾角，即轨道面与赤道面的夹角；Ω 为升交点赤经，实际上是升交点的“经度”，由于 ECEF 坐标系的 X 轴指向平均格林尼治子午线（0° 经度），因此 Ω 是在赤道面内测度的；ω 为近地点幅角，即从升交点测度到轨道近地点的方向，是在轨道面内测度的。

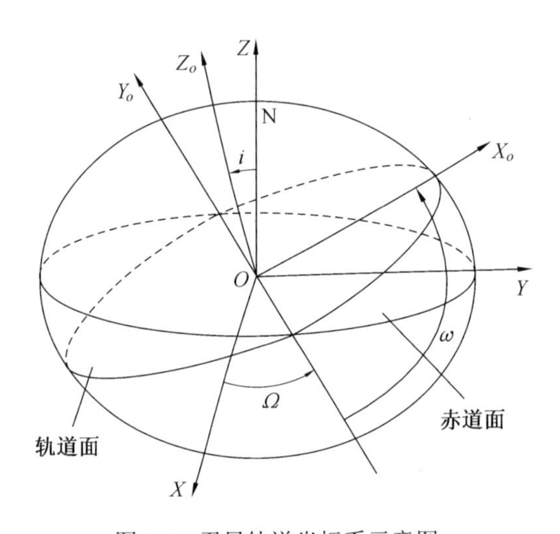

图 2.6　卫星轨道坐标系示意图

2.1.7 载体坐标系

在运动物体导航中，载体坐标系是经常用到的一种坐标系，通过载体坐标系，可以方便地确定载体的姿态信息。载体坐标系以运动物体的中心为原点，x 轴为该物体的纵轴，正向指向运动的前进方向，z 轴垂直于运动物体的纵轴，向上为正，y 轴与 x 轴和 z 轴成右手笛卡儿坐标系。以飞机为例，如图 2.7 所示，一般在载体坐标系中确定运动物体的姿态变化需要的参数为俯仰角 α、偏航角 β、滚转角 γ。

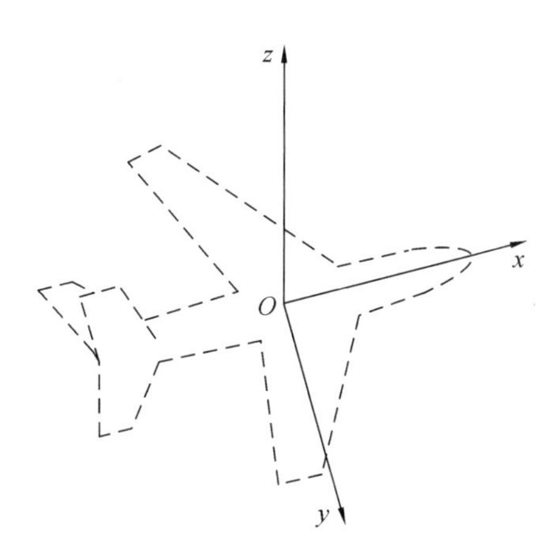

图 2.7　载体坐标系示意图

2.2　坐标系统之间的转换

不同的坐标系统是根据不同的任务目标和环境背景建立的，但是在很多情况下我们需要同时使用到两种坐标系统进行工作，这时就需要将坐标系统进行统一。因此建立不同坐标系统之间的转换关系是很有必要的。本节将坐标转换关系分为两类，包括同一导航系统内和不同导航系统之间的坐标转换，即同一地球参考椭球下和不同地球参考椭球间的坐标转换，分析不同坐标系之间的转换关系。其中，同一地球参考椭球下坐标系统之间的转换包括 ECEF 坐标系统下空间直角坐标与大地坐标的转换、共原点的笛卡儿直角坐标之间的转换以及不共原点的笛卡儿直角坐标之间的转换。当地地理坐标系与载体坐标系之间的转换、地球惯性坐标系与 ECEF 空间直角坐标系之间的转换属于共原点笛卡儿直角坐标之间的转换，当地地理坐标系与 ECEF 直角坐标系之间的转换属于不共原点的笛卡儿直角坐标之间的转换。在不共原点的笛卡儿直角坐标之间的转换中，本节又针对速度转换和位置转换分别进行了研究和总结。

2.2.1　同一地球参考椭球下坐标系统的转换

1. 大地坐标与 ECEF 笛卡儿直角坐标之间的转换

在卫星导航中，常常需要将坐标点表示为地心地固笛卡儿直角坐标（X，Y，Z）

或大地坐标（B，L，H），这两种不同的表示形式在卫星导航的应用中都非常重要。

根据坐标系的定义可以知道，（X，Y，Z）与（B，L，H）坐标间的转换关系建立在同一地球参考椭球上，如图 2.8 所示，ECEF 坐标系中的点 P（X，Y，Z）对应的纬度、经度和高度分别为（B，L，H）。纬度为正，表示北纬，纬度为负，表示南纬；经度为正，表示东经，经度为负，表示西经。

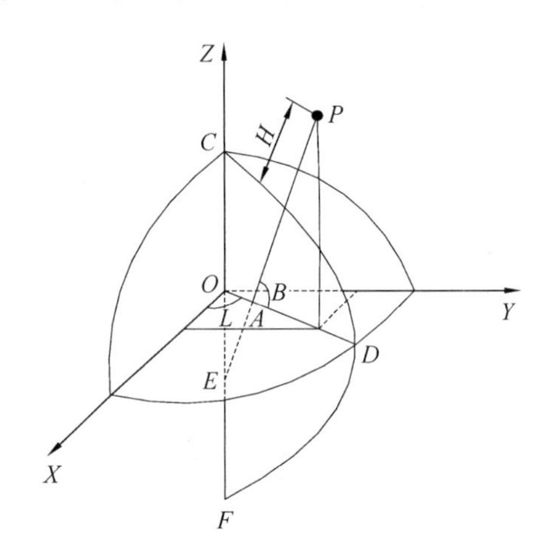

图 2.8　大地坐标与 ECEF 笛卡儿坐标转换示意图

根据图 2.8 可以看出在各参数间存在如下关系：

$$\tan L = \frac{Y}{X} \tag{2.6}$$

$$\tan B = \frac{Z}{\sqrt{X^2 + Y^2}} \tag{2.7}$$

$$[H + N(1 - e^2)]^2 = X^2 + Y^2 + Z^2 \tag{2.8}$$

式中

$$N = |PE| = \frac{a^2}{(a^2 \cos^2 B + b^2 \sin^2 B)^{\frac{1}{2}}} = \frac{a}{(1 - e^2 \sin^2 B)^{\frac{1}{2}}} \tag{2.9}$$

其中，N 为地球参考椭球的卯酉圆曲率半径；a 为参考椭球的长半轴；e 为椭球的偏心率。

由式（2.6）、式（2.7）、式（2.8）可以推出

$$\begin{bmatrix} X \\ Y \\ Z \end{bmatrix} = \begin{bmatrix} (N+H)\cos B\cos L \\ (N+H)\cos B\sin L \\ (N(1-e^2)+H)\sin B \end{bmatrix} \tag{2.10}$$

同理，根据式（2.6）、式（2.7）、式（2.8）也可以推出下列公式，当需要将三维直角坐标的坐标转换到经纬高大地坐标系中时，可以使用下式来进行转换：

$$L = \begin{cases} \arctan\dfrac{Y}{X}, & X>0 \\ \arctan\dfrac{Y}{X}-\pi, & X<0,\quad Y<0 \\ \arctan\dfrac{Y}{X}+\pi, & X<0,\quad Y>0 \end{cases}$$

$$B = \arctan\frac{Z}{\sqrt{X^2+Y^2}}\left(1-e^2\frac{N}{N+H}\right)^{-1},\quad Z<0\text{时}, B=-|B| \tag{2.11}$$

$$H = \frac{\sqrt{X^2+Y^2}}{\cos B}-N$$

由上式可以看出，纬度 B 和高度 H 相互影响，因此要通过迭代的方法来求取 B 和 H，当最后两次计算的值的差值的绝对值小于某一个很小的数值时，迭代结束。其收敛速度很快，迭代 4 次后，大地纬度的精度可达 0.000 01″，大地高程的精度可达到 1 mm。

在高纬度地区或高程非常大时，以上迭代公式将是不稳定的，于是采用下面的公式来求取 B 和 H:

$$\begin{cases} \cot B = \dfrac{\sqrt{X^2+Y^2}}{Z+\Delta Z} \\ H = \sqrt{X^2+Y^2+(Z+\Delta Z)^2}-N \end{cases} \tag{2.12}$$

式中

$$\Delta Z = |OE| = |AE|\sin B = e^2 N\sin B = \frac{ae^2\sin B}{\sqrt{1-e^2\sin^2 B}} \tag{2.13}$$

2. 共原点的笛卡儿直角坐标之间的转换

在同一地球参考椭球下，由于系统工作需要，常常需要在不同笛卡儿坐标系下进行数据处理工作，比如当地地理坐标系、载体坐标系、轨道坐标系、地心地固坐标系、地球惯性坐标系等。而且，在这些坐标系之间，有一些坐标系存在着一些特殊的位置关系，其中，共原点位置关系是相对比较普遍的，比如：当地地理坐标系与载体坐标系即是共原点的笛卡儿坐标系，卫星轨道坐标系、地心地固坐标系以及地球惯性坐标系这三个也是共原点的笛卡儿坐标系。载体的定位信息有时需要在上述坐标系中进行转换，因此要对共原点笛卡儿坐标系的坐标转换方法进行研究，并推导出相应的公式。

其实，共原点的笛卡儿坐标系的转换方法比较简单，由于两坐标系的原点是相同的，只有坐标轴不同，在三维坐标系定义下，这种坐标系转换只需对其中一个坐标系的三个坐标轴进行一定角度的旋转即可，至于坐标轴的转换顺序、角度大小，完全可以根据用户的需要及坐标系的特征进行定义，如图 2.9 所示。

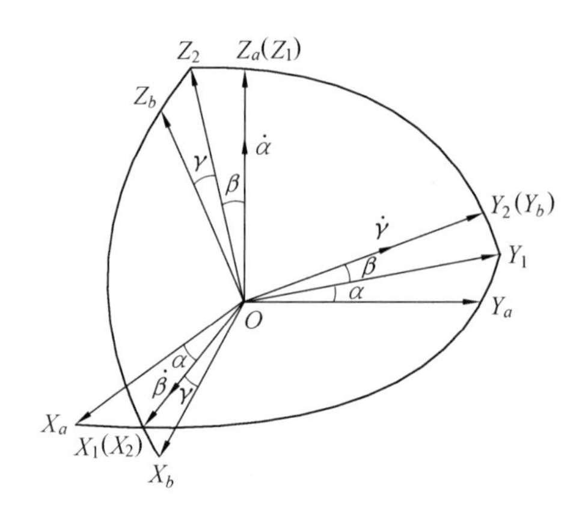

图 2.9　共原点笛卡儿坐标转换示意图

坐标系由 $X_aY_aZ_a$ 转为 $X_bY_bZ_b$，先绕 Z_a 轴逆时针（从 Z_a 轴的正方向向原点看）旋转 α，得到 $X_1Y_1Z_1$，即

$$\begin{bmatrix} X_1 \\ Y_1 \\ Z_1 \end{bmatrix} = \begin{bmatrix} \cos\alpha & \sin\alpha & 0 \\ -\sin\alpha & \cos\alpha & 0 \\ 0 & 0 & 1 \end{bmatrix} \begin{bmatrix} X_a \\ Y_a \\ Z_a \end{bmatrix} \tag{2.14}$$

再绕 X_1 轴旋转β，得到 $X_2Y_2Z_2$，即

$$\begin{bmatrix} X_2 \\ Y_2 \\ Z_2 \end{bmatrix} = \begin{bmatrix} 1 & 0 & 0 \\ 0 & \cos\beta & \sin\beta \\ 0 & -\sin\beta & \cos\beta \end{bmatrix} \begin{bmatrix} X_1 \\ Y_1 \\ Z_1 \end{bmatrix} \tag{2.15}$$

最后绕 Y_2 轴旋转γ，得到 $X_bY_bZ_b$，即

$$\begin{bmatrix} X_b \\ Y_b \\ Z_b \end{bmatrix} = \begin{bmatrix} \cos\gamma & 0 & -\sin\gamma \\ 0 & 1 & 0 \\ \sin\gamma & 0 & \cos\gamma \end{bmatrix} \begin{bmatrix} X_2 \\ Y_2 \\ Z_2 \end{bmatrix} \tag{2.16}$$

所以

$$\begin{bmatrix} X_b \\ Y_b \\ Z_b \end{bmatrix} = \begin{bmatrix} \cos\gamma & 0 & -\sin\gamma \\ 0 & 1 & 0 \\ \sin\gamma & 0 & \cos\gamma \end{bmatrix} \begin{bmatrix} 1 & 0 & 0 \\ 0 & \cos\beta & \sin\beta \\ 0 & -\sin\beta & \cos\beta \end{bmatrix} \begin{bmatrix} \cos\alpha & \sin\alpha & 0 \\ -\sin\alpha & \cos\alpha & 0 \\ 0 & 0 & 1 \end{bmatrix} \begin{bmatrix} X_a \\ Y_a \\ Z_a \end{bmatrix}$$

$$= \begin{bmatrix} \cos\alpha\cos\gamma - \sin\alpha\sin\beta\sin\gamma & \sin\alpha\cos\gamma + \cos\alpha\sin\beta\sin\gamma & -\cos\beta\sin\gamma \\ -\sin\alpha\cos\beta & \cos\alpha\cos\beta & \sin\beta \\ \cos\alpha\sin\gamma + \sin\alpha\sin\beta\cos\gamma & \sin\alpha\sin\gamma - \cos\alpha\sin\beta\cos\gamma & \cos\beta\cos\gamma \end{bmatrix} \begin{bmatrix} X_a \\ Y_a \\ Z_a \end{bmatrix}$$

即

$$\begin{bmatrix} X_b \\ Y_b \\ Z_b \end{bmatrix} = \begin{bmatrix} \cos\alpha\cos\gamma - \sin\alpha\sin\beta\sin\gamma & \sin\alpha\cos\gamma + \cos\alpha\sin\beta\sin\gamma & -\cos\beta\sin\gamma \\ -\sin\alpha\cos\beta & \cos\alpha\cos\beta & \sin\beta \\ \cos\alpha\sin\gamma + \sin\alpha\sin\beta\cos\gamma & \sin\alpha\sin\gamma - \cos\alpha\sin\beta\cos\gamma & \cos\beta\cos\gamma \end{bmatrix} \begin{bmatrix} X_a \\ Y_a \\ Z_a \end{bmatrix} \tag{2.17}$$

下面对在导航系统里常用的共原点笛卡儿直角坐标的转换公式进行推导。

（1）当地地理坐标系与载体坐标系的转换。

当地地理坐标系是用来表示载体所在位置北向、东向和垂直方向的坐标系，根据坐标轴正向的指向不同，可以取为北天东（NUE）、北东地（NED）、东北天（ENU）或北西天（NWU）等坐标系。下文中的当地地理坐标系均以 NUE 坐标系为例。

两坐标系共原点，故只需通过上述方法即可得到两坐标系的转换公式。假设坐标点在当地地理坐标系和载体坐标系中的坐标分别为（X_b，Y_b，Z_b）和（X_N，Y_U，Z_E），则

$$
\begin{bmatrix} X_b \\ Y_b \\ Z_b \end{bmatrix} = \begin{bmatrix} 1 & 0 & 0 \\ 0 & \cos\gamma & \sin\gamma \\ 0 & -\sin\gamma & \cos\gamma \end{bmatrix} \begin{bmatrix} \cos\theta & \sin\theta & 0 \\ -\sin\theta & \cos\theta & 0 \\ 0 & 0 & 1 \end{bmatrix} \begin{bmatrix} \cos\psi & 0 & -\sin\psi \\ 0 & 1 & 0 \\ \sin\psi & 0 & \cos\psi \end{bmatrix} \begin{bmatrix} X_N \\ Y_U \\ Z_E \end{bmatrix}
$$

$$
= \begin{bmatrix} \cos\theta\cos\psi & \sin\theta & -\cos\theta\sin\psi \\ -\sin\theta\cos\psi\cos\gamma + \sin\psi\sin\gamma & \cos\theta\cos\gamma & \sin\theta\sin\psi\cos\gamma + \cos\psi\sin\gamma \\ \sin\theta\cos\psi\sin\gamma + \sin\psi\cos\gamma & -\cos\theta\sin\gamma & -\sin\theta\sin\psi\sin\gamma + \cos\psi\cos\gamma \end{bmatrix} \begin{bmatrix} X_N \\ Y_U \\ Z_E \end{bmatrix} \tag{2.18}
$$

式中，Ψ角为偏航角，迎当地地理坐标系 U 轴俯视，若 N 轴转向载体系 X 轴为逆时针，则Ψ角取正；θ角为俯仰角，载体纵轴在水平面上方时为正；γ角为滚转角，从载体尾部顺纵轴前视，若载体坐标系中的 Y 轴位于纵向对称面的右侧，则γ角取正。

（2）卫星轨道坐标系与 ECEF 直角坐标系的转换。

卫星轨道坐标系是用来描述卫星运动状态的，它与 ECEF 直角坐标系的转换常用于卫星位置的确定中。如图 2.6 所示，轨道坐标系 $O\text{-}X_oY_oZ_o$ 与 ECEF 坐标系 $O\text{-}XYZ$ 共原点，均属于笛卡儿直角坐标系，因此可以利用上述方法进行转换。由卫星轨道坐标系向 ECEF 直角坐标系转换，先绕 Z 轴顺时针旋转ω，使得 X 轴与升交点测度相重合；然后绕新的 X 轴顺时针旋转 i，使得轨道面与赤道面重合，Z 轴重合；最后绕 Z 轴顺时针旋转Ω。因此

$$
\begin{aligned}
\begin{bmatrix} X \\ Y \\ Z \end{bmatrix} &= R_3(-\Omega)R_1(-i)R_3(-\omega)\begin{bmatrix} X_o \\ Y_o \\ Z_o \end{bmatrix} \\
&= \begin{bmatrix} \cos\Omega & -\sin\Omega & 0 \\ \sin\Omega & \cos\Omega & 0 \\ 0 & 0 & 1 \end{bmatrix} \begin{bmatrix} 1 & 0 & 0 \\ 0 & \cos i & -\sin i \\ 0 & \sin i & \cos i \end{bmatrix} \begin{bmatrix} \cos\omega & -\sin\omega & 0 \\ \sin\omega & \cos\omega & 0 \\ 0 & 0 & 1 \end{bmatrix} \begin{bmatrix} X_o \\ Y_o \\ Z_o \end{bmatrix} \\
&= \begin{bmatrix} \cos\Omega\cos\omega - \sin\Omega\cos i\sin\omega & -\cos\Omega\sin\omega - \sin\Omega\cos i\cos\omega & \sin\Omega\sin i \\ \sin\Omega\cos\omega + \cos\Omega\cos i\sin\omega & -\sin\Omega\sin\omega + \cos\Omega\cos i\cos\omega & -\cos\Omega\sin i \\ \sin i\sin\omega & \sin i\cos\omega & \cos i \end{bmatrix} \begin{bmatrix} X_o \\ Y_o \\ Z_o \end{bmatrix}
\end{aligned} \tag{2.19}
$$

3. 不共原点笛卡儿坐标系之间的转换

在同一个地球参考椭球中存在着多个笛卡儿坐标系，这些坐标系的定义是不同的，多数坐标系之间没有明确的相对位置关系，它们不共原点，对于这些坐标系的转换方法，我们也要有针对性地进行研究并推导。

在这些坐标系中，最为典型的坐标转换是地心地固坐标系和当地地理坐标系之间的坐标转换，这两个是我们常用的坐标系，而且在我们进行载体位置信息处理时，也都需要在这两个坐标系中进行坐标转换，所以下面我们将针对这两个坐标系的坐标转换进行研究，此研究方法当然也适用于导航系统中的其他不共原点的笛卡儿坐标系之间的转换。

当地地理坐标系是随着载体的运动不断变化的，所以要进行这两个坐标系之间的转换，首先必须知道载体的实时位置。载体位置信息处理中最常见的是已知载体在 ECEF 坐标系中的位置和速度来求取载体在其当地地理坐标系中的位置和速度。由于速度表示属于向量坐标表示，所以不存在原点的平移，与上节中介绍的方法类似，直接将两坐标系进行旋转使各坐标轴平行即可。对于位置坐标转换，不仅需要进行旋转，还要考虑原点的平移。

如图 2.10 所示，假设 P（B，L，H）点为载体瞬时位置，如图 2.10 建立 NUE 当地地理坐标系，XYZ 构成 ECEF 笛卡儿坐标系。

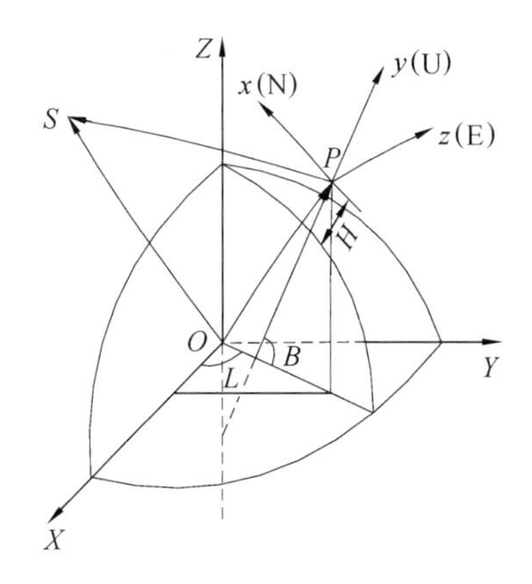

图 2.10　ECEF 笛卡儿坐标系与当地地理坐标系转换示意图

（1）速度转换。

已知载体在 ECEF 坐标系中的速度矢量为$\boldsymbol{V}_{\text{ECEF}}=[V_X,V_Y,V_Z]^{\text{T}}$，在 NUE 坐标系中对应的速度矢量为$\boldsymbol{V}_{\text{NUE}}=[V_{\text{N}},V_{\text{U}},V_{\text{E}}]^{\text{T}}$，则

$$\begin{bmatrix} V_{\text{N}} \\ V_{\text{U}} \\ V_{\text{E}} \end{bmatrix} = \boldsymbol{R}_l \begin{bmatrix} V_X \\ V_Y \\ V_Z \end{bmatrix} \tag{2.20}$$

$$\begin{bmatrix} V_X \\ V_Y \\ V_Z \end{bmatrix} = \boldsymbol{R}_l^{-1} \begin{bmatrix} V_{\text{N}} \\ V_{\text{U}} \\ V_{\text{E}} \end{bmatrix} \tag{2.21}$$

其中

$$\begin{aligned} \boldsymbol{R}_l &= R_2(-90^\circ)R_1(B)R_3(-(90^\circ-L)) \\ &= \begin{bmatrix} 0 & 0 & 1 \\ 0 & 1 & 0 \\ -1 & 0 & 0 \end{bmatrix} \begin{bmatrix} 1 & 0 & 0 \\ 0 & \cos B & \sin B \\ 0 & -\sin B & \cos B \end{bmatrix} \begin{bmatrix} \sin L & -\cos L & 0 \\ \cos L & \sin L & 0 \\ 0 & 0 & 1 \end{bmatrix} \\ &= \begin{bmatrix} -\sin B\cos L & -\sin B\sin L & \cos B \\ \cos B\cos L & \cos B\sin L & \sin B \\ -\sin L & \cos L & 0 \end{bmatrix} \end{aligned} \tag{2.22}$$

由于$\boldsymbol{R}_l$为正交矩阵，故

$$\boldsymbol{R}_l^{-1} = \boldsymbol{R}_l^{\text{T}} = \begin{bmatrix} -\sin B\cos L & \cos B\cos L & -\sin L \\ -\sin B\sin L & \cos B\sin L & \cos L \\ \cos B & \sin B & 0 \end{bmatrix} \tag{2.23}$$

（2）位置转换。

假设载体 P 在 ECEF 坐标系中的位置为$\boldsymbol{x}_p$，$\boldsymbol{x}_p$为笛卡儿直角坐标，可以根据 2.2.1 节中介绍的方法与大地坐标经纬高进行转换，这样可以得到载体所在位置的经纬高，然后就可建立当地地理坐标系 NUE。空间一点 S 在 ECEF 坐标系中的位置为$\boldsymbol{x}_s$，S 在 NUE 坐标系中的位置为$\boldsymbol{x}_l$，则

$$\boldsymbol{x}_l = \boldsymbol{R}_l(\boldsymbol{x}_s - \boldsymbol{x}_p) \tag{2.24}$$

$$\boldsymbol{x}_s = \boldsymbol{R}_l^{-1}\boldsymbol{x}_l + \boldsymbol{x}_p \tag{2.25}$$

2.2.2　不同地球参考椭球间笛卡儿坐标系统的转换

一个坐标系统是由原点、坐标轴指向和尺度来定义的，由于不同导航系统所采用的地球参考椭球模型不同，故各导航系统对应的直角坐标系的原点、坐标轴指向和尺度均不相同。目前常用的转换方法是七参数布尔莎（Bursa）模型，由于常见导航系统对应的大地坐标系变化微小，因此转换参数均可看成微小量来处理，其描述如下：

假设有一点 Q_1 在某原点为 O_1 的地心坐标系（下称坐标系 1）中的坐标为（x_1，y_1，z_1），在另一个原点为 O_1 的地心坐标系（下称坐标系 2）中的坐标为（x_2，y_2，z_2），我们可以得到如图 2.11 所示的关系。

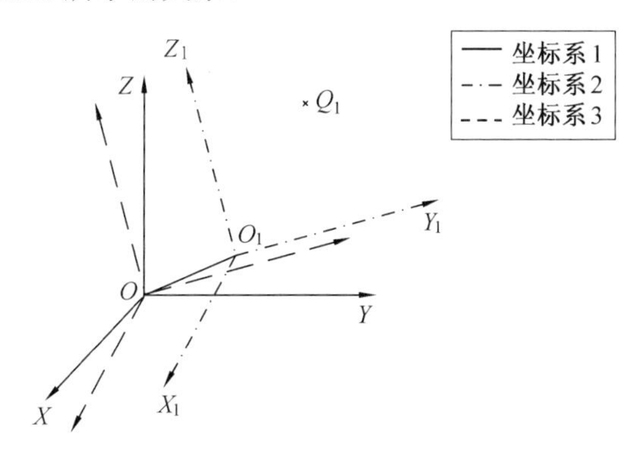

图 2.11　不同地球参考椭球间的地心坐标系位置关系示意图

我们先假设有一个 ECEF 坐标系（下称坐标系 3）原点为 O 且三坐标轴分别与坐标系 2 中的三个坐标轴平行，并且两坐标系的尺度是相同的。在坐标系 3 中有一点 Q' 相对于自身坐标系中原点的坐标与 Q_1 相对于坐标系 1 中原点的坐标是相同的。在此假设下我们可以认为点 Q' 的坐标是 Q_1 依次绕 X 轴、Y 轴、Z 轴旋转而后形成的点。设其绕三轴的旋转角分别为 α、β、γ（角度值按从正轴到原点看过去的逆时针方向转动为正），经过推导，绕 X 轴旋转的旋转矩阵为

$$\boldsymbol{R}_x=\begin{bmatrix}1 & 0 & 0\\ 0 & \cos\alpha & \sin\alpha\\ 0 & -\sin\alpha & \cos\alpha\end{bmatrix} \tag{2.26}$$

同理可以得出，其绕 Y 轴旋转的旋转矩阵为

$$\boldsymbol{R}_y=\begin{bmatrix}\cos\beta & 0 & -\sin\beta\\ 0 & 1 & 0\\ \sin\beta & 0 & \cos\beta\end{bmatrix} \tag{2.27}$$

绕 Z 轴旋转的旋转矩阵为

$$\boldsymbol{R}_z=\begin{bmatrix}\cos\gamma & \sin\gamma & 0\\ -\sin\gamma & \cos\gamma & 0\\ 0 & 0 & 1\end{bmatrix} \tag{2.28}$$

综上，旋转矩阵 $\boldsymbol{R}$ 可以表示为

$$\boldsymbol{R}=\boldsymbol{R}_x\times\boldsymbol{R}_y\times\boldsymbol{R}_z=\begin{bmatrix}1 & 0 & 0\\ 0 & \cos\alpha & \sin\alpha\\ 0 & -\sin\alpha & \cos\alpha\end{bmatrix}\times\begin{bmatrix}\cos\beta & 0 & -\sin\beta\\ 0 & 1 & 0\\ \sin\beta & 0 & \cos\beta\end{bmatrix}\times\begin{bmatrix}\cos\gamma & \sin\gamma & 0\\ -\sin\gamma & \cos\gamma & 0\\ 0 & 0 & 1\end{bmatrix}$$

整理可得

$$\boldsymbol{R}=\begin{bmatrix}\cos\beta\cos\gamma & \cos\beta\sin\gamma & -\sin\beta\\ \sin\alpha\sin\beta\cos\gamma-\cos\alpha\sin\gamma & \sin\alpha\sin\beta\sin\gamma+\cos\alpha\cos\gamma & \sin\alpha\cos\beta\\ \cos\alpha\cos\gamma\sin\beta+\sin\alpha\sin\gamma & \cos\alpha\sin\beta\sin\gamma-\cos\gamma\sin\alpha & \cos\alpha\cos\beta\end{bmatrix} \tag{2.29}$$

考虑到α、β、γ 的角度都很小，我们可以做如下近似计算：$\sin\alpha\approx\alpha$、$\sin\beta\approx\beta$、$\sin\gamma\approx\gamma$； $\cos\alpha\approx1$、$\cos\beta\approx1$、$\cos\gamma\approx1$。

且α、β、γ 的高阶小量均为 0，则式（2.29）中的转换矩阵可以化简为

$$\boldsymbol{R}=\begin{bmatrix}1 & \gamma & -\beta\\ -\gamma & 1 & \alpha\\ \beta & -\alpha & 1\end{bmatrix} \tag{2.30}$$

由式（2.30）可以得出

$$\boldsymbol{Q}' = \boldsymbol{R} \times \boldsymbol{Q}_1 = \begin{bmatrix} 1 & \gamma & -\beta \\ -\gamma & 1 & \alpha \\ \beta & -\alpha & 1 \end{bmatrix} \times \boldsymbol{Q}_1 \tag{2.31}$$

又因为坐标系 3 中的坐标轴与坐标系 2 中的坐标轴分别平行，所以我们可以认为坐标系 2 是坐标系 3 经过尺度变换后平移得到的，即

$$\boldsymbol{O}_1 = \boldsymbol{O} + \begin{bmatrix} \Delta x \\ \Delta y \\ \Delta z \end{bmatrix} \tag{2.32}$$

所以，$\boldsymbol{Q}_1$ 点在坐标系 2 中的坐标为

$$\begin{bmatrix} x_2 \\ y_2 \\ z_2 \end{bmatrix} = \mu \times \begin{bmatrix} 1 & \gamma & -\beta \\ -\gamma & 1 & \alpha \\ \beta & -\alpha & 1 \end{bmatrix} \times \begin{bmatrix} x_1 \\ y_1 \\ z_1 \end{bmatrix} + \begin{bmatrix} \Delta x \\ \Delta y \\ \Delta z \end{bmatrix} \tag{2.33}$$

式（2.33）即为七参数法使用的变换公式，可以表示为

$$\boldsymbol{X}_{\text{new}} = \boldsymbol{X}_0 + \mu \boldsymbol{R} \boldsymbol{X}_{\text{old}} \tag{2.34}$$

式中，$\boldsymbol{X}_{\text{new}} = \begin{bmatrix} x_{\text{new}} \\ y_{\text{new}} \\ z_{\text{new}} \end{bmatrix}$表示执行坐标转换后在目标坐标系中的坐标；$\boldsymbol{X}_0 = \begin{bmatrix} \Delta x \\ \Delta y \\ \Delta z \end{bmatrix}$表示坐标原点的平移量；$\boldsymbol{X}_{\text{old}} = \begin{bmatrix} x_{\text{old}} \\ y_{\text{old}} \\ z_{\text{old}} \end{bmatrix}$表示执行坐标转换前在原坐标系中的坐标；$\mu$为坐标系的尺度变换参数；$\boldsymbol{R} = \begin{bmatrix} 1 & \gamma & -\beta \\ -\gamma & 1 & \alpha \\ \beta & -\alpha & 1 \end{bmatrix}$为旋转矩阵，表示三个坐标轴的旋转量。

七参数的精度决定了两坐标系对应点坐标转换的精度，因此如何求取七参数显得尤为重要。从布尔莎模型可以看出，七参数的求取要至少已知两个坐标系中对应的精确的三个点的坐标，然后采用最小二乘法来求取。经过简单的线性化处理，并忽略微小量，布尔莎模型可以表述如下：

$$\begin{bmatrix} X-X' \\ Y-Y' \\ Z-Z' \end{bmatrix} = \begin{bmatrix} 1 & 0 & 0 & X' & 0 & -Z' & Y' \\ 0 & 1 & 0 & Y' & Z' & 0 & -X' \\ 0 & 0 & 1 & Z' & -Y' & X' & 0 \end{bmatrix} \begin{bmatrix} \mathrm{d}X_0 \\ \mathrm{d}Y_0 \\ \mathrm{d}Z_0 \\ \mathrm{d}m \\ \beta_x \\ \beta_y \\ \beta_z \end{bmatrix} \tag{2.35}$$

假设已知精确测量的 n 个点（$n \geqslant 3$）在两个坐标系中对应的坐标分别为（X_i，Y_i，Z_i）和（X_i'，Y_i'，Z_i'），$i=1, 2, 3, \cdots, n$。则

$$\underbrace{\begin{bmatrix} X_1-X_1' \\ Y_1-Y_1' \\ Z_1-Z_1' \\ X_2-X_2' \\ Y_2-Y_2' \\ Z_2-Z_2' \\ \cdots \\ X_n-X_n' \\ Y_n-Y_n' \\ Z_n-Z_n' \end{bmatrix}}_{\boldsymbol{P}} = \underbrace{\begin{bmatrix} 1 & 0 & 0 & X_1' & 0 & -Z_1' & Y_1' \\ 0 & 1 & 0 & Y_1' & Z_1' & 0 & -X_1' \\ 0 & 0 & 1 & Z_1' & -Y_1' & X_1' & 0 \\ 1 & 0 & 0 & X_2' & 0 & -Z_2' & -Y_2' \\ 0 & 1 & 0 & Y_2' & Z_2' & 0 & -X_2' \\ 0 & 0 & 1 & Z_2' & -Y_2' & X_2' & 0 \\ & & & \cdots & \cdots & & \\ 1 & 0 & 0 & X_n' & 0 & -Z_n' & Y_n' \\ 0 & 1 & 0 & Y_n' & Z_n' & 0 & -X_n' \\ 0 & 0 & 1 & Z_n' & -Y_n' & X_n' & 0 \end{bmatrix}}_{\boldsymbol{H}} \underbrace{\begin{bmatrix} \mathrm{d}X_0 \\ \mathrm{d}Y_0 \\ \mathrm{d}Z_0 \\ \mathrm{d}m \\ \beta_x \\ \beta_y \\ \beta_z \end{bmatrix}}_{\boldsymbol{D}} \tag{2.36}$$

即，$\boldsymbol{P}=\boldsymbol{HD}$，此方程组为超定方程组。

根据定理：若 $\boldsymbol{A} \in \boldsymbol{C}^{m\times n}$，$\boldsymbol{b} \in \boldsymbol{C}^{m\times 1}$，则 $x=\boldsymbol{A}^{+}\boldsymbol{b}$ 是方程组 $\boldsymbol{A}x=\boldsymbol{b}$ 的最佳最小二乘解。其中 $\boldsymbol{A}^{+}$为 $\boldsymbol{A}$ 的伪逆矩阵，$\boldsymbol{A}^{+}=(\boldsymbol{A}^{\mathrm{T}}\boldsymbol{A})^{-1}\boldsymbol{A}^{\mathrm{T}}$。因此

$$\boldsymbol{D}=(\boldsymbol{H}^{\mathrm{T}}\boldsymbol{H})^{-1}\boldsymbol{H}^{\mathrm{T}}\boldsymbol{P} \tag{2.37}$$

为七参数求解公式（2.36）的最佳最小二乘解。

美国、俄罗斯以及德国等科研单位通过实验在局部范围内给出了 PZ-90 坐标系和 WGS-84 坐标系之间的转换参数，但由于实验地点大地经纬度的差异以及观测精度的差异等，给出的参数稍有差异。俄罗斯 MCC（Russian Mission Control Center）1997 年得出了他们认为的最精确的坐标转换参数，并同时给出了 PZ-90 与 IRTF-94 的转换参数。国际地球自转服务（International Earth Rotation Service，IERS）机构在 1995 年工作报告中给出了 WGS-84 与 ITRF-94 之间的转换参数。Galileo 系统采用的 ITRF-96 坐标系统与 ITRF-94 坐标系统间的差值完全在厘米级以内，对绝大多数的用户来说，这样的差距可以忽略不计。CGCS2000 定义为 ITRF-97，采用 2000.0 历元下的坐标和速度场。2007 年 9 月 20 日改进进化后的 PZ-90.02 投入使用，最新的 PZ-90 与 ITRF-2000 只存在原点的平移，三个轴的定向与 ITRF 一致。具体转换参数见表 2.2。

表 2.2　不同参考椭球下 ECEF 坐标转换参数

转换参数	转换系统			
	PZ-90==> WGS-84	PZ-90==> ITRF-94	WGS-84==> ITRF-94	PZ-90==> ITRF-2000
dX_0/m	−0.47	−0.49	−0.02	−0.36
dY_0/m	−0.51	−0.50	0.01	0.08
dZ_0/m	−1.56	−1.57	−0.01	0.18
dm	22×10^{-9}	31×10^{-9}	-17×10^{-9}	0
β_x	0.076×10^{-6}	0.091×10^{-6}	0.015×10^{-6}	0
β_y	0.017×10^{-6}	0.020×10^{-6}	0.003×10^{-6}	0
β_z	-1.728×10^{-6}	1.745×10^{-6}	0	0

目前我国尚没有资料显示有相关组织来测量不同导航系统坐标转换参数，但是可以利用以上介绍的方法来求取适用于局部区域的不同导航系统坐标转换参数。

2.2.3　坐标转换软件实现

通过以上理论分析，本书设计了坐标转换软件，为后续卫星导航相关数据处理提供了方便。主要功能窗体类及其具体功能描述见表 2.3。

表 2.3　主要功能窗体类及其功能描述

	窗体名称	类名称	功能
主窗体	CTrans	frmCTrans	管理各子窗体
子窗体	XYZ<—>BLH	frmXYZBLH	实现 ECEF 坐标系统下空间直角坐标与大地坐标的转换
	共原点笛卡儿坐标系转换	frmSODicarTrans	实现共原点的笛卡儿坐标系统之间的转换（当地地理坐标系与载体坐标系、卫星轨道坐标系与 ECEF 空间直角坐标系）
	ECEF<—>当地地理坐标系	frmECEFNav	实现不共原点的两个坐标系统间的速度转换和位置转换
	求取七参数	frmSevParaSolve	利用最小二乘法来计算不同导航系统的坐标系统间的转换参数
	七参数坐标转换	frmSevParaTrans	利用已知的七参数来进行不同导航系统间坐标系统的转换

坐标转换软件涉及的主要界面如图 2.12～2.16 所示。

图 2.12　ECEF 坐标系下笛卡儿坐标与大地坐标转换界面

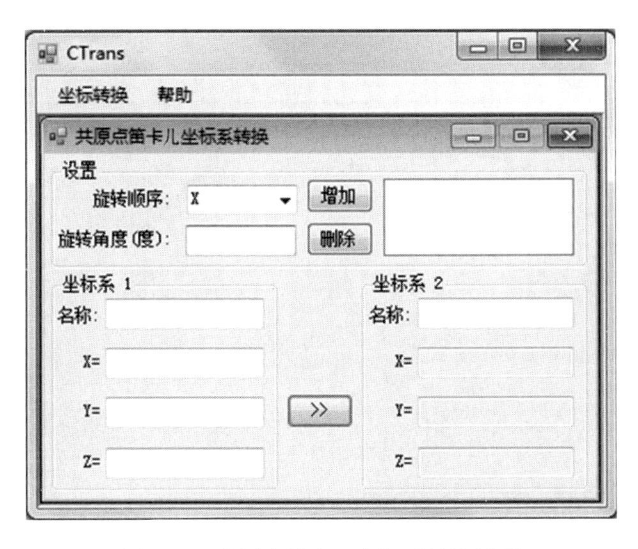

图 2.13　共原点笛卡儿坐标系转换界面

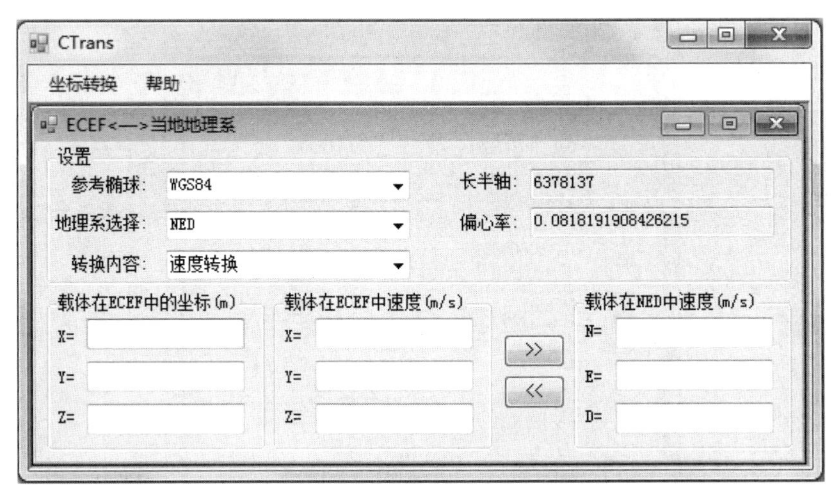

图 2.14　不共原点笛卡儿坐标转换界面

图 2.15　七参数求取界面

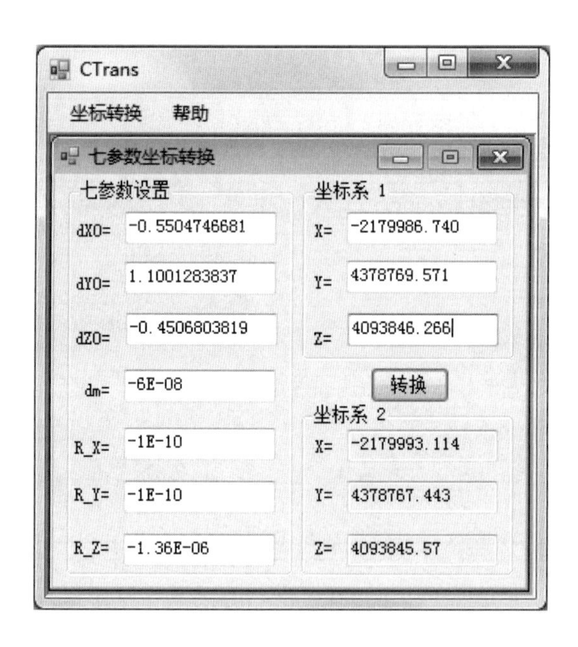

图 2.16　不同地球参考椭球间笛卡儿坐标转换界面

此外，在软件的设计中，还将主要的功能函数封装成为 DLL 动态链接库，用户可以通过 DLL 引用来调用其中的类及其字段和方法，从而可以灵活运用所需的方法实现期望的坐标转换。封装类中主要方法输入、输出参数及其功能描述见表 2.4。

表 2.4　坐标转换封装主要方法输入、输出参数及其功能描述

方法名称	说明		
	输入参数	输出参数	功能
WGS84EllipsePara	无参	椭球参数 double[] EllipsePara	提供 GPS 所采用的椭球参数
PZ90EllipsePara	无参	椭球参数 double[] EllipsePara	提供 GLONASS 所采用的椭球参数
ITRF96EllipsePara	无参	椭球参数 double[] EllipsePara	提供 Galileo 系统所采用的椭球参数
CGCS2000EllipsePara	无参	椭球参数 double[] EllipsePara	提供 BDS 所采用的椭球参数
XYZ_2_BLH	1. 椭球参数 double[] EllipsePara 2. 待转换的坐标值 double[] XYZ	转换后的经纬高 double[] BLH	将 ECEF 坐标系下的空间直角坐标转换为大地坐标
BLH_2_XYZ	1. 椭球参数 double[] EllipsePara 2. 待转换的大地坐标 double[] BLH	转换后的坐标值 double[] XYZ	将 ECEF 坐标系下的大地坐标转换为空间直角坐标
ECEF_2_Nav_V	1. 椭球参数 double[] EllipsePara 2. 地理系类别 string NavSel 3. 载体在 ECEF 中速度 double[] ECEF_v 4. 载体在 ECEF 中位置 double[] ECEF_p	载体在地理系中的速度 double[] Nav_v	将载体在 ECEF 中的速度转换为当地地理坐标系中的速度

续表 2.4

方法名称	说明		
	输入参数	输出参数	功能
Nav_2_ECEF_V	1. 椭球参数 double[] EllipsePara 2. 地理系类别 string NavSel 3. 载体在地理系中速度 double[] Nav_v 4. 载体在 ECEF 中位置 double[] ECEF_p	载体在 ECEF 中速度 double[] ECEF_v	将载体在当地地理坐标系中的速度转换为 ECEF 中的速度
ECEF_2_Nav_P	1. 椭球参数 double[] EllipsePara 2. 地理系类别 string NavSel 3. 载体在 ECEF 中位置 double[] ECEF_p_user 4. 空间点在 ECEF 中位置 double[] ECEF_p_sat	空间点在地理系中位置坐标 double[] Nav_p_sat	将空间某一点在 ECEF 中的位置坐标转换为当地地理坐标系中的位置坐标
Nav_2_ECEF_P	1. 椭球参数 double[] EllipsePara 2. 地理系类别 string NavSel 3. 载体在 ECEF 中位置 double[] ECEF_p_user 4. 空间点在地理系中位置 double[] Nav_p_sat	空间点在 ECEF 中位置坐标 double[]ECEF_p_sat	将空间某一点在当地地理坐标系中的位置坐标转换为 ECEF 中的位置坐标
S_O_dicarTrans	1. 旋转顺序 int[] Turn_order 2. 旋转角度 double[] Turn_angle 3. 转换前坐标 double[] Old_P	转换后坐标 double[] New_P	提供共原点的两个笛卡儿坐标系之间的转换
SevenPara	1. 新坐标系中至少三个点坐标double[,] P1 2. 旧坐标系中至少三个点坐标double[,] P2	转换七参数 double[] SevPara	计算不同导航系统两个坐标系统间的转换参数
SevPara_CO	1. 转换七参数 double[] SevPara 2. 旧坐标系中点的坐标 double[] Old_P	新坐标系对应点坐标 double[] New_P	利用七参数法进行坐标转换

选取文献[8]、[9]中提供的我国地域内部分典型地区分别在 WGS-84 和 PZ-90 中的坐标值，见表 2.5。

表 2.5　我国地域内部分典型地区分别在 WGS-84 和 PZ-90 中的坐标值

地点	X_{84}/m	Y_{84}/m	Z_{84}/m	X_{90}/m	Y_{90}/m	Z_{90}/m
最东乌苏里江	−3 041 591.539	2 954 377.553	4 764 664.333	−3 041 587.153	2 954 380.767	4 764 665.069
最南曾母暗沙	−2 739 425.803	5 740 460.470	472 669.546	−2 739 417.610	5 740 463.440	472 670.024
最西帕米尔	1 369 211.561	4 672 246.272	4 123 267.096	1 369 218.547	4 672 243.590	4 123 267.794
最北漠河地区	−2 198 100.016	3 091 122.539	5 128 977.573	−2 198 095.394	3 091 124.614	5 128 978.331
中部西安地区	−1 710 135.544	4 987 006.362	3 591 085.665	−1 710 128.315	4 987 007.887	3 591 086.330
北京地区	−2 179 993.114	4 378 767.444	4 093 845.570	−2 179 986.740	4 378 769.571	4 093 846.266
重庆地区	−1 584 231.170	5 316 080.493	3 149 031.327	−1 584 223.485	5 316 081.866	3 149 031.966
上海地区	−2 840 180.794	4 637 781.488	3 332 587.329	−2 840 174.107	4 637 784.528	3 332 587.979
香港地区	−2 417 608.037	5 385 006.821	2 416 211.225	−2 417 600.309	5 385 009.332	2 416 211.820
拉萨地区	−65 051.920	5 590 548.442	3 077 840.577	−65 043.771	5 590 547.766	3 077 841.212
乌鲁木齐地区	166 128.517	4 591 357.143	4 425 495.410	166 135.321	4 591 356.093	4 425 496.126

采用上表中的数据和表 2.2 中已知的转换数据，利用本书设计的软件求取不同地球参考椭球间笛卡儿坐标系的近似转换参数，将四大导航系统的坐标系统均统一到 WGS-84 坐标系统，首先求取表 2.5 中所示典型地区在 ITRF-96 坐标系统和 CGCS2000 坐标系统中对应的坐标，见表 2.6。

表 2.6　典型地区在 ITRF-96 坐标系统和 CGCS2000 坐标系统中对应的坐标

地点	X_{96}/m	Y_{96}/m	Z_{96}/m	X_{2000}/m	Y_{2000}/m	Z_{2000}/m
最东乌苏里江	−3 041 591.513	2 954 377.584	4 764 664.189	−3 041 586.167	2 954 382.972	4 764 666.244
最南曾母暗沙	−2 739 425.778	5 740 460.390	472 669.434	−2 739 415.705	5 740 465.632	472 671.758
最西帕米尔	1 369 211.505	4 672 246.264	4 123 266.950	1 369 219.785	4 672 244.080	4 123 269.077
最北漠河地区	−2 198 100.014	3 091 122.573	5 128 977.423	−2 198 094.429	3 091 126.470	5 128 979.472
中部西安地区	−1 710 135.546	4 987 006.341	3 591 085.514	−1 710 126.718	4 987 009.524	3 591 087.734
北京地区	−2 179 993.109	4 378 767.441	4 093 845.418	−2 179 985.320	4 378 771.394	4 093 847.590

续表 2.6

地点	X_{96}/m	Y_{96}/m	Z_{96}/m	X_{2000}/m	Y_{2000}/m	Z_{2000}/m
重庆地区	−1 584 231.173	5 316 080.460	3 149 031.179	−1 584 221.785	5 316 083.464	3 149 033.429
上海地区	−2 840 180.776	4 637 781.469	3 332 587.184	−2 840 172.551	4 637 786.631	3 332 589.396
香港地区	−2 417 608.023	5 385 006.776	2 416 211.086	−2 417 598.527	5 385 011.287	2 416 213.362
拉萨地区	−65 051.948	5 590 548.403	3 077 840.431	−65 042.096	5 590 548.788	3 077 842.675
乌鲁木齐地区	166 128.481	4 591 357.141	4 425 495.256	166 136.632	4 591 357.009	4 425 497.399

求取的转换参数见表 2.7。

表 2.7　各坐标系统与 WGS-84 坐标系统的转换参数

转换参数	转换系统		
	PZ−90==> WGS−84	ITRF96==> WGS−84	CGCS2000==> WGS−84
dX_0/m	−0.47	0.02	−0.11
dY_0/m	−0.51	−0.01	−0.59
dZ_0/m	−1.56	0.01	−1.74
dm	22×10^{-9}	17×10^{-9}	22×10^{-9}
β_x	0.076×10^{-6}	-0.015×10^{-6}	0.076×10^{-6}
β_y	0.017×10^{-6}	-0.003×10^{-6}	0.017×10^{-6}
β_z	-1.728×10^{-6}	0	-1.728×10^{-6}

2.3　时间系统

导航卫星围绕地球做高速运动，以 GPS 卫星为例，其速度在 3.9 km/s 左右，当我们要求观测瞬间卫星的位置误差小于 1 cm 时，观测时刻的误差应小于 2.6 μs。在利用卫星进行定位时，需要测量卫星信号到接收机的传播距离，由于信号以光速传播，因此确定卫星与接收机之间的距离就需要测量卫星信号的传播时间。1 μs 的传播时间误差将导致 300 m 的距离测量误差，如果我们需要米级的距离测量精度，时间测量误差必须控制在纳秒级。卫星信号播发的时间为卫星导航系统时，而接收机接收信号的时间为协调世界时，这就需要将两个时间尺度统一起来，以满足高精度的信号传播时间测量要求。在多星座 GNSS 应用中，由于各导航系统均采用各自内部的参考时间系统，因此还要考虑各导航系统时之间的转换关系。本节首先介绍了基本的时间尺度定义，包括天文时、原子时和协调世界时，明确了各时间尺度之间的关系。其次，对四大卫星导航系统各自采用的参考时间系统进行了分析。

2.3.1　时间尺度

时间尺度的建立需要考虑一个时间起始点和一个时间跨度，时间跨度可以借助一个可重复观察、连续、稳定的周期运动现象作为基准，例如钟摆、地球自转和晶体振荡频率等。根据所选基准的不同，常用的时间尺度有天文时和原子时。

1. 天文时

天文时包括恒星时（Sidereal Time，ST）、太阳时、世界时（Universal Time，UT）和历书时（Ephemeris Time，ET）。

（1）恒星时和太阳时。

恒星时是对地球旋转的度量，其时间尺度以地球自转为基础，其中，地球沿其转轴相对于某恒星转动一次的时间记为一个视恒星日，即前后两次穿过同一个子午面之间的时间间隔。由于地球绕恒星旋转轨道不是一个严格的圆，而且地球的转轴并不是与旋转轨道面垂直的，所以实际上恒星时也不是恒定的。因此引入了平恒星时的概念，即假设地球在假定圆形旋转轨道上以相同的周期自转，并且转轴垂直于旋转轨道面，这种情况下一个完整的转动周期定义为一个平恒星日。

太阳时也是以地球的自转运动为基础的时间尺度。它是以太阳中心为参考点的，即太阳连续两次通过同一子午面的时间间隔为一个真太阳日。真太阳日的长度也不是恒定的，为了弥补这种不均匀的缺陷，引入了平太阳日和平太阳时的概念。

平恒星时与平太阳时的关系如下：

$$1\text{ 平太阳日}=24\text{ 平太阳时}=86\,400\text{ 平太阳秒}\approx 1.002\,737\text{ 平恒星日} \tag{2.38}$$

$$1\text{ 平恒星日}\approx 0.997\,270\text{ 平太阳日}\approx 86\,164.095\,563\text{ 平太阳秒} \tag{2.39}$$

恒星时和太阳时都依赖于观测者所处的经度，格林尼治子午线的平太阳时记为GMT。国际子午线会议将地球分成 12 个标准时区，每个时区内时间都等于该时区中心子午线处的平太阳时，与 GMT 相差均为整数个小时。

儒略日（Julian Day，JD）是用来记录平太阳日的，从公元前 4713 年世界时 1 月 1 日 12 时算起。到现在为止，这个数字非常庞大，为了处理数字的方便，使用修正儒略日（Modified Julian Day，MJD），起算点为 1858 年 11 月 17 日 GMT 零时。一个儒略世纪包含 36 525 个平太阳日。

（2）世界时。

世界时与平太阳时的尺度相同，根据是否修正地球极移和地球自转速率季节性变化的改正，世界时分为 UT0、UT1 和 UT2 三种。

UT0：多家天文台得到的格林尼治子午线处的平太阳时，UT0 是天文台实际测量的时间，它受地球不平均自转和极移的影响。

UT1：在 UT0 基础上修正了极移的观测影响$\Delta\lambda$（最高 0.06 s），这项修正来自世界各天文台的 UT0 测量。UT1 是天文学家和天文导航员的时间尺度，不是工程上需要的均匀时间尺度。

$$\mathrm{UT1} = \mathrm{UT0} + \Delta\lambda \tag{2.40}$$

式中，$\Delta\lambda = \dfrac{(X_p \sin\lambda - Y_p \cos\lambda)\tan\varphi}{15}$，$X_p$、$Y_p$ 为极移的两个分量，由 IERS 测定并公布；λ、φ为测站的经度和纬度。

UT2：在 UT1 基础上引入了地球自转速率的季节性改正 ΔT_s。

$$\mathrm{UT2} = \mathrm{UT1} + \Delta T_s \tag{2.41}$$

式中，$\Delta T_s = 0.022\sin 2\pi t - 0.012\cos 2\pi t - 0.006\sin 4\pi t + 0.007\cos 4\pi t$，$t$ 为贝塞尔年（回归年的一种，以假想的太阳从黄经 280° 再回到黄经 280° 所经历的时间为准）。

（3）历书时。

历书时以地球绕太阳公转的轨道为基础，不受无法预测的极移和地球自转速度变化的影响。历书秒定义为 1900 年这一年长度的 1/31 556 925.974 7。

$$\mathrm{ET} = \mathrm{UT2} + \Delta T \tag{2.42}$$

ΔT 只能由观测决定，而不能用任何公式推测。显然由此定义的时间尺度烦琐而难以操作。历书时在 1976 年经国际天文学联合会决定由地球力学时和质心力学时取代，1991 年地球力学时更名为地球时。

2. 原子时

原子时是以铯原子的谐振频率为基础的。1967 年，原子秒定义为铯-133 原子基态的两个超精细能级之间跃迁相应辐射的 9 192 631 770 个周期的时长，这个长度正好等于历书秒。在此定义基础上衍生的时间尺度称为国际原子时（International Atomic Time，TAI）。由于其比历书时更加稳定而且更加容易操作，因此选用原子秒代替历书秒作为基本的时间计量单位。美国海军天文台建立的原子时原点为 1958 年 1 月 1 日 0 时 0 分 0 秒（UT2）。国际时间局确定的原子时系统，其原点为美国天文台建立的原点减去 34 ms，即

$$\mathrm{TAI} = \mathrm{UT2}_{1958.1.1.0.0.0} - 0.034 \tag{2.43}$$

1 秒定义的进展见表 2.8。

表 2.8　1 秒定义的进展

年份	1 秒的定义
1960 年以前	1 平太阳日/86 400
1960—1967 年	1 历书秒
1967 年以后	1 国际原子秒

3. 协调世界时

原子时与地球的自转无关，仅与原子内部决定能量跃迁的自然法则有关。然而对于卫星导航来说，将时间和地球自转联系起来是很有必要的。因此引入一个折中的时间尺度——协调世界时（Coordinated Universal Time，UTC）。从 1972 年开始采用的 UTC 是以国际原子秒长为基础，在时刻上尽量接近世界时 UT1 的一种时间尺度。当协调世界时与世界时 UT1 时差超过 ±0.9 s 时，便在协调世界时中引入一跳秒（正或负），使协调世界时与世界时的时刻最为接近。目前引入的跳秒均为正。

$$|\mathrm{UT1} - \mathrm{UTC}| < 0.9\ \mathrm{s} \tag{2.44}$$

$$\text{UTC} - \text{TAI} = 1\,\text{s} \times n \tag{2.45}$$

式中，n 为调整参数，即在 UTC 中引入的跳秒总数。UT1 与 UTC 的差值以及 n 的值均由 IERS 发布。如图 2.17 所示，给出了 1991 年到 2015 年 UT1 与 UTC 的差值曲线。

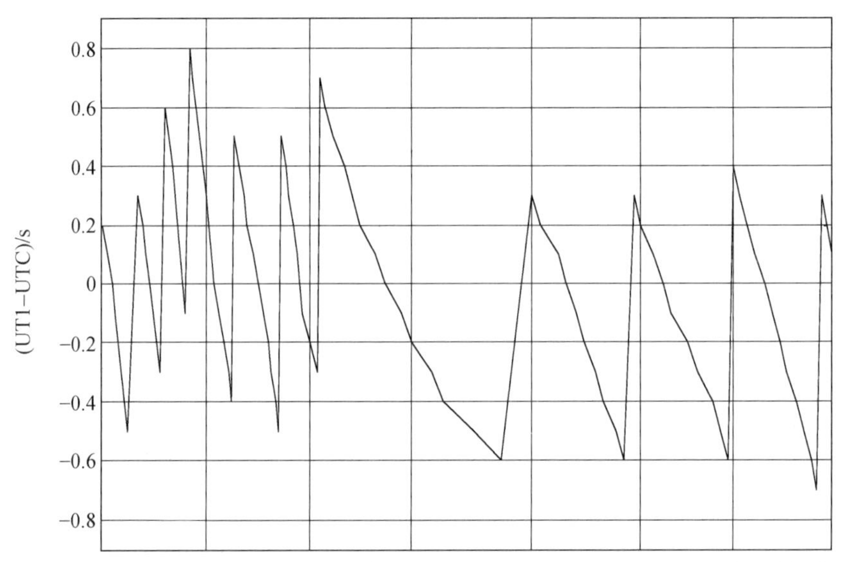

图 2.17　1991—2015 年 UT1 与 UTC 的差值曲线

如图 2.17 所示，可以看出 UT1 与 UTC 的差值并不是连续光滑的，这是由于在曲线出现跳跃的相应日期引入了跳秒，以保证 UTC 与 UT1 的差值不超过±0.9 s。

最近的一次跳秒加载在 2015 年 6 月 30 日 23 时 59 分 59 秒，即在此时，UTC 时间显示的下两秒依次为 2015 年 6 月 30 日 23 时 59 分 60 秒和 2015 年 7 月 1 日 0 时 0 分 0 秒。到目前为止，n=36。从 1972 年采用 UTC 时间以来 UTC 与 TAI 的差值即 UTC 的跳秒数如图 2.18 所示。

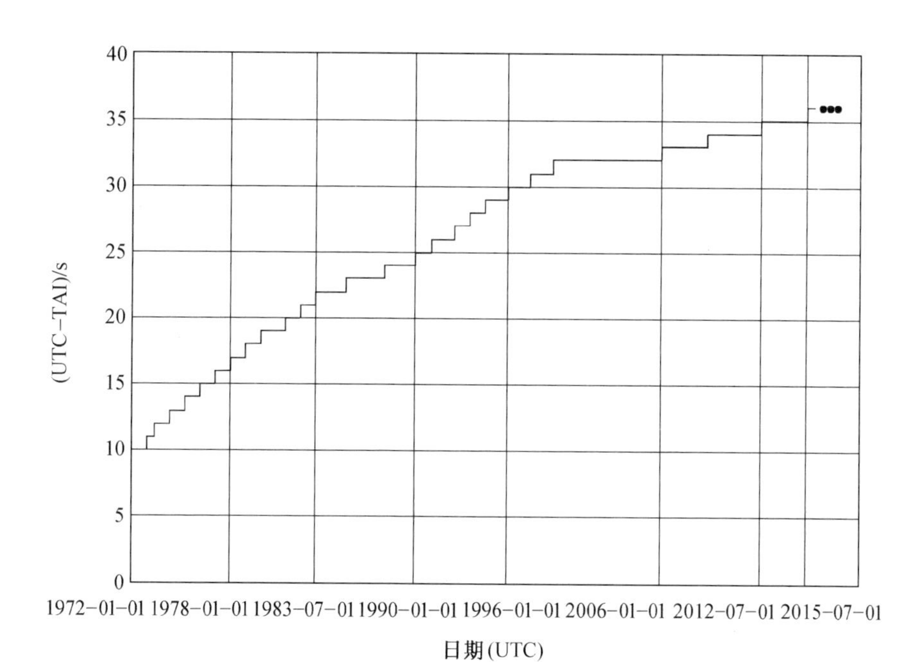

图 2.18　UTC 跳秒曲线

国际标准 UTC 是一个“纸面上”的时间尺度，以位于世界各地 69 个天文台和其他时间实验室的 250 个铯原子钟和氢微波激射器计量的时间为基础。各地天文台或时间实验室维持的原子钟形成当地的协调世界时，记为 UTC（K）。UTC（K）与国际标准 UTC 的差值包括整时差异和秒内偏差，整时差异由时区产生，秒内偏差由国际计量局（Bureau International des Poids et Mesures，BIPM）推后一个月发布。

图 2.19 所示为从 2004 年 11 月 5 日到 2015 年 11 月 28 日国际标准 UTC 与部分天文台或其他时间实验室的 UTC（K）的秒内偏差，包括美国海军天文台（United States Naval Observatory，USNO）的 UTC（USNO），俄罗斯时空计量研究所（Institute of Metrology for Time and Space，SU）的 UTC（SU），中国科学院国家授时中心（National Time Service Center，Chinese Academy of Sciences，NTSC，CAS）的 UTC（NTSC），法国巴黎天文台（Observatoire de Paris，OP）的 UTC（OP），波兰天文台（Astrogeodynamical Observatory，AOS）的 UTC（AOS)以及中国计量科学研究院（National Institute of Metrology，China，NIM）的 UTC（NIM）。

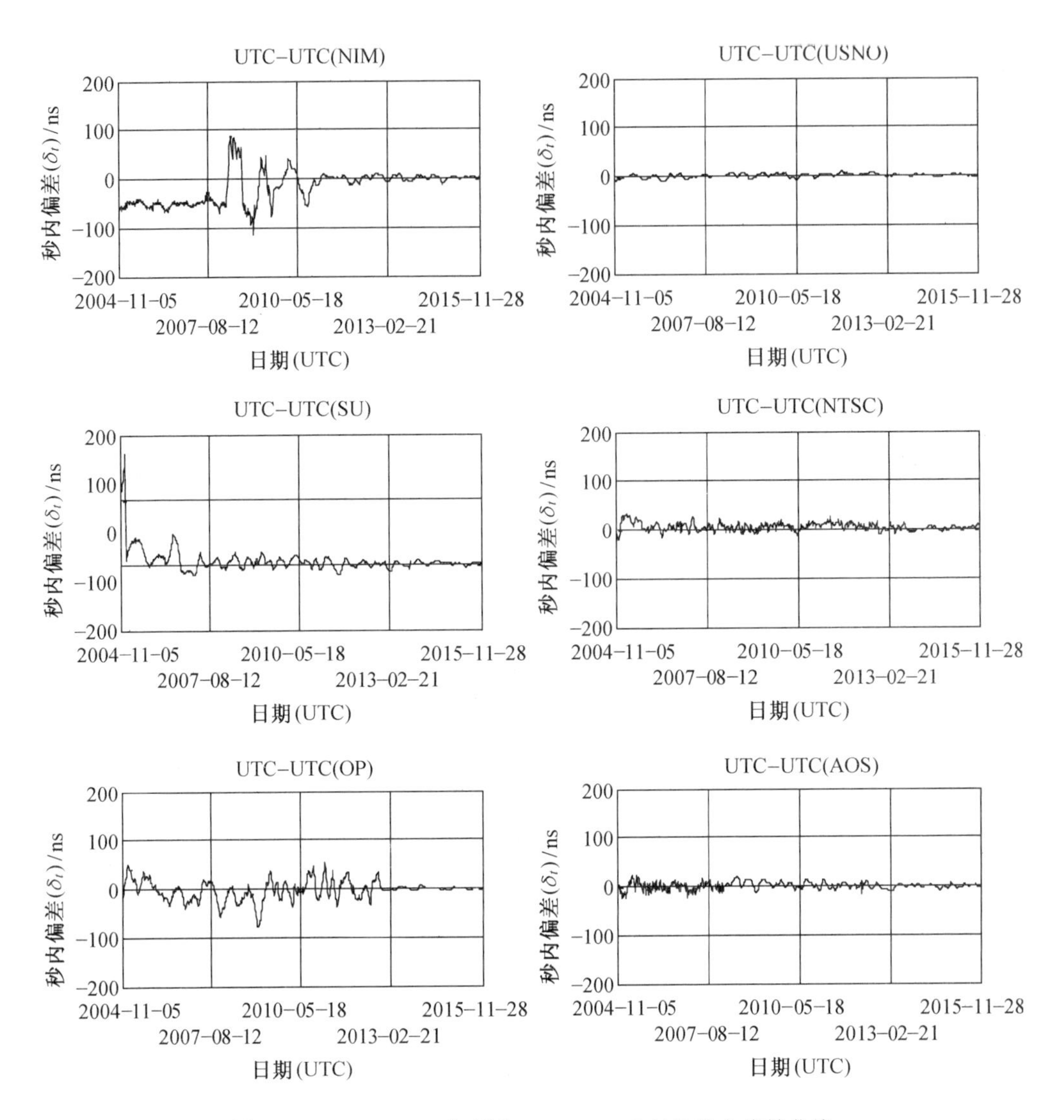

图 2.19　2004—2015 年部分[UTC−UTC(K)]的秒内偏差曲线

在各地天文台或时间实验室中，UTC（USNO）是与国际标准 UTC 最接近的，基本保持在±10 ns 以内。由于各地导航系统均以当地天文台或时间实验室的协调世界时为基准，所以各地天文台或时间实验室都在寻求更高精度的原子钟技术来维持 UTC（K）与国际标准 UTC 更加接近。中国科学院国家授时中心保持的 UTC（NTSC）与国际标准 UTC 的差值基本稳定在 ±20 ns 以内。

2.3.2　卫星导航系统时

为了满足精密定位和导航的要求，全球导航卫星系统（GNSS）均建立了各自内部的参考时间系统，包括 GPS 时（GPST）、GLONASS 时（GLST）、Galileo 系统时（GST）以及 BDS 时（BDT）等。卫星导航系统时应该确保尽量接近 UTC 时间，包括 UTC 的跳秒。

1. GPS 时

GPST 的秒长与 TAI 的秒长一致，由 GPS 卫星原子钟和地面监测站原子钟的观测量统计得出。GPST 属于连续的时间系统，不用跳秒来调整。GPST 的零时刻与 UTC（USNO）的 1980 年 1 月 6 日 0 时 0 分 0 秒一致。它的一个时间历元描述为星期（周）和星期以内的秒（周内秒）。满 1 024 周再重新开始计，每星期内的秒数从星期六到星期天过渡的午夜开始计数，一星期总共 604 800 s。

2. GLONASS 时

GLST 的秒长也与 TAI 的秒长一致，以莫斯科协调世界时 UTC（SU）为基础，由于 GLONASS 控制段的特性，GLST 比莫斯科 UTC（SU）时间提前 3 h。其时标不连续，与 UTC 一样也有跳秒。在跳秒调整时，由于时间的不连续性，GLONASS 系统的导航能力会受到影响。GLST 的起算时间为 UTC（SU）的 1996 年 1 月 1 日 0 时 0 分 0 秒。GLST 的一个时间历元描述为累积日和每日的秒数，以上一次闰年（以 4 年为周期）的开始为起始时间。一个周期内的最大累积日为 1 461 d，一天的秒数从前一天到当天过渡的午夜开始计数，一天总共 86 400 s。

3. Galileo 系统时

GST 的秒长也与 TAI 秒长一致，是连续的时标。GST 相对 TAI 的偏移，在一年 95%的时间内将限制在 50 ns。GST 与 TAI、GST 与 UTC 之差将由 Galileo 卫星向用户播发。

为了提高与 GPS 系统的兼容性和互用性，GST 的起算时间与 GPST 的第二个周期的起始时间一致，设为 1999 年 8 月 22 日 0 时 0 分 0 秒。GST 也以周数和从周六到周日午夜开始计算的周内秒时间方式计算，周数满 4 096 周再重新开始计。

4. 北斗时

BDT 属于连续的时间系统，不用跳秒来调整。其秒长与 TAI 秒长一致，因此 BDT 与 UTC 之间也会有整数秒的差异。BDT 的零时刻与中国科学院国家授时中心（NTSC）的原子钟维持的 UTC（NTSC）2006 年 1 月 1 日 0 时 0 分 0 秒对齐。与 GPST 一样，BDT 的一个时间历元也被描述为周和周内秒。满 1 024 周再重新开始计，每星期内的秒数从星期六到星期天过渡的午夜开始计数，一星期总共 604 800 s。

2.4 时间系统之间的转换

上节内容中提到了多种时间系统，这些时间系统是建立在不同的环境背景下的。从这些时间系统的定义出发，我们能够找到它们之间的内在联系，进而可以对各个时间系统进行换算。尤其在不同的全球卫星导航系统之间，找到它们的时间系统的联系，完成时间系统的转换也为多星座 GNSS 应用提供了条件。本节将主要针对导航系统时与世界协调时之间的关系进行推导，从而完成四大全球卫星导航系统的时间系统的转换关系，并分别给出了整数秒差异和秒内偏差。

2.4.1 导航系统时与 UTC 之间的转换

1. GPS 时与 UTC 之间的转换

GPST 与 UTC 的转换关系为

$$
\begin{aligned}
\text{GPST} &= \text{UTC(USNO)} + t_1 - t_2 = \text{UTC} - t_3 + t_1 - t_2 \\
&= \text{UTC} + t_1 - (t_2 + t_3) = \text{UTC} + t_1 - \Delta t
\end{aligned}
\tag{2.46}
$$

式中，t_1 为 GPST 与 UTC（USNO）的整数秒差异，这是由于 GPST 是连续的时间系统，而 UTC（USNO）会产生跳秒。$t_1 = 1\,\text{s} \times n - 19\,\text{s}$，到目前为止，这个整数秒差异达到 17 s。$t_2$ 为 GPST 与 UTC（USNO）的秒内偏差。t_3 为 UTC 与 UTC（USNO）的秒内偏差。图 2.19 已经给出了其值的变化。令 $\Delta t = t_2 + t_3$，Δt 为 UTC 与 GPST 的秒内偏差，其值由 GPS 卫星导航电文广播，由 BIPM 推后发布。图 2.20 所示为 2013—2014 年 Δt 值的变化。

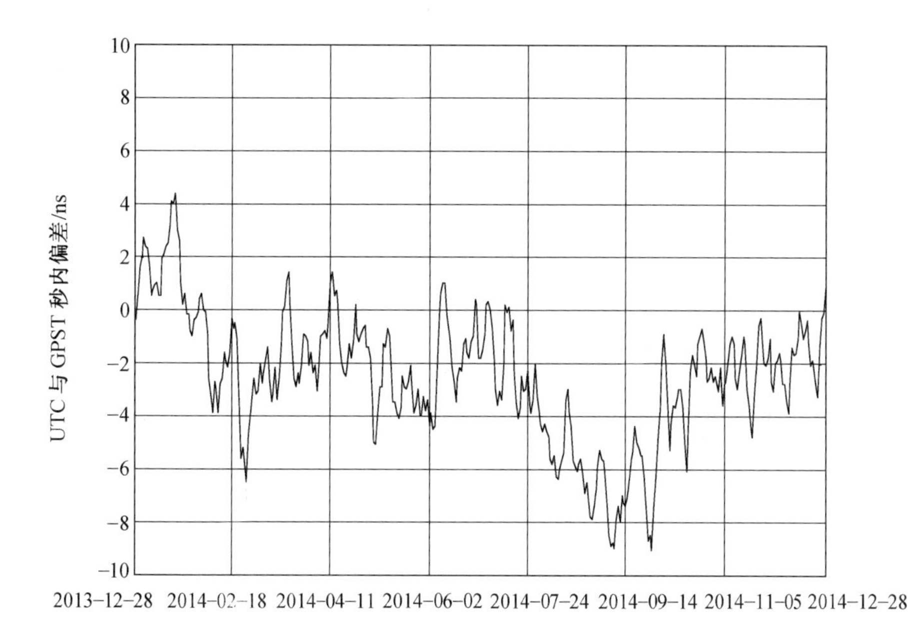

图 2.20　2013—2014 年 UTC 与 GPST 秒内偏差曲线

从图 2.20 可以看出，2013—2014 年 UTC 与 GPST 的秒内偏差被控制在±10 ns 以内。

2. GLONASS 时与 UTC 之间的转换

GLST 与 UTC 的关系如下：

$$
\begin{aligned}
\text{GLST} &= \text{UTC(SU)} + 3h - t_1' = \text{UTC} - t_2' + 3h - t_1' \\
&= \text{UTC} + 3h - (t_1' + t_2') = \text{UTC} + 3h - \Delta t'
\end{aligned} \tag{2.47}
$$

式中，t_1' 为 GLST 与 UTC（SU）的秒内偏差，由于 GLST 采用了和 UTC 完全一样的计时方法，包括它的跳秒，因此 GLST 与 UTC（SU）不存在整数秒差异。t_2' 为 UTC 与 UTC（SU）的秒内偏差。图 2.19，已经给出了其值的变化。令 $\Delta t' = t_1' + t_2'$，$\Delta t'$ 为 UTC 与 GLST 的秒内偏差，其值由 GLONASS 星历进行预报，BIPM 经过计算推后公布。图 2.21 所示为 2013—2014 年 $\Delta t'$ 值的变化。

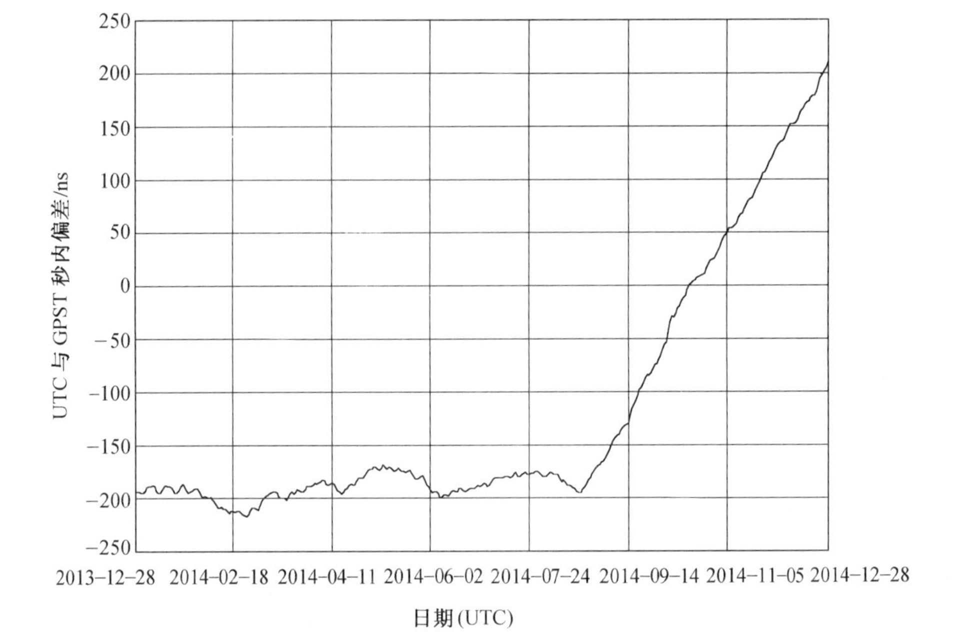

图 2.21　2013—2014 年 UTC 与 GLST 秒内偏差曲线

如图 2.21 所示，可以看出，2013—2014 年 UTC 与 GLST 的秒内偏差达到上百纳秒。因此与 GLONASS 相比，GPS 广播的系统时与 UTC 之间的秒内偏差比 GLONASS 广播的系统时与 UTC 之间的秒内偏差精度要高一个量级。

3. Galileo 系统时与 UTC 之间的转换

GST 与 UTC 的差值也是由整数秒差异和秒内偏差组成的，转换关系为

$$\mathrm{GST} = \mathrm{UTC} + t_1 - \Delta t'' \tag{2.48}$$

式中，t_1 为 GST 与 UTC 的整数秒差异，目前为 17 s，与公式（2.46）中的 t_1 相同。$\Delta t''$ 为 UTC 与 GST 的秒内偏差，将由 Galileo 卫星导航电文播发。目前还没有公开机构对其值进行处理公开发布。

4. 北斗时与 UTC 之间的转换

BDT 与 UTC 的关系如下：

$$\begin{aligned} \text{BDT} &= \text{UTC(NTSC)} + t_1''' - t_2''' = \text{UTC} - t_3''' + t_1''' - t_2''' \\ &= \text{UTC} + t_1''' - (t_2''' + t_3''') = \text{UTC} + t_1''' - \Delta t''' \end{aligned} \tag{2.49}$$

式中，t_1''' 为 BDT 与 UTC 的整数秒差异，$t_1'''=1\ \text{s}\times n-33\ \text{s}$，到目前为止，$n$=36，因此，BDT 与 UTC 的整数秒差异为 3 s。t_2''' 为 BDT 与 UTC（NTSC）的秒内偏差。t_3''' 为 UTC 与 UTC（NTSC）的秒内偏差。令 $\Delta t''' = t_2''' + t_3'''$，$\Delta t'''$ 为 BDT 与 UTC 的秒内偏差，由位于主控站的时间频率系统产生并传递给中国科学院国家授时中心，由中国科学院国家授时中心处理后发布。BDT 与 UTC 的秒内偏差被保持在 100 ns 以内。参考文献[14]中给出了 2010-06-12—2010-08-26 时间内 BDT 与 UTC 的秒内偏差。

2.4.2　不同卫星导航系统时之间的转换

随着多模全球导航卫星系统的发展，不同卫星导航系统时之间的转换关系必须建立，以提高各系统之间的兼容性和互操作性。根据式（2.46）～（2.49）四大卫星导航系统时与 UTC 的关系，可以得到各卫星导航系统时之间的转换关系。

GPS 时与 GLONASS 时之间的关系为

$$\text{GPST} - \text{GLST} = t_1 - 3h - \Delta t + \Delta t' \tag{2.50}$$

GPS 时与 Galileo 系统时之间的关系为

$$\text{GPST} - \text{GST} = \Delta t'' - \Delta t \tag{2.51}$$

GPS 时与北斗时之间的关系为

$$\text{GPST} - \text{BDT} = t_1 - t_1''' - \Delta t + \Delta t''' \tag{2.52}$$

GLONASS 时与 Galileo 系统时之间的关系为

$$\text{GLST} - \text{GST} = 3h - t_1 - \Delta t' + \Delta t'' \tag{2.53}$$

GLONASS 时与北斗时之间的关系为

$$\text{GLST} - \text{BDT} = 3h - t_1''' - \Delta t' + \Delta t''' \tag{2.54}$$

Galileo 系统时与北斗时之间的关系为

$$\mathrm{GST}-\mathrm{BDT}=t_1-t_1'''-\Delta t''+\Delta t''' \tag{2.55}$$

各导航系统时之间的偏差主要由整数秒差异和秒内偏差两部分组成，整数秒差异只有在跳秒调整时才会发生变化，秒内偏差由各卫星导航电文广播或由相关授时中心经过处理后发布。到目前为止，四大卫星导航系统时之间的整数秒差异见表2.9。

表2.9 四大卫星导航系统时之间的整数秒差异

导航系统	GPST	GLST	GST	BDT
GPST	0			
GLST	17 s～3 h	0		
GST	0	3 h～17 s	0	
BDT	14 s	3 h～3 s	14 s	0

第 3 章　卫星轨道仿真

在利用导航卫星实现载体的定位测速时，我们需要知道卫星的瞬时位置和速度。通常情况下，卫星的瞬时位置和速度是通过卫星下发的导航电文中有关轨道参数，根据轨道模型解算所得的，因此对卫星轨道的建模和仿真是卫星导航仿真的重要环节。本章首先简述了各 GNSS 星座特点，使读者对各 GNSS 星座的卫星轨道有直观的了解；之后，从开普勒运动出发，介绍了轨道六根数，完成了基于轨道六根数的卫星轨道建模，介绍了典型的摄动加速度，详述了在考虑摄动的情况下，运用导航电文中所提供的轨道参数和摄动参数，卫星瞬时位置和速度的计算方法。此外，本章给出了计算卫星瞬时位置、速度和卫星轨道描述的仿真实例，为读者完成卫星轨道建模和仿真提供了范本。

3.1　GNSS 星座特点分析

为了为用户提供高精度、全方位、全天候的导航服务，全球卫星导航星座的布局需要满足以下条件：

（1）覆盖是全球性的。

（2）对于所有时段任意用户位置上至少需要 4 颗卫星可见。

（3）为了提供最好的导航精度，星座需要有很好的几何特性，这些特性限定了从互用来看卫星在方位角和仰角上的分布。

（4）在任何一颗卫星失效时，星座应是鲁棒的。

（5）假定一个大型星座中卫星失效的频率增加，则需要星座必须是可维护的，即在星座内重布一颗卫星的代价必须相对较低。

（6）将卫星维持在要求的轨道参数范围内所需的机动频度和幅度尽量小。

（7）卫星到地球表面的距离和有效载荷重量之间应有折中，部分取决于要达到地面最小接收功率所需要的发射信号功率。

GPS、GLONASS、Galileo 和 BDS 的星座建设就是围绕以上几点展开的。下面，我们就四大 GNSS 卫星星座特点展开讨论。

3.1.1 GPS 卫星星座特点分析

GPS 的空间星座基本配置为 24 颗 MEO 卫星（21 颗工作卫星和 3 颗备用卫星），但截止到 2013 年 10 月 28 日，有 32 颗 MEO 卫星在轨，其中 31 颗处于工作状态，1 颗处于测试状态。这些卫星分布于 6 个轨道平面内，每个轨道平面沿赤道以 60° 为间隔均匀分布，轨道倾角为 55°，轨道半径约为 26 600 km，轨道平均高度为 20 200 km，相邻轨道面上，邻近卫星的升交角距相差 30°，卫星运行周期为 11 h 58 min。

上述布局满足了全球覆盖性和全世界范围良好的几何分布需求，完整的 GPS 星座可实现全球覆盖，且在任意时刻可以同时观测到 4～8 颗高度角大于 15° 的卫星。高度角降低到 10° 时，可见星数偶尔能达到 10 颗，如果高度角进一步降低到 5°，则可见星数偶尔能达到 12 颗。

GPS 卫星选择 MEO 卫星，是因为 GEO 卫星较 MEO 卫星高度大，要使地面用户接收到相同功率的信号，GEO 卫星所发射的信号功率必须大于 MEO 卫星；而低地球轨道（LEO）卫星如果要实现全球覆盖，需要的卫星数目比 MEO 卫星多出一个数量级，此外，从精度因子的角度看，LEO 卫星比 MEO 卫星星座的几何特性要差。

在解决卫星星座鲁棒性方面，GPS 采用了备用卫星，以替换不正常的工作卫星。此外，目前 GPS 的卫星超过 24 颗，有一部分原因也是为了提供更高的导航精度和星座的鲁棒性。

需要补充的是，GPS 星座最初设计为 3 个轨道面，每个轨道面 8 颗卫星，轨道倾角 63°。但是，由于财政原因，曾计划将 GPS 空间段减为 18 颗卫星，分布在 6 个轨道面上，每个轨道面 3 颗卫星，这样就不能满足 24 h 全球覆盖。这一计划最终未被采纳，1986 年前后，计划的卫星数增加到 21 颗，分布于 6 个轨道面，每个轨道面 3 颗卫星，另外为 3 颗工作的备用卫星，即目前的 GPS 星座。按照美国研究报告《未来的全球定位系统》的说法，建议重新改用 3 个轨道面，每个轨道面配置 10 颗卫星（这将简化星座维持，便于一箭双星发射）；建议还强调，应尽快从目前的 6 轨道面转换为 3 轨道面，而不是等到 GPSIII 发射时才转换。实际上，从 6 轨道面平稳过渡到 3 轨道面，并不容易实现。

GPS 卫星星座采用的均为 MEO 卫星，最大数量工作卫星数为 32 颗。以 PRN-1 为例，GPS 卫星 24 h 运行的星下点轨迹如图 3.1 所示。

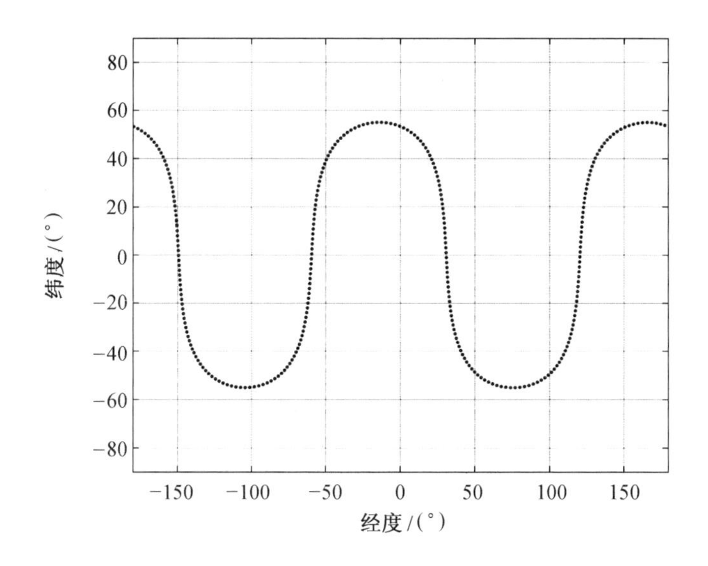

图 3.1　GPS 单颗卫星星下点运行轨迹

GPS 卫星的运行周期约为 12 h，为地球自转周期的 1/2，因此，如图 3.1 所示，24 h GPS 单颗卫星的星下点轨迹为连续的可变弧段。两个周期的星下点轨迹正好首尾相接。

3.1.2　GLONASS 卫星星座特点分析

GLONASS 系统的空间星座基本配置为 24 颗 MEO 卫星，其中 21 颗为工作卫星，3 颗为备用卫星。卫星分布在 3 个等间隔的椭圆轨道面内，每个轨道面上均匀分布 8 颗卫星，同一轨道面上的卫星间隔 45°，轨道倾角为 64.8°，轨道偏心率为 0.001，每个轨道平面的升交点赤经相差 120°。卫星平均高度为 19 100 km，运行周期为 11 h 15 min 44 s。

21 颗卫星构成的星座可以提供 97%地球表面同时连续跟踪 4 颗卫星的能力，而 24 颗卫星构成的星座可以实现 99%的地球表面同时跟踪 5 颗卫星，即 GLONASS 满足全球覆盖性和全世界范围良好的几何分布需求。

21 颗工作卫星、3 颗备用卫星的格局下，1 颗卫星发生故障不会将成功定位的设计概率降到 94.7%以下，即 GLONASS 星座满足鲁棒性的要求。当需要维持系统精度的时候，会发射新的卫星，用来替代故障卫星或是留作未来使用。

此外，与 GPS 相比，由于 GLONASS 卫星的轨道倾角大于 GPS 卫星的轨道倾角，所以在高纬度（50° 以上）地区的可见性较好。

GLONASS 卫星星座采用的也均为 MEO 卫星，最大数量工作卫星数为 24 颗。以 PRN-1 为例，GLONASS 卫星 24 h 运行的星下点轨迹如图 3.2 所示。

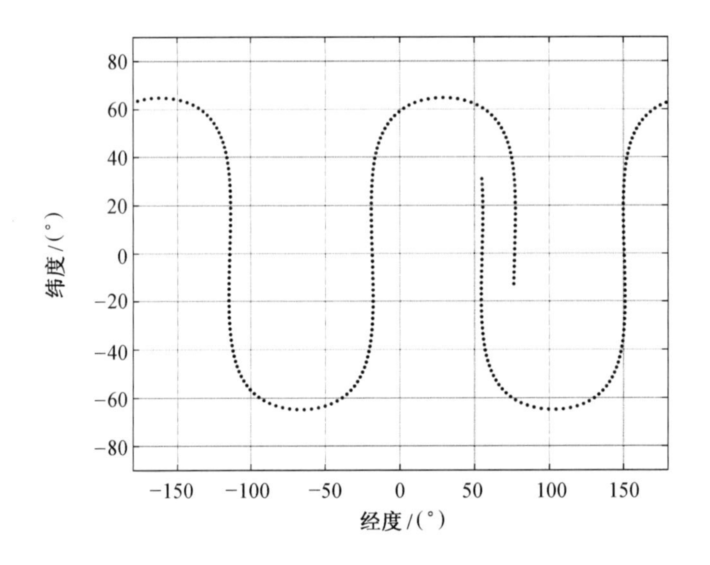

图 3.2　GLONASS 单颗卫星星下点运行轨迹

GLONASS 卫星轨道高度比 GPS 卫星轨道高度要低，因此，GLONASS 卫星的运行周期相对要短，对比图 3.1 和图 3.2，GLONASS 单颗卫星的星下点轨迹不是连续的，每个周期的星下点轨迹也不会首尾相接。相同时间内，其可观测弧段要多于 GPS 卫星。

3.1.3　Galileo 卫星星座特点分析

Galileo 系统的空间星座基本配置为 27 颗工作卫星和 3 颗备用卫星，采用 Walker 27/3/1 星座，卫星分布于 3 个近圆 MEO 轨道上，轨道倾角为 56°，轨道半长轴为 29 601.297 km，轨道高度为 23 222 km，偏心率为 0.002，轨道周期为 14 h 4 min 22 s

（17 天绕轨 10 周）。9 颗工作卫星以 40° 间距均匀分布在轨道上，并有 1 颗备用卫星作为补充。这样，一旦星座中的工作卫星出现故障，就能迅速用备用卫星替换故障卫星，保证了星座的鲁棒性。

以基本配置运行，不包括备用卫星和卫星异常，Galileo 卫星星座可保证在地球任何地点至少观测到 6 颗卫星（高度截止角为 10°）。最大 PDOP（位置精度衰减因子）小于 3.3，最大 HDOP（水平精度衰减因子）小于 1.6。

Galileo 卫星的运行周期足够短以允许测量特性的可重复性，同时又足够长以避免重力谐振，因此，在最初的轨道优化之后，卫星在整个生命周期内不再需要保持位置的机动能力。

此外，对于 23 000 km 以上的高度来说，要达到定位要求的垂直准确度所需的卫星数最少为 24 颗，超过 30 颗并不会带来多大好处。对于这一高度范围和卫星数，3 个轨道面的星座性能最佳。而且，限制轨道数目可降低配置成本，使维护和补给策略更简单。选择 56° 的倾角能在北欧纬度上获得更好的覆盖率。

Galileo 系统卫星星座采用的也均为 MEO 卫星，以 PRN-1 为例，Galileo 系统卫星 24 h 运行的星下点轨迹如图 3.3 所示。

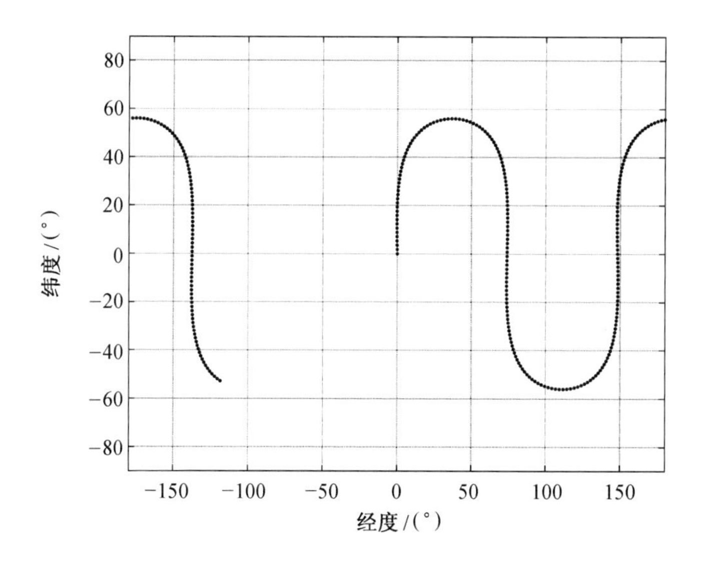

图 3.3　Galileo 系统单颗卫星星下点运行轨迹

Galileo系统卫星轨道高度比GPS和GLONASS的卫星轨道高度高，因此，Galileo卫星的运行周期相对要长，24 h仿真时间内，Galileo系统单颗卫星没有运行完两个完整的周期，因此其星下点轨迹没有横跨整个经度范围，其星下点轨迹也不是连续的。相同时间内，其可观测弧段少于GPS和GLONASS卫星。

3.1.4　BDS卫星星座特点分析

2020年7月，北斗三号全球卫星导航系统建成并正式开通，BDS标称空间星座由3颗地球静止轨道（GEO）卫星、24颗中圆地球轨道（MEO）卫星和3颗倾斜地球同步轨道（IGSO）卫星组成。GEO卫星轨道高度为35 786 km，分别定点于东经80°、110.5°和140°；MEO卫星轨道高度为21 528 km，均匀分布在3个轨道上，轨道倾角为55°，为Walker 27/3/1星座；IGSO卫星轨道高度为35 786 km，轨道倾角为55°，星下点共迹且轨迹的对称中心处在118° E，相位差为120°。有研究表明，66° E至143° E范围内的GEO卫星可以完全覆盖我国的领土。IGSO能克服高纬度区始终是低仰角的问题。

BDS卫星星座采用GEO+IGSO+MEO卫星的混合星座，BDS卫星24 h运行的星下点轨迹如图3.4所示，其中MEO卫星以PRN-11为例。

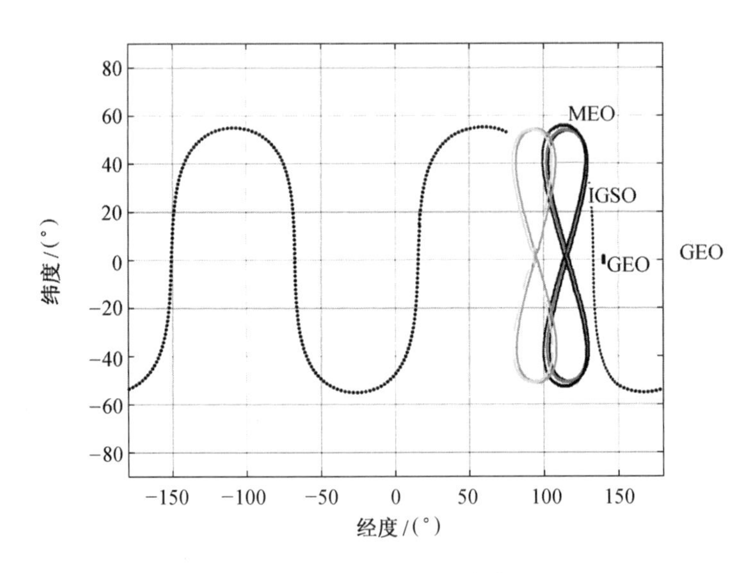

图3.4　BDS卫星的星下点轨迹

BDS 的 MEO 卫星轨道高度介于 GPS 和 Galileo 系统卫星轨道高度之间，高于 GLONASS 卫星轨道高度，因此，其运行周期和相同时间内的可观测弧段也介于二者之间。与其他系统不同的是，BDS 采用混合星座，其中 GEO 卫星的星下点轨迹为一个固定点，IGSO 卫星的星下点轨迹类似数字“8”。这样的星座分布使其在中国区域更加合理，为我国及周边区域提供更多的可见卫星和更长的连续观测时间。

3.2　卫星轨道基础理论

利用卫星对接收机进行定位时，需要知道可见星的空间位置，随时间变化的卫星空间位置组成卫星的运行轨道。卫星的轨道信息可以通过卫星以广播导航电文信息的方式发送给用户，也可以通过其他途径以精密星历的形式获取。获知轨道信息后，我们便可利用已知的轨道模型实现对卫星实时位置的解算。

3.2.1　开普勒三大定律

假设地球是质量均匀分布的圆球，并假设除地球引力外没有其他力作用于卫星，卫星与地球之间是简单的二体运动，则满足方程：

$$\ddot{\boldsymbol{r}} + \frac{G(M+m)}{\boldsymbol{r}^3}\boldsymbol{r} = \boldsymbol{0} \tag{3.1}$$

式中，M 为地球质量；m 为卫星质量；$\boldsymbol{r}$ 为卫星相对于地心的位置矢量；由于 m 相对于 M 太小，通常将 m 忽略不计。

万有引力常数 G 和地球质量 M 乘积通常用地心引力常数 μ 来表示，即 $\mu=GM$。故式（3.1）可改写为

$$\ddot{\boldsymbol{r}} + \frac{\mu}{\boldsymbol{r}^3}\boldsymbol{r} = \boldsymbol{0} \tag{3.2}$$

在卫星只受到地心引力影响的假设下，卫星的运动称为开普勒运动，也称无摄运动，其规律可用开普勒定律来描述。

1. 开普勒第一定律

卫星运行的轨道为一椭圆，该椭圆的一个焦点与地球质心重合（图 3.5）。卫星绕地球质心运动的轨道方程表示为

$$r=\frac{a(1-e^2)}{1+e\cos v} \tag{3.3}$$

式中，r 为卫星到地心的距离；a 为椭圆轨道的半长轴；b 为椭圆轨道的半短轴；e 为椭圆轨道的偏心率，$e=\frac{\sqrt{a^2-b^2}}{a}$；$v$ 为真近点角，即任意时刻卫星的位置与近地点之间的地心夹角，它描述了任意时刻卫星在轨道上相对于近地点的位置，是时间的函数。

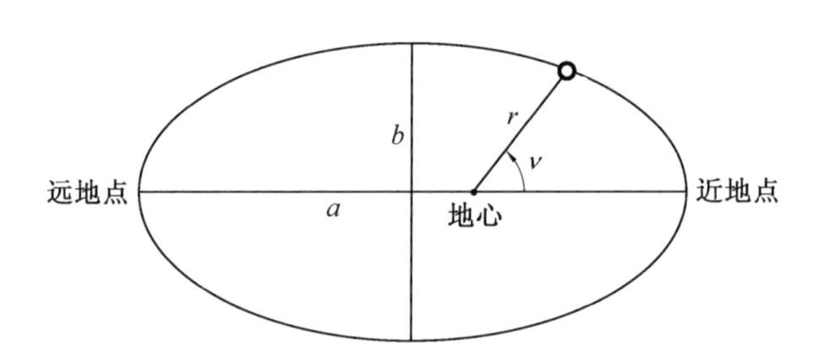

图 3.5　开普勒椭圆

2. 开普勒第二定律

卫星的地心向径在单位时间内所扫过的面积相等。这表明卫星在椭圆轨道上运行时，运行速度不断变化，在近地点处最大，远地点处最小。

3. 开普勒第三定律

卫星运行周期（T）的平方与轨道椭圆半长轴的立方之比为常量，等于地心引力常数 μ的倒数，即

$$\frac{T^2}{a^3}=\frac{4\pi^2}{\mu} \tag{3.4}$$

3.2.2　开普勒轨道根数

1. 常用轨道六根数

如图 3.6 所示，描述卫星轨道时，参数 a 和 e 唯一地确定了卫星轨道的形状和大小；ν 唯一地确定了卫星在轨道上的瞬时位置。但是，卫星轨道平面与地球的相对位置和方向还无法确定。以赤道坐标系为参考坐标系，引入轨道倾角 i，升交点赤经 Ω 和近地点角距 ω 来描述卫星轨道平面与地球的相对位置。

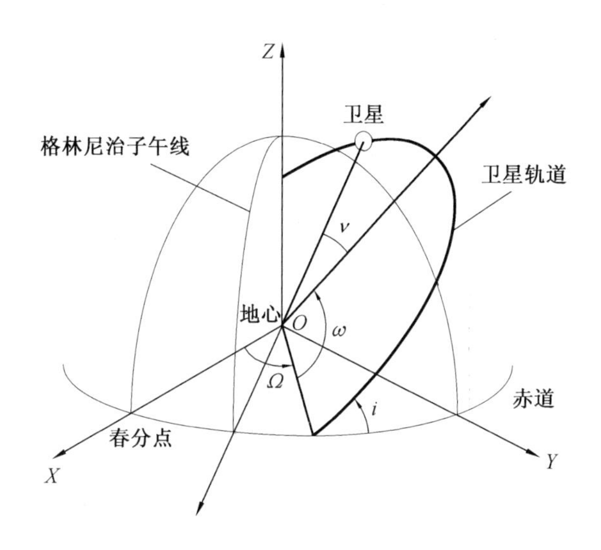

图 3.6　卫星轨道参数示意图

如图 3.6 所示，理想椭圆轨道可以用以下 6 个轨道参数（开普勒轨道六根数）表示：

（1）轨道半长轴 a。

（2）轨道偏心率 e。

（3）轨道倾角 i：卫星轨道平面与赤道之间的夹角。

（4）升交点赤经 Ω：地球赤道面上，升交点与春分点之间的夹角。

（5）近地点角距 ω：轨道平面上，升交点与近地点之间的地心夹角。

（6）真近点角 ν：轨道平面上卫星与近地点之间的地心夹角。

通过这 6 个轨道根数，我们便可唯一地确定卫星在地球赤道坐标系中的位置。

如图 3.5 所示，卫星在轨道平面内的瞬时位置是由近点角（即近地点角距）来描述的，除真近点角 ν 外，常用的近点角还有偏近点角 E 和平近点角 M。

2. 偏近点角 *E*

如图 3.7 所示，以地心为原点 O，以指向近地点的方向为 P 轴，以过地心、垂直于 P 的轴为 Q 轴，建立轨道平面坐标系。以椭圆卫星轨道中心为圆心，以卫星轨道半长轴 a 为半径作一个辅助圆，过卫星 S 作 P 轴的垂线，其延长线与辅助圆交于 S'，辅助圆的圆心到 S' 的向径与 P 轴的夹角即为偏近点角 E。

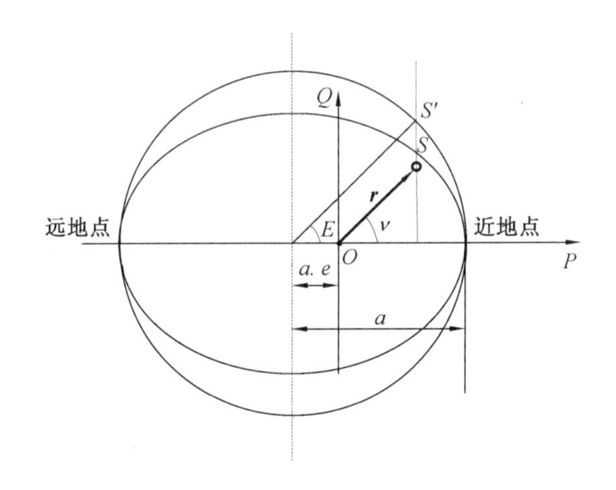

图 3.7　近点角示意图

如图 3.7 所示，有几何关系：

$$a\cos E = ae + r\cos\nu \tag{3.5}$$

$$r\cos\nu = a\cos E - ae \tag{3.6}$$

由式（3.3）可得

$$r + er\cos\nu = a(1-e^2) \tag{3.7}$$

将式（3.7）代入式（3.6）可得

$$r = a(1-e\cos E) \tag{3.8}$$

在轨道平面 POQ 中，用偏近点角 E、偏心率 e 和轨道半长轴 a 可将卫星相对地心的位置矢量 $\boldsymbol{r}$ 表示为

$$\boldsymbol{r}=a\begin{bmatrix}\cos E-e\\ \sqrt{1-e^2}\sin E\end{bmatrix} \tag{3.9}$$

3. 平近点角 M

假设卫星运动的平均角速度为 n，则 $n=\dfrac{2\pi}{T}$，代入式（3.4）得

$$n=\sqrt{\frac{\mu}{a^3}} \tag{3.10}$$

平近点角 M 定义为

$$M=n(t-t_0) \tag{3.11}$$

式中，t_0 为卫星过近地点的时刻。平近点角可以理解为一虚拟卫星在以地心为中心、a 为半径的圆轨道平面内以平均角速度 n 运行，在 t 时刻与近地点的地心夹角。

需要注意的是，由于真近点角 ν 每时每刻都在变化，卫星通常不直接发播 ν 值，而是给出卫星在轨道上运行的平均角速率 n。真近点角 ν、偏近点角 E 和平近点角 M 之间的关系为

$$E=M+e\sin E \tag{3.12}$$

$$\nu=2\arctan\left(\sqrt{\frac{1+e}{1-e}}\tan\frac{E}{2}\right) \tag{3.13}$$

3.2.3　开普勒轨道建模

假设卫星只受到地心引力的作用，且地球为质量均匀分布的圆球，在已知卫星轨道六根数的情况下，我们可以推算卫星在赤道坐标系中任一时刻的瞬时位置和速度。其方法是先获得卫星在轨道平面坐标系中的位置和速度表示，然后利用旋转矩阵，将位置和速度矢量转换到赤道坐标系中。

如图 3.8 所示，在轨道平面 POQ 内，卫星的位置矢量为 $\boldsymbol{r}$，速度矢量为 $\dot{\boldsymbol{r}}$，真近点角为 ν。

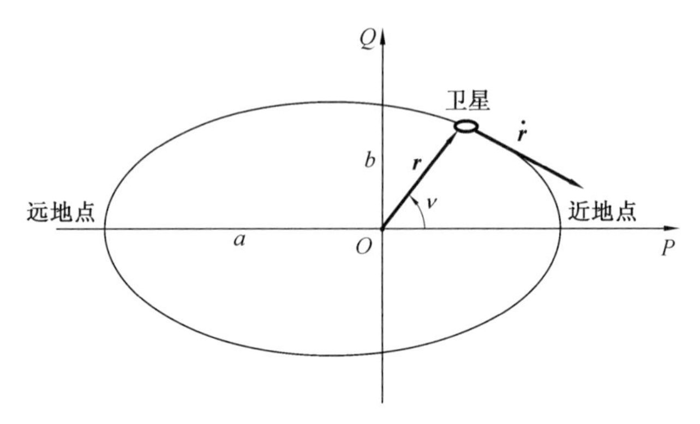

图 3.8　卫星在轨道平面内的位置和速度

$\boldsymbol{r}$ 和 $\dot{\boldsymbol{r}}$ 如式（3.14）和式（3.15），式（3.15）由式（3.14）求导得出

$$\boldsymbol{r}=\begin{bmatrix} r\cos\nu \\ r\sin\nu \end{bmatrix} \tag{3.14}$$

$$\dot{\boldsymbol{r}}=\frac{\mathrm{d}\boldsymbol{r}}{\mathrm{d}t}=\begin{bmatrix} (\dot{r}\cos\nu - r\dot{\nu}\sin\nu) \\ (\dot{r}\sin\nu + r\dot{\nu}\cos\nu) \end{bmatrix} \tag{3.15}$$

式（3.14）和式（3.15）中，r 和 $\dot{r}$ 分别为 $\boldsymbol{r}$ 和 $\dot{\boldsymbol{r}}$ 的模。

将式（3.3）求导可得

$$\dot{r}=\frac{a(1-e^2)e\dot{\nu}\sin\nu}{(1+e\cos\nu)^2} \tag{3.16}$$

其中，$\dot{\nu}=\frac{\sqrt{a(1-e^2)\mu}}{r^2}$，$\mu$=$GM$（地球引力常数）。

将式（3.3）代入式（3.14）可得

$$\boldsymbol{r}=\frac{a(1-e^2)}{1+e\cos\nu}\begin{bmatrix} \cos\nu \\ \sin\nu \end{bmatrix} \tag{3.17}$$

将式（3.3）和式（3.16）代入式（3.15）可得

$$\dot{\boldsymbol{r}} = \sqrt{\frac{\mu}{a(1-e^2)}}\begin{bmatrix} -\sin\nu \\ \cos\nu + e \end{bmatrix} \tag{3.18}$$

至此，在轨道平面中，$\boldsymbol{r}$ 和 $\dot{\boldsymbol{r}}$ 完全由轨道根数中的 a、e 和 ν 表示。接下来完成位置和速度矢量由轨道平面坐标系（二维）到赤道坐标系（三维）的转换。设 $\boldsymbol{r}$ 和 $\dot{\boldsymbol{r}}$ 转换到赤道坐标系中分别表示为 $\boldsymbol{\rho}$ 和 $\dot{\boldsymbol{\rho}}$ 。转换关系定义为

$$\begin{cases} \boldsymbol{\rho}=\boldsymbol{R}\boldsymbol{r} \\ \dot{\boldsymbol{\rho}}=\boldsymbol{R}\dot{\boldsymbol{r}} \end{cases} \tag{3.19}$$

式中，$\boldsymbol{R}$ 为旋转矩阵。

$$\boldsymbol{R} = \boldsymbol{R}_3(-\Omega)\boldsymbol{R}_1(-i)\boldsymbol{R}_3(-\omega) \tag{3.20}$$

$$\boldsymbol{R}_3(-\Omega) = \begin{bmatrix} \cos\Omega & -\sin\Omega & 0 \\ \sin\Omega & \cos\Omega & 0 \\ 0 & 0 & 1 \end{bmatrix}, \boldsymbol{R}_1(-i) = \begin{bmatrix} 1 & 0 & 0 \\ 0 & \cos i & -\sin i \\ 0 & \sin i & \cos i \end{bmatrix}, \boldsymbol{R}_3(-\omega) = \begin{bmatrix} \cos\omega & -\sin\omega & 0 \\ \sin\omega & \cos\omega & 0 \\ 0 & 0 & 1 \end{bmatrix}$$

将 $\boldsymbol{R}_3(-\Omega)$ 、 $\boldsymbol{R}_1(-i)$ 和 $\boldsymbol{R}_3(-\omega)$ 代入式（3.20）得

$$\boldsymbol{R} = \begin{bmatrix} \cos\Omega\cos\omega - \sin\Omega\sin\omega\cos i & -\cos\Omega\sin\omega - \sin\Omega\cos\omega\cos i & \sin\Omega\sin i \\ \sin\Omega\cos\omega + \cos\Omega\sin\omega\cos i & -\sin\Omega\sin\omega + \cos\Omega\cos\omega\cos i & -\cos\Omega\sin i \\ \sin\omega\sin i & \cos\Omega\sin i & \cos i \end{bmatrix} \tag{3.21}$$

式（3.20）和式（3.21）中，i、Ω 和 ω 分别表示轨道倾角、升交点赤经和近地点角距。

此外，如果要将卫星的位置和速度矢量从赤道坐标系转换到地心地固（ECEF）坐标系中，还需要旋转一个角度 θ，即格林尼治恒星时，旋转矩阵 $\boldsymbol{R}$ 变为

$$\boldsymbol{R}' = \boldsymbol{R}_3(\theta)\boldsymbol{R}_3(-\Omega)\boldsymbol{R}_1(-i)\boldsymbol{R}_3(-\omega) \tag{3.22}$$

其中

$$\boldsymbol{R}_3(\theta)\boldsymbol{R}_3(-\Omega) = \boldsymbol{R}_3(-\lambda) \tag{3.23}$$

$\lambda = \Omega - \theta$ 是升交点经度，所以 R' 可表示为

$$\boldsymbol{R}' = \boldsymbol{R}_3(-\lambda)\boldsymbol{R}_1(-i)\boldsymbol{R}_3(-\omega) \tag{3.24}$$

3.2.4 受摄运动

1. 卫星受摄运动方程

在上节讨论开普勒轨道建模时，我们假设地球是质量均匀分布的圆球，卫星除了受地球引力作用外，不受其他外力作用，我们把这种情况下卫星的运动称为无摄运动。实际上，地球的形状近似于旋转椭球体，严格地讲，是一个形状不规则的椭球体，且地球的质量分布也不均匀，因此，地球对卫星的引力并非总指向地心。卫星除受地球引力作用外，还受其他天体引力的作用，特别受月球和太阳引力的作用。此外，卫星还受太阳光辐射的光压力和地球周围的大气阻力。很明显，由于这些因素的影响，卫星将偏离理想的开普勒轨道，卫星的轨道根数也会发生变化。我们将使卫星偏离开普勒轨道，并使轨道根数发生变化的作用力，称为扰动力或摄动力。在摄动力的作用下，卫星的轨道根数会发生缓慢的、周期性的和非周期性的变化，甚至不规律的变化。

开普勒轨道是理论轨道，没有包括客观存在的摄动影响。在考虑摄动加速度的情况下，在赤道坐标系中，式（3.1）将被改写成式（3.25）的非齐次二阶微分方程的形式：

$$\ddot{\boldsymbol{\rho}}+\frac{\mu}{\boldsymbol{\rho}^3}\boldsymbol{\rho}=\mathrm{d}\ddot{\boldsymbol{\rho}} \tag{3.25}$$

对于 MEO 卫星，由地心引力 $\frac{\mu}{\boldsymbol{r}^2}$ 产生的加速度至少比摄动加速度大 10^4 倍。

由于卫星的位置和速度可用 6 个轨道根数来表示，卫星的位置和速度矢量可以表示为轨道根数和时间的函数。卫星位置和速度向量可写成

$$\begin{cases}\boldsymbol{\rho}=\boldsymbol{\rho}(t,p_i(t))\\ \dot{\boldsymbol{\rho}}=\dot{\boldsymbol{\rho}}(t,p_i(t))\end{cases} \tag{3.26}$$

$p_i(i=1,2,\cdots,6)$ 表示卫星轨道六根数。在开普勒运动中（不考虑摄动时），轨道根数 p_i 是常数，而在受摄运动中，轨道根数是时间的函数。设参考历元 t_0 时刻，某卫星的轨道根数为 $p_{i0}(i=1,2,\cdots,6)$，每种摄动加速度 $\mathrm{d}\ddot{\boldsymbol{\rho}}$ 会引起轨道参数随时间变化 $\dot{p}_{i0}=\frac{\mathrm{d}p_{i0}}{\mathrm{d}t}$，在任意历元 t，轨道根数表示为

$$p_i = p_{i0} + \dot{p}_{i0}(t - t_0) + \delta p_i \tag{3.27}$$

式中，$\dot{p}_{i0}(t - t_0)$表示轨道根数长期漂移或进动；δp_i表示轨道根数不规则的漂移，由于δp_i很小，通常情况忽略不计，式（3.27）简化为

$$p_i = p_{i0} + \dot{p}_{i0}(t - t_0) \tag{3.28}$$

对式（3.22）求导，并考虑式（3.21）得

$$\begin{cases} \dot{\boldsymbol{\rho}} = \dfrac{\partial \boldsymbol{\rho}}{\partial t} + \displaystyle\sum_{i=1}^{6}\left(\dfrac{\partial \boldsymbol{\rho}}{\partial p_i}\dfrac{\partial p_i}{\partial t}\right) \\ \ddot{\boldsymbol{\rho}} = \dfrac{\partial \dot{\boldsymbol{\rho}}}{\partial t} + \displaystyle\sum_{i=1}^{6}\left(\dfrac{\partial \dot{\boldsymbol{\rho}}}{\partial p_i}\dfrac{\partial p_i}{\partial t}\right) = -\dfrac{\mu}{\rho^3}\dot{\boldsymbol{\rho}} + \mathrm{d}\ddot{\boldsymbol{\rho}} \end{cases} \tag{3.29}$$

2. 典型的摄动加速度

（1）地球非球形摄动。

质量均匀的圆形地球对地球的引力为

$$F = -\frac{GMm}{r^3}r \tag{3.30}$$

式中，M 和 m 分别是地球和卫星的质量；G 为引力场系数；r 为卫星与地心之间的距离；F 指向地心。

均匀圆形地球的引力场位为

$$\varPhi_0 = \frac{GM}{r} \tag{3.31}$$

在这种情况下，卫星绕地球运行的轨道是平滑的、无进动的椭圆或圆轨道。实际地球的引力场位为

$$\varPhi = \frac{GM}{r}\left(1 - \sum_{n=2}^{\infty}\left(\frac{a}{r}\right)^n J_n \mathrm{P}_n(\sin\varphi) + \sum_{n=2}^{\infty}\sum_{m=1}^{n}\left(\frac{a}{r}\right)^n (C_{nm}\cos m\lambda + S_{nm}\sin m\lambda)\mathrm{P}_{nm}(\sin\varphi)\right) \tag{3.32}$$

式中，a 为地球半长轴；r 为卫星到地心的距离；φ 和 λ 分别为地球的纬度和经度；J_n、C_{nm} 和 S_{nm} 表示带谐和田谐、扇谐函数系数，可从已知地球模型中得到；P_n 是勒让德多项式；P_{nm} 为勒让德缔合函数。

因此，由地球非球形引起的摄动位为

$$R=\varPhi-\varPhi_0=\frac{GM}{r}\left(-\sum_{n=2}^{\infty}\left(\frac{a}{r}\right)^n J_n\mathrm{P}_n(\sin\varphi)+\sum_{n=2}^{\infty}\sum_{m=1}^{n}\left(\frac{a}{r}\right)^n(C_{nm}\cos m\lambda+S_{nm}\sin m\lambda)\mathrm{P}_{nm}(\sin\varphi)\right) \tag{3.33}$$

式（3.33）中表征扁率的 J_2 项为

$$R_o=\frac{GM}{r}\left(\frac{a}{r}\right)^2 J_2\mathrm{P}_2(\sin\varphi) \tag{3.34}$$

扁率项引起的摄动加速度比由 $\varPhi_0$ 产生的加速度少 10^4 数量级，另外，扁率项要比其他系数项产生的加速度大 3 个数量级左右。

对于 MEO 卫星，中心引力加速度 $\|\ddot{r}\|=\dfrac{GM}{r^2}\approx 0.57\ \mathrm{m/s^2}$，扁率项摄动位引起的加速度 $\|\mathrm{d}\ddot{r}\|\approx\left\|\dfrac{\partial R_o}{\partial r}\right\|=3GM\left(\dfrac{a}{r^2}\right)^2 J_2\mathrm{P}_2\sin\varphi$，卫星的纬度最大只能达到轨道倾角的值，若 i=55°，式 $\mathrm{P}_2(\sin\varphi)$ 的最大值为 0.5。按 $J_2\approx 1.1\times 10^{-3}$，得 $\|\mathrm{d}\ddot{r}\|\approx 5\times 10^{-5}\ \mathrm{m/s^2}$。

（2）日、月摄动力的影响。

如图 3.9 所示，设某天体的质量为 m_s，与地心之间的位置矢量为 $\boldsymbol{\rho}_s$，天体和卫星与地心之间的夹角 γ 可表示为

$$\cos\gamma=\frac{\boldsymbol{\rho}_s\cdot\boldsymbol{\rho}}{\|\boldsymbol{\rho}_s\|\cdot\|\boldsymbol{\rho}\|} \tag{3.35}$$

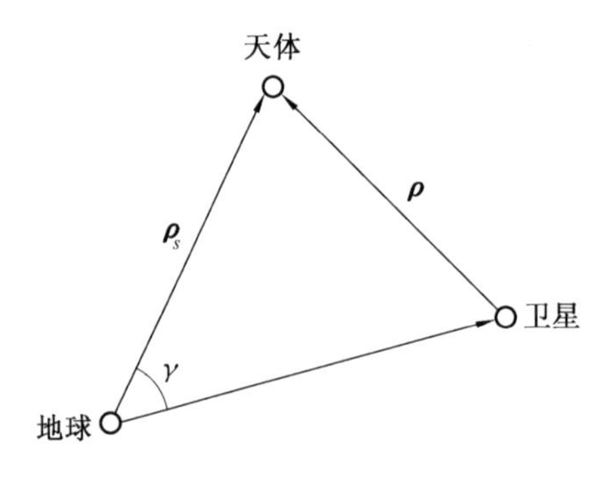

图 3.9　三体问题

这一天体对地球和卫星都有引力的作用，即对地球和卫星都产生一个加速度。对于卫星绕地球的受摄运动，需要考虑的是两个加速度的差，因此，由天体引力引起的摄动加速度表示为

$$\mathrm{d}\ddot{\boldsymbol{\rho}} = Gm_s\left[\frac{\boldsymbol{\rho}_s - \boldsymbol{\rho}}{\left\|\boldsymbol{\rho}_s - \boldsymbol{\rho}\right\|^3} - \frac{\boldsymbol{\rho}_s}{\left\|\boldsymbol{\rho}_s\right\|^3}\right] \tag{3.36}$$

人造地球卫星只需要考虑太阳和月亮的影响，行星的影响可以忽略不计。

当地球、卫星与摄动天体在一条直线上时，由天体引力引起的摄动加速度达到最大。这时，式（3.36）可简化为

$$\left\|\mathrm{d}\ddot{\boldsymbol{\rho}}\right\| = Gm_s\left[\frac{1}{\left\|\boldsymbol{\rho}_s - \boldsymbol{\rho}\right\|^2} - \frac{1}{\left\|\boldsymbol{\rho}_s\right\|^2}\right] \tag{3.37}$$

将太阳参数 $Gm_s \approx 1.3\times10^{20}\ \mathrm{m}^3\cdot\mathrm{s}^{-2}$，$\boldsymbol{\rho}_s \approx 1.5\times10^{11}\ \mathrm{m}^3\cdot\mathrm{s}^{-2}$；月亮参数 $Gm_s \approx 4.9\times10^{12}\ \mathrm{m}^3\cdot\mathrm{s}^{-2}$，$\boldsymbol{\rho}_s \approx 3.8\times10^{8}\ \mathrm{m}^3\cdot\mathrm{s}^{-2}$，分别代入式（3.37），算得太阳和月亮对 MEO 卫星产生的最大摄动加速度分别为 $2\times10^{-6}\ \mathrm{m}\cdot\mathrm{s}^{-2}$ 和 $5\times10^{-6}\ \mathrm{m}\cdot\mathrm{s}^{-2}$。

（3）太阳辐射光压摄动。

光线具有粒子性，光线投射到物体表面时，会形成对物体表面的压力。太阳辐射光压产生的摄动加速度分成两个部分，主分量 $\mathrm{d}\ddot{\boldsymbol{\rho}}_1$ 自太阳指向卫星方向，次分量 $\mathrm{d}\ddot{\boldsymbol{\rho}}_2$ 则指向与太阳和天线方向正交的方向（记为 y 轴方向）。

主分量表示为

$$\mathrm{d}\ddot{\boldsymbol{\rho}}_1 = \nu K \boldsymbol{\rho}_s^2 \frac{\boldsymbol{\rho} - \boldsymbol{\rho}_s}{\left\|\boldsymbol{\rho} - \boldsymbol{\rho}_s\right\|^3} \tag{3.38}$$

式中，$\boldsymbol{\rho}_s$ 为太阳的地心位置矢量；K 与太阳辐射项线性相关，是一项由卫星反射特性及卫星面质比确定的因子；ν 是蚀因子，每颗卫星一年有两次日蚀，当太阳处在或接近轨道平面时就发生日蚀，最长可持续 1 h。当卫星完全处于地球阴影区时，$\nu = 0$，在阳光直接照射下 $\nu = 1$，在半阴影区 $0 < \nu < 1$。

要精确地计算由太阳辐射光压引起的摄动加速度 $\mathrm{d}\ddot{\boldsymbol{\rho}}_1$，必须将 K 和 ν 精确模型化。然而，太阳辐射在一年中的变化不可预测，仅取单一因子来反映卫星的反射特性是不够的；卫星质量虽精确已知，但卫星形状不规则，很难求出面质比。此外，

卫星处在半影区时的蚀因子的取值也是难点，特别是直射区与阴影区过渡期间。因此，将 K 和 ν 模型化很难。$\mathrm{d}\ddot{\boldsymbol{\rho}}_1$ 的数量级在 $10^{-7}\ \mathrm{m \cdot s^{-2}}$。

分量 $\mathrm{d}\ddot{\boldsymbol{\rho}}_2$ 被称为 y 轴偏差，它被认为是由太阳板安装误差和延 y 轴方向的热辐射效应引起的。因为 $\mathrm{d}\ddot{\boldsymbol{\rho}}_2$ 在几个星期内保持不变，通常在卫星定轨时当作未知参数求解。$\mathrm{d}\ddot{\boldsymbol{\rho}}_2$ 比 $\mathrm{d}\ddot{\boldsymbol{\rho}}_1$ 小两个数量级。

太阳辐射压中有一部分是地球表面反射太阳光引起的，称为太阳反照压，对于 MEO 卫星，它产生的摄动加速度比 y 轴偏差还要小，可忽略不计。

星历中已将上述摄动转化为各个调谐参数，根据星历参数计算卫星的瞬时位置和速度时，我们并不直接利用上述的摄动模型，而是以各 GNSS 系统的接口控制文件（ICD）中给出的基于各调谐参数的公式为依据，直接代入调谐参数进行计算。

3.3 基于星历参数的卫星轨道仿真

上节中介绍了理论卫星轨道的计算方法，事实上，在卫星导航中，我们是通过卫星下发的导航电文中的星历参数进行卫星轨道计算的。以下介绍根据各 GNSS 系统的广播星历实现卫星位置和速度计算的方法。其中，GPS、Galileo 和 BDS 下发的广播星历参数大致相同，是基于轨道六根数的，这三个系统卫星的位置和速度计算方法大致相同。但是，GLONASS 下发的广播星历是基于卫星瞬时位置和速度的，所以 GLONASS 卫星的位置和速度计算方法需要另行叙述。

3.3.1 基于 16 参数的 GPS、Galileo 和 BDS 卫星轨道计算

本节所述的卫星轨道计算方法适用于 GPS、Galileo 和 BDS 卫星，GPS、Galileo 和 BDS 的 MEO/IGSO 卫星轨道的算法一致，BDS GEO 卫星的算法略有不同。星历提供的 16 个参数见表 3.1，包括 6 个开普勒参数、6 个调谐系数、1 个轨道倾角速率改正参数、1 个升交点赤经速率改正参数、1 个平均角速度改正参数和 1 个星历数据的参考时刻。

表 3.1　16 参数

参数符号	参数名称
t_{oe}	星历参考时间
$\sqrt{a}$	地球半长轴的平方根
e	偏心率
ω	近地点幅角
Δn	卫星平均运动速率的改正数
M_0	参考时间的平近点角
Ω_0	按参考时间计算的升交点赤经
$\dot{\Omega}$	升交点赤经变化率
i_0	参考时间的轨道倾角
IDOT($\dot{i}$)	轨道倾角变化率
C_{uc}	纬度幅角的余弦调和改正项的振幅
C_{us}	纬度幅角的正弦调和改正项的振幅
C_{rc}	轨道半径的余弦调和改正项的振幅
C_{rs}	轨道半径的正弦调和改正项的振幅
C_{ic}	轨道倾角的余弦调和改正项的振幅
C_{is}	轨道倾角的正弦调和改正项的振幅

由于 GPS、Galileo 和 BDS 的时间和空间标准不同，因此，虽然计算卫星瞬时位置的步骤相同（除 BDS GEO 卫星略有不同外），但是，针对不同的系统进行计算时，所用的时空参数不同，详情参见第 2 章。

1. 卫星瞬时位置计算

（1）计算规划时间 t_k。

卫星星历给出的轨道参数是以星历参考时间 t_{oe} 为基准的。为了得到各轨道参数在 t 时刻的值，需先求出 t 与 t_{oe} 之间的时间差 t_k。

$$t_k = t - t_{oe} \tag{3.39}$$

由于星历参考时间 t_{oe} 是系统时，因此，t 也需要转化成系统时。

（2）计算卫星的平均角速度 n。

首先计算理想的平均角速度 n_0，卫星平均运动角速度为 $\frac{2\pi}{T}$，根据开普勒第三定律 $\frac{T^2}{a^3}=\frac{4\pi^2}{GM}$ 得

$$n_0 = \sqrt{\frac{GM}{a^3}} \tag{3.40}$$

然后计算校正后的卫星平均角速度：

$$n = n_0 + \Delta n \tag{3.41}$$

（3）计算平近点角 M_k。

$$M_k = M_0 + nt_k \tag{3.42}$$

（4）计算偏近点角 E_k。

E_k 由 M_k 和 e 代入 $E = M + e\sin E$ 迭代计算，E_k 迭代初值置为 M_k。

（5）计算真近点角 v_k。

$$v_k = 2\arctan\left(\sqrt{\frac{1+e}{1-e}}\tan\frac{E_k}{2}\right) \quad \text{（参见式（3.13））} \tag{3.43}$$

（6）计算 t 时刻的升交点角距 Φ_k。

$$\Phi_k = v_k + \omega \tag{3.44}$$

（7）计算摄动校正项：升交点角距校正项 δu_k，轨道向径校正项 δr_k 和轨道倾角校正项 δi_k。

$$\delta u_k = C_{us}\sin(2\Phi_k) + C_{uc}\cos(2\Phi_k) \tag{3.45}$$

$$\delta r_k = C_{rs}\sin(2\Phi_k) + C_{rc}\cos(2\Phi_k) \tag{3.46}$$

$$\delta i_k = C_{is}\sin(2\Phi_k) + C_{ic}\cos(2\Phi_k) \tag{3.47}$$

（8）计算校正后的升交点角距 u_k，轨道向径校正项 r_k 和轨道倾角校正项 i_k。

$$u_k = \Phi_k + \delta u_k \tag{3.48}$$

$$r_k = a(1 - e\cos E_k) + \delta r_k \quad \text{（参见式（3.8））} \tag{3.49}$$

$$i_k = i_0 + \dot{i}t_k + \delta i_k \tag{3.50}$$

（9）计算卫星在升交点轨道直角坐标系中的坐标 x_k 和 y_k，如图 3.5 所示。

$$\begin{cases} x_k = r_k \cos u_k \\ y_k = r_k \sin u_k \\ z_k = 0 \end{cases} \tag{3.51}$$

（10）计算升交点经度 Ω_k。

$$\Omega_k = \Omega_0 + (\dot{\Omega} - \omega_e)\ t_k - \omega_e t_{oe} \tag{3.52}$$

式（3.52）计算的是地心地固坐标系中的升交点经度，适用于 GPS、Galileo、BDS 的 MEO 和 IGSO 卫星，ω_e 为地球自转角速率。

$$\Omega_k = \Omega_0 + \dot{\Omega}t_k - \omega_e t_{oe} \tag{3.53}$$

式（3.53）计算的是赤道坐标系中的升交点经度，适用于 BDS GEO 卫星。

（11）计算卫星在地心地固坐标系中的空间直角坐标。

①对 GPS、Galileo、BDS 的 MEO 和 IGSO 卫星，算法如下：

$$\begin{bmatrix} X_k \\ Y_k \\ Z_k \end{bmatrix} = \boldsymbol{R}_3(-\Omega_k)\boldsymbol{R}_1(-i_k)\begin{bmatrix} x_k \\ y_k \\ 0 \end{bmatrix} \tag{3.54}$$

$\boldsymbol{R}_3(-\Omega_k)$ 和 $\boldsymbol{R}_1(-i_k)$ 参见式（3.20），将其代入式（3.54）并展开得

$$\begin{cases} X_k = x_k \cos\Omega_k - y_k \cos i_k \sin\Omega_k \\ Y_k = x_k \sin\Omega_k + y_k \cos i_k \cos\Omega_k \\ Z_k = y_k \sin i_k \end{cases} \tag{3.55}$$

②对 BDS 的 GEO 卫星，算法如下：

首先计算 GEO 卫星在自定义坐标系中的坐标：

$$\begin{bmatrix} X_{Gk} \\ Y_{Gk} \\ Z_{Gk} \end{bmatrix} = \boldsymbol{R}_3(-\Omega_k)\boldsymbol{R}_1(-i_k)\begin{bmatrix} x_k \\ y_k \\ 0 \end{bmatrix} \tag{3.56}$$

$\boldsymbol{R}_3(-\Omega_k)$ 和 $\boldsymbol{R}_1(-i_k)$ 参见式（3.20），将其代入式（3.50）并展开得

$$\begin{cases} X_{Gk} = x_k \cos\Omega_k - y_k \cos i_k \sin\Omega_k \\ Y_{Gk} = x_k \sin\Omega_k + y_k \cos i_k \cos\Omega_k \\ Z_{Gk} = y_k \sin i_k \end{cases} \tag{3.57}$$

计算 GEO 卫星在地心地固坐标系中的坐标：

$$\begin{bmatrix} X_k \\ Y_k \\ Z_k \end{bmatrix} = \boldsymbol{R}_3(\omega_e t_k)\boldsymbol{R}_1(-5^\circ)\begin{bmatrix} X_{Gk} \\ Y_{Gk} \\ Z_{Gk} \end{bmatrix} \tag{3.58}$$

其中，$\boldsymbol{R}_3(\omega_e t_k) = \begin{bmatrix} \cos\omega_e t_k & \sin\omega_e t_k & 0 \\ -\sin\omega_e t_k & \cos\omega_e t_k & 0 \\ 0 & 0 & 1 \end{bmatrix}$，$\boldsymbol{R}_1(-5^\circ) = \begin{bmatrix} 1 & 0 & 0 \\ 0 & \cos 5^\circ & -\sin 5^\circ \\ 0 & \sin 5^\circ & \cos 5^\circ \end{bmatrix}$

2. 卫星瞬时速度计算

（1）GPS、Galileo、BDS 的 MEO 和 IGSO 卫星瞬时速度计算。

卫星的运行速度等于卫星的空间位置对时间的变化率，分别对式（3.54）中的 X_k、Y_k 和 Z_k 进行求导可得

$$\dot{X}_k = \dot{x}_k \cos\Omega_k - x_k \dot{\Omega}_k \sin\Omega_k - \dot{y}_k \cos i_k \sin\Omega_k + \dot{i}_k y_k \sin i_k \sin\Omega_k - \dot{\Omega}_k y_k \cos i_k \cos\Omega_k$$

整理得

$$\dot{X}_k = -y_k \dot{\Omega}_k - (\dot{y}_k \cos i_k - z_k \dot{i}_k)\sin\Omega_k + \dot{x}_k \cos\Omega_k \tag{3.59}$$

$$\dot{Y}_k = \dot{x}_k \sin\Omega_k + x_k \dot{\Omega}_k \cos\Omega_k + \dot{y}_k \cos i_k \cos\Omega_k - y_k \dot{i}_k \sin i_k \cos\Omega_k - y_k \dot{\Omega}_k \cos i_k \sin\Omega_k$$

整理得

$$\dot{Y}_k = x_k \dot{\Omega}_k + (\dot{y}_k \cos i_k - z_k \dot{i}_k)\cos\Omega_k + \dot{x}_k \sin\Omega_k \tag{3.60}$$

$$\dot{Z}_k = \dot{y}_k \sin i_k + y_k \dot{i}_k \cos i_k \tag{3.61}$$

式（3.58）中的 $\dot{x}_k$ 和 $\dot{y}_k$ 可由式（3.57）对时间求导获得，即

$$\begin{cases} \dot{x}_k = \dot{r}_k \cos u_k - r_k \dot{u}_k \sin u_k \\ \dot{y}_k = \dot{r}_k \sin u_k + r_k \dot{u}_k \cos u_k \end{cases} \tag{3.62}$$

$\dot{u}_k$、$\dot{r}_k$、$\dot{i}_k$ 和 $\dot{\Omega}_k$ 分别可由式（3.48）、式（3.49）、式（3.50）和式（3.52）对时间求导获得

$$\dot{u}_k = \dot{\Phi}_k + \delta\dot{u}_k \tag{3.63}$$

$$\dot{r}_k = ae\dot{E}_k \sin E_k + \delta\dot{r}_k \tag{3.64}$$

$$\dot{i}_k = \dot{i} + \delta\dot{i}_k \tag{3.65}$$

$$\dot{\Omega}_k = \dot{\Omega} - \omega_{\mathrm{e}} \tag{3.66}$$

$\delta\dot{u}_k$、$\delta\dot{r}_k$ 和 $\delta\dot{i}_k$ 分别可由式（3.45）、式（3.46）和式（3.47）对时间求导获得

$$\delta\dot{u}_k = 2\dot{\Phi}_k (C_{\mathrm{us}} \cos(2\Phi_k) - C_{\mathrm{uc}} \sin(2\Phi_k)) \tag{3.67}$$

$$\delta\dot{r}_k = 2\dot{\Phi}_k (C_{\mathrm{rs}} \cos(2\Phi_k) - C_{\mathrm{rc}} \sin(2\Phi_k)) \tag{3.68}$$

$$\delta\dot{i}_k = 2\dot{\Phi}_k (C_{\mathrm{is}} \cos(2\Phi_k) - C_{\mathrm{ic}} \sin(2\Phi_k)) \tag{3.69}$$

$\dot{\Phi}_k$ 可由式（3.43）对时间求导获得

$$\dot{\Phi}_k = \dot{v}_k \tag{3.70}$$

$\dot{v}_k$ 可由式（3.43）对时间求导获得

$$\dot{v}_k = \frac{\sqrt{1-e^2}\,\dot{E}_k}{1 - e\cos E_k} \tag{3.71}$$

$\dot{E}_k$ 可由式（3.12）对时间求导获得

$$\dot{E}_k = \frac{\dot{M}_k}{1 - e\cos E_k} \tag{3.72}$$

$\dot{M}_k$ 可由式（3.42）对时间求导获得

$$\dot{M}_k = n \tag{3.73}$$

（2）BDS 的 GEO 卫星瞬时速度计算。

分别对式（3.57）中的 X_k、Y_k 和 Z_k 求导，便可得 BDS GEO 卫星的瞬时速度，由于旋转矩阵 $\boldsymbol{R}_3(\omega_e t_k)\boldsymbol{R}_1(-5^\circ)$ 为常数阵，有

$$\begin{bmatrix} \dot{X}_k \\ \dot{Y}_k \\ \dot{Z}_k \end{bmatrix} = \boldsymbol{R}_3(\omega_\mathrm{e} t_k)\boldsymbol{R}_1(-5^\circ)\begin{bmatrix} \dot{X}_{Gk} \\ \dot{Y}_{Gk} \\ \dot{Z}_{Gk} \end{bmatrix} \tag{3.74}$$

故要求得 $[\dot{X}_k \quad \dot{Y}_k \quad \dot{Z}_k]^\mathrm{T}$ 只需求得 $[\dot{X}_{Gk} \quad \dot{Y}_{Gk} \quad \dot{Z}_{Gk}]^\mathrm{T}$，对比式（3.57）和式（3.55）可知，$[X_{Gk} \quad Y_{Gk} \quad Z_{Gk}]^\mathrm{T}$ 与式（3.55）中的 $[X_k \quad Y_k \quad Z_k]^\mathrm{T}$ 表达式完全相同，只是 Ω_k 的计算方法不同，式（3.55）中的 Ω_k 由式（3.52）计算，而式（3.57）中的 Ω_k 由式（3.53）计算，故我们可以根据 GPS、Galileo、BDS 的 MEO 和 IGSO 卫星瞬时速度计算方法计算 $[\dot{X}_{Gk} \quad \dot{Y}_{Gk} \quad \dot{Z}_{Gk}]^\mathrm{T}$，需要注意的是，此时的 $\dot{\Omega}_k$ 是由 $\dot{\Omega}_k = \dot{\Omega}$。

事实上，由于 GEO 卫星是地球静止轨道卫星，在地心地固坐标系中，GEO 卫星是静止不动的，因此，对于同一颗 GEO 卫星，通过星历参数在不同时刻求得的 $[X_k \quad Y_k \quad Z_k]^\mathrm{T}$ 基本一致。同时，每颗 GEO 卫星在地心地固坐标系中的位置矢量 $[\dot{X}_k \quad \dot{Y}_k \quad \dot{Z}_k]^\mathrm{T}$ 接近 $[0 \quad 0 \quad 0]^\mathrm{T}$。

3.3.2 基于 18 参数的 GPS 卫星轨道计算

GPS 在新的 ICD 文件中采用了 18 参数广播星历模型，与 3.3.1 节中的 16 参数相比有如下变化：

（1）$\sqrt{a}$ 替换为 Δa，相对于 $a_\mathrm{ref} = 26\,559\,710\ \mathrm{m}$。

（2）$\dot{\Omega}$ 替换为 $\Delta\dot{\Omega}$，相对于 $\dot{\Omega}_\mathrm{ref} = -2.6\times10^{-9}\pi\ \ \mathrm{rad/s}$。

（3）新增加 2 个参数，半长轴变化率 $\dot{a}$ 和 Δn 变化率 $\Delta\dot{n}$。

18 参数模型卫星位置的计算步骤和 16 参数基本一致（见 3.3.1 节），其中计算平均角速度的公式有所改变，此外，需要增加升交点赤经变化率和轨道半长轴的计算公式，具体形式如下：

（1）t 时刻卫星的平均角速度 n_k。

$$n_k = n_0 + \Delta n_k \tag{3.75}$$

$$\Delta n_k = \Delta n + \frac{1}{2}\Delta \dot{n} t_k \tag{3.76}$$

（2）t 时刻轨道半长轴 a_k。

$$a_k = a_0 + \dot{a} t_k \tag{3.77}$$

$$a_0 = a_{\text{ref}} + \Delta a + \dot{a} t_k \tag{3.78}$$

（3）升交点赤经变化率 $\dot{\Omega}$。

$$\dot{\Omega} = \Delta\dot{\Omega} + \dot{\Omega}_{\text{ref}} \tag{3.79}$$

16 参数模型中，平均角速度 n 和轨道半长轴 a 是常数，18 参数模型中，平均角速度 n_k 和轨道半长轴 a_k 是 t_k 的函数。

用 18 参数模型计算卫星位置时，步骤如 3.3.1 节所示，只需在计算过程中将式（3.39）～（3.55）中的 a 和 n 替换成式（3.77）～（3.78）中的 a_k 和 n_k，并运用 $\dot{\Omega} = \Delta\dot{\Omega} + \dot{\Omega}_{\text{ref}}$ 计算升交点赤经变化率即可。

用 18 参数模型计算卫星速度时，步骤与 3.3.1 节中所述的基本一致，除在计算过程中将式（3.59）～（3.73）中的 a 和 n 替换成式（3.77）～（3.78）中的 a_k 和 n_k 外，只需要对一些参量的算法进行调整：

$\dot{r}_k$ 由式（3.64）调整为

$$\dot{r}_k = \dot{a}_k(1 - e\cos E_k) + a_k e\dot{E}_k \sin E_k + \delta\dot{r}_k\text{，}\quad \dot{a}_k = \dot{a} \tag{3.80}$$

$\dot{\Omega}_k$ 由式（3.66）调整为

$$\dot{\Omega}_k = \Delta\dot{\Omega} + \dot{\Omega}_{\text{ref}} - \omega_{\text{e}} \tag{3.81}$$

3.3.3 GLONASS 卫星轨道计算

1. GLONASS 卫星运动微分方程

GLONASS 卫星通常每 30 min 更新一次广播星历，所播发的星历参数是卫星在

星历参考时刻 t_{oe}，PZ-90 坐标系中的位置$[x_{oe} \quad y_{oe} \quad z_{oe}]$、速度$[\dot{x}_{oe} \quad \dot{y}_{oe} \quad \dot{z}_{oe}]$，以及由太阳与月球引力所引起的摄动加速度$[\ddot{x}_{oe} \quad \ddot{y}_{oe} \quad \ddot{z}_{oe}]$。为了获得星历有效期内（一般为 t_{oe}的前后各 15 min 内），任意时刻的卫星位置和速度，我们需要以星历所给出的 t_{oe}时刻的轨道状态为初始值，对卫星运动方程进行积分运算。GLONASS ICD 文件中给出了卫星运动微分方程：

$$\begin{cases} \dfrac{\mathrm{d}x}{\mathrm{d}t} = \dot{x} \\ \dfrac{\mathrm{d}y}{\mathrm{d}t} = \dot{y} \\ \dfrac{\mathrm{d}z}{\mathrm{d}t} = \dot{z} \\ \dfrac{\mathrm{d}\dot{x}}{\mathrm{d}t} = -\dfrac{\mu}{r^3}x - \dfrac{3}{2}J_0^2\dfrac{\mu a^2}{r^5}x\left(1-5\dfrac{z^2}{r^2}\right) + \omega_\mathrm{e}^2 x + 2\omega_\mathrm{e}^2\dot{y} + \ddot{x}_{oe} \\ \dfrac{\mathrm{d}\dot{y}}{\mathrm{d}t} = -\dfrac{\mu}{r^3}y - \dfrac{3}{2}J_0^2\dfrac{\mu a^2}{r^5}y\left(1-5\dfrac{z^2}{r^2}\right) + \omega_\mathrm{e}^2 y + 2\omega_\mathrm{e}^2\dot{x} + \ddot{y}_{oe} \\ \dfrac{\mathrm{d}\dot{z}}{\mathrm{d}t} = -\dfrac{\mu}{r^3}z - \dfrac{3}{2}J_0^2\dfrac{\mu a^2}{r^5}z\left(3-5\dfrac{z^2}{r^2}\right) + \ddot{z}_{oe} \end{cases} \tag{3.82}$$

式中，卫星位置$[x \quad y \quad z]$和速度$[\dot{x} \quad \dot{y} \quad \dot{z}]$是该方程式所要求解的 6 个状态变量，$\dfrac{\mathrm{d}x}{\mathrm{d}t}$和$\dfrac{\mathrm{d}\dot{x}}{\mathrm{d}t}$分别代表状态变量 x 和 $\dot{x}$ 对时间 t 的导数，r 为卫星至地球中心的几何距离，即

$$r = \sqrt{x^2 + y^2 + z^2} \tag{3.83}$$

用来表征地球扁率的二阶带球谐系数 J_0^2 的取值为 $J_0^2 = 1.082\,625\,7 \times 10^{-3}$，PZ-90 坐标系中地球半长轴 $a = 6\ 378\ 137.0\ \mathrm{m}$，地心引力常数 $\mu = 3.986\ 005 \times 10^{14}\ \ \mathrm{m}^3/\mathrm{s}^2$，地球自转角速度 $\omega_\mathrm{e} = 7.292\ 115\ 146\ 7 \times 10^{14}\ \ \mathrm{rad/s}$。

从式（3.82）中可以看出，在星历有效期内（一般为 t_{oe}的前后各 15 min 内），由太阳和月球引力所引起的加速度值$[\ddot{x}_{oe} \quad \ddot{y}_{oe} \quad \ddot{z}_{oe}]$被认为是恒定不变的，以便于简化计算。但是，现实中有时会出现接收机拥有的某颗卫星的星历已超出有效期，此

时，仍将太阳和月球引力设定为恒定值是不合适的，需要一个更为复杂的卫星运动方程式，例如考虑太阳与月球对卫星引力随时间的变化等因素，但其代价是更高的运算量。GLONASS ICD 文件给出了计算由地球、太阳和月球引力总用下的卫星运动加速度计算公式，它们可以取代 GLONASS 广播星历中的相关参数。

2. 龙格-库塔（Runge-Kutta）法

式（3.82）所示的卫星运动微分方程很复杂，没有解析解，只能通过数值积分法求解。常用的微分方程数值解法有有欧拉（Euler）法、龙格-库塔（Runge-Kutta）法，阿达姆斯（Adams）法，本节中我们介绍在 GLONASS ICD 文件中所用的四阶龙格-库塔法。

首先介绍一般意义上的微分方程组的四阶龙格-库塔积分法。

假定一个微分方程组的向量形式为

$$\frac{\mathrm{d}\boldsymbol{x}}{\mathrm{d}t}=f(\boldsymbol{x},t) \tag{3.84}$$

式中，$\boldsymbol{x}$ 代表状态向量；$f(\boldsymbol{x},t)$代表一组以 $\boldsymbol{x}$ 和时间 t 为变量的函数。假设状态向量 $\boldsymbol{x}$ 在某个初始时刻 t_0 处的值已知，并记为 $\boldsymbol{x}_0$，那么从 t_{k-1} 时刻的状态向量 $\boldsymbol{x}_{k-1}$ 出发，利用四阶龙格-库塔积分法通过如下计算获得在 t_k 时刻的状态向量值 $\boldsymbol{x}_k$:

$$\boldsymbol{x}_n=\boldsymbol{x}_{n-1}+\frac{h}{6}(k_1+2k_2+2k_3+k_4) \tag{3.85}$$

式中，$n=1$，2，3，…，中间变量 k_1、k_2、k_3 和 k_4 分别为

$$k_1=f(\boldsymbol{x}_{n-1},t_{n-1}) \tag{3.86}$$

$$k_2=f\left(\boldsymbol{x}_{n-1}+\frac{h}{2}k_1,t_{n-1}+\frac{h}{2}\right) \tag{3.87}$$

$$k_3=f\left(\boldsymbol{x}_{n-1}+\frac{h}{2}k_2,t_{n-1}+\frac{h}{2}\right) \tag{3.88}$$

$$k_4=f(\boldsymbol{x}_{n-1}+hk_3,t_{n-1}+h) \tag{3.89}$$

而积分步长等于:

$$h = t_n - t_{n-1} \tag{3.90}$$

这样，由 $\boldsymbol{x}_{n-1}$ 获得 $\boldsymbol{x}_n$ 后，我们可以类似地计算出 $\boldsymbol{x}_{n+1}$，$\boldsymbol{x}_{n+2}$，…，直至所要求的、在某一任意时刻 t_{end} 处的 $\boldsymbol{x}$ 值。

我们可以运用上述四阶龙格-库塔积分法来求解如式（3.74）所示的 GLONASS 卫星运动微分方程式，把式（3.82）代入式（3.85）得

$$\frac{\mathrm{d}\boldsymbol{x}}{\mathrm{d}t} = f(\boldsymbol{x}) \tag{3.91}$$

式（3.91）中，状态向量 $\boldsymbol{x}$ 为

$$\boldsymbol{x} = [x \quad y \quad z \quad \dot{x} \quad \dot{y} \quad \dot{z}]^{\mathrm{T}} \tag{3.92}$$

式（3.91）右侧的 $f(\boldsymbol{x})$ 为

$$f(\boldsymbol{x}) = \begin{bmatrix} \dot{x} \\ \dot{y} \\ \dot{z} \\ -\dfrac{\mu}{r^3}x - \dfrac{3}{2}J_0^2\dfrac{\mu a^2}{r^5}x\left(1-5\dfrac{z^2}{r^2}\right) + \omega_{\mathrm{e}}^2 x + 2\omega_{\mathrm{e}}^2\dot{y} + \ddot{x}_{\mathrm{oe}} \\ -\dfrac{\mu}{r^3}y - \dfrac{3}{2}J_0^2\dfrac{\mu a^2}{r^5}y\left(1-5\dfrac{z^2}{r^2}\right) + \omega_{\mathrm{e}}^2 y + 2\omega_{\mathrm{e}}^2\dot{x} + \ddot{y}_{\mathrm{oe}} \\ -\dfrac{\mu}{r^3}z - \dfrac{3}{2}J_0^2\dfrac{\mu a^2}{r^5}z\left(3-5\dfrac{z^2}{r^2}\right) + \ddot{z}_{\mathrm{oe}} \end{bmatrix} \tag{3.93}$$

由于式(3.93)右侧每个方程都不显含变量 t，式(3.85) $\boldsymbol{x}_n = \boldsymbol{x}_{n-1} + \dfrac{h}{6}(k_1 + 2k_2 + 2k_3 + k_4)$ 的中间变量 k_1、k_2、k_3 和 k_4 要改写为

$$k_1 = f(\boldsymbol{x}_{n-1}) \tag{3.94}$$

$$k_2 = f\left(\boldsymbol{x}_{n-1} + \frac{h}{2}k_1\right) \tag{3.95}$$

$$k_3 = f\left(\boldsymbol{x}_{n-1} + \frac{h}{2}k_2\right) \tag{3.96}$$

$$k_4 = f(\boldsymbol{x}_{n-1} + hk_3) \tag{3.97}$$

其初始值为 GLONASS 星历提供在星历参考时间 t_{oe} 处状态向量，设定星历参考时间 t_{oe} 即初始时刻 t_0，

$$t_0 = t_{oe} \tag{3.98}$$

将星历所提供的、在 t_{oe} 时刻的卫星位置和速度参数值当作初始时刻 t_0 处的初始状态向量 $\boldsymbol{x}_0$，即

$$\boldsymbol{x}_0 = [x_{oe} \quad y_{oe} \quad z_{oe} \quad \dot{x}_{oe} \quad \dot{y}_{oe} \quad \dot{z}_{oe}] \tag{3.99}$$

在第 n 步的计算过程中，我们从初始值 $\boldsymbol{x}_{n-1}$ 出发，首先根据式（3.86）～（3.89）分别一次计算出 k_1、k_2、k_3 和 k_4 的值，然后将各个相关值代入式（3.85）而得到在 t_n 时刻的状态向量值 $\boldsymbol{x}_n$。

经过 m 次循环计算后，当前积分时间 t 就由初始的 t_0 变为 t_m。此时，若 t_m 刚好等于所要求计算卫星位置的时间点 t_{end}，则积分计算完成；若 $t_0 < t_{end}$，并且 $t_m < t_{end} < t_m + h$，则我们此时只需要将积分步长 h 缩短至 $t_{end} - t_m$，再运算一次就可以最终得到在 t_{end} 时刻处状态向量 $\boldsymbol{x}$ 的值。

GLONASS 卫星位置计算时间点 t_{end} 很有可能起先小于初始时间 $t_0(t_b)$，而随着时间的流逝，t_{end} 又变得大于 t_0。如果所求卫星位置的时刻点 t_{end} 大于 t_0，那么这种数值积分计算为前向积分；如果所求卫星位置的时刻点 t_{end} 小于 t_0，那么我们称这种数值积分计算为后向积分；不管 t_{end} 与 t_0 值之间的大小关系如何，采用龙格-库塔法进行 t_0 到 t_{end} 的计算方法系统，只不过积分步长 h 可能是个负数或者是个正数而已。

龙格-库塔积分法求解的卫星位置和速度的精度与其采用的步长 h 的大小有关：步长越小，精度越高。但是，积分步长 h 越小，运算量越大，大运算量不利于实时定位。为了平衡精度和运算量，我们应恰当地选取积分步长 h。对轨道运行周期为 11 h 15 min 的 GLONASS 卫星来说，它在 60 s 的时间里会旋转一个约为 0.53° 的小角度，也就是说它在这一小段时间里的运行轨迹十分接近一个二次抛物线。当积分步长 h 为 60 s 时，卫星位置的积分计算为米级，这对大多数导航定位应用来说足够了；当积分步长 h 小于 120 s 时，卫星的速度积分计算误差在毫米每秒这一级别。对实时动态（RTK）精密定位系统而言，步长 h 的取值一般不超过 50 s。此外，积分

步长 h 对计算精度的影响程度和计算时间点 t_{end} 与 t_0 大小无关。

除了与积分步长 h 有关外，龙格-库塔积分法求解的卫星位置和速度的精度还与计算时间点 t_{end} 离初始时间 t_0 的远近有关：t_{end} 越接近 t_0，则计算积累的误差越小，否则就越大。计算时间点尽量控制在星历有效期内（t_{oe} 的前后各 15 min 内），否则，当 t_{end} 距离 t_0 为 30 min 时，所得的卫星位置误差可达 10 m，当 t_{end} 距离 t_0 为 60 min 时，所得的卫星位置误差可达 20 m。相对于卫星位置的精度而言，依据星历参数计算的卫星速度始终较为准确，例如在 t_{end} 距离 t_0 为 60 min 的情况下，积分计算造成的卫星速度误差仍可能小于 0.01 m/s。

3.4 仿真实例

3.4.1 GPS、Galileo 和 BDS 卫星轨道仿真实例

在 3.3 节中已经提到 GPS、Galileo 和 BDS 的卫星轨道的计算方法，其中包括了基于 16 参数的算法与基于 18 参数的两种算法。在这两种算法中，由于基于 18 参数的算法只与 GPS 新 ICD 文件中的广播星历模型相对应，导致该算法的适用范围小，并且又由于该算法的步骤与基于 16 参数的算法基本一致，因此本小节以基于 16 参数的算法为例进行仿真，对于基于 18 参数的算法在本小节中不再做重复介绍。在基于 16 参数的算法中，GPS、Galileo 和 BDS 三个不同系统的轨道的计算方法是相同的，因此本小节以 GPS 基于 16 参数的卫星轨道算法为例进行仿真。

1. 卫星运动轨道描述的仿真实例

在基于 16 参数的卫星轨道描述中，卫星的运动轨道由卫星星历中的轨道根数长半径 a_s、轨道偏心率 e_s、轨道倾角 i、升交点赤经 Ω、近地点角距 ω 确定。在对卫星运动的轨道进行仿真时，我们根据这 5 个参数，推算出卫星轨道的空间位置。下面以 GPS 系统 YUMA 星历（周：691；周内秒：589 824）中的数据作为依据，对卫星的轨道进行仿真。该星历包含 31 颗卫星（1—26，28—32 号卫星）的数据，以编号为 1 的卫星为例，其数据见表 3.2。

表 3.2　GPS YUMA 星历参数（周 691，秒 589 824）

序号	参数名称/单位	参数符号	参数值
1	长半径的平方根/m	$\sqrt{a_s}$	$5.153\ 658\ 20\times10^{3}$
2	轨道偏心率	e_s	$0.143\ 480\ 30\times10^{-2}$
3	轨道倾角/rad	i	9.597 290 878
4	升交点赤经/rad	Ω	1.914 971 656
5	近地点角距/rad	ω	0.524 942 382

卫星轨道的仿真，由以下五步完成：

（1）建立坐标系。

以地球为原点，建立空间右手直角坐标系，x 轴正半轴指向东经 180° 方向，y 轴正半轴指向北极，z 轴由 x 轴和 y 轴方向确定。

（2）创建椭圆。

在地球的赤道面内，创建一个椭圆，椭圆半长径 a_s 为 $2.656\ 019\ 29\times10^{7}$ m，偏心率 e_s 为 $0.143\ 480\ 30\times10^{-2}$。将地球置于该椭圆的一个焦点处。

（3）设定轨道倾角。

根据轨道倾角的定义，得到旋转矩阵 $\boldsymbol{R}_i$，将椭圆绕 x 轴抬起 i 个角度。

$$\boldsymbol{R}_i=\begin{bmatrix}1 & 0 & 0\\ 0 & \cos(i) & \sin(i)\\ 0 & -\sin(i) & \cos(i)\end{bmatrix}=\begin{bmatrix}1 & 0 & 0\\ 0 & -0.985 & -0.172\\ 0 & 0.172 & -0.985\end{bmatrix}\tag{3.100}$$

（4）设定升交点赤经。

根据升交点赤经的定义，得到旋转矩阵 $\boldsymbol{R}_\Omega$，将椭圆绕地轴旋转 Ω 个角度。

$$\boldsymbol{R}_\Omega=\begin{bmatrix}\cos(\Omega) & 0 & -\sin(\Omega)\\ 0 & 1 & 0\\ \sin(\Omega) & 0 & \cos(\Omega)\end{bmatrix}=\begin{bmatrix}-0.337 & 0 & -0.941\\ 0 & 1 & 0\\ 0.941 & 0 & -0.337\end{bmatrix}\tag{3.101}$$

（5）设定近地点角距。

根据近地点角距的定义，得到旋转矩阵 $\boldsymbol{R}_\omega$，先将地球移动至椭圆一个焦点上，并以通过地心且垂直于轨道面的轨线为旋转轴，将轨道绕该轴旋转角度 ω。

$$\boldsymbol{R}_{\omega}=\begin{bmatrix}\cos(\omega)+B_x^2(1-\cos(\omega)) & B_xB_y(1-\cos(\omega))-B_z\sin(\omega) & B_xB_z(1-\cos(\omega))+B_y\sin(\omega)\\ B_xB_y(1-\cos(\omega))+B_z\sin(\omega) & \cos(\omega)+B_y^2(1-\cos(\omega)) & B_yB_z(1-\cos(\omega))-B_x\sin(\omega)\\ B_xB_z(1-\cos(\omega))-B_y\sin(\omega) & B_yB_z(1-\cos(\omega))+B_x\sin(\omega) & \cos(\omega)+B_z^2(1-\cos(\omega))\end{bmatrix}$$

（3.102）

其中，

$$\boldsymbol{B}=\boldsymbol{A}\boldsymbol{R}_i\boldsymbol{R}_{\Omega}$$

$$\boldsymbol{A}=\begin{bmatrix}0 & 1 & 0\end{bmatrix}$$

代入具体数据得

$$\boldsymbol{R}_{\omega}=\begin{bmatrix}0.865 & -0.410 & 0.288\\ 0.410 & 0.910 & 0.063\\ -0.288 & 0.063 & 0.956\end{bmatrix} \tag{3.103}$$

最后得到该卫星的空间轨道如图 3.10 所示。

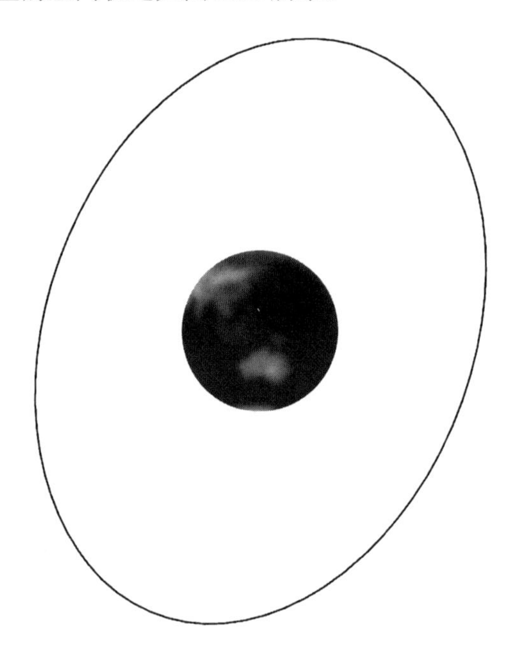

图 3.10　单个轨道面的仿真图

按照该方法，对某时刻 GPS 星座的 6 个轨道面进行仿真，仿真结果如图 3.11 所示。

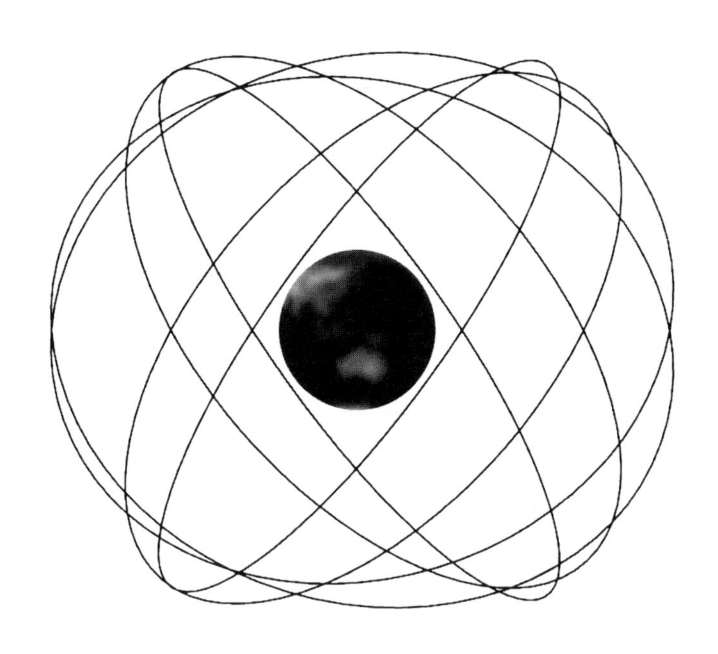

图 3.11　GPS 6 个轨道面的仿真图

2. 卫星瞬时位置和速度的仿真实例

本小节根据某时刻的真实星历数据，对卫星在有摄运动下的瞬时位置和瞬时速度进行了仿真。根据 3.3 节中式（3.39）～（3.67）中所提供的方法，以 GPS 广播星历中编号为 8 的卫星，在第 1 742 周，周内第 389 040 s 中的数据为例，对该卫星在信号发射时刻 t 为 40 000.0 s 时的空间位置与速度进行仿真计算，该卫星的星历参数见表 3.3。

表 3.3　GPS 广播星历参数（周 1 742，秒 389 040）

序号	参数名称/单位	参数符号	参数值
1	星历参考时间/s	t_{oe}	396 000.0
2	长半径的平方根/m	$\sqrt{a_s}$	$5.153\,722\,860\,2\times10^{3}$
3	轨道偏心率	e_s	$1.294\,928\,893\,9\times10^{-2}$
4	轨道倾角/rad	i_0	$9.979\,282\,116\,5\times10^{-1}$
5	升交点赤经/rad	Ω_0	1.786 261 112
6	近地点角距/rad	ω	−2.875 299 624
7	平近点角/rad	M_0	$6.324\,092\,218\,3\times10^{-1}$
8	平均角速度校正值/（rad·s^{-1}）	Δn	$3.761\,942\,414\times10^{-9}$
9	轨道倾角变化率/（rad·s^{-1}）	$\dot{i}$	$-3.964\,450\,850\times10^{-11}$
10	升交点赤经变化率/（rad·s^{-1}）	$\dot{\Omega}$	$-7.867\,113\,41\times10^{-9}$
11	纬度幅角的余弦调和改正的振幅/（rad·s^{-1}）	C_{uc}	$2.479\,180\,694\times10^{-6}$
12	纬度幅角的正弦调和改正的振幅/（rad·s^{-1}）	C_{us}	$7.882\,714\,272\times10^{-6}$
13	轨道半径的余弦调和项改正的振幅/m	C_{rc}	$2.424\,687\,50\times10^{2}$
14	轨道半径的正弦调和项改正的振幅/m	C_{rs}	$4.478\,125\,00\times10^{1}$
15	轨道倾角的余弦调和项改正的振幅/rad	C_{ic}	$7.450\,580\,597\times10^{-8}$
16	轨道倾角的正弦调和项改正的振幅/rad	C_{is}	$1.359\,730\,959\times10^{-7}$

计算步骤如以下 17 步：

（1）计算规划时间 t_k。

在式（3.39）中已经给出 $t_k=t-t_{oe}$，其中星历参考时间为 t_{oe}，t 为信号发射时刻，t 与 t_{oe} 之间的时间差为 t_k。对于一个有效星历而言，t 值应当在 t_{oe} 前后的两个小时之间，即 t_k 的绝对值应当小于 7 200 s，因为 GPS 时间在每周六的午夜零点重新置零，所以由式（3.39）中计算得到的 t_k 大于 302 400 s 时，t_k 应当减去 604 800 s，当 t_k 大于 302 400 s 时，t_k 应当加上 604 800 s。根据式（3.39），计算得到 t_k=4 000 s，有了规划时间 t_k，那我们下一步可求得在信号发射时刻 t 的各个轨道参数。

（2）计算卫星的平均角速度 n。

根据式(3.40)，由 a_s 的值可得到卫星理想的平均角速度 n_0=1.458 497 66×10^{-4} rad/s，将星历中Δn的值代入式(3.41) $n = n_0 + \Delta n$ 中，可计算得到 n=1.458 535 28×10^{-4} rad/s。

（3）计算平近点角 M_k。

将星历中给出的 M_0 的值代入式（3.42），得到 M_k=1.215 823 33 rad。

（4）计算偏近点角 E_k。

E_k 由 M_k 和 e 代入式（3.11）迭代计算，E_k 迭代初值置为 M_k，计算得到 E_k=1.228 019 30 rad。

（5）计算真近点角 v_k。

v_k 由 E_k 和 e_s 代入式（3.12）求解，得到 v_k=1.240 242 22 rad。

（6）计算 t 时刻的升交点角距 Φ_k。

将卫星星历给出的 ω 代入式（3.44）中，得到升交点角距 Φ_k=−1.635 057 40 rad。

（7）计算摄动校正项：升交点角距校正项 δu_k，轨道向径校正项 δr_k 和轨道倾角校正项 δi_k。

将星历参数 C_{uc}，C_{us}，C_{rc}，C_{rs}，C_{ic}，C_{is}，和上一步中得到的 Φ_k 代入式（3.43）～（3.45）中得到

$$\delta u_k = -1.448\,416\,72 \times 10^{6}$$

$$\delta r_k = -2.347\,294\,11 \times 10^{2}$$

$$\delta i_k = -5.646\,382\,63 \times 10^{-8}$$

（8）计算校正后的升交点角距 u_k，轨道向径校正项 r_k 和轨道倾角校正项 i_k。

将上一步计算得到的结果代入式（3.48）～（3.50）中，得到

$$u_k = -1.635\,058\,85$$

$$r_k = 2.644\,502\,36 \times 10^{7}$$

$$i_k = 9.979\,279\,97 \times 10^{-1}$$

（9）计算卫星在轨道直角坐标系中的坐标 x_k 和 y_k。

将上一步的结果代入式（3.51）中得到

$$x_k = -1.698\,254\,57 \times 10^{6}\ \text{m}$$

$$y_k = 2.639\,043\,78 \times 10^7 \text{ m}$$

$$z_k = 0 \text{ m}$$

（10）计算升交点经度 Ω_k。

由式（3.52）有

$$\Omega_k = -2.738\,223\,09 \text{ rad}$$

（11）计算卫星在地心地固坐标系中的坐标。

将以上结果代入式（3.54）与式（3.55）中，得到 t 时刻卫星在 WGS-84 地心地固坐标系中以米为单位的坐标值（$-1.006\,863\,82 \times 10^7$，$1.030\,212\,55 \times 10^7$，$-2.217\,719\,57 \times 10^7$）。至此，我们得到了卫星的位置信息，下面继续计算卫星的速度信息。

（12）计算信号发射时刻的 $\dot{E}_k$。

由式（3.72）和式（3.73）可计算得到 $\dot{E}_k = 1.464\,911\,02 \times 10^{-4}$。

（13）计算信号发射时刻的 $\dot{\Phi}_k$。

由式（3.70）和式（3.71）可计算得到 $\dot{\Phi}_k = 1.471\,191\,27 \times 10^{-4}$。

（14）计算信号发射时刻的摄动校正项 $\delta\dot{u}_k$，$\delta\dot{r}_k$，$\delta\dot{i}_k$。

由式（3.67）～（3.69）可计算得到 $\delta\dot{u}_k = -2.393\,761\,75 \times 10^{-9}$，$\delta\dot{r}_k = -2.221\,169\,22 \times 10^{-2}$，$\delta\dot{i}_k = -4.248\,828\,33 \times 10^{-11}$。

（15）计算信号发射时刻的 $\dot{u}_k$，$\dot{r}_k$，$\dot{i}_k$ 和 $\dot{\Omega}_k$。

由式（3.63）～（3.65）可计算得到 $\dot{u}_k = 1.471\,167\,33 \times 10^{-4}$，$\dot{r}_k = 47.431\,421\,7$，$\dot{i}_k = -8.213\,279\,18 \times 10^{-11}$，$\dot{\Omega}_k = -7.292\,901\,86 \times 10^{-5}$。

（16）计算信号发射时刻卫星在轨道平面直角坐标系中的速度（$\dot{x}'_k$，$\dot{y}'_k$）。

由式（3.62）得 $\dot{x}'_k = 3.879\,429\,03 \times 10^3$ m/s，$\dot{y}'_k = -2.971\,751\,82 \times 10^2$ m/s。

（17）计算卫星在 WGS-84 地心地固直角坐标系中的速度（$\dot{x}_k$，$\dot{y}_k$，$\dot{z}_k$）。

由式（3.59）～（3.61）得 $\dot{x}_k = -1.809\,477\,28 \times 10^3$ m/s，$\dot{y}_k = -2.184\,302\,21 \times 10^3$ m/s，$\dot{z}_k = -2.497\,298\,91 \times 10^2$ m/s。至此，卫星在该时刻的位置与速度信息均以得到。

按照以上 17 步计算卫星的瞬时位置与速度的方法，对 GPS 在某一个时刻的卫星空间位置进行可视化仿真，得到仿真画面如图 3.12 所示。

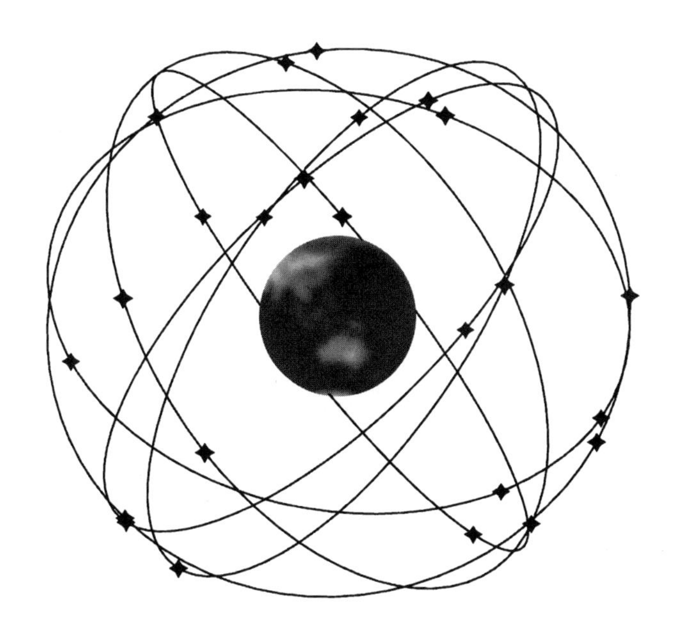

图 3.12　GPS 系统某时刻卫星位置的仿真图

3.4.2　GLONASS 卫星轨道仿真实例

GLONASS 每 30 min 更新一次广播星历，本小节根据某时刻的 GLONASS 真实星历数据，对卫星在 30 min 内的位置和速度进行了仿真。根据 3.3 节中式（3.74）～（3.85）所提供的方法，以 GLONASS 广播星历中编号为 1 的卫星，在 2013 年 1 月 10 日 0 点 15 分的数据为例，对该卫星在接下来的 30 min 内的空间位置与速度进行仿真计算，该卫星的星历参数见表 3.4。

按照 3.3.1 小节中提到的龙格–库塔积分法，以 2 min 为步长，计算了从 0 点 15 分到 0 点 45 分时间段内的卫星位置与速度，一共得到 15 个时间点的数据。其中地球引力常数取 $3.986\,004\,4\times10^{14}\ \text{m}^3/\text{s}^2$，地球重力二阶带球谐系数取 $-1.082\,625\,7\times10^{-3}$，地球半长轴取 6 378 137.0 m，地球自转角速率取 $0.729\,211\,5\times10^{-4}$。计算结果见表 3.5 和表 3.6。

表3.4　GLONASS星历参数（2013年1月10日0点15分）

序号	参数名称/单位	参数值
1	位置 x/km	$0.172\ 525\ 073\ 242\times10^{5}$
2	位置 y/km	$-0.164\ 455\ 854\ 492\times10^{5}$
3	位置 z/km	$-0.912\ 329\ 736\ 328\times10^{4}$
4	速度 x/（$km\cdot s^{-1}$）	−0.840 634 346 008
5	速度 y/（$km\cdot s^{-1}$）	0.932 179 450 989
6	速度 z/（$km\cdot s^{-1}$）	3.268 796 920 78
7	加速度 x/（$km\cdot s^{-2}$）	$0.279\ 396\ 772\ 385\times10^{-8}$
8	加速度 y/（$km\cdot s^{-2}$）	0.000 000 000 000
9	加速度 x/（$km\cdot s^{-2}$）	$0.372\ 529\ 029\ 846\times10^{-8}$

表3.5　GLONASS卫星位置仿真结果

序号	位置 x/m	位置 y/m	位置 z/m
1	$1.715\ 031\ 450\ 5\times10^{7}$	$-1.633\ 062\ 881\ 7\times10^{7}$	$-9.513\ 954\ 950\ 4\times10^{7}$
2	$1.704\ 557\ 900\ 5\times10^{7}$	$-1.620\ 947\ 279\ 6\times10^{7}$	$-9.901\ 326\ 687\ 1\times10^{7}$
3	$1.693\ 843\ 755\ 5\times10^{7}$	$-1.608\ 210\ 663\ 4\times10^{7}$	$-1.028\ 527\ 878\ 4\times10^{7}$
4	$1.682\ 902\ 768\ 6\times10^{7}$	$-1.594\ 852\ 364\ 6\times10^{7}$	$-1.066\ 567\ 863\ 3\times10^{7}$
5	$1.671\ 748\ 761\ 5\times10^{7}$	$-1.580\ 872\ 122\ 9\times10^{7}$	$-1.104\ 239\ 484\ 8\times10^{7}$
6	$1.660\ 395\ 614\ 2\times10^{7}$	$-1.566\ 270\ 087\ 4\times10^{7}$	$-1.141\ 529\ 731\ 6\times10^{7}$
7	$1.648\ 857\ 253\ 5\times10^{7}$	$-1.551\ 046\ 817\ 4\times10^{7}$	$-1.178\ 425\ 723\ 8\times10^{7}$
8	$1.637\ 147\ 642\ 5\times10^{7}$	$-1.535\ 203\ 283\ 1\times10^{7}$	$-1.214\ 914\ 717\ 4\times10^{7}$
9	$1.625\ 280\ 769\ 8\times10^{7}$	$-1.518\ 740\ 865\ 5\times10^{7}$	$-1.250\ 984\ 108\ 7\times10^{7}$
10	$1.613\ 270\ 637\ 9\times10^{7}$	$-1.501\ 661\ 357\ 2\times10^{7}$	$-1.286\ 621\ 438\ 8\times10^{7}$
11	$1.601\ 131\ 252\ 9\times10^{7}$	$-1.483\ 966\ 961\ 1\times10^{7}$	$-1.321\ 814\ 397\ 6\times10^{7}$
12	$1.588\ 876\ 613\ 1\times10^{7}$	$-1.465\ 660\ 290\ 5\times10^{7}$	$-1.356\ 550\ 828\ 2\times10^{7}$
13	$1.576\ 520\ 698\ 5\times10^{7}$	$-1.446\ 744\ 368\ 0\times10^{7}$	$-1.390\ 818\ 731\ 2\times10^{7}$
14	$1.564\ 077\ 459\ 5\times10^{7}$	$-1.427\ 222\ 623\ 8\times10^{7}$	$-1.424\ 606\ 268\ 5\times10^{7}$
15	$1.551\ 560\ 806\ 3\times10^{7}$	$-1.407\ 098\ 895\ 1\times10^{7}$	$-1.457\ 901\ 767\ 8\times10^{7}$

表 3.6　GLONASS 卫星速度仿真结果

序号	速度 x/（m·s^{-1}）	速度 y/（m·s^{-1}）	速度 z/（m·s^{-1}）
1	$-8.623\,906\,384\,6\times10^{2}$	$9.837\,849\,702\,8\times10^{2}$	$-3.241\,975\,466\,9\times10^{3}$
2	$-8.830\,111\,147\,6\times10^{2}$	$1.035\,496\,984\,4\times10^{3}$	$-3.214\,034\,319\,6\times10^{3}$
3	$-9.024\,886\,831\,8\times10^{2}$	$1.087\,281\,672\,5\times10^{3}$	$-3.184\,983\,115\,9\times10^{3}$
4	$-9.208\,171\,521\,3\times10^{2}$	$1.139\,105\,077\,8\times10^{3}$	$-3.154\,831\,875\,0\times10^{3}$
5	$-9.379\,912\,339\,1\times10^{2}$	$1.190\,933\,132\,3\times10^{3}$	$-3.123\,590\,994\,5\times10^{3}$
6	$-9.540\,065\,479\,1\times10^{2}$	$1.242\,731\,681\,9\times10^{3}$	$-3.091\,271\,247\,1\times10^{3}$
7	$-9.688\,596\,229\,8\times10^{2}$	$1.294\,466\,511\,2\times10^{3}$	$-3.057\,883\,776\,8\times10^{3}$
8	$-9.825\,478\,992\,6\times10^{2}$	$1.346\,103\,368\,8\times10^{3}$	$-3.023\,440\,095\,1\times10^{3}$
9	$-9.950\,697\,292\,5\times10^{2}$	$1.397\,607\,992\,3\times10^{3}$	$-2.987\,952\,076\,7\times10^{3}$
10	$-1.006\,424\,378\,2\times10^{3}$	$1.448\,946\,133\,4\times10^{3}$	$-2.951\,431\,956\,1\times10^{3}$
11	$-1.016\,612\,023\,8\times10^{3}$	$1.500\,083\,583\,2\times10^{3}$	$-2.913\,892\,322\,6\times10^{3}$
12	$-1.025\,633\,755\,3\times10^{3}$	$1.550\,986\,197\,0\times10^{3}$	$-2.875\,346\,116\,6\times10^{3}$
13	$-1.033\,491\,571\,8\times10^{3}$	$1.601\,619\,919\,6\times10^{3}$	$-2.835\,806\,624\,8\times10^{3}$
14	$-1.040\,188\,379\,8\times10^{3}$	$1.651\,950\,810\,2\times10^{3}$	$-2.795\,287\,475\,7\times10^{3}$
15	$-1.045\,727\,990\,6\times10^{3}$	$1.701\,945\,067\,5\times10^{3}$	$-2.753\,802\,635\,2\times10^{3}$

第 4 章　卫星星历描述与导航电文

卫星星历是描述卫星运动轨道的信息，其内容是一组对应某一时刻的轨道参数和变率。有了卫星星历就可以计算出任一时刻的卫星位置及其速度。卫星星历数据分为历书数据、预报星历（广播星历）和后处理星历（精密星历）。这三种数据精度不同，有的能实时得到，有的要事后才能得到。历书的误差达到数千米，取决于历书数据的有效期；广播星历的误差约 1 m，甚至更高；精密星历的误差为 0.05～0.20 m，取决于滞后时间。

卫星导航电文是由各 GNSS 卫星在相应的载波信号上，以一定比特率播发的信息。导航电文信息包含系统时间、时钟改正参数、电离层延迟模型参数以及卫星星历及卫星健康状况等信息。这是为了给用户提供时间、位置、速度等结果数据，而用于 GNSS 信号处理的有关信息。导航电文以二进制码的形式播送给用户，因此又叫数据码。

4.1　历书数据

历书数据是由卫星向用户发送的数据，主要包括全部卫星的粗略星历和卫星时钟校正量、卫星识别号和卫星健康状态等数据。历书数据的作用是提供给用户足够的信息，以便接收机能捕获卫星，制订观测计划，如计算可见卫星图。历书数据作为卫星信息的一部分定时更新和发布。通常，历书数据内容见表 4.1。

表 4.1　历书数据内容

参数	说明	参数	说明
ID	卫星编号	M_0	参考历元平近点角
Health	健康状况	ω	近地点幅角
t_0	历书参考历元	I	轨道倾角
a	轨道半长轴	Ω_0	参考历元升交点赤经
e	轨道偏心率	—	—

常见的历书数据格式是 YUMA 格式和 SEM 格式，两种格式的历书文件一般以.alm 文件和.al3 文件或.txt 文件进行描述。网站 http://celestrak.com/GPS/almanac/Yuma/和 http://www.navcen.uscg.gov/?pageName=gpsAlmanacs 均给出了 GPS 的 YUMA 格式历书，后一个网站还给出了 GPS 的 SEM 格式历书。

GPS YUMA 历书文件的例子和 GPS SEM 历书文件的例子分别如图 4.1 和图 4.2 所示。

```
******** Week 739 almanac for PRN-01 ********
ID:                            01
Health:                        000
Eccentricity:                  0.2469539642E-002
Time of Applicability(s):      405504.0000
Orbital Inclination(rad):      0.9602743701
Rate of Right Ascen(r/s):      -0.7897471819E-008
SQRT(A)  (m 1/2):              5153.630859
Right Ascen at Week(rad):      0.2186931919E+001
Argument of Perigee(rad):      0.419377464
Mean Anom(rad):                0.2013109725E+001
Af0(s):                        0.8773803711E-004
Af1(s/s):                      0.3637978807E-011
week:                          739

******** Week 739 almanac for PRN-02 ********
ID:                            02
Health:                        000
Eccentricity:                  0.1267147064E-001
Time of Applicability(s):      405504.0000
Orbital Inclination(rad):      0.9387746706
Rate of Right Ascen(r/s):      -0.8126052768E-008
SQRT(A) (m 1/2):               5153.685059
Right Ascen at Week(rad):      0.2162018963E+001
Argument of Perigee(rad):      -2.547908383
Mean Anom(rad):                0.2855003772E+001
Af0(s):                        0.4577636719E-003
Af1(s/s):                      0.0000000000E+000
week:                          739
```

图 4.1　GPS YUMA 历书文件例子

```
31   CURRENT.ALM
 739 405504

1
63
0
 2.46953964233398E-03    5.66482543945312E-03    -2.51384335570037E-09
 5.15363085937500E+03    6.96122050285339E-01     1.33491992950439E-01
 6.40792727470398E-01    8.77380371093750E-05     3.63797880709171E-12
0
11

2
61
0
 1.26714706420898E-02   -1.17874145507812E-03    -2.58660293184221E-09
 5.15368505859375E+03    6.88192009925842E-01    -8.11024427413940E-01
 9.08775925636292E-01    4.57763671875000E-04     0.00000000000000E+00
0
9
```

图 4.2　GPS SEM 历书文件例子

YUMA 历书文件的数据格式和 SEM 历书文件的数据格式分别见表 4.2 和表 4.3。

对于 GLONASS、Galileo 系统和 BDS 卫星，也有类似的历书。在观测时刻 t，利用历书数据计算卫星在 ECEF 坐标系中的位置参照第 3 章内容。YUMA 格式历书和 SEM 格式历书还同时给出了 GPS 卫星钟差参数，利用钟差参数可以计算相应的卫星钟差，其计算公式为

$$\delta t^s = a_0 + a_1(t - t_0) \tag{4.1}$$

表 4.2　YUMA 文件数据格式

标识	描述	标识	描述
ID	卫星编号	Right Ascen at Week	升交点赤经
Health	健康状况，000 为不可用	Argument of Perigee	近地点幅角
Eccentricity	轨道偏心率	Mean Anomaly	平近点角
Time of Applicability	周内参考历元	Af(0)	卫星钟差系数
Orbital Inclination	轨道倾角	Af(1)	卫星钟漂系数
Rate of Right Ascen	升交点赤经变化率	Week	参考历元周
QRT(A)	轨道半长轴平方根		

表 4.3　SEM 文件数据格式

文件中卫星总数	文件标题	
参考历元周	参考历元周内秒/s	
卫星 PRN 编号		
卫星 SVN 编号		
卫星 URA 编号		
轨道偏心率	轨道倾角/半周	升交点赤经变化率/半周每秒
轨道半长轴平方根/$m^{1/2}$	升交点赤经/半周	近地点幅角/半周
平近点角/半周	卫星钟差系数/s	卫星钟漂系数/（$s\cdot s^{-1}$）
卫星健康状况		
卫星配置码		

4.2 广播星历

GNSS卫星的广播星历是由各GNSS的地面控制部分所确定和提供的，经GNSS卫星向全球所有用户公开播发的一种预报星历。以GPS为例，GPS广播星历的具体产生过程首先是在主控站的遥控下，分布在全球的每个地面监测站均用卫星信号接收机对每颗可见卫星每6 min进行一次伪距测量和积分多普勒测量，采集气象要素等数据，并进行各项改正，每15 min平滑一次观测数据，以此推算出每2 min间隔的观测值，然后将数据发送到主控站。主控站收集、处理本站和监测站的所有数据，编算出每颗卫星的星历和时间系统，将预测的卫星星历、钟差、状态数据以及大气传播改正编制成导航电文传送到注入站，注入站再将发来的导航电文注入到相应的卫星存储器，每天注入三次。因此，接收机收到的导航电文是地面监测系统提供的。

广播星历通常包括相对某一参考历元的开普勒轨道根数和必要的轨道摄动改正项参数。相应参考历元的卫星开普勒轨道参数也叫参考星历。参考星历只代表卫星在参考历元的轨道参数，但是在摄动力的影响下，卫星的实际轨道随后将偏离参考轨道。偏离的程度主要取决于观测历元与所选参考历元之间的时间差。如果用轨道参数的摄动项对已知的卫星参考星历加以改正，就可以外推出任一观测历元的卫星星历。广播星历参数的选择采用了开普勒轨道参数加调和项修正的方案。GNSS卫星的运动在二体运动的基础上加入了长期摄动和周期摄动。其中主要的周期摄动是周期约6 h的二阶带球谐项引起的短周期摄动。广播星历参数一般有16个，其中包括1个参考时刻，6个对应参考时刻的开普勒轨道参数和9个反映摄动力影响的参数。这些参数通过卫星发射的含有轨道信息的导航电文传递给用户。

GPS、Galileo系统和BDS的广播星历参数见表4.4。

表 4.4　广播星历数据内容

参数	说明	参数	说明
t_0	星历的参考时刻	$\dot{\Omega}$	升交点赤经变化率
$\sqrt{a}$	半长轴的平方根	Δn	对平均角速度的校正值
e	轨道偏心率	C_{uc}	对纬度幅角余弦的校正值
i_0	轨道倾角（在 t_0 时）	C_{us}	对纬度幅角正弦的校正值
Ω_0	升交点赤经（在每星期历元上）	C_{rc}	对轨道半径余弦的校正值
ω	近地点幅角（在 t_0 时）	C_{rs}	对轨道半径正弦的校正值
M_0	平近点角（在 t_0 时）	C_{ic}	对倾角余弦的校正值
$\frac{\mathrm{d}i}{\mathrm{d}t}$	轨道倾角变化率	C_{is}	对倾角正弦的校正值

Block ⅡR-M 和 Block ⅡF 卫星的民用导航电文（CNAV）中，广播星历参数调整为 18 个。18 参数广播星历中基本保留了原有的 16 个参数，其中 $\sqrt{a}$ 和 $\dot{\Omega}$ 换成了半长轴误差 ΔA（相对于 A_{ref}=6 559 710 m）和升交点赤经变化率误差 $\Delta\dot{\Omega}$（相对于 $\dot{\Omega}_{\mathrm{ref}} = -2.6\times10^{-9}$ 周/s）。新增的 2 个广播星历参数为轨道半长轴变化率 $\dot{A}$ 和 Δn 变化率 $\Delta\dot{n}$。

GLONASS 的广播星历参数为，在地心地固坐标系中的卫星位置 $(X(t_0),Y(t_0),Z(t_0))$、速度 $(\dot{X}(t_0),\dot{Y}(t_0),\dot{Z}(t_0))$ 和日月摄动引起的加速度值 $(\ddot{X}(t_0),\ddot{Y}(t_0),\ddot{Z}(t_0))$，$t_0$ 为参考时刻。导航电文中的卫星星历每 30 min 更新一次，卫星位置采用数值积分的方法求取。

RINEX（Receiver Independent Exchange Format，接收机通用交换格式）是一种在 GNSS 测量应用中普遍采用的标准数据格式。该格式采用文本文件存储数据，数据记录格式与接收机的制造厂商和具体型号无关。

RINEX 格式由瑞士伯尔尼大学天文学院（Astronomical Institute, University of Berne）的 Werner Gurtner 于 1989 年提出。当时提出该数据格式的目的是为了能够综合处理在 EUREF89（欧洲一项大规模的 GPS 联测项目）中所采集的 GPS 数据。该项目采用了来自 4 个不同厂商共 60 多台 GPS 接收机。

现在，RINEX格式已经成为了GNSS测量应用等的标准数据格式，几乎所有测量型GNSS接收机厂商都提供将其格式文件转换为RINEX格式文件的工具，而且几乎所有的数据分析处理软件都能够直接读取RINEX格式的数据。这意味着在实际观测作业中可以采用不同厂商、不同型号的接收机进行混合编队，而数据处理则可采用某一特定软件进行。

通常情况下，GNSS接收机都会将广播星历转换为RINEX格式进行存储。RINEX文件为纯ASCII码文本文件，每一个RINEX文件都由两部分组成：头部分和数据部分。头部分一般位于文件开始处，其后为数据部分。为了使文件所占用的空间最小，该数据文件格式已进行了优化。该文件由头部分指示其被存储的观测值，可适用于不同观测类型和不同数据量的接收机。对于支持可变记录长度的计算机系统，观测值记录的长度被尽可能缩减。最大的记录长度为每条记录80 Byte。

RINEX格式命名规则为：ssssdddf.yyt。

其中：ssss表示测站名；

ddd表示年积日（从1月1日起算）；

f表示一天内的文件序号（时段号0，1等）；

yy表示年号，如98表示1998，00表示2000等；

t表示文件类型，o表示观测数据文件；

n表示GPS星历文件；

m表示气象数据文件；

g表示GLONASS星历文件。

例如：bjfs1230.04o是一个观测数据文件名，bjfs为站点代码（4 Byte），123为年积日，0为时段号，04代表2004年，o为文件性质码，代表观测数据文件。bjfs1230.04n为站点广播星历文件，性质码用n表示。bjfs1230.04m为气象数据文件，性质码用m表示。

最新的RINEX格式描述可以在ftp服务器上找ftp://igscb.jpl.nasa.gov/pub/data/format/rinex302.pdf。

如图4.3所示，为GPS RINEX格式广播星历文件例子。

```
     2.10           N: GPS NAV DATA                         RINEX VERSION/TYPE
XXRINEXN V2.10      AIUB                3-SEP-99 15:22      PGM/RUN BY/DATE
EXAMPLE OF VERSION 2.10 FORMAT                              COMMENT
     .1676D-07  .2235D-07  -.1192D-06  -.1192D-06           ION ALPHA
     .1208D+06  .1310D+06  -.1310D+06  -.1966D+06           ION BETA
     .133179128170D-06  .107469588780D-12   552960     1025 DELTA-UTC: A0,A1,T,W
    13                                                      LEAP SECONDS
                                                            END OF HEADER
 6 99  9  2 17 51 44.0 -.839701388031D-03 -.165982783074D-10  .000000000000D+00
     .910000000000D+02  .934062500000D+02  .116040547840D-08  .162092304801D+00
     .484101474285D-05  .626740418375D-02  .652112066746D-05  .515365489006D+04
     .409904000000D+06 -.242143869400D-07  .329237003460D+00 -.596046447754D-07
     .111541663136D+01  .326593750000D+03  .206958726335D+01 -.638312302555D-08
     .307155651409D-09  .000000000000D+00  .102500000000D+04  .000000000000D+00
     .000000000000D+00  .000000000000D+00  .000000000000D+00  .910000000000D+02
     .406800000000D+06  .000000000000D+00
13 99  9  2 19  0  0.0  .490025617182D-03  .204636307899D-11  .000000000000D+00
     .133000000000D+03 -.963125000000D+02  .146970407622D-08  .292961152146D+01
    -.498816370964D-05  .200239347760D-02  .928156077862D-05  .515328476143D+04
     .414000000000D+06 -.279396772385D-07  .243031939942D+01 -.558793544769D-07
     .110192796930D+01  .271187500000D+03 -.232757915425D+01 -.619632953057D-08
    -.785747015231D-11  .000000000000D+00  .102500000000D+04  .000000000000D+00
     .000000000000D+00  .000000000000D+00  .000000000000D+00  .389000000000D+03
     .410400000000D+06  .000000000000D+00
```

图 4.3　GPS RINEX 星历文件例子

图4.3中的广播星历由两部分组成：第一部分是文件头，第二部分是数据记录。文件头的格式描述见表4.5。数据记录见表4.6。

表4.5 GPS广播星历文件头说明

头记录标识（61～80列）	说明	格式
RINEX VERSION/TYPE	—格式版本（2） —文件类型（“N”导航数据）	I6，14X，A1，19X
PGM/RUN BY/DATE	—生成当前文件的程序名称 —生成当前文件的机构名称 —文件生成时间	A20，A20，A20
*COMMENT	注释行	A60
*IONα	历书中的电离层参数 A0～A3 （子帧4的第18页）	2X，4D12.4
*IONβ	历书中的电离层参数 B0～B3	2X，4D12.4
* UTC：A0，A1，T，W	计算UTC时间的历书参数 （子帧4的第18页） A0，A1：多项式系数 T：UTC数据的参考时间 W：UTC 参考周数	3X，2D19.12，2I9
*LEAP SECONDS	跳秒	I6
END OF HEADER	头部分的最后一条记录	60X

注：标有“*”的记录为可选项。

表 4.6　GPS 广播星历数据记录说明

观测记录	说明	格式
PRN/EPOCH/SV CLK	—PRN（卫星编号） —历元： 年（2 位数字），月，日，时，分，秒 —卫星时钟偏差，单位为秒（s） —卫星时钟漂移，s/s —卫星时钟漂移率，s/s^2	I2，5I3，F5.1，3D19.12
BROADCAST ORBIT−1	—IODE —C_{rs}，m —Δn，rad/s —M_0，rad	3X，4D19.12
BROADCAST ORBIT−2	—C_{uc}，rad —e —C_{us}，rad —$\sqrt{A}$，$m^{1/2}$	3X，4D19.12
BROADCAST ORBIT−3	—t_{oe}，GPS 周积秒 —C_{ic}，rad —Ω，rad —C_{is}，rad	3X，4D19.12
BROADCAST ORBIT−4	—i_0，rad —C_{rc}，m —ω，rad —$\dot{\Omega}$，rad/s	3X，4D19.12
BROADCAST ORBIT−5	—$\dot{I}$，rad/s —L2 上的编码 —GPS 周数（伴随 TOE） —L2 P 码标志	3X，4D19.12
BROADCAST ORBIT−6	—卫星轨道精度，m —卫星健康状况（仅 MSB） —TGD，s —IODC	3X，4D19.12

续表 4.6

观测记录	说明	格式
BROADCAST ORBIT-7	—电文传输时间 （GPS周积秒，例如在HOW中从Z计数获得） —备用 —备用 —备用	3X，4D19.12

如图4.4所示，为GLONASS RINEX广播星历文件例子。

```
     2.10           GLONASS NAV DATA                        RINEX VERSION/TYPE
ASRINEXG V1.1.0 VM AIUB              19-FEB-98 10:42       PGM/RUN BY/DATE
STATION ZIMMERWALD                                          COMMENT
  1998     2    16    0.379979610443D-06                    CORR TO SYSTEM TIME
                                                            END OF HEADER
 3 98  2 15  0 15  0.0  0.163525342941D-03  0.363797880709D-11  0.108000000000D+05
    0.106275903320D+05 -0.348924636841D+00  0.931322574615D-09  0.000000000000D+00
   -0.944422070313D+04  0.288163375854D+01  0.931322574615D-09  0.210000000000D+02
    0.212257280273D+05  0.144599342346D+01 -0.186264514923D-08  0.300000000000D+01
 4 98  2 15  0 15  0.0  0.179599039257D-03  0.636646291241D-11  0.122400000000D+05
    0.562136621094D+04 -0.289074897766D+00 -0.931322574615D-09  0.000000000000D+00
   -0.236819248047D+05  0.102263259888D+01  0.931322574615D-09  0.120000000000D+02
    0.762532910156D+04  0.339257907867D+01  0.000000000000D+00  0.300000000000D+01
11 98  2 15  0 15  0.0 -0.559808686376D-04 -0.272848410532D-11  0.108600000000D+05
   -0.350348437500D+04 -0.255325126648D+01  0.931322574615D-09  0.000000000000D+00
    0.106803754883D+05 -0.182923507690D+01  0.000000000000D+00  0.400000000000D+01
    0.228762856445D+05  0.447064399719D+00 -0.186264514923D-08  0.300000000000D+01
12 98  2 15  0 15  0.0  0.199414789677D-04 -0.181898940355D-11  0.108900000000D+05
    0.131731816406D+05 -0.143945598602D+01  0.372529029846D-08  0.000000000000D+00
    0.171148715820D+05 -0.118937969208D+01  0.931322574615D-09  0.220000000000D+02
    0.135737919922D+05  0.288976097107D+01 -0.931322574615D-09  0.300000000000D+01
```

图 4.4　GLONASS RINEX 广播星历文件例子

GLONASS 广播星历文件也由两部分组成：第一部分是文件头，第二部分是数据记录。文件头的格式描述见表 4.7。数据记录见表 4.8。

表 4.7　GLONASS 广播星历文件头说明

头记录标识（61～80 列）	说明	格式
RINEX VERSION/TYPE	—格式类型（2） —文件类型（“G”=GLONASS 导航数据）	I6，14X，A1，39X
PGM/RUN BY/DATE	—生成当前文件的程序名称 —生成当前文件的机构名称 —文件生成时间（dd-mmm-yy hh：mm）	A20，A20，A20
*COMMENT	注释行	A60
*CORR TO SYSTEM TIME	—系统时间修正的参考时间（年，月，日） —用于将 GLONASS 系统时间修正为 UTC（SU）的时间尺度改正，s	3I6，3X，D19.12
*LEAP SECONDS	自 1980 年 1 月 6 日以来的跳秒数	I6
END OF HEADER	头部分的最后一条记录	60X

注：标有“*”的记录为可选项。

表 4.8　GLONASS 广播星历数据记录说明

观测记录	说明	格式
PRN/EPOCH/SV CLK	—卫星历书编号 —历书历元（UTC） —年（2 位数字），月，日，时，分，秒 —卫星时钟偏差（s） —卫星相对频率偏差 —帧时间（UTC 日积秒）	3X，4D19.12

续表 4.8

观测记录	说明	格式
BROADCAST ORBIT-1	—卫星坐标 X，单位为千米（km） —X 坐标速度，单位为千米每秒（km/s） —X 坐标加速度，单位为千米每二次方秒（km/s^2） —健康状况（0=正常）	3X，4D19.12
BROADCAST ORBIT-2	—卫星坐标 Y，单位为千米（km） —Y 坐标速度，单位为千米每秒（km/s） —Y 坐标加速度，单位为千米每二次方秒（km/s^2） —频率号（1～24）	3X，4D19.12
BROADCAST ORBIT-3	—卫星坐标 Z，单位为千米（km） —Z 坐标速度，单位为千米每秒（km/s） —Z 坐标加速度，单位为千米每二次方秒（km/s^2） —运行信息龄期，单位为天（d）	3X，4D19.12

Galileo 系统和 BDS 的广播星历文件也是由轨道根数和摄动参数组成，因此可以仿照 GPS 的广播星历文件格式。在观测时刻 t，利用广播星历数据计算卫星在 ECEF 坐标系中的位置参照第 3 章内容。

4.3 后处理星历

后处理星历即精密星历，是按一定的时间间隔（通常为 15 min）来给出卫星在空间的三维坐标、三维运动速度及卫星钟改正数等信息。目前精度最高、使用最为广泛、最为方便的精密星历是由国际 GNSS 服务组织 IGS（International GNSS Service，国际导航卫星系统服务的简称，过去叫作 The International GPS Service）提供的精密星历。

目前，全球 260 多个 IGS 跟踪站中，我国占 20 多个，分布在武汉、拉萨、乌鲁木齐、昆明、上海等地。

IGS 包括两个 GNSS，即美国的 GPS 和俄罗斯的 GLONASS，目的是实现将来的 GNSS 的联合。有多达 8 个 IGS 分析中心为 IGS 数据联合提供每天的超快、快速和最终 GPS 轨道和钟的解算结果。由 IGS 计算的全球精密 GPS 轨道和钟产品，达到厘米级精度，便于与全球整合的参考框架连接，该框架与当前的国际地球参考框架（ITRF）一致。目前，IGS 组织定期向用户提供以下两类数据：一是 IGS 全球跟踪站的观测数据；二是 IGS 的产品，包括：①GPS 卫星的精密星历、快速星历、超快速星历；②GPS 卫星钟和站钟的信息；③地球自转参数；④IGS 跟踪站坐标及其位移速度等。IGS 定期把这些数据存放在下面的 FTP 服务器上：ftp://garner.ucsd.edu。

IGS 组织提供的数据格式广泛采用由美国国家大地测量局（National Geodetic Survey，NGS）提出的格式，目前采用的是 SP3（Standard Product 3）格式。它是 NGS SP1 格式的发展，SP1 格式不仅给出了卫星的三维位置信息（km），也给出了卫星的三维运动速度信息（km/s）。SP2 格式则仅给出了卫星三维位置信息，速度信息需通过位置信息用数值微分的方法来求出，采用这种格式时存储量可减少一半左右。SP3 格式中增加了卫星钟的改正数信息，观测时刻的卫星位置及运动速度可采用内插法求得，其中拉格朗日（Lagrange）多项式内插法被广泛采用，因为这种内插法速度快且易于编程。

假设函数 $f(x)$ 在一系列点 x_i（称之为节点）上的精确值为已知，我们用一简单函数 $y(x)$ 近似（逼近）$f(x)$，要求在节点上 $y(x)$ 与 $f(x)$ 有相同的函数值，这就是插值。拉格朗日插值函数（或多项式）写作：

$$L_n(x) = \sum_{j=0}^{n} f(x_j) l_j(x) \tag{4.2}$$

式中，$l_j(x)$ 称为拉格朗日插值基函数，即

$$l_j(x) = \frac{(x - x_0)(x - x_1)\cdots(x - x_{j-1})(x - x_{j+1})\cdots(x - x_n)}{(x_j - x_0)(x_j - x_1)\cdots(x_j - x_{j-1})(x_j - x_{j+1})\cdots(x_j - x_n)} \tag{4.3}$$

在精密星历内插时，一般取 n=7 或 n=9 就可以了。Remondi 的研究表明，对 GPS 卫星而言，如果要精确至 10^{-8}，用 30 min 的历元间隔和 9 阶内插已足够保证精度。计算表明，被插值点位于所有节点的中间位置时精度最高。

SP3 格式的存储方式为 ASCⅡ文本文件，内容包括表头信息以及文件体。它的特点就是提供卫星精确的轨道位置。采样率为 15 min，实际解算中可以进行精密钟差的估计或内插，以提高其可使用的历元数。

常用的 SP3 格式的命名规则为：tttwwwwd.sp3。
其中：

（1）ttt 表示精密星历的类型，包括 IGS（事后精密星历）、IGR（快速精密星历）、IGU（超快速精密星历）三种。

（2）wwww 表示 GPS 周。

（3）d 表示星期，0 表示星期日，1～6 表示星期一至星期六。

文件名如：igs12901.sp3，其中 igs 表示事后精密星历，1290 为 GPS 周，1 为星期一。以 igr 开头的星历文件为快速精密星历文件，以 igu 开头的星历文件为超快速精密星历文件。三种精密星历文件的时延、精度、历元间隔等各不相同，在实际工作中，根据工程项目对时间及精度的要求，选取不同的 SP3 文件类型。三种精密星历的有关指标见表 4.9。

表 4.9　三种精密星历的有关指标

名称	时延	更新率	采样率/min	精度/cm
事后精密星历	约 11 d	每周	15	<5
快速精密星历	17 h	每天	15	<5
超快速精密星历	实时	每天	15	约 25

SP3 格式的精密星历文件如图 4.5 所示。

SP3 格式的精密星历例子的格式说明见表 4.10。

```
#cP2013  9  6  0  0  0.00000000      96 ORBIT IGb08 HLM  IGS
## 1756 432000.00000000    900.00000000 56541 0.0000000000000
+   32   G01G02G03G04G05G06G07G08G09G10G11G12G13G14G15G16G17
+        G18G19G20G21G22G23G24G25G26G27G28G29G30G31G32  0  0
+          0  0  0  0  0  0  0  0  0  0  0  0  0  0  0  0  0
+          0  0  0  0  0  0  0  0  0  0  0  0  0  0  0  0  0
+          0  0  0  0  0  0  0  0  0  0  0  0  0  0  0  0  0
++         2  2  2  3  2  2  2  3  3  2  2  2  2  2  2  2  2
++         2  2  2  2  2  2  2  2  2  2  2  2  0  2  2  0  0
++         0  0  0  0  0  0  0  0  0  0  0  0  0  0  0  0  0
++         0  0  0  0  0  0  0  0  0  0  0  0  0  0  0  0  0
++         0  0  0  0  0  0  0  0  0  0  0  0  0  0  0  0  0
%c G  cc GPS ccc cccc cccc cccc cccc ccccc ccccc ccccc ccccc
%c cc cc ccc ccc cccc cccc cccc cccc ccccc ccccc ccccc ccccc
%f  1.2500000  1.025000000  0.00000000000  0.000000000000000
%f  0.0000000  0.000000000  0.00000000000  0.000000000000000
%i    0    0    0    0      0      0      0      0         0
%i    0    0    0    0      0      0      0      0         0
/* FINAL ORBIT COMBINATION FROM WEIGHTED AVERAGE OF:
/* cod emr esa gfz grg jpl mit ngs sio
/* REFERENCED TO IGS TIME (IGST) AND TO WEIGHTED MEAN POLE:
/* PCV:IGS08_1755 OL/AL:FES2004  NONE     Y  ORB:CMB CLK:CMB
*  2013  9  6  0  0  0.00000000
PG01   6837.249450   14089.170495  -21490.172816    71.544131 10  8  8 110
PG02  17452.083250  -13910.733587   14234.191197   449.964745  8  7  6  81
PG03  -8108.542839   24828.818597    3668.683457   255.639842  8  7  6 119
…
PG32   4289.262768   22858.224191  -13186.010782  -550.689747  9  6  8 106
*  2013  9  6  0 15  0.00000000
PG01   4420.000236   14593.032128  -21776.233705    71.547927 10  7  7 104
PG02  18966.564019  -13966.774491   11987.695382   449.966473  8  7  6  53
PG03  -8329.427399   24136.582830    6403.397831   255.644881  8  6  6  96
…
PG32   3167.867966   21659.414867  -15289.007747  -550.687688  8  5  7  81
```

图 4.5　sp3 格式 igs 精密星历文件例子

表 4.10　sp3 格式精密星历格式说明

行号	说明
1	版本号：c；记录内容标识：P（位置）或 V（速度）；日期：2013 年 3 月 16 日；轨道的第一个历元的时间：0 h 0 min 0.00000000 s；星历文件的历元数：192；数据类型：ORBIT（轨道数据）；坐标系统：IGb08；轨道类型：HLM（赫尔墨特）；提供该文件的机构：IGS
2	GPS 周：1731；轨道其实时刻的周内秒：518400.00000000；修正的儒略日：900.00000000；轨道起始时刻的小数天：0.0000000000000
3～7	卫星数：26；卫星号，例如 G01 表示 GPS 卫星，如果是 R01，则表示 GLONASS 卫星
8～12	与 3～7 行的卫星对应的精度幂指数，例如数字 8 表示精度是 2^8 mm，即 0.256 m，如果是数字 0，则表示精度未知
13	文件类型指示器：G 表示 GPS，M 表示混合文件，R 表示 GLONASS；时间系统指示器：GPS 表示 GPS 时间，TAI 表示国际原子时，UTC 表示协调世界时
15	计算卫星位置分量的标准差的浮点基数，而幂对应于第 8～12 行的幂，例如 1.25 对应的幂是 8 时，表示 1.25^8 mm；计算钟差的标准差的浮点基数，如 1.025 表示 1.025^8 ps
23	日期和时间：2013 年 3 月 16 日 0 时 0 分 0 秒
24～	某一个卫星的位置和钟差：位置以 km 为单位，精确至 1 mm，钟差以 μs 为单位，精确至 1 ps。坏的或空缺的位置值显示 0.000000，坏的或空缺的钟差值显示 999999.999999。后面的 3 个两位数的整数是坐标分量标准差的幂

4.4　导航电文编码

导航电文是导航卫星信号的重要组成部分，其设计优劣将直接影响系统的时效性、完整性、灵活性、可靠性、可扩展性等服务性能以及用户使用成本。GPS，GLONASS 等早期建成的卫星导航系统，导航电文一般采用帧结构的编排格式并按照子帧或页面顺序播发导航电文，数据内容主要包括卫星星历、卫星钟差、电离层延迟改正参数、历书数据以及时间同步参数等。针对早期的导航电文设计在数据实效性、数据传输率和可靠性、通信资源利用率、可扩充性等方面存在的缺陷，并结合现代化 GNSS 在兼容与互操作等方面的发展需求，现代化 GPS 中新增的民用信号以及建设中的 Galileo 等系统的导航电文设计在多个方面进行了一系列的改进，并发布了新的接口规范。BDS 也在 2012 年 12 月公布了其公开服务信号 B1Ⅰ的接口控制文件。

4.4.1　GPS 导航电文

1. GPS 导航电文内容

GPS 导航电文是由 GPS 卫星播发给用户的描述卫星运行状态与参数的电文，包括卫星健康状况、星历、历书，卫星时钟的修正值、电离层时延模型参数等内容，以 50 bit/s 速率播发。导航数据 D（t）包括卫星星历、系统时间、星钟参数、状态信息及 C/A 码与 P 码（或 Y 码）的转换信息等。50 bit/s 的数据先模 2 和到 P（Y）和 C/A 码上，生成比特序列再调制 L1 和 L2 载波。对一个给定的卫星，P（Y）和 C/A 码在 L1 及 L2 上所用的都是同一个导航数据序列 D（t）。

对 Block ⅡR-M 卫星，导航数据 D（t）也是模 2 和到 L2CM 码上，但其数据率可根据地面命令有两种选择：50 bit/s 或 50 sps（symbols per second）（由 25 bit/s 的导航数据 1/2 比率卷积编码生成）的数据流按指令模 2 和到 L2CM 码上。生成的序列与 L2CL 码以时分复用方式合并，合并后的比特序列再用来调制 L2 载波。在 L2C 信号播发之前，BlockⅡR-M 卫星导航数据 D（t）和它在 L2CM 码上的调制也许会有改变。对于 BlockⅡF 及其后代卫星，L2CNAV 数据 Dc（t）包括星历、系统时间、星钟参数和状态信息等。Dc（t）是 25 bit/s 的数据流，由 1/2 比率卷积编码产生，当被地面命令选择时，生成的 50 sps（symbols per second）符号流模 2 和到 L2CM 码上，得到的序列与 L2CL 码以时分复用方式合并，合并后的比特序列再用来调制 L2 载波。本书主要介绍 D（t）的结构。关于 Dc（t）的结构读者可参考 GPS 接口规范 IS-GPS-200E。

2. GPS 导航电文结构

GPS 卫星导航电文以二进制码的形式，按规定格式组成，按帧向外播送。它的基本单位是长 1 500 bit 的一个主帧如图 4.6 所示，传输速率是 50 bit/s，30 s 传送完毕一个主帧。一个主帧包括 5 个子帧，第 1、2、3 子帧各有 10 个字，每个字有 30 bit；

第4、5子帧各有25个页面，共有37 500 bit。第1、2、3子帧每30 s重复一次，内容每小时更新一次。第4、5子帧的全部信息则需要750 s才能够传送完。即第4、5子帧是12.5 min播完一次，然后再重复之，其内容仅在卫星注入新的导航数据后才得以更新。

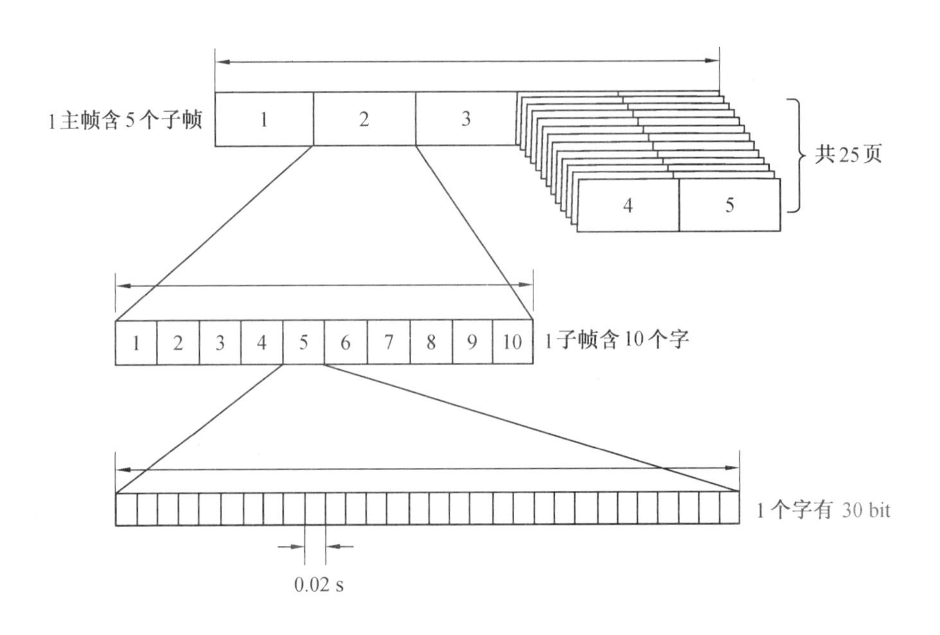

图4.6　GPS卫星导航电文的基本构成图

每个子帧和/或子帧的页应包含一个遥测字（TLM）和一个转换字（HOW），均由卫星生成，并将TLM/HOW作为一对同时开始传输。TLM应最先传输，然后马上传HOW，HOW后跟着8个数据字。每帧中的每个字应包含校验位。

遥测字（TLM）：每个TLM字长为30 bit，TLM字在数据帧中每6 s出现一次，为每个子帧/页的第一个字，其格式如图4.7所示，第1位首先传输。每个TLM字以一个标志位开始，接着是TLM信息，2个保留位和6个校验位。TLM信息包含CS和授权用户所需的内容，在SS/CS相关文件中描述。

转换字（HOW）：HOW字长为30 bit，为每个子帧中的第2个字，紧跟TLM字。HOW字在数据帧中每6 s出现一次。HOW的格式及内容如图4.7所示，MSB（最有效位）首先发送。HOW以周内时计数（TOW）的高17位开始（整个TOW包含

29 位 Z-计数器的低 19 位）。这 17 位在 X1 历元与 TOW 计数相一致，这个时刻出现在下一个子帧的开始端（上升沿）。

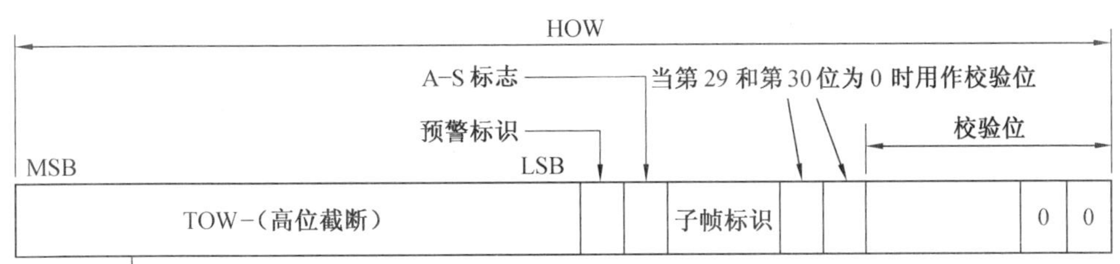

图 4.7　TLM 和 HOW 格式

第 18 位为“预警”标志位。当标志位为 1（第 18 位=“1”）时，表示未授权用户的卫星用户距离精度（SV URA）可能差于子帧 1 中所指示的值，用户将自己承担风险。

第 19 位为 A-S 标志，第 19 位为 1 表明该卫星工作在“A-S”模式。

HOW 的第 20、21、22 位提供该 HOW 所属子帧的 ID，其编码如下：

子帧	ID
1	001
2	010
3	011
4	100
5	101

子帧 1：子帧 1 的数据格式如图 4.8 所示。

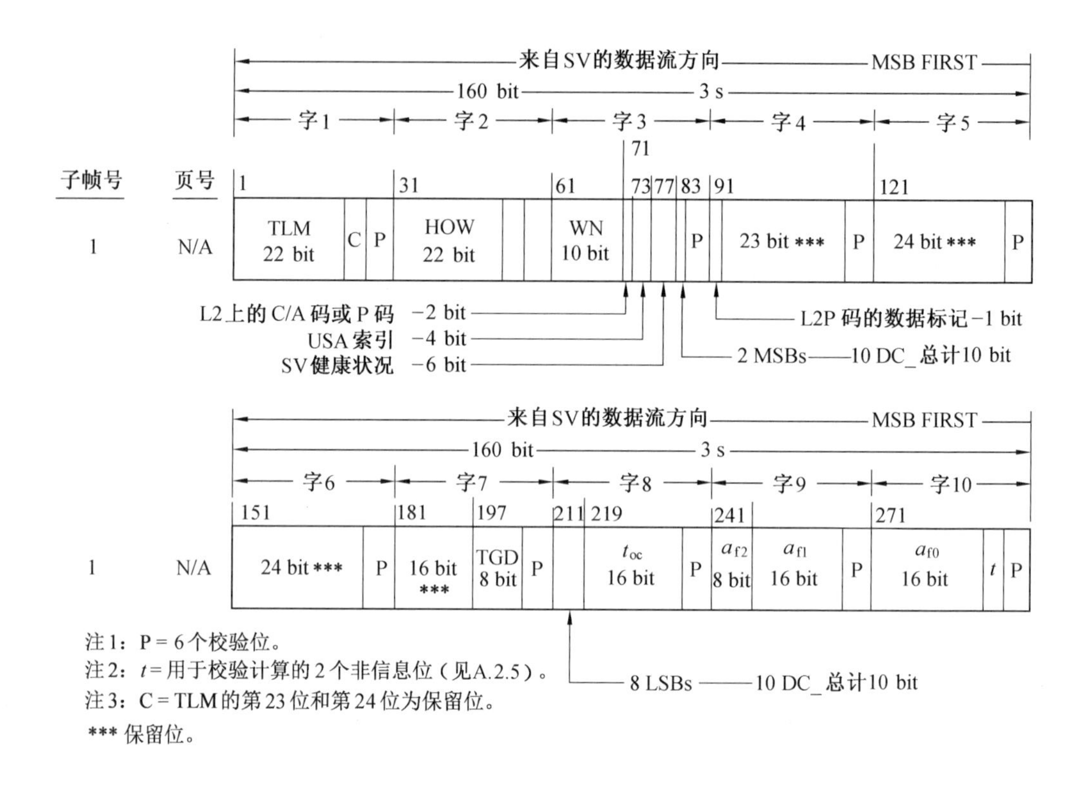

图 4.8　子帧 1 的数据格式

3. 子帧 1 的数据格式

子帧 1 的第 3～10 字码主要内容包括时延差改正、星期序号、卫星的健康状况、数据龄期以及卫星时钟改正系数等。其主要参数见表 4.11。

表 4.11　子帧 1 的参数

参数	比特数 [a]	比例因子（LSB）	有效范围 [b]	单位
L2 测距码	2	1		Discertes
周数 WN	10	1		周
L2 P 码数据标识	1	1	604，784	Discertes
SV 精度	4			
SV 健康状况	6	1		Discertes

续表 4.11

参数	比特数[a]	比例因子（LSB）	有效范围[b]	单位
T_{GD}	8[a]	2^{-31}	604，784	s
IODC	10			
T_{oc}	16	2^{4}		s
a_{f2}	8[a]	2^{-55}		s/s^2
a_{f1}	16[a]	2^{-43}		s/s
a_{f0}	22[a]	2^{-31}		s

注：a 子帧中完整的位分配，如图 4.8 所示。

b 除非在此栏中另有说明，否则参数的有效范围是所给定的位与比例因子共同确定的最大范围。

子帧 2：子帧 2 的数据格式如图 4.9 所示。

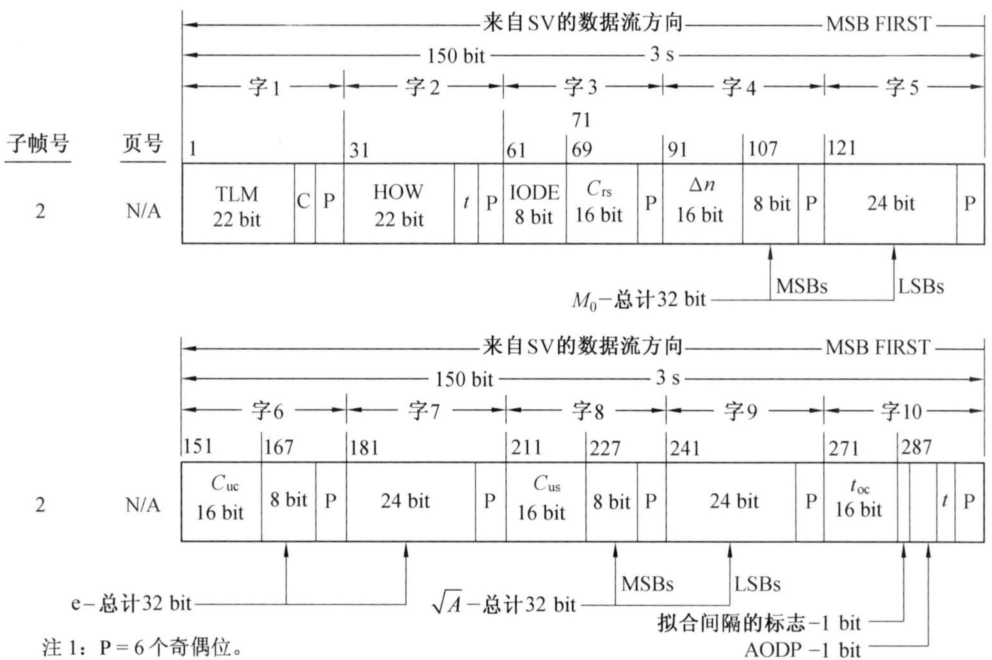

图 4.9　子帧 2 的数据格式

子帧 3：子帧 3 的数据格式如图 4.10 所示。

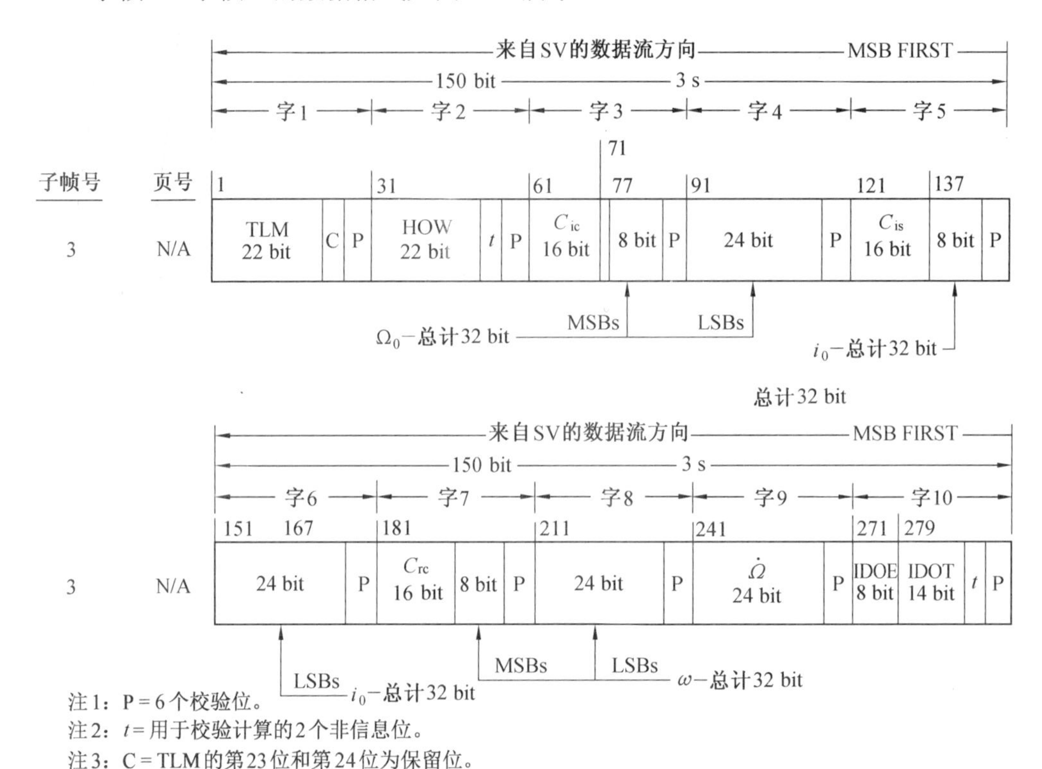

图 4.10　子帧 3 的数据格式

子帧 2 和子帧 3 的主要内容为 GPS 卫星的星历，这些数据为用户提供了有关计算卫星运动位置的信息。包括轨道六根数、轨道摄动九参数以及时间二参数。其主要参数见表 4.12。

星历数据龄期（IODE）为用户提供了一种方便的检测星历参数变化的方法。在第 2、第 3 子帧中都提供 IODE，用于与子帧 1 中 IODC 的 8 个 LSB 进行比对。只要这 3 个参数不相匹配，星历数据就要进行更新。在子帧 2 和子帧 3 中，任何数据都会随着 IODE 的变化而变化。CS 应该保证加载后卫星发送的第一套数据的 t_{oe} 值应与更新前的 t_{oe} 值不同。

表 4.12　星历表定义

主要参数	定义
M_0	星历参考时间（TOE）的平近点角
Δn	计算出的平均角速度之差（相对于 n_0 的差值）
e	偏心率
$(A)^{\frac{1}{2}}$	半长轴的平方根
Ω_0	星历参考时间（TOE）的卫星轨道平面升交点赤经
i_0	星历参考时间（TOE）的卫星轨道倾角
ω	升交点到近地点幅角
$\dot{\Omega}$	升交点赤经变化率
$\dot{I}$	倾角变化率
C_{uc}	纬度余弦调和项改正的振幅
C_{us}	纬度正弦调和项改正的振幅
C_{rc}	轨道半径的余弦调和项改正的振幅
C_{rs}	轨道半径的正弦调和项改正的振幅
C_{ic}	轨道倾角的余弦调和项改正的振幅
C_{is}	轨道倾角的正弦调和项改正的振幅
t_{oe}	星历参考时间
IODE	星历数据龄期

子帧 4 和子帧 5：这两个子帧内容包括了所有 GPS 卫星的历书数据。当接收机捕获到 GPS 卫星后，根据子帧 4 和子帧 5 提供的其他卫星的概略星历、时钟改正、卫星工作状态等数据，用户可以选择工作正常和位置适当的卫星，并且较快地捕获到所选择的卫星。

子帧 4 的第 2、3、4、5、7、8、9、10 页面提供第 25～32 颗卫星的历书；第 17 页面提供专用电文，第 18 页面给出电离层改正模型参数和 UTC 数据；第 25 页面提供所有卫星的型号、防电子对抗特征符和第 25～32 颗卫星的健康状况；第 1、6、11、12、16、19～24 页面做备用，第 13～15 页面为空闲页。

子帧5的第1～24页面给出第1～24颗卫星的历书；第25页面给出第1～24颗卫星的健康状况和星期编号。

4.4.2 GLONASS导航电文

1. GLONASS导航电文内容

导航电文包括即时数据和非即时数据。

（1）即时数据与广播RF导航信号的GLONASS卫星有关，包括：

①卫星时间标记的枚举；

②卫星星载时间基准与GLONASS时间之间的差；

③卫星载波频率与其标称值之间的相对差；

④星历参数和其他参数。

（2）非即时数据包括：

①空间段内所有卫星的状态数据（状态历书）；

②相对于GLONASS 时间对每颗卫星的星载时间基准进行粗略的修正（相位历书）；

③空间段内所有卫星的轨道参数（轨道历书）；

④相对于UTC（SU）修正GLONASS时间和其他参数。

2. GLONASS导航电文结构

以数据形式发送的导航电文用汉明码方式进行编码，并变换成相对码。在结构上来说，数据以不断重复的超帧形式生成。每个超帧由多个帧组成，每个帧又由字符串组成。

来自不同的 GLONASS 卫星的导航电文的字符串、帧和超帧的边界均同步在2 ms之内。

（1）超帧结构。

超帧的周期为2.5 min，由5个帧组成。帧周期为30 s，由15个字符串组成。字符串的周期为2 s。在每帧中，发送非即时数据的全部内容（GLONASS 24颗卫星的历书）。超帧结构以每帧在超帧中的编号及每个字符串在帧中的编号来描述，如图4.11所示。

2 s

帧编号	字符串编号	1.7 s			0.3 s
I	1	0	*	KX	MB
	2	0	*	KX	MB
	3	0	*	KX	MB
	4	0	*	KX	MB
			**		
	15	0	**	KX	MB
II	1	0	*	KX	MB
	2	0	*	KX	MB
	3	0	*	KX	MB
	4	0	*	KX	MB
			**		
	15	0	**	KX	MB
III	1	0	*	KX	MB
	2	0	*	KX	MB
	3	0	*	KX	MB
	4	0	*	KX	MB
			**		
	15	0	**	KX	MB
IV	1	0	*	KX	MB
	2	0	*	KX	MB
	3	0	*	KX	MB
	4	0	*	KX	MB
			**		
	15	0	**	KX	MB
V	1	0	*	KX	MB
	2	0	*	KX	MB
	3	0	*	KX	MB
	4	0	*	KX	MB
			***		
	14	0	保留位	KX	MB
	15	0	保留位	KX	MB
		85	84....................9	8..... ...1	

30 s

30 s×5=2.5 min

字符串中的比特数　　二进制相对码的数据位　　二进制相对码的汉明码位

*代表卫星发送的即时数据。

**代表 5 颗卫星发送的非即时数据（历书）。

***代表 4 颗卫星发送的非即时数据（历书 ）。

图 4.11　超帧结构

（2）帧结构。

每帧应发送指定卫星的即时数据的全部内容和非即时数据的部分内容。超帧中的帧结构如图 4.12、图 4.13 所示。

字符串号												
1	m 4	2	P1 2	t_k 12	$x'_n(t_b)$ 24	$x''_n(t_b)$ 5	$x_n(t_b)$ 27	KX 8	MB			
2 (P2 1)	m 4	B_n 3	t_b 7	5	$y'_n(t_b)$ 24	$y''_n(t_b)$ 5	$y_n(t_b)$ 27	KX 8	MB			
3 (P3 1)	m 4	$\gamma_n(t_b)$ 11	1	P 2	l_n 1	$z'_n(t_b)$ 24	$z''_n(t_b)$ 5	$z_n(t_b)$ 27	KX 8	MB		
4	m 4	$\tau_n(t_b)$ 22	$\Delta\tau_n$ 5	E_n 5	14	1	FT	3	N_T 11	n 5	M 2	KX 8	MB
5	m 4	N^A 11	τ_c 32	1	N_4 5	τ_{GPS} 22	l_n	KX 8	MB			
6 (C_n)	m 4	M_n^a 2	n^A 5	τ_n^A 10	λ_n^A 21	Δi_n^A 18	ε_n^A 15	KX 8	MB			
7	m 4	ω_n^A 16	$\tau_{\lambda^n}^A$ τ_c 21	ΔT_n^A 22	$\Delta T'^A_n$ 7	ΔH_n^A 5	l_n	KX 8	MB			
8	m 4	M_n^a 2	n^A 5	τ_n^A 10	λ_n^A 21	Δi_n^A 18	ε_n^A 15	KX 8	MB			
9	m 4	ω_n^A 16	$\tau_{\lambda^n}^A$ 21	ΔT_n^A 22	$\Delta T'^A_n$ 7	ΔH_n^A 5	l_n	KX 8	MB			
10	m 4	M_n^a 2	n^A 5	τ_n^A 10	λ_n^A 21	Δi_n^A 18	ε_n^A 15	KX 8	MB			
11	m 4	ω_n^A 16	$\tau_{\lambda^n}^A$ 21	ΔT_n^A 22	$\Delta T'^A_n$ 7	ΔH_n^A 5	l_n	KX 8	MB			
12	m 4	M_n^a 2	n^A 5	τ_n^A 10	λ_n^A 21	Δi_n^A 18	ε_n^A 15	KX 8	MB			
13	m 4	ω_n^A 16	$\tau_{\lambda^n}^A$ 21	ΔT_n^A 22	$\Delta T'^A_n$ 7	ΔH_n^A 5	l_n	KX 8	MB			
14	m 4	M_n^a 2	n^A 5	τ_n^A 10	λ_n^A 21	Δi_n^A 18	ε_n^A 15	KX 8	MB			
15	m 4	ω_n^A 16	$\tau_{\lambda^n}^A$ 21	ΔT_n^A 22	$\Delta T'^A_n$ 7	ΔH_n^A 5	l_n	KX 8	MB			

图 4.12　帧结构（第 1 帧至第 4 帧）

字符串号												
1	m 4	2	P1 2	t_k 12	$x'_n(t_b)$ 24	$x''_n(t_b)$ 5	$x_n(t_b)$ 27	KX 8	MB			
2 (P2 1)	m 4	B_n 3	t_b 7	5	$y'_n(t_b)$ 24	$y''_n(t_b)$ 5	$y_n(t_b)$ 27	KX 8	MB			
3 (P3 1)	m 4	$\gamma_n(t_b)$ 11	1	P 2	l_n 1	$z'_n(t_b)$ 24	$z''_n(t_b)$ 5	$z_n(t_b)$ 27	KX 8	MB		
4	m 4	$\tau_n(t_b)$ 22	$\Delta\tau_n$ 5	E_n 5	14	1	FT	3	N_T 11	n 5	M 2	KX 8	MB
5	m 4	N^A 11	τ_c 32	1	N_4 5	τ_{GPS} 22	l_n	KX 8	MB			
6 (C_n)	m 4	M_n^a 2	n^A 5	τ_n^A 10	λ_n^A 21	Δi_n^A 18	ε_n^A 15	KX 8	MB			
7	m 4	ω_n^A 16	$\tau_{\lambda^n}^A$ τ_c 21	ΔT_n^A 22	$\Delta T'^A_n$ 7	ΔH_n^A 5	l_n	KX 8	MB			
8	m 4	M_n^a 2	n^A 5	τ_n^A 10	λ_n^A 21	Δi_n^A 18	ε_n^A 15	KX 8	MB			
9	m 4	ω_n^A 16	$\tau_{\lambda^n}^A$ 21	ΔT_n^A 22	$\Delta T'^A_n$ 7	ΔH_n^A 5	l_n	KX 8	MB			
10	m 4	M_n^a 2	n^A 5	τ_n^A 10	λ_n^A 21	Δi_n^A 18	ε_n^A 15	KX 8	MB			
11	m 4	ω_n^A 16	$\tau_{\lambda^n}^A$ 21	ΔT_n^A 22	$\Delta T'^A_n$ 7	ΔH_n^A 5	l_n	KX 8	MB			
12	m 4	M_n^a 2	n^A 5	τ_n^A 10	λ_n^A 21	Δi_n^A 18	ε_n^A 15	KX 8	MB			
13	m 4	ω_n^A 16	$\tau_{\lambda^n}^A$ 21	ΔT_n^A 22	$\Delta T'^A_n$ 7	ΔH_n^A 5	l_n	KX 8	MB			
14	m 4	B_1 11	B_2 10	KP 2		KX 8	MB					
15	m 4		l_n	KX 8	MB							

图 4.13　帧结构（第 5 帧）

第 1 帧至第 4 帧帧结构相同。图中的阴影区表示保留位，用于未来导航电文结构的现代化。

每帧的第 1 至第 4 字符串中所含数据与发送指定导航电文（即时数据）的卫星相关。在一个超帧内即时数据相同。

每帧的第 6 至 15 字符串包含 24 颗卫星的非即时数据（历书）。第 1 帧到第 4 帧包含 20 颗卫星的历书（每帧含 5 颗卫星）。第 5 帧包含余下 4 颗卫星的历书。1 颗卫星的非即时数据（历书）占 2 个字符串。在一个超帧中，每帧的第 5 个字符串所含数据是相同的，与非即时数据有关。

超帧中历书的排列见表 4.13。

表 4.13　在超帧中 GLONASS 历书的排列

超帧中的帧号	超帧历书的卫星编号
1	1～5
2	6～10
3	11～15
4	16～20
5	21～24

帧内即时信息的排列见表 4.14。

表 4.14 中：

$X_n(t_b)$，$Y_n(t_b)$，$Z_n(t_b)$为 t_b 时刻卫星 n 在 PZ−90 坐标系下的坐标；

$\dot{x}_n(t_b)$，$\dot{y}_n(t_b)$，$\dot{z}_n(t_b)$ 为 t_b 时刻卫星 n 在 PZ−90 坐标系下的速度矢量；

$\ddot{x}_n(t_b)$，$\ddot{y}_n(t_b)$，$\ddot{z}_n(t_b)$ 为 t_b 时刻卫星 n 在 PZ−90 坐标系下的加速度分量，由太阳和月亮效应引起；

E_n 指即时信息的“龄期”，对于第 n 颗卫星它是从上载的时刻到 t_b 时刻的时间间隔。E_n 在卫星上生成。

表 4.14　帧内即时信息的排列

字	比特数	帧内的字符串序号	帧内的比特序号
m	4	1～15	81～84
t_k	12	1	65～76
t_b	7	2	70～76
M	2	4	9～10
$\gamma_n(t_b)$	11	3	69～79
$\tau_n(t_b)$	22	4	59～80
$x_n(t_b)$	27	1	9～35
$y_n(t_b)$	27	2	9～35
$z_n(t_b)$	27	3	9～35
$\dot{x}_n(t_b)$	24	1	41～64
$\dot{y}_n(t_b)$	24	2	41～64
$\dot{z}_n(t_b)$	24	3	41～64
$\ddot{x}_n(t_b)$	5	1	36～40
$\ddot{y}_n(t_b)$	5	2	36～40
$\ddot{z}_n(t_b)$	5	3	36～40
P	2	3	66～67
N_T	11	4	16～26
n	5	4	11～15
F_T	4	4	30～33
E_n	5	4	49～53
B_n	3	2	78～80
P1	2	1	77～78
P2	1	2	77
P3	1	3	80
P4	1	4	34
$\Delta\tau_n$	5	4	54～58
l_n	1	3，5，7，9，11，13，15	65（第3字符串），9（第5、7、9、11、13、15字符串）

帧内非即时信息（历书字）的排列见表 4.15。

表 4.15　帧内非即时信息的排列

字	比特数	帧内字符串序号[a]	字符串内比特序号
τ_c	32	5	38～69[b]
N_4^a	5	5	32～36
τ_{GPS}	22	5	10～31
N^A	11	5	70～80
n^A	5	6，8，10，12，14	73～77
H_n^A	5	7，9，11，13，15	10～14
λ_n^A	21	6，8，10，12，14	42～62
$t_{\lambda_n^A}$	21	7，9，11，13，15	44～64
Δi_n^A	18	6，8，10，12，14	24～41
ΔT_n^A	22	7，9，11，13，15	22～43
$\Delta \dot{T}_n^A$	7	7，9，11，13，15	15～21
ε_n^A	15	6，8，10，12，14	9～23
ω_n^A	16	7，9，11，13，15	65～80
M_n^A	2	6，8，10，12，14	78～79
B1	11	74	70～80
B2	10	74	60～69
KP	2	74	58～59
τ_n^A	10	6，8，10，12，14	63～72
C_n^A	1	6，8，10，12，14	80

注：a 给出了超帧中前 4 帧的字符串序号。在第 5 帧的第 14 和第 15 字符串中没有星历参数。

b 在 GLONASS-M 卫星的导航电文中，对τ_c配置了附加的比特（达到 32 bit），使τ_c的比例因子（LSB）增加到 2^{-31} s（即 0.46 ns）。τ_c位于超帧中的第 5、20、35 和 65 字符串的第 38 至 69 比特位。

（3）字符串结构。

字符串是帧的基本单元。字符串结构如图 4.14 所示。每个字符串包括数据比特和时间标识。字符串周期为 2 s，在这 2 s 的时间间隔的最后 0.3 s（每个字符串的末尾）发送时间标记。时间标记（缩短了的伪随机序列）由 30 个码元组成，每个码元周期为 10 ms。在这 2 s 时间间隔的头 1.7 s（每个字符串的开头）发送 85 bit 的数据[50 Hz 的导航数据与 100 Hz 的辅助明德码序列（双二进码）的模 2 和]。

字符串中的比特序号从右向左递增。汉明码（KX）校验位（第 1 到第 8 位）随数据位（第 9 到第 84 位）一同发送。汉明码的码长为 4。一个字符串的数据用时间标记与另一个邻近字符串的数据分开。数据的字存储在寄存器的最有效位。每个字符串的最后一位（第 85 位）为空码元（“0”），在使用无线电链路发送导航数据时，用于形成有序的相对码。

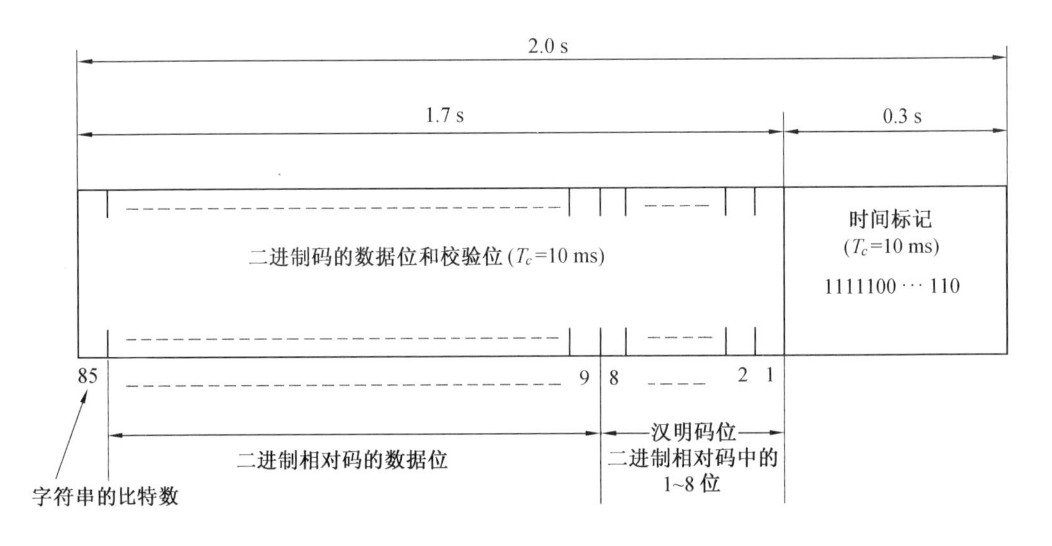

图 4.14　字符串结构

4. 4. 3　Galileo 导航电文

1. Galileo 系统导航电文结构

Galileo 系统导航电文是按照：主帧，子帧，页面的三级格式来构成完整的导航电文，其结构如图 4.15 所示。

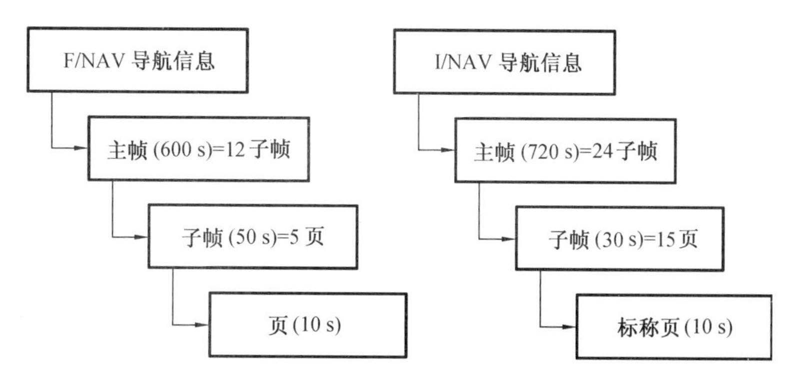

图 4.15　Galileo 系统导航电文结构

一个主帧包含若干子帧，一个子帧可以包含若干页面，完整的 F/NAV 导航信息是由一个持续时间 600 s 的主帧构成的，一个 F 主帧又分为 12 个子帧，每个 F 子帧的持续时间为 50 s，它包含 5 个页面，每个页面的持续时间是 10 s。I/NAV 导航信息是由一个持续 720 s 的主帧构成的，一个 I 主帧又分为 24 个子帧，每个 I 子帧的持续时间为 30 s，它包含 15 个标称页，每个标称页又由 1 个奇数页和 1 个偶数页构成，每个页面的持续时间为 1 s。页面是导航电文的最基本组成部分。

一个页面由页同步头与页字符组成，其组成情况见表 4.16。

表 4.16　Galileo 电文组成

电文类型	页同步头/bit	页字符/bit
F/NAV	12	488
I/NAV	10	240

2. Galileo 系统导航电文内容

完整的导航电文必须包含用户定位服务所需的一切参数，一般来讲，通过卫星导航进行定位所必须的有四类参数：

星历：用于向用户接收机指示卫星的位置。

时钟修正参数：精确地计算伪距时需要使用。

导航服务参数：提供有用的导航信息，并指示信号质量。

历书：在一个降低的精度水平上指示卫星的位置。

Galileo 系统通过 12 个子帧的导航电文向用户播发上述四类参数，用户以此获取 Galileo 系统所承诺的各种服务。

（1）星历参数。

Galileo 系统的导航电文共使用了 16 个参数来向用户播发星历，星历参数包括：

①开普勒 6 参数。

M_0——参考时刻的平近点角；

e——卫星椭圆轨道偏心率；

i_0——参考时刻的轨道倾角；

Ω_0——参考时刻的轨道升交点准经度；

$a^{\frac{1}{2}}$——卫星椭圆轨道的半长轴的平方根；

ω——轨道近地点角矩。

② 6 个调和校正参数。

C_{rs}——轨道半轴的正弦调和项改正的振幅；

C_{uc}——升交角矩的余弦调和项改正的振幅；

C_{us}——升交角矩的正弦调和项改正的振幅；

C_{ic}——轨道倾角的余弦调和项改正的振幅；

C_{is}——轨道倾角的正弦调和项改正的振幅；

C_{rc}——轨道半轴的余弦调和项改正的振幅。

③ 1 个轨道倾角变化率参数。

i——轨道倾角变化率。

④ 1 个角速度改正参数。

n——平均角速度改正值。

⑤ 1 个升交点赤经变化率参数。

Ω——升交点赤经变化率。

⑥ 1 个星历数据参考时刻参数。

t_{oe}——星历数据的参考时刻。

（2）卫星时间校正参数。

在 Galileo 系统时（GST）尺度下，信号传播时间（TOT）对于计算伪距有着很重要的意义。由于把每颗卫星的时钟与系统时间进行对准比较麻烦，因此，Galileo 系统中每颗卫星都播发时间修正数据，以此用户可以估计信号传播时间的偏差：

$$\mathrm{TOT}_c = \mathrm{TOT}_m - \Delta t_{sv} \tag{4.4}$$

式中，TOT_c 是信号传播时间的准确值；TOT_m 是信号传播时间的测量值；Δt_{sv} 是由卫星播发的时间修正数据计算出的时间修正量，可由下式计算得出

$$\Delta t_{sv} = a_{f0} + a_{f1} \cdot (t - t_{\propto}) + a_{f2} \cdot (t - t_{\propto})^2 \tag{4.5}$$

式中，a_{f0}，a_{f1}，a_{f2} 是时间修正系数；$t_{\propto}$ 是时钟改正数。

（3）伽利略系统时（GST）。

伽利略系统时间是通过 32 bit 的二进制数据发送给用户的，它包含两部分：

星期数（WN），这个参数编码为 12 bit 的二进制数，用于向用户播发从系统的时间基点起经过的星期数，最大值为 4 096 个星期。

星期时间（TOW），这个参数编码为 20 bit 的二进制数，用于向用户播发在当下这个星期内的具体时间，最大值为 604 800 s。

（4）时间修正参数。

时间修正参数即前文提到的 a_{f0}，a_{f1}，a_{f2}，$t_{\propto}$，这一组时间修正参数见表 4.17。

表 4.17　时间修正参数

参数	定义	位数/bit	精度因子	单位
a_{f0}	常系数	28	2^{-33}	s
a_{f1}	一阶系数	18	2^{-45}	s/s
a_{f2}	二阶系数	12	2^{-65}	$\mathrm{s/s^2}$
$t_{\propto}$	时钟改正数	14	60	s

①卫星广播群延迟参数（BGD）。

该参数与 Galileo 系统使用的信号频率有关，其定义为

$$\mathrm{BGD}(f_1, f_2) = \frac{T_x - T_y}{\left(\dfrac{f_2}{f_1}\right)^2 - 1} \tag{4.6}$$

式中，$T_x(T_y)$ 是指在频率为 $f_1(f_2)$ 的卫星信号的发射过程中从基带调制器到天线的相位中心所产生的群延迟。在导航电文中，该参数被编码为 10 bit 的二进制数进行发送。

②电离层校正参数。

电离层延迟是影响导航定位精度的关键因素之一，一般认为信号的电离层延迟主要取决于电离层中的电子浓度，电离层校正参数用于帮助用户计算导航信号传播的电离层延迟误差，它包括：

3 个用来表征电子浓度水平的系数：a_0，a_1，a_2。

有效的电离层电子浓度可由式（4.7）计算：

$$A_z = a_0 + a_1\mu + a_2\mu^2 \tag{4.7}$$

式中，μ是范围修正值。

5 个电离层分布标识：SF_1，SF_2，SF_3，SF_4，SF_5，用来指示信号传播路径所在的电离层区域。

③UTC 时间转化参数。

这组参数用来将 Galileo 系统时（GST）转化为世界协调时（UTC），其具体参数见表 4.18。

表 4.18　UTC 时间转换参数

参数	定义	位数/bit	比例因子	单位
A_0	多项式常数项	32	2^{-30}	s
A_1	多项式一阶项	24	2^{-50}	s/s
Δt_{LS}	因跳秒引起的时间差	8	1	s
t_{ot}	UTC 数据参考时间	8	3 600	s
WN_t	UTC 数据参考周期	8	1	星期数
WN_{LSF}	跳秒发生的星期	8	1	星期数
DN	相对 WN_{LSF} 的天数	3	1，2，…，7	d
Δt_{LSF}	因跳秒引起的时间差	8	1	s

Galileo 系统时（GST）转化为世界协调时（UTC）的过程分为如下三种情况：

a. 当 WN_{LSF} 和 DN 表示的是过去时间，并且用户的当前时间没有落在 $DN+\frac{3}{4}$ 和 $DN+\frac{5}{4}$ 之间时，UTC 时间可以通过下面的方法计算：

$$t_{UTC}=(t_E-\Delta t_{UTC})\bmod 86\,400 \tag{4.8}$$

式中，t_E 是 GST 时间系统中起始的周数。

$$\Delta t_{UTC}=\Delta t_{LS}+A_0+A_1\cdot(t_E-t_a+604\,800\cdot(WN-WN_t)) \tag{4.9}$$

b. 当用户的当前时间落在 $DN+\frac{3}{4}$ 和 $DN+\frac{5}{4}$ 之间时，UTC 时间可以通过下面的方法计算：

$$t_{UTC}=W\bmod(86\,400+\Delta t_{LSF}-\Delta t_{LS}) \tag{4.10}$$

其中，

$$W=(t_E-\Delta t_{UTC}-43\,200)\bmod 86\,400+43\,200 \tag{4.11}$$

c. 当 WN_{LSF} 和 DN 表示的是过去时间时：

$$t_{UTC}=(t_E-\Delta t_{UTC})\bmod 86\,400 \tag{4.12}$$

其中，

$$\Delta t_{UTC}=\Delta t_{LS}+A_0+A_1\cdot(t_E-t_a+604\,800\cdot(WN-WN_t)) \tag{4.13}$$

④GPS 与 Galileo 系统时转换参数。

Galileo 系统时与 GPS 系统的时间差可用下式表达：

$$\Delta t=t_{Galileo}-t_{GPS}=A_{0G}+A_{1G}\cdot(t_{Galileo}-t_{0G}+604\,800\cdot(WN-WN_{0G}))2^{-35}2^{-51} \tag{4.14}$$

式中的相关参数通过导航电文进行播发，其有关参数的含义见表 4.19。

表 4.19　GPS 与 Galileo 系统时间转换参数

参数	定义	位数/bit	比例因子	单位
A_{0G}	两系统时间偏移量的常数项系数	16	2^{-35}	s
A_{1G}	两系统时间偏移量的一阶系数	12	2^{-51}	s/s
t_{0G}	参考时间	8	3 600	s
WN_{0G}	参考星期数	6	1	星期数

⑤导航服务参数。

a. 卫星标识符。

卫星标识符通过 1 组 6 bit 的二进制数来表示系统星座中的卫星。

b. 数据期号（IOD）。

数据期号用于向用户播发数据的有效性，能够保证用户在接收不同的卫星信号时数据的连续性，它在所有的页面类型当中都进行播发，其中在页面类型 1，2，3，4 中被编码为 10 bit 的二进制数，在页面类型 5，6 当中被编码为 2 bit 的二进制数。

c. 导航数据有效性参数。

该参数被编码为 1 bit 的二进制数，用于指示数据的有效性状况，当其为“0”时，表明数据有效，当其为“1”时，表明此时数据的有效性得不到保证。

d. 信号健康状况参数。

该参数被编码为 2 bit 的二进制数，用于表示信号的健康状况，其含义见表 4.20。

表 4.20　Galileo 信号健康状况参数表

参数	含义
0	信号正常
1	信号异常
2	信号将要出现异常
3	信号状况目前正在测试

e. 历书。

历书是一组精度较低的时钟和星历参数，有助于缩短导航信号的捕获时间。Galileo 系统播发的历书参数如下：

SVID ——卫星标识符。

$(\Delta a)^{\frac{1}{2}}$——卫星椭圆轨道的半长轴偏差的平方根。

E——椭圆轨道偏心率。

δ_i—— i_0=65° 时的轨道倾角。

Ω_0——参考时刻的轨道升交点准经度。

Ω——升交点赤经变化率。

ω——轨道近地点角矩。

M_0——参考时刻的平近点角。

a_{f0}，a_{f1}——星钟修正系数，其中 a_{f0} 为常数项修正系数，a_{f1} 为一阶修正系数。

$\mathrm{SV}_{\mathrm{status}}$——卫星信号健康状态。

IOD_a——历书数据期号。

t_{0z}——历书数据参考时间。

WN_a——历书数据参考星期数。

4.4.4　BDS 导航电文

1. BDS 导航电文内容

根据速率和结构不同，导航电文分为 D1 导航电文和 D2 导航电文。D1 导航电文速率为 50 bit/s，并调制速率为 1 kbit/s 的二次编码，内容包含基本导航信息（本卫星基本导航信息、全部卫星历书信息、与其他系统时间同步信息）；D2 导航电文速率为 500 bit/s，内容包含基本导航信息和增强服务信息（北斗系统的差分及完好性信息和格网点电离层信息）。MEO/IGSO 卫星的 B1 I 信号播发 D1 导航电文，GEO 卫星的 B1 I 信号播发 D2 导航电文。导航电文中基本导航信息和增强服务信息的类别及播发特点见表 4.21。

表 4.21　D1、D2 导航电文信息类别及播发特点

<table>
<tr><th colspan="2">电文信息类别</th><th>比特数</th><th colspan="2">播发特点</th></tr>
<tr><td colspan="2">帧同步码（Pre）</td><td>11</td><td rowspan="3">每子帧重复一次</td><td rowspan="16">基本导航信息，所有卫星都播发</td></tr>
<tr><td colspan="2">子帧计数（FraID）</td><td>3</td></tr>
<tr><td colspan="2">周内秒计数（SOW）</td><td>20</td></tr>
<tr><td rowspan="9">本卫星基本导航信息</td><td>整周计数（WN）</td><td>13</td><td rowspan="9">D1：在子帧 1、2、3 中播发，30 s 重复周期
D2:在子帧 1 页面 1～10 的前 5 个字中播发，30 s 重复周期
更新周期：1 h</td></tr>
<tr><td>用户距离精度指数（URAI）</td><td>4</td></tr>
<tr><td>卫星自主健康标识（SatH1）</td><td>1</td></tr>
<tr><td>星上设备时延差（TGD1）</td><td>10</td></tr>
<tr><td>时钟数据龄期（IODC）</td><td>5</td></tr>
<tr><td>钟差参数（t_{oc}，a_0，a_1，a_2）</td><td>74</td></tr>
<tr><td>星历数据龄期（IODE）</td><td>5</td></tr>
<tr><td>星历参数 16</td><td>371</td></tr>
<tr><td>电离层模型参数 8</td><td>64</td></tr>
<tr><td colspan="2">页面编号（Pnum）</td><td>7</td><td>D1：在第 4 和第 5 子帧中播发
D2：在第 5 子帧中播发</td></tr>
<tr><td rowspan="3">历书信息</td><td>历书参数 10</td><td>176</td><td>D1：在子帧 4 页面 1～24，子帧 5 页面 1～6 中播发，12 min 重复周期
D2：在子帧 5 页面 37～60，95～100 中播发，6 min 重复周期
更新周期：小于 7 d</td></tr>
<tr><td>历书周计数</td><td>8</td><td rowspan="2">D1：在子帧 5 页面 7～8 中播发，12 min 重复周期
D2：在子帧 5 页面 35～36 中播发，6 min 重复周期
更新周期：小于 7 d</td></tr>
<tr><td>卫星健康信息</td><td>9×30</td></tr>
</table>

续表 4.21

<table>
<tr><th colspan="2">电文信息类别</th><th>比特数</th><th colspan="2">播发特点</th></tr>
<tr><td rowspan="4">与其他系统时间同步信息</td><td>与 UTC 时间同步参数 6</td><td>88</td><td rowspan="4">D1：在子帧 5 页面 9～10 中播发，12 min 重复周期
D2：在子帧 5 页面 101～102 中播发，6 min 重复周期
更新周期：小于 7 d</td><td rowspan="4">基本导航信息，所有卫星都播发</td></tr>
<tr><td>与 GPS 时间同步参数 2</td><td>30</td></tr>
<tr><td>与 Galieo 时间同步参数 2</td><td>30</td></tr>
<tr><td>与 GLONASS 时间同步参数 2</td><td>30</td></tr>
<tr><td colspan="2">基本导航信息页面编号（Pnum1）</td><td>4</td><td>D2：在子帧 1 全部 10 个页面中播发</td><td rowspan="9">完好性、差分信息、格网点电离层信息只由 GEO 卫星播发</td></tr>
<tr><td colspan="2">完好性及差分信息页面编号（Pnum2）</td><td>4</td><td>D2：在子帧 2 全部 6 个页面中播发</td></tr>
<tr><td colspan="2">完好性及差分自主健康信息（SatH2）</td><td>2</td><td>D2：在子帧 2 全部 6 个页面中播发
更新周期：3 s</td></tr>
<tr><td colspan="2">北斗完好性及差分信息卫星标识（BDIDi，i 为 1～30）</td><td>1×30</td><td>D2：在子帧 2 全部 6 个页面中播发
更新周期：3 s</td></tr>
<tr><td rowspan="3">北斗卫星完好性及差分信息</td><td>用户差分距离误差指数（UDREIi，i 为 1～18）</td><td>4×18</td><td>D2：在子帧 2 中播发
更新周期：3 s</td></tr>
<tr><td>区域用户距离精度指数（RURAIi，i 为 1～18）</td><td>4×18</td><td rowspan="2">D2：在子帧 2、3 中播发
更新周期：18 s</td></tr>
<tr><td>等效钟差改正数（Δt_i，i 为 1～18）</td><td>13×18</td></tr>
<tr><td rowspan="2">格网点电离层信息</td><td>电离层格网点垂直延迟（$d\tau$）</td><td>9×320</td><td rowspan="2">D2：在子帧 5 页面 1～13，61～73 中播发
更新周期：6 min</td></tr>
<tr><td>电离层格网点垂直延迟误差指数（GIVEI）</td><td>4×320</td></tr>
</table>

2. BDS 导航电文结构

D1 导航电文由超帧、主帧和子帧组成。每个超帧为 36 000 bit，历时 12 min，每个超帧由 24 个主帧组成（24 个页面）；每个主帧为 1 500 bit，历时 30 s，每个主帧由 5 个子帧组成；每个子帧为 300 bit，历时 6 s，每个子帧由 10 个字组成；每个字为 30 bit，历时 0.6 s。

每个字由导航电文数据及校验码两部分组成。每个子帧第 1 个字的前 15 bit 信息不进行纠错编码，后 11 bit 信息采用 BCH（15，11，1）方式进行纠错，信息位共有 26 bit；其他 9 个字均采用 BCH（15，11，1）加交织方式进行纠错编码，信息位共有 22 bit。D1 导航电文帧结构如图 4.16 所示。

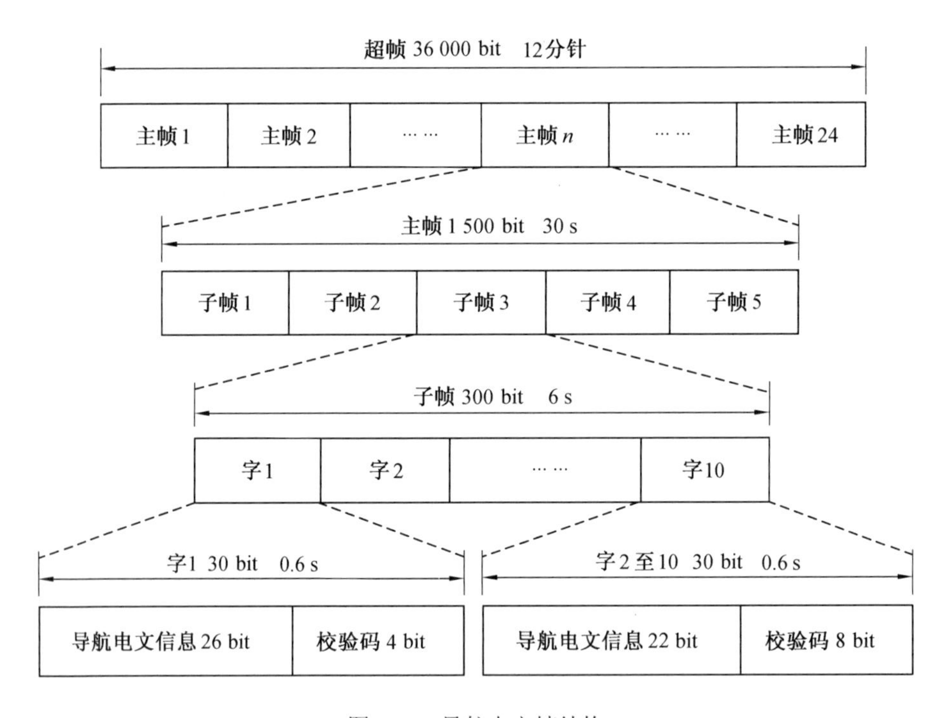

图 4.16　导航电文帧结构

D1 导航电文包含基本导航信息，包括：本卫星基本导航信息（包括周内秒计数、整周计数、用户距离精度指数、卫星自主健康标识、电离层延迟模型改正参数、卫星星历参数及数据龄期、卫星钟差参数及数据龄期、星上设备时延差）、全部卫星历书及与其他系统时间同步信息（UTC、其他卫星导航系统）。整个 D1 导航电文传送完毕需要 12 min。

D1 导航电文主帧结构及信息内容如图 4.17 所示。子帧 1 至子帧 3 播发基本导航信息；子帧 4 和子帧 5 的信息内容由 24 个页面分时发送，其中子帧 4 的页面 1～24 和子帧 5 的页面 1～10 播发全部卫星历书信息及与其他系统时间同步信息；子帧 5 的页面 11～24 为预留页面。

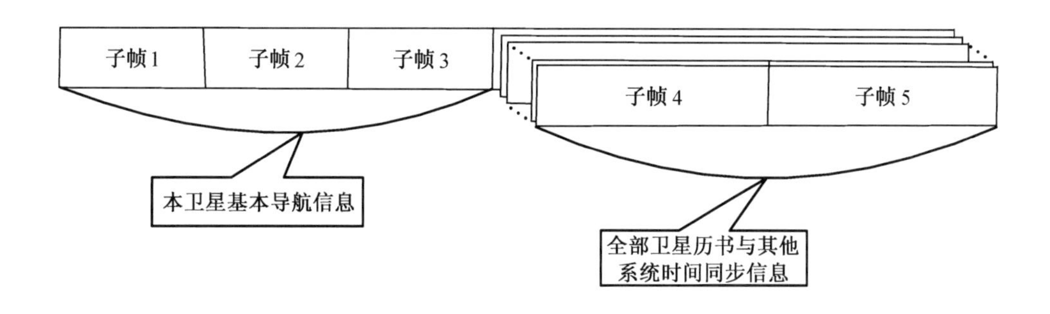

图 4.17　D1 导航电文主帧结构与信息内容

D2 导航电文由超帧、主帧和子帧组成。每个超帧为 180 000 bit，历时 6 min，每个超帧由 120 个主帧组成，每个主帧为 1 500 bit，历时 3 s，每个主帧由 5 个子帧组成，每个子帧为 300 bit，历时 0.6 s，每个子帧由 10 个字组成，每个字为 30 bit，历时 0.06 s。

每个字由导航电文数据及校验码两部分组成。每个子帧第 1 个字的前 15 bit 信息不进行纠错编码，后 11 bit 信息采用 BCH（15，11，1）方式进行纠错，信息位共有 26 bit；其他 9 个字均采用 BCH（15，11，1）加交织方式进行纠错编码，信息位共有 22 bit。详细帧结构如图 4.18 所示。

D2 导航电文包括：本卫星基本导航信息，全部卫星历书，与其他系统时间同步信息，北斗系统完好性及差分信息，格网点电离层信息。主帧结构及信息内容如图 4.19 所示。子帧 1 播发基本导航信息，由 10 个页面分时发送，子帧 2～4 信息由 6 个页面分时发送，子帧 5 中信息由 120 个页面分时发送。

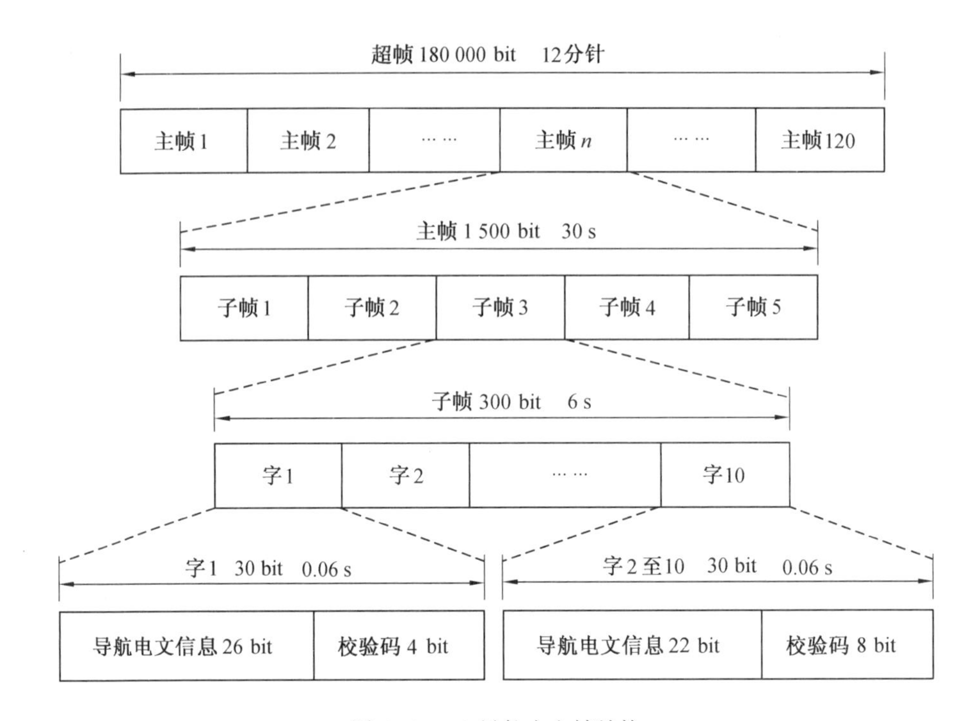

图 4.18 D2 导航电文帧结构

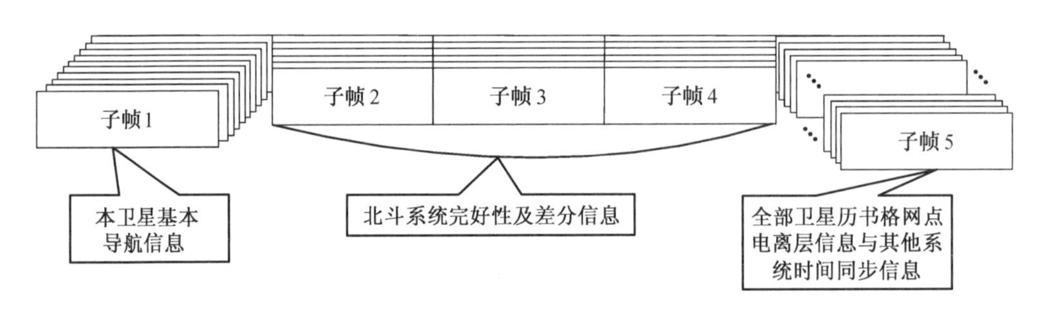

图 4.19 D2 导航电文主帧结构与信息内容

4.5 导航电文数据生成

导航电文数据的生成主要包括卫星轨道参数确定、卫星钟差参数确定以及电离层延迟改正模型参数确定等。在 GNSS 数学仿真系统中，导航电文数据的生成首先是将这些参数以二进制的形式按照各 GNSS 接口控制文件中定义的导航电文格式进行编码生成，然后按照相应的更新时间进行更新。数仿系统中常用的导航电文数据的获取包括两种方式，一是按照实收星历获取相应参数；二是采用 IGS 的相关数据作为初值，然后利用相应的模型对相关参数进行拟合。导航电文数据更新的基本思想是：将更新前的导航电文数据作为观测值，选取一组合适的参数，将更新后的导航电文数据表示成这些参数的函数，依最小二乘原理就可以估计出下一更新时间弧段内的导航电文数据，方法与导航电文数据拟合的第二种方法相同。因此，本书主要以第二种方法介绍广播星历数据、卫星星钟参数以及电离层模型参数的拟合和更新。

4.5.1　广播星历数据拟合

GPS，Galileo，BDS 导航电文中的卫星轨道参数均采用开普勒轨道根数加调和项修正的表示方法，GLONASS 导航电文中的卫星轨道参数则直接采用卫星在地心地固坐标系中的位置、速度和日月摄动引起的加速度表示。

GPS 导航电文（NAV）中卫星轨道参数模型包括 16 个参数，每 2 h 更新一次。GPS 系统新发播的接口控制文件中，Block ⅡR-M 和 Block ⅡF 卫星的民用导航电文（CNAV）中，卫星轨道参数模型调整为 18 参数，其拟合精度和预报能力得到了一定的提高。

Galileo 系统的信号体制以及电文内容与 GPS 十分接近，因此它们之间具有很好的兼容性。Galileo 系统的广播星历中卫星轨道参数模型采用与 GPS 系统完全一样的 16 参数模型，但其地球参考系有所区别，GPS 系统采用的是 WGS-84 坐标系，而 Galileo 采用的是 CTRF 参考架。

BDS 采用了类似 GPS 系统广播星历中卫星轨道参数模型，但采用的地球坐标系为 2000 中国大地坐标系（CGCS2000）。目前 BDS 系统的导航电文只公布了 B1 Ⅰ 的 D1 和 D2 导航电文，导航电文中星历参数更新周期为 1 h，轨道参数采用与 GPS 系统一样的 16 参数模型，由于 BDS 中引入了 GEO 卫星，GEO 卫星的轨道倾角为 0 度，因此直接采用 GPS 星历参数拟合算法拟合 GEO 卫星轨道的精度和稳定性都相对较差。

GLONASS 广播星历中卫星轨道参数模型采用直接给出参考历元的卫星位置、速度以及日月对卫星的摄动加速度，每隔 30 min 更新一组星历参数。通常用 4 阶的龙格-库塔法进行数值积分，得到GLONASS卫星在PZ-90坐标系中的瞬时位置。

1. 16参数广播星历数据拟合

GPS的传统民用信号L1 C/A的导航电文采用NAV电文数据码，NAV电文数据码中定义了广播星历卫星轨道模型包括16个参数。此外，Galileo系统和BDS公布的B1 I信号的电文数据码中卫星轨道模型均采用16参数模型。但是，BDS中引入的GEO卫星轨道模型的16参数拟合方法略有不同，其拟合方法将在“GEO卫星广播星历数据拟合”这部分内容中进行介绍。

广播星历16参数见表4.4。建立16参数广播星历的状态方程和观测方程：

$$\boldsymbol{X}=\boldsymbol{X}(\boldsymbol{X}_0,t_0,t) \tag{4.15}$$

$$\boldsymbol{Y}=\boldsymbol{Y}(\boldsymbol{X},t)=\boldsymbol{Y}(\boldsymbol{X}_0,t_0,t) \tag{4.16}$$

式中，$\boldsymbol{X}_0=(\sqrt{a},e,i_0,\Omega_0,\omega,M_0,\Delta n,\dot{\Omega},\dot{i},C_{\mathrm{us}},C_{\mathrm{uc}},C_{\mathrm{is}},C_{\mathrm{ic}},C_{\mathrm{rs}},C_{\mathrm{rc}})^{\mathrm{T}}$，为待估参数向量。$\boldsymbol{Y}$为一个含有$m$（$m\geqslant 15$）个观测量的观测列向量，一个观测量对应导航卫星$t$时刻的一个位置分量，为精密星历计算的卫星轨道。

由于状态方程和观测方程均为非线性方程，因此广播星历参数的估值问题为非线性系统的最小二乘估值问题，需要将非线性方程线性化和迭代求解。

令$\boldsymbol{X}_{i/0}$为广播星历参数估值$\boldsymbol{X}_0$在第i次迭代的初值，将方程式（4.15）在$\boldsymbol{X}_{i/0}$处展开：

$$\boldsymbol{Y}=\boldsymbol{Y}(\boldsymbol{X}_{i/0},t_0,t)+\left(\frac{\partial \boldsymbol{Y}}{\partial \boldsymbol{X}_0}\right)_{\boldsymbol{X}_0=\boldsymbol{X}_{i/0}}(\boldsymbol{X}_0-\boldsymbol{X}_{i/0})+O((\boldsymbol{X}_0-\boldsymbol{X}_{i/0})^2) \tag{4.17}$$

然后，令：

$$\boldsymbol{x}_0=\boldsymbol{X}_0-\boldsymbol{X}_{i/0} \tag{4.18}$$

$$\boldsymbol{y}=\boldsymbol{Y}-\boldsymbol{Y}(\boldsymbol{X}_{i/0},t_0,t) \tag{4.19}$$

$$\boldsymbol{H}=\left(\frac{\partial \boldsymbol{Y}}{\partial \boldsymbol{X}_0}\right)_{\boldsymbol{X}_0=\boldsymbol{X}_{i/0}}=\left(\frac{\partial \boldsymbol{Y}}{\partial \boldsymbol{X}}\frac{\partial \boldsymbol{X}}{\partial \boldsymbol{X}_0}\right)_{\boldsymbol{X}_0=\boldsymbol{X}_{i/0}} \tag{4.20}$$

方程式（4.19）的两个列向量偏导数$\dfrac{\partial \boldsymbol{a}}{\partial \boldsymbol{b}}$定义为

$$\frac{\partial \boldsymbol{a}}{\partial \boldsymbol{b}}=\begin{pmatrix} \dfrac{\partial a_1}{\partial b_1} & \dfrac{\partial a_1}{\partial b_2} & \cdots & \dfrac{\partial a_1}{\partial b_n} \\ \dfrac{\partial a_2}{\partial b_1} & \dfrac{\partial a_2}{\partial b_2} & \cdots & \dfrac{\partial a_2}{\partial b_n} \\ \vdots & \vdots & & \vdots \\ \dfrac{\partial a_k}{\partial b_1} & \dfrac{\partial a_k}{\partial b_2} & \cdots & \dfrac{\partial a_k}{\partial b_n} \end{pmatrix} \tag{4.21}$$

略去方程式（4.17）中$O(\boldsymbol{x}_0^2)$以上的高阶项可得到

$$\boldsymbol{y}=\boldsymbol{H}\boldsymbol{x}_0+v \tag{4.22}$$

根据最小二乘估值原理，可以得到$\boldsymbol{x}_0$的最优估值：

$$\hat{\boldsymbol{x}}_0=(\boldsymbol{H}^{\mathrm{T}}\boldsymbol{H})^{-1}\boldsymbol{H}^{\mathrm{T}}\boldsymbol{y} \tag{4.23}$$

每次迭代结束后相应的广播星历参数为

$$\boldsymbol{X}_{(i+1)/0}=\boldsymbol{X}_{i/0}+\hat{\boldsymbol{x}}_0 \tag{4.24}$$

而迭代过程满足公式（4.24）时停止计算：

$$\frac{|\sigma_{i+1}-\sigma_i|}{\sigma_i}<\varepsilon \tag{4.25}$$

其中，t_0为卫星星历的参考时间；$\sigma=\sqrt{\dfrac{(\boldsymbol{y}-\boldsymbol{H}\boldsymbol{x}_0)^{\mathrm{T}}(\boldsymbol{y}-\boldsymbol{H}\boldsymbol{x}_0)}{m-15}}$为迭代过程中的统计误差；$\boldsymbol{\varepsilon}$为根据精度要求设定的小量（一般取 0.01）。

式（4.20）中偏导数$\dfrac{\partial \boldsymbol{Y}}{\partial \boldsymbol{X}}$如下：

$$\frac{\partial \boldsymbol{r}}{\partial a}=\frac{\boldsymbol{r}}{a}-\frac{3}{2}\frac{\boldsymbol{v}}{a}t_k \tag{4.26}$$

$$\frac{\partial \boldsymbol{r}}{\partial e} = A\boldsymbol{r} + B\boldsymbol{v} \tag{4.27}$$

$$\frac{\partial \boldsymbol{r}}{\partial M} = \frac{1}{n}\boldsymbol{v} \tag{4.28}$$

$$\frac{\partial \boldsymbol{r}}{\partial(\Delta n)} = \frac{\partial \boldsymbol{r}}{\partial \lambda} t_k \tag{4.29}$$

$$\frac{\partial \boldsymbol{r}}{\partial \dot{\Omega}} = \frac{\partial \boldsymbol{r}}{\partial \Omega} t_k \tag{4.30}$$

$$\frac{\partial \boldsymbol{r}}{\partial \left(\frac{\mathrm{d}i}{\mathrm{d}t}\right)} = \frac{\partial \boldsymbol{r}}{\partial i} t_k \tag{4.31}$$

$$\frac{\partial \boldsymbol{r}}{\partial i} = r\sin u \begin{pmatrix} \sin i \sin \Omega \\ -\sin i \cos \Omega \\ \cos i \end{pmatrix} \tag{4.32}$$

$$\frac{\partial \boldsymbol{r}}{\partial \Omega} = r \begin{pmatrix} -\cos u \sin \Omega - \sin u \cos i \cos \Omega \\ \cos u \cos \Omega - \sin u \cos i \sin \Omega \\ 0 \end{pmatrix} \tag{4.33}$$

$$\frac{\partial \boldsymbol{r}}{\partial \omega} = r \begin{pmatrix} -\sin u \cos \Omega - \cos u \cos i \sin \Omega \\ -\sin u \sin \Omega + \cos u \cos i \cos \Omega \\ \cos u \sin i \end{pmatrix} \tag{4.34}$$

$$\frac{\partial \boldsymbol{r}}{\partial C_{us}} = r\sin 2u \begin{pmatrix} -\sin u \cos \Omega - \cos u \cos i \sin \Omega \\ -\sin u \sin \Omega + \cos u \cos i \cos \Omega \\ \cos u \sin i \end{pmatrix} \tag{4.35}$$

$$\frac{\partial \boldsymbol{r}}{\partial C_{uc}} = r\cos 2u \begin{pmatrix} -\sin u \cos \Omega - \cos u \cos i \sin \Omega \\ -\sin u \sin \Omega + \cos u \cos i \cos \Omega \\ \cos u \sin i \end{pmatrix} \tag{4.36}$$

$$\frac{\partial \boldsymbol{r}}{\partial C_{is}} = r\sin u \sin 2u \begin{pmatrix} -\sin i \sin \Omega \\ -\sin i \cos \Omega \\ \cos i \end{pmatrix} \tag{4.37}$$

$$\frac{\partial \boldsymbol{r}}{\partial C_{ic}} = r\sin u \cos 2u \begin{pmatrix} -\sin i \sin \Omega \\ -\sin i \cos \Omega \\ \cos i \end{pmatrix} \tag{4.38}$$

$$\frac{\partial \boldsymbol{r}}{\partial C_{rs}} = \sin 2u \begin{pmatrix} \cos u \cos \Omega - \sin u \cos i \sin \Omega \\ \cos u \sin \Omega + \sin u \cos i \cos \Omega \\ \sin u \sin i \end{pmatrix} \tag{4.39}$$

$$\frac{\partial \boldsymbol{r}}{\partial C_{rc}} = \cos 2u \begin{pmatrix} \cos u \cos \Omega - \sin u \cos i \sin \Omega \\ \cos u \sin \Omega + \sin u \cos i \cos \Omega \\ \sin u \sin i \end{pmatrix} \tag{4.40}$$

$$A = -\frac{a}{p}(\cos E + e) \tag{4.41}$$

$$B = \frac{\sin E}{n}\left(1 + \frac{r}{p}\right) \tag{4.42}$$

$$p = a(1 - e^2) \tag{4.43}$$

式中，$\boldsymbol{r}$、$\boldsymbol{v}$ 为卫星位置、速度矢量；r 为卫星矢径长度，标量；$t_k = t - t_0$ 为观测历元与星历参考历元的时间差。

2. 18 参数广播星历数据拟合

GPS 系统新发播的接口控制文件中，Block ⅡR-M 和 Block ⅡF 卫星的民用导航电文（CNAV）中，卫星轨道参数模型调整为 18 参数。对于 18 参数模型，状态向量如下：

$$X_0 = (\Delta A, e, i_0, \Omega_0, \omega, M_0, \dot{A}, \Delta n, \Delta\dot{n}, \Delta\dot{\Omega}, \dot{i}, C_{us}, C_{uc}, C_{is}, C_{ic}, C_{rs}, C_{rc})^{\mathrm{T}} \quad (4.44)$$

式中，ΔA 的偏导数与 a 的一致；$\Delta\dot{\Omega}$ 的偏导数与 $\dot{\Omega}$ 一致。$\dot{A}$，$\Delta\dot{n}$ 的形式如下：

$$\frac{\partial \boldsymbol{r}}{\partial \dot{A}} = \frac{t_k}{a}\boldsymbol{r} \quad (4.45)$$

$$\frac{\partial \boldsymbol{r}}{\partial \Delta\dot{n}} = \frac{1}{2}\frac{t_k^{\ 2}}{n}\boldsymbol{v} \quad (4.46)$$

式中，$t_k = t - t_0$ 为观测历元与星历参考历元的时间差。

3. GEO卫星广播星历数据拟合

BDS 中除了传统的 MEO 卫星外，增加了 GEO 卫星和 IGSO 卫星，其中 GEO 卫星轨道倾角近似为 0，且轨道高度较高（半长轴为 42 163.99 km）。由于 GEO 卫星轨道倾角近似为 0，升交点的物理意义不明确，在星历参数拟合过程中，方程式(4.23)中法矩阵 $H^{\mathrm{T}}H$ 接近奇异，导致迭代不收敛，得不到正确结果。

因此，在星历参数拟合前，可以进行对轨道倾角的变换。由于卫星轨道受到地球自转的影响表现为弯曲的平面，将轨道坐标绕地固坐标系 Z 轴旋转角度 $-\omega_e t_k$（ω_e 为地球自转角速度，t_k 为以星历参考时刻为基准的归化观测时间），以消除地球自转影响，转换为星历参考时刻的轨道平面，再将轨道平面绕 X 轴旋转角度 φ（φ 一般取 3°～6°，BDS 公布的 ICD 公开服务信号 B1Ⅰ1.0 版中，φ 取值为 5°），变换为倾角 φ 的轨道平面，再进行广播星历参数拟合。具体计算公式为

$$\begin{bmatrix} \boldsymbol{x}_{\text{new}} \\ \boldsymbol{y}_{\text{new}} \\ \boldsymbol{z}_{\text{new}} \end{bmatrix} = \boldsymbol{R}_X(\varphi)\boldsymbol{R}_Z(-\omega_e t_k)\begin{bmatrix} \boldsymbol{x} \\ \boldsymbol{y} \\ \boldsymbol{z} \end{bmatrix} \quad (4.47)$$

$$\boldsymbol{R}_X(\varphi) = \begin{bmatrix} 1 & 0 & 0 \\ 0 & \cos\varphi & \sin\varphi \\ 0 & -\sin\varphi & \cos\varphi \end{bmatrix} \quad (4.48)$$

$$\boldsymbol{R}_Z(\phi)=\begin{bmatrix}\cos\phi & \sin\phi & 0\\ -\sin\phi & \cos\phi & 0\\ 0 & 0 & 1\end{bmatrix} \tag{4.49}$$

式中，$(x,y,z)^{\mathrm{T}}$ 为地固坐标系中卫星位置矢量；$(x_{\mathrm{new}},y_{\mathrm{new}},z_{\mathrm{new}})^{\mathrm{T}}$ 为经过一系列坐标转换后新的卫星位置矢量；$\boldsymbol{R}_X(\varphi)$，$\boldsymbol{R}_Z(\phi)$ 表示绕地固坐标系 X 轴、Z 轴旋转的欧拉矩阵。

用户利用广播星历参数计算 GEO 卫星位置时，要对计算出的卫星位置进行坐标变换，才能获得正确的卫星位置坐标。具体方法为：先将用户计算出的卫星位置坐标绕 X 轴旋转角度 $-\varphi$（φ 会在广播星历中发布），然后绕 Z 轴旋转 $\omega_e t_k$，得到正确的卫星位置。具体计算公式为

$$\begin{bmatrix}\boldsymbol{x}_{\mathrm{GEO}}\\ \boldsymbol{y}_{\mathrm{GEO}}\\ \boldsymbol{z}_{\mathrm{GEO}}\end{bmatrix}=\boldsymbol{R}_Z(\omega_e t_k)\boldsymbol{R}_X(-\varphi)\begin{bmatrix}\boldsymbol{x}_k\\ \boldsymbol{y}_k\\ \boldsymbol{z}_k\end{bmatrix} \tag{4.50}$$

由于旋转矩阵为欧拉变换矩阵，坐标变换不会引起卫星轨道精度损失，可以得到很好的拟合精度。

4. GLONASS 广播星历数据拟合

GLONASS 直接采用位置速度矢量和简化的动力学参数作为广播星历参数，其相对 GPS 广播星历的参数个数较少，因此占用的导航信号资源较少。但是，GLONASS 广播星历的预报能力要弱于 GPS，这也是后来发展的 Galileo 系统和 BDS 均采用类似 GPS 广播星历模型的一个重要原因。

由于 GLONASS 广播星历参数直接采用位置速度信息，因此 GLONASS 导航电文数据生成中广播星历数据可以直接采用 IGS 提供的 GLONASS 精密星历或采用第 3 章中介绍的 GLONASS 卫星轨道计算方法进行拟合。

4.5.2　卫星星钟参数拟合

GPS 导航电文中包含卫星时钟信息，用于确定导航电文是何时从卫星发射的。GPS 时间系统是以地面主控站的主原子钟为基准。每一颗 GPS 卫星星钟相对 GPS

时存在差值，需加以修正：

$$\Delta t_a = a_0 + a_1(t - t_{\text{oc}}) + a_2(t - t_{\text{oc}})^2 \tag{4.51}$$

式中，a_0 是卫星钟差的时间偏差（s）；a_1 是卫星钟速率偏差系数（s/s）；t 为计算卫星钟差的时刻；t_{oc} 是第一数据块的参考时刻；a_2 是卫星钟速变化率漂移系数（s/s^2）。

由于 GPS 模拟器各通道卫星的信号都由同一频钟产生，因此模拟器各卫星发布的星钟参数为同一组参数。通过定期与高精度原子钟进行频率比对得到最新的模拟器时钟频率偏差和频率漂移作为起始值反推在 t_{oc} 时刻模拟器的星钟修正参数，并以该组参数代替原导航电文中的星钟修正参数。在模拟器经过规定预热时间后频钟稳定度达到要求，以本地时间 t_0 作为参考时（GPS 时为 t_{GPS0}），取 $a_0(t_{\text{GPS0}})=0$，$a_1(t_{\text{GPS0}})=a_1$，$a_2(t_{\text{GPS0}})=a_2$。则在 t_{oc} 时刻：

$$a_0(t_{\text{oc}}) = a_1(t_{\text{oc}} - t_{\text{GPS0}}) + a_2(t_{\text{oc}} - t_{\text{GPS0}})^2 \tag{4.52}$$

$$a_1(t_{\text{oc}}) = a_1(t_{\text{GPS0}}) + a_2(t_{\text{oc}} - t_{\text{GPS0}}) \tag{4.53}$$

$$a_2(t_{\text{oc}}) = a_2 \tag{4.54}$$

将得到的 t_{oc} 时刻模拟器的星钟修正参数转换成二进制值写入导航电文。

Galileo 系统和 BDS 的钟差参数与 GPS 类似，拟合方法可参考上述方法。

GLONASS 导航电文直接广播卫星星载时间基准与 GLONASS 时间之间的差。

4.5.3 电离层克罗布歇（Klobuchar）模型参数拟合

GPS 和 BDS 均在各自导航电文中播发电离层延迟模型参数，它们播发的参数均适用于 8 参数克罗布歇模型。改进的克罗布歇模型包括 14 个未知参数，其中 8 个参数与 8 参数模型中的参数相同。因此，下文以改进的 14 参数克罗布歇模型参数拟合为例，8 参数拟合方法与其相同。

建立 14 参数克罗布歇模型的观测方程：

$$\boldsymbol{Y} = \boldsymbol{Y}(\boldsymbol{X}) \tag{4.55}$$

其中，

$$X = (A_1, B, \alpha_0, \alpha_1, \alpha_2, \alpha_3, \beta_0, \beta_1, \beta_2, \beta_3, \gamma_0, \gamma_1, \gamma_2, \gamma_3)^{\mathrm{T}} \tag{4.56}$$

$\boldsymbol{Y}$ 为一个含有 $m(m \geqslant 14)$ 个观测量的观测列矢量，为利用 IGS 观测站数据得到的电离层延迟。

由于观测方程均为非线性方程，因此电离层延迟参数的估值问题为非线性系统的最小二乘估值问题，需要将非线性方程线性化和用迭代求解。

令 $\boldsymbol{X}_{i/0}$ 为电离层延迟改正模型参数估值 $\boldsymbol{X}_0$ 在第 i 次迭代的初值，将式（4.54）在 $\boldsymbol{X}_{i/0}$ 处展开：

$$\boldsymbol{Y} = \boldsymbol{Y}(\boldsymbol{X}_{i/0}) + \left(\frac{\partial \boldsymbol{Y}}{\partial \boldsymbol{X}}\right)_{\boldsymbol{x}_0 = \boldsymbol{x}_{i/0}} (\boldsymbol{X}_0 - \boldsymbol{X}_{i/0}) + O((\boldsymbol{X}_0 - \boldsymbol{X}_{i/0})^2) \tag{4.57}$$

令：

$$\boldsymbol{x} = \boldsymbol{X}_0 - \boldsymbol{X}_{i/0} \tag{4.58}$$

$$\boldsymbol{y} = \boldsymbol{Y} - \boldsymbol{Y}(\boldsymbol{X}_{i/0}) \tag{4.59}$$

$$\boldsymbol{H} = \left(\frac{\partial \boldsymbol{Y}}{\partial \boldsymbol{X}}\right)_{\boldsymbol{X} = \boldsymbol{X}_{i/0}} \tag{4.60}$$

略去式（4.56）中 $O(\boldsymbol{X}_0^2)$ 以上的高阶项可得到

$$\boldsymbol{y} = \boldsymbol{H}\boldsymbol{x} + \upsilon \tag{4.61}$$

根据最小二乘估值原理，可以得到 x_0 的最优估值：

$$\hat{\boldsymbol{x}} = (\boldsymbol{H}^{\mathrm{T}}\boldsymbol{H})^{-1}\boldsymbol{H}^{\mathrm{T}}\boldsymbol{y} \tag{4.62}$$

每次迭代结束后相应的电离层延迟改正模型参数为

$$\boldsymbol{X}_{(i+1)/0} = \boldsymbol{X}_{i/0} + \hat{\boldsymbol{x}} \tag{4.63}$$

而迭代过程满足式（4.63）时停止计算：

$$\frac{|\sigma_{i+1} - \sigma_i|}{\sigma_i} < \varepsilon \tag{4.64}$$

式中，$\sigma=\sqrt{\dfrac{(\boldsymbol{y}-\boldsymbol{H}\boldsymbol{x}_0)^{\mathrm{T}}(\boldsymbol{y}-\boldsymbol{H}\boldsymbol{x}_0)}{m-15}}$ 为迭代过程中的统计误差；ε为根据精度要求设定的小量（一般取 0.01）。

设 n 个观测站同时观测了 m 颗卫星，Y_i^j 表示第 i 个观测站对第 j 颗卫星的观测数据，t_i^j 表示第 i 个观测站对第 j 颗卫星的观测时刻。则

$$\boldsymbol{H}=\begin{bmatrix} \dfrac{\partial Y_1^1}{\partial A_1} & \cdots & \dfrac{\partial Y_1^1}{\partial \gamma_3} \\ \vdots & & \vdots \\ \dfrac{\partial Y_1^m}{\partial A_1} & \cdots & \dfrac{\partial Y_1^m}{\partial \gamma_3} \\ \vdots & & \vdots \\ \vdots & & \vdots \\ \dfrac{\partial Y_n^1}{\partial A_1} & \cdots & \dfrac{\partial Y_n^1}{\partial \gamma_3} \\ \vdots & & \vdots \\ \dfrac{\partial Y_n^m}{\partial A_1} & \cdots & \dfrac{\partial Y_n^m}{\partial \gamma_3} \end{bmatrix} \tag{4.65}$$

其中

$$\frac{\partial Y_i^j}{\partial A_1}=1,\quad 0\leqslant t_i^j\leqslant 86\ 400 \tag{4.66}$$

$$\frac{\partial Y_i^j}{\partial B}=\begin{cases} t_i^j, & 0\leqslant t_i^j\leqslant 21\ 600 \\ t_i^j-72\ 000, & 21\ 600<t_i^j<72\ 000 \\ t_i^j-86\ 400, & 72\ 000\leqslant t_i^j\leqslant 86\ 400 \end{cases} \tag{4.67}$$

$$\frac{\partial Y_i^j}{\partial \alpha_k}=\begin{cases} \varphi_M^k\cos\dfrac{2\pi(t_i^j-A_3)}{A_4}, & 21\,600\leqslant t_i^j\leqslant 72\,000,\ 0\leqslant A_2,\ k=0,1,2,3 \\ 0, & \text{其他} \end{cases} \tag{4.68}$$

$$\frac{\partial Y_i^j}{\partial \beta_k} = \begin{cases} 2\boldsymbol{A}_2\pi(t_i^j - A_3)\dfrac{\sin\left(\dfrac{2\pi(t_i^j - A_3)}{A_4}\right)\varphi_M^k}{(A_4)^2}, & 21\,600 \leqslant t_i^j \leqslant 72\,000,\ 72\,000 \leqslant A_4,\ k = 0, 1, 2, 3 \\ 0, & \text{其他} \end{cases} \tag{4.69}$$

$$\frac{\partial Y_i^j}{\partial \lambda_k} = \begin{cases} 2A_2\pi\sin\left(\dfrac{2\pi(t_i^j - A_3)}{A_4}\right)\varphi_M^k, & 21\,600 \leqslant t_i^j \leqslant 72\,000,\ 43\,200 \leqslant A_3 \leqslant 55\,800,\quad k = 0, 1, 2, 3 \\ 0, & \text{其他} \end{cases} \tag{4.70}$$

第5章　空间环境仿真

空间环境主要包括地球高层大气、电离层和磁层中的各种环境。GNSS 的信号传播路径与空间环境密切相关，其中影响 GNSS 信号测量的主要空间环境包括电离层和对流层。空间环境对电磁波信号的影响主要是会使信号传播产生折射，从而使传播路径和方向发生变化，根据发生折射的性质不同可将其分为电离层折射和对流层折射。电离层由于自身含有较高密度的电子，因此对电磁波传播产生弥散性介质折射，即传播速度与电磁波的频率有关，当电磁波经过电离层时受带电粒子的作用产生电离层折射。对流层对电磁波产生非色散型折射，即折射率与电磁波的频率和波长无关，只与传播速度有关。这两种折射对 GNSS 观测结果的影响往往超过了 GNSS 精密定位所容许的精度范围。如何在数据处理过程中通过模型加以改正，或在观测中通过适当方法来减弱，以提高定位精度，已经成为广大用户普遍关注的重要问题。因此，我们有必要建立相应的电离层延迟模型和对流层延迟模型，以消除其对测量值的影响。

5.1　电离层效应

为了让读者更清楚地理解电离层对卫星导航定位结果的影响，本节将首先介绍电离层的一些基本概念，之后阐述电离层效应的原理，为建立电离层延迟模型提供理论依据，最后给出一些经典的电离层延迟模型。

5.1.1　电离层简介

电离层是地球大气层被太阳射线电离的部分，距离地表面的高度为 50～1 000 km，它是地球磁层的内界。在太阳光的强烈照射下，电离层中的中性气体分子被电离，从而产生了大量的正离子和自由电子，这些正离子与自由电子对导航电波的传播产生了影响。根据电离层距离地面高度的不同，一般可将其分为 D、E、F 三层，它们的主要特点及对 GNSS 信号产生的影响如下。

1. D层

其高度为 50～90 km。它是因强烈的 X 射线和 α 辐射电离而产生的，该区主要吸收中波无线电电波，对 GNSS 信号不产生时延影响。该区的电子密度在白天约为 $2.5\times10^{9}\ \mathrm{m}^{3}$，而在夜间减小到可以忽略的程度。

2. E层

其高度为 90～140 km。通常由弱 X 射线电离而产生，其电子的密度随着太阳天顶角和太阳活动而有规律地变化。该区的电子密度在白天可以达到 $2\times10^{11}\ \mathrm{m}^{3}$，足以反射频率为几兆赫兹的无线电电波，对 GNSS 信号有较小的时延影响，在夜间，电子密度会降低一个数量级。

3. F层

其距地面 140～1 000 km。在这里，太阳辐射中的强紫外线（波长 10～100 nm）电离单原子氧。F 层对于电波传播来说是最重要的层。白天 F 层分为 F1 和 F2 两个层，夜间合并为一个层。在白天，F 层是电离层反射率最高的层。F1 层高度为 140～210 km，F1 层和 E 层的共同影响，约占 GNSS 信号电离层时延影响的 10%。F2 层高度为 210～1 000 km，该层主要是由 250 km 至 400 km 高度中性大气的主要组成部分原子氧电离而产生的。在 F2 层，不仅电子密度最大，而且电子密度的变化亦最大，它是对 GNSS 信号产生最大时延影响的区域。F2 层的电子密度峰值所对应的高度，一般在 250～400 km 之间，但在极端条件下，又可能远高于或略低于这个高度。

另外，在 1 000 km 以上，还有一个质子层，对 GNSS 信号的传播有相当的影响。质子层是由氢原子电离而产生的，该区电子密度较低，但质子层的高度几乎可以延伸到 GNSS 卫星的轨道高度。质子层可能是一个未知电子密度的重要来源，并对 GNSS 导航定位产生影响。质子层对 GNSS 信号传播时间的延迟估计是，在白天，当 F2 区域的电子密度为最高时，可能占到电离层时延总量的 10%；在夜间，当 F2 区的电子密度较低时，大约可以占到电离层时延总量的 50%。在一天内，质子层的电子含量变化不大。但是，在强烈的磁暴期间，电子含量急剧下降，且需要几天的时间才能恢复到磁暴前的电子含量。

5.1.2 电离层延迟

电离层延迟是引起GNSS测量误差的一个重要原因。电离层延迟误差在一天中的变化从几米到几十米不等，由于它受地磁场和太阳活动的复杂影响，因此电离层的建模较为困难。

电离层中相位传播的折射率可近似地表示为

$$n_p = 1 + \frac{c_2}{f^2} + \frac{c_3}{f^3} + \frac{c_4}{f^4} \cdots \tag{5.1}$$

式中，c_2，c_3，c_4是与频率无关的，它们是沿卫星用户的信号传播路径上的电子数（即电子密度）的函数；电子密度表示为n_e。

电离层中群折射率n_g与相折射率n_p的关系为

$$n_g = n_p + f\frac{\mathrm{d}n_p}{\mathrm{d}f} \tag{5.2}$$

对频率求式（5.1）的导数并将结果连同式（5.1）代入式（5.2）就可以获得n_g的类似表达式。结果得到下式：

$$n_g = 1 - \frac{c_2}{f^2} - \frac{2c_3}{f^3} - \frac{3c_4}{f^4} \cdots \tag{5.3}$$

忽略高阶项，得到如下的近似表达式：

$$n_p = 1 + \frac{c_2}{f^2}, \quad n_g = 1 - \frac{c_2}{f^2} \tag{5.4}$$

系数c_2的估计值为$c_2=-40.3n_e$，改写上式得

$$n_p = 1 - \frac{40.3n_e}{f^2}, \quad n_g = 1 + \frac{40.3n_e}{f^2} \tag{5.5}$$

而折射率的定义为

$$n_p = \frac{c}{v_p}, \quad n_g = \frac{c}{v_g} \tag{5.6}$$

其中，v_p，v_g表示相速和群速。

将式（5.6）代入式（5.5）得到相速和群速的估计值为

$$v_p = \frac{c}{1-\dfrac{40.3n_e}{f^2}},\quad v_g = \frac{c}{1+\dfrac{40.3n_e}{f^2}} \tag{5.7}$$

可以看出，相速将超过群速。相对于自由空间传播来说，群速的延迟量等于载波相位的超前量。就 GNSS 而言，这转换成信号信息（例如，PRN 码和导航数据）被延迟而载波相位被超前，这种现象称为电离层发散。重要的一点是，伪距测量值误差和载波相位测量误差的大小是相等的，只有符号相反。

测得的距离为

$$S = \int_{\text{卫星}}^{\text{用户}} n\mathrm{d}s \tag{5.8}$$

而几何距离为

$$l = \int_{\text{卫星}}^{\text{用户}} \mathrm{d}l \tag{5.9}$$

由于电离层折射引起的路径长度差为

$$\Delta S_{\text{电离层}} = \int_{\text{卫星}}^{\text{用户}} n\mathrm{d}s - \int_{\text{卫星}}^{\text{用户}} \mathrm{d}l \tag{5.10}$$

相位折射率引起的延迟为

$$\Delta S_{\text{电离层},p} = \int_{\text{卫星}}^{\text{用户}} \left(1-\frac{40.3n_e}{f^2}\right)\mathrm{d}s - \int_{\text{卫星}}^{\text{用户}} \mathrm{d}l \tag{5.11}$$

同理，群折射率引起的延迟为

$$\Delta S_{\text{电离层},g} = \int_{\text{卫星}}^{\text{用户}} \left(1+\frac{40.3n_e}{f^2}\right)\mathrm{d}s - \int_{\text{卫星}}^{\text{用户}} \mathrm{d}l \tag{5.12}$$

因为这种延迟与卫星到用户的距离相比将是很小的，所以 $\mathrm{d}s \approx \mathrm{d}l$ ，我们简化式（5.11）和式（5.12）：

$$\Delta S_{\text{电离层},p} = -\frac{40.3}{f^2}\int_{\text{卫星}}^{\text{用户}} n_e \mathrm{d}l,\quad \Delta S_{\text{电离层},g} = \frac{40.3}{f^2}\int_{\text{卫星}}^{\text{用户}} n_e \mathrm{d}l \tag{5.13}$$

沿着路径长度的电子密度称为电子总数（TEC）。其定义为

$$\mathrm{TEC}=\int_{\text{卫星}}^{\text{用户}} n_e \mathrm{d}l \tag{5.14}$$

TEC以电子/平方米为单位表示。有时也以TEC单位（TECU）来表示，这里的1 TECU定义为10^6电子/平方米。TEC随一天的时间、用户位置、卫星仰角、季节、电离通量、磁活动性、日斑周期和闪烁而变化。其标称范围在10^6～10^{19}之间。现在我们利用TEC来改写式（5.14）：

$$\Delta S_{\text{电离层},p}=-\frac{40.3\mathrm{TEC}}{f^2},\quad \Delta S_{\text{电离层},g}=\frac{40.3\mathrm{TEC}}{f^2} \tag{5.15}$$

因为TEC一般指的是垂直通过电离层的电子密度，所以，上述表达式反映的是卫星在90°仰角（天顶位置）时垂直向上的路径延迟。对于其他仰角来说，计算信号通过电离层时增加的路径长度，式（5.15）需要乘一个映射函数F_{pp}。映射函数有多种表达方式，包括投影映射函数、几何映射函数、椭球映射函数等。式（5.15）加上映射函数后得到的路径延迟可写成：

$$\Delta S_{\text{电离层},p}=-F_{pp}\frac{40.3\mathrm{TEC}}{f^2},\quad \Delta S_{\text{电离层},g}=F_{pp}\frac{40.3\mathrm{TEC}}{f^2} \tag{5.16}$$

5.1.3 映射函数

正如上节所述，信号传输路径方向的TEC_ρ和天顶方向的TEC_z，可通过映射函数F_{pp}联系起来：

$$\mathrm{TEC}_\rho=\mathrm{TEC}_z\cdot F_{pp} \tag{5.17}$$

式中，下标ρ和z分别表示信号传输路径方向和天顶方向。下面分别介绍投影映射函数、几何映射函数和椭球映射函数。

1. 投影映射函数

假定电离层是一个平均高度为350 km的壳，且自由电子分布是均匀的，如图5.1所示，这等同于假设所有自由电子集中于350 km高度上一个厚度无限小的壳上。这时，映射函数为

$$F_{pp} = \frac{1}{\cos z_{ip}} \tag{5.18}$$

式中，z_{ip} 是电离层的卫星天顶角。

根据正弦定理，z_{ip} 与接收机天顶方向和卫星视线夹角 z 的关系为

$$\sin z_{ip} = \frac{r}{r+350}\sin z \tag{5.19}$$

式中，r 表示地球的半径。

这样的映射函数称为单层映射函数或投影映射函数。注意式（5.19）只对球形天顶角有效。

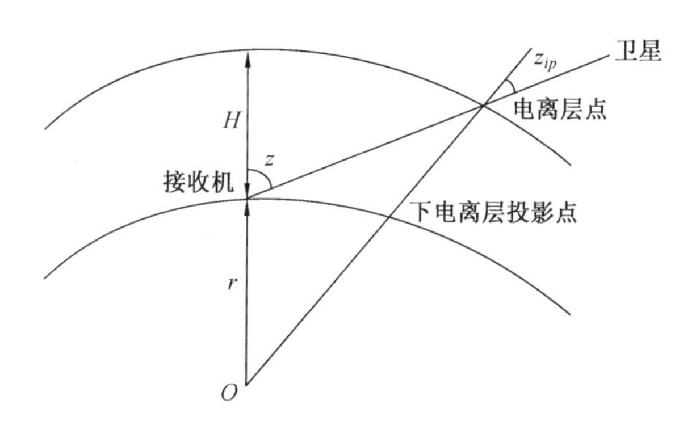

图 5.1　单层电离层模型

2. 几何映射函数

如果假定电离层起始于 50 km 的高度，止于 750 km 的高度，自由电子的均匀分布与高度有关。几何映射函数为

$$\mathrm{d}\rho = \mathrm{d}H \cdot F_{pp} \tag{5.20}$$

式中，$\mathrm{d}\rho$ 和 $\mathrm{d}H$ 分别表示电离层路径延迟和天顶延迟。

卫星在视线下电离层投影点的天顶角用 z_{sips} 表示，如图 5.2 所示，由正弦定理有：

$$\sin z_{sips} = \frac{r}{r+50}\sin z \tag{5.21}$$

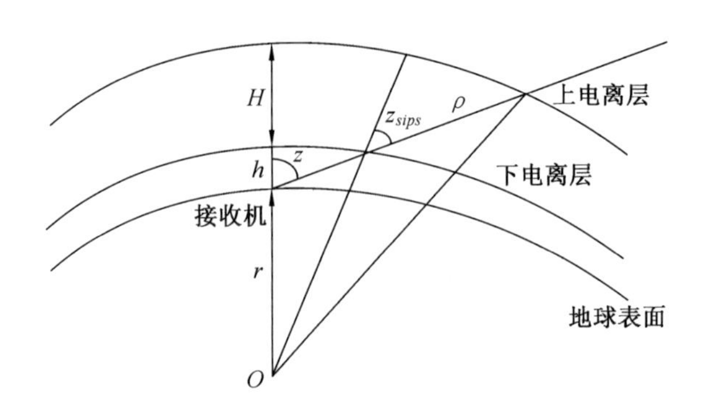

图 5.2　球形电离层模

z 表示接收机天顶方向和卫星视线夹角，r 表示地球的平均半径。在几何模型中使用了球形天顶角。球形天顶和大地天顶的差异取决于观测站纬度和卫星的方位。最大的差异是计算点的大地纬度和地心纬度之差，约为 $\left(\dfrac{e^2}{2}\right)\sin 2\varphi$，$e^2$ 是一阶数字偏心率（$e^2<0.0067$），φ 是计算点的大地纬度。因此，小的角度偏差可以忽略。当然，为了保证精确性，应该使用球面天顶角。根据余弦定理，得

$$(r+50+H)^2=(r+50)^2+\rho^2-2(r+50)\rho\cos(180-z_{sips}) \tag{5.22}$$

或者

$$\rho^2+2(r+50)\cos(z_{sips})\rho+(r+50)^2-(r+50+H)^2=0 \tag{5.23}$$

式中，ρ 和 H 分别为从上电离层投影点到视线下电离层投影点和下电离层投影点之间的距离。该二阶方程的解为

$$\rho=-(r+50)\cos(z_{sips})\pm\sqrt{(r+50)^2\cos^2(z_{sips})-(r+50)^2+(r+50+H)^2} \tag{5.24}$$

或者

$$\rho=-(r+50)\cos(z_{sips})\pm\sqrt{(r+50+H)^2-(r+50)^2\sin^2(z_{sips})} \tag{5.25}$$

因为 $\rho>0$，式（5.23）有唯一解。

$$\rho = -(r+50)\cos(z_{sips}) + \sqrt{(r+50+H)^2 - (r+50)^2 \sin^2(z_{sips})} \tag{5.26}$$

比较式（5.20）和式（5.26），可以得到几何映射函数：

$$F_{pp} = -\frac{(r+50)}{H}\cos(z_{sips}) + \frac{\sqrt{(r+50+H)^2 - (r+50)^2 \sin^2(z_{sips})}}{H} \tag{5.27}$$

或者约为

$$F_{pp} = -9.183\cos(z_{sips}) + 10.183\sqrt{1-0.81\sin^2(z_{sips})} \tag{5.28}$$

采用 r=6 378 km 和 H=700 km。式（5.27）中所得几何映射函数是一个球形近似（假定 r 为常量）。

3. 椭球映射函数

考虑半径 r 和纬度 φ 相关，可得椭球映射函数。根据 Torge 的研究，有

$$r^2 = a^2\cos^2\beta + b^2\sin^2\beta, \quad \tan\beta = \left(\frac{b}{a}\right)\tan\varphi \tag{5.29}$$

式中，r 是旋转椭圆体半径；a 和 b 分别是椭圆的长短半轴；β 是一个与大地纬度 φ 有关的角度。利用三角半角公式：

$$2\cos^2\beta - 1 = 1 - 2\sin^2\beta = \frac{1-\tan^2\beta}{1+\tan^2\beta} \tag{5.30}$$

式（5.29）改写为

$$r^2 = \frac{a^2}{2}\left(1+\frac{1-\tan^2\beta}{1+\tan^2\beta}\right) + \frac{b^2}{2}\left(1-\frac{1-\tan^2\beta}{1+\tan^2\beta}\right) \tag{5.31}$$

或者

$$r^2 = \frac{a^2}{2}\left(1+\frac{a^2-b^2\tan^2\varphi}{a^2+b^2\tan^2\varphi}\right) + \frac{b^2}{2}\left(1+\frac{a^2-b^2\tan^2\varphi}{a^2+b^2\tan^2\varphi}\right) \tag{5.32}$$

在椭圆的情况下，式（5.22）和式（5.27）改写为

$$(r_a + 50 + H)^2 = (r_i + 50)^2 + \rho^2 - 2(r_i + 50)\rho\cos(180 - z_{sips}) \tag{5.33}$$

$$F_{pp} = -\frac{(r_i + 50)}{H}\cos(z_{sips}) + \frac{\sqrt{(r_s + 50 + H)^2 - (r_i + 50)^2 \sin^2(z_{sips})}}{H} \tag{5.34}$$

式（5.33）和式（5.34）中，r_s和r_i分别表示下电离层投影点和视线下电离层投影点的地心半径。式（5.33）就是椭圆映射函数。

5.1.4 电离层延迟模型

目前改正电离层延迟的模型主要有经验模型、双频改正模型、实测数据模型三大类。经验模型，即根据全球各电离层观测站长期积累的观测资料建立全球性的经验公式，用户可利用这些模型来计算任一时刻任一地点的电离层参数。较为有名的模型有本特（Bent）模型、国际参考电离层（IRI）模型、克罗布歇（Klobuchar）模型、NeQuick 模型等。一般 Bent 模型和 IRI 模型需要上百个系数，改正精度达到 75%。

双频改正模型，即利用 GNSS 双频观测值来直接计算电离层延迟改正或者是组成无电离层延迟的组合观测量。

实测数据模型，即利用 GNSS 双频观测值所建立的为满足实时用户或进行短期预报需要的模型。全球模型如 CODE 数据分析中心提供的 GIM 模型，改正效果一般在 80%～90%；区域模型如曲面拟合模型、距离加权法、多面函数法。

为了获取更高的测量精度，选择合适的电离层改正模型对定位导航用户来说至关重要，美国的 GPS 系统采用了 Klobuchar 模型，欧盟的 Galileo 系统采用了 NeQuick 模型。我国北斗卫星导航区域系统同样采用了改进的 Klobuchar 模型。本节将介绍最为典型的 8 参数 Klobuchar 模型、14 参数 Klobuchar 模型、NeQuick 模型和双频电离层修正模型。

1. 8 参数 Klobuchar 模型

BDS 和 GPS 均提供 Klobuchar 8 参数电离层改正模型。Klobuchar 模型是根据中纬度地区大量的实验资料拟合得到的，其将每天电离层的最大影响确定为当地时间的 14:00，夜间电离层天顶时延设置为 5 ns，基本上反映了电离层的变化特性，从大尺度上保证了电离层预报的可靠性。Klobuchar 模型 8 参数在设置上考虑了电离层周日尺度上振幅和周期的变化，直观简洁地反映了电离层的周日变化特性。

（1）GPS 8 参数 Klobuchar 电离层模型。

GPS 系统播发的 Klobuchar 电离层模型基于地磁坐标系，利用 Klobuchar 模型的 8 参数与穿刺点的地磁纬度进行计算，并通过映射函数将天顶电离层延迟投影至传播方向。8 参数 Klobuchar 输入参数包括 8 个模型系数 α_i，β_i，i=1, 2, 3, 4，是通过地面系统根据该天为一年中的第几天以及前 5 天的太阳的平均辐射流量从 370 组常数中选取然后编入导航电文播发给用户。

利用 8 参数和穿刺点地磁纬度计算天顶电离层时延的公式如下：

$$I_z(t)=\begin{cases} A_1+A_2\cos\dfrac{2\pi(t-A_3)}{A_4}, & |t-A_3|<\dfrac{A_4}{4} \\ A_1, & t\text{ 为其他值} \end{cases} \tag{5.35}$$

式中，I_z 是以 s 为单位的垂直方向延迟；t 为以 s 为单位的接收机至卫星连线与电离层交点处的地方时；$A_1=5\times10^{-9}$ s 为夜间值的垂直延迟常数；A_2 为白天余弦曲线的幅度，由广播星历中的 α_n 系数求得，有

$$A_2=\begin{cases} \alpha_1+\alpha_2\phi_M+\alpha_3\phi_M^2+\alpha_4\phi_M^3, & A_2>0 \\ 0, & A_2\leqslant 0 \end{cases} \tag{5.36}$$

初始相位 A_3 对应于余弦曲线极点的地方时，一般取为 50 400 s，A_4 为余弦曲线的周期，根据广播星历中 β_n 系数求得。

$$A_4=\begin{cases} \sum\limits_{n=0}^{3}\beta_{n+1}\phi_M^n, & A_4\geqslant 72\ 000 \\ 72\ 000, & A_4<72\ 000 \end{cases} \tag{5.37}$$

式中，ϕ_M 是电离层穿刺点的地磁纬度。

GPS Klobuchar 模型采用如下映射函数：

$$F_{pp-\mathrm{GPS}}=1+16.0(0.53-e)^3 \tag{5.38}$$

式中，e 为卫星高度角，单位为 π。

（2）BDS 8 参数 Klobuchar 电离层模型。

BDS 电离层模型的建立基于地理坐标系，即利用刺穿点的地理经度与太阳地理经度的差值和刺穿点的地理纬度作为变量构造电离层模型。其优点是地理经度与时间的统一性较好，电离层周日变化也与之吻合。BDS 电离层模型的 8 个参数是根据中国区域网的 GNSS 双频测距数据解算得到，2 h 更新一组。

BDS 8 参数 Klobuchar 电离层模型计算天顶电离层时延的公式可参考式（5.35）、式（5.36），但 A_4 的表达式如下：

$$A_4 = \begin{cases} 172\ 800, & A_4 \geqslant 172\ 800 \\ \sum_{n=0}^{3} \beta_{n+1}\phi_M^n, & A_4 \geqslant 72\ 000 \\ 72\ 000, & A_4 < 72\ 000 \end{cases} \tag{5.39}$$

BDS 采用的电离层映射函数为

$$F_{pp-\mathrm{BDS}} = \frac{1}{\cos z} \tag{5.40}$$

式中，z 为穿刺点处的卫星天顶距，研究表明在卫星高度角大于 20° 时，两种映射函数的区别可以忽略。

与 GPS Klobuchar 模型相比，BDS 电离层模型限制振幅 P 在 172 800 内，且采用不同的地球半径、中心电离层高度。北斗电离层模型中采用的地球半径 R=6 378 km，中心电离层高度 h=375 km，而 GPS 电离层模型则设置为 R=6 371 km，h=350 km。这两组参数设置对计算 z 和地心角影响均小于 1°。

BDS 8 参数 Klobuchar 模型改正率一般在 70%以上；白天的改正率略高于夜间的改正率；中纬度地区改正精度比低纬度地区的精度要高；北半球的改正误差一般在 1.0 m 到 1.5 m，而南半球改正误差在 2 m 到 3 m，约为北半球的 2 到 3 倍；在中国区域，BDS 8 参数 Klobuchar 模型精度略优于 GPS 8 参数 Klobuchar 模型精度。

（3）8 参数 Klobuchar 模型仿真。

以 GPS 8 参数 Klobuchar 模型为电离层延迟模型，应用数仿系统计算电离层延迟，仿真开始时间为 2013-04-30 10:00，地点为东经 116° 3′，北纬 39° 9′，导航星座为 GPS，频点为 L1，仿真步长为 1 min。图 5.3 所示，为仿真所得的部分可见星的电离层延迟（3 号星、7 号星、11 号星和 16 号星），当卫星不在可见视野内时，其电离层延迟不予计算。

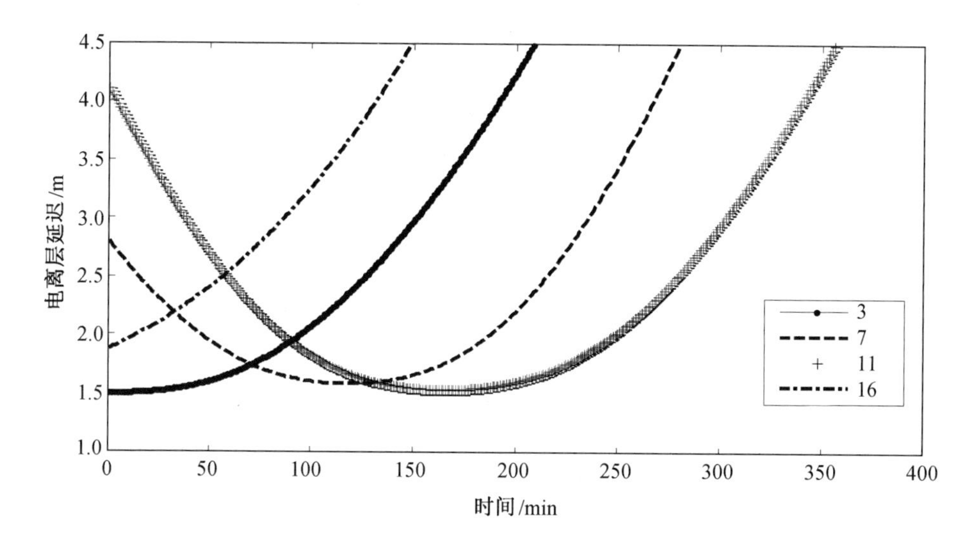

图 5.3　GPS 8 参数 Klobuchar 模型计算电离层延迟

从上述仿真实例可以看出，电离层延迟模型模拟的电离层延迟为 1～5 m，它大致能校正真实电离层延迟误差的 50%。

2. 14 参数 Klobuchar 模型

为了满足导航定位精度的需求，在 8 参数 Klobuchar 模型的基础上，14 参数 Klobuchar 模型被提出，该模型更加符合中国地区电离层实际变化的情况。

14 参数 Klobuchar 模型，对 8 参数 Klobuchar 模型的参数进行了扩充，具体如下：

$$I'_z(t)=\begin{cases}A_1+B\phi_M+A_2\cos\dfrac{2\pi(t-A_3)}{A_4}, & |t-A_3|<\dfrac{A_4}{4}\\ A_1+B\phi_M, & t\text{ 为其他值}\end{cases} \tag{5.41}$$

其中，在 8 参数 Klobuchar 模型中，$A_1=5\times10^{-9}$ s 为夜间值的垂直延迟常数，现在将其看作纬度的函数，用 $A_1+B\phi_M$ 来代替；A_2 为白天余弦曲线的幅度，在此考虑不同的磁纬上余弦曲线振幅的变化，并用系数 α_n 计算得到

$$A_2 = \begin{cases} \sum_{n=0}^{3} \alpha_n \phi_M^n, & A_2 \geqslant 0 \\ 0, & A_2 < 0 \end{cases} \tag{5.42}$$

初始相位 A_3 对应于余弦曲线极点的地方时，在 8 参数模型中作为常数取为 50 400 s，实际上不同的纬度上它的值是变化的，因此考虑初始相位随着磁纬变化，其表达式可写成：

$$A_3 = \sum_{i=0}^{3} \gamma_i \phi_M^i \tag{5.43}$$

式中，A_4 为余弦曲线的周期，考虑不同磁纬上余弦曲线的变化，并用系数求得

$$A_4 = \begin{cases} 172\ 800, & A_4 \geqslant 172\ 800 \\ \sum_{n=0}^{3} \beta_{n+1} \phi_M^n, & A_4 \geqslant 72\ 000 \\ 72\ 000, & A_4 < 72\ 000 \end{cases} \tag{5.44}$$

如式（5.41）～（5.44）所示，14 参数 Klobuchar 模型，在 8 参数 Klobuchar 模型的基础上，增加了除 α_1、α_2、α_3、α_4、β_1、β_2、β_3、β_4 这 8 个参数外的另外 6 个参数：与相位相关的 4 个参数 γ_0、γ_1、γ_2、γ_3 和夜间值相关的 2 个参数 A_1、B。

相关文献对 14 参数 Klobuchar 模型和 8 参数 Klobuchar 模型进行了实例分析与比较，结论表明 14 参数 Klobuchar 模型，精度要明显优于 8 参数 Klobuchar 模型。

3. NeQuick 模型

NeQuick 模型是由意大利萨拉姆国际理论物理中心的高空物理和电波传播实验室与奥地利格拉茨大学的地球物理、气象和天体物理研究所联合研究得到的新电离层模型，该模型已经在欧空局 EGNOS（欧洲星基增强系统）项目中使用，并建议 Galileo 系统的单频用户采纳来修正电离层延迟。NeQuick 模型不仅可以计算任意点的垂直方向电子总含量和斜距方向上电子总含量，也可以用参数 NmF2（F2 层的电子密度）和 hmF2（F2 层峰值的高度）来表示给定时间和位置的电子浓度，从而得到电离层的垂直电子剖面图。该模型提供了一种描述三维电离层图像的新方法。在计算高度 100 km 到 hmF2 电子浓度时，模型使用欧盟科技合作项目 COST238 和 COST251 中表示 Epstein 层的 DGR 公式。这些参数值是时间和位置的函数，可以在国际电信联盟无线电通信部（ITU-R）的数据库中得到，该数据库提供各种参数的

月平均值。

NeQuick 模型的结构图如图 5.4 所示。

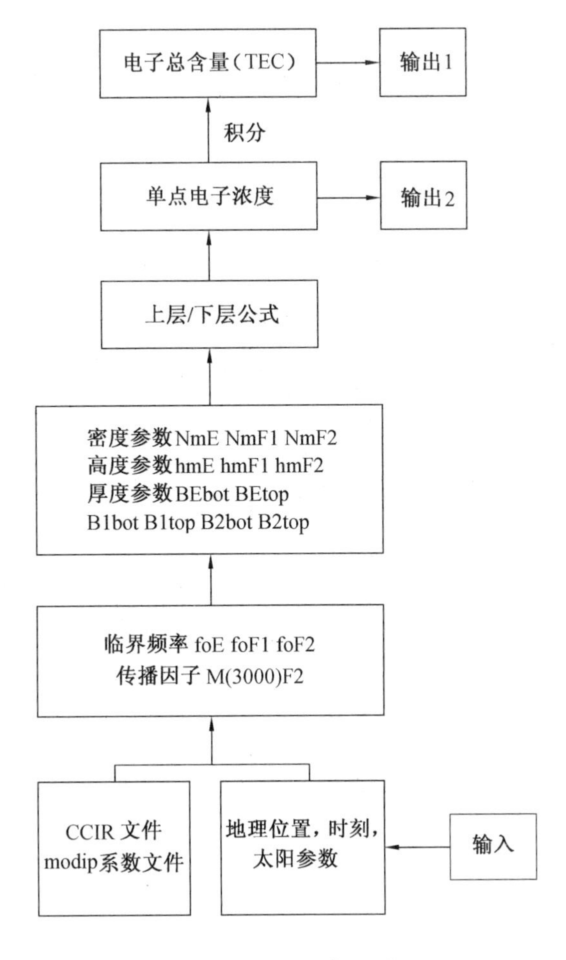

图 5.4　NeQuick 模型结构

如图 5.4 所示，NmE、NmF1 和 NmF2 分别为 E 层、F1 层和 F2 层电子密度峰值参数；hmE、hmF1 和 hmF2 分别为 E 层、F1 层和 F2 层电子密度峰值点的高度参数；BEbot、BEtop、B1bot、B1top、B2bot、B2top 分别为 E 低层、E 高层、F1 低层、F1 高层、F2 低层和 F2 高层厚度参数；foE、foF1 和 foF2 分别是 E 层、F1 层和 F2 层临界频率；M（3000）F2 是 F2 层传播因子。输入参数有位置、时刻以及太阳辐射通量平均值 $F_{10.7}$（或者 12 个月移动平均太阳黑子数 R_{12}）。

NeQuick 模型在得到以上的输入后，可以给出卫星信号到接收机传播路径总电子含量或者是卫星与卫星之间总电子含量以及给出高度能到 30 000 km 的电离层垂直剖面图。NeQuick 模型所给出的电离层垂直剖面利用三个临界点：E 层电子密度峰值点（固定高度为 120 km），F1 层电子密度峰值点和 F2 层电子密度峰值点。采用一组电离层参数 foE（E 层的临界频率）、foF1（F1 层的临界频率）、foF2（F2 层的临界频率）和 M（3000）F2（F2 层传播因子，即传输距离为 3 000 km 时 F2 层可以传播的最高频率与 F2 层临界频率的比值）建模。其中，foF1 在白天为 14 倍 foE，晚上为 0; foF2 和 M（F2）3000 与 IRI（国际参考电离层）模型采用的一致，由 ITU-R 气候数据库提供。NeQuick 模型把电离层分成两部分，即 F2 层峰值以下的下层和 F2 层峰值以上的上层，高度参数决定了电离层位于哪一部分。模型同时还需要太阳活动参数：R_{12} 或 $F_{10.7}$，两者换算公式如下：

$$F_{10.7} = 63.7 + (0.728 + 0.000\ 89 \times R_{12}) \times R_{12} \tag{5.45}$$

$$R_{12} = (167\ 273 + (F_{10.7} - 63.7) \times 1\ 123.6)^{0.5} - 408.99 \tag{5.46}$$

遵循国际电信联盟无线电通信部建议，$F_{10.7}$ 不能超过 193（等同于 R_{12} 不能超过 150）。

通过对单点电子密度进行积分，可以得到任意路径上的电子总含量（TEC），通常的 TEC（TECU=10^{16} 个电子每平方米）是横截面积为 1 m^2 的圆柱体所含电子量在信号传播路径的积分：

$$\mathrm{TEC} = \int N \mathrm{d}s \tag{5.47}$$

式中，s 是信号传播路径；N 是单点的电子密度。当频率为 f 的电磁波沿路径 s 传播时，电离层折射误差 $\varDelta^{\mathrm{Iono}}$ 为

$$\varDelta^{\mathrm{Iono}} = \frac{40.3}{f^2} \mathrm{TEC} \tag{5.48}$$

式中，$\varDelta^{\mathrm{Iono}}$ 为正值。例如：1 GHz 的载波频率代入 1 个 TECU 值，其 $\varDelta^{\mathrm{Iono}}$ =0.403 m。

相比于 Klobuchar 模型，NeQuick 模型能够真实反映电离层延迟误差的变化趋势。将 Klobuchar 模型与 NeQuick 模型进行对比分析，结果表明，白天两模型的延

迟误差趋势一直，整体误差较小。夜间两模型误差较大，这是由于 Klobuchar 模型认为夜间的延迟为常数，不能较好地反映夜间的电离层延迟。

利用数仿系统，分别计算 NeQuick 模型和 Klobuchar 8 参数模型下从空间一点到地面一点 24 h 的电离层延迟，仿真参数如下：仿真开始时间 2003-05-01 00:00:00，仿真步长 5 min，仿真时长 24 h，电磁波频率 1 575.42 MHz（GPS L1 频点）。地面点经纬高度：北纬 0.980°，东经 25.450°，高度 0.1 km；空间点经纬高度：北纬 0.261°，东经 25.929°，高度 20 140.33 km。仿真结果如图 5.5 所示

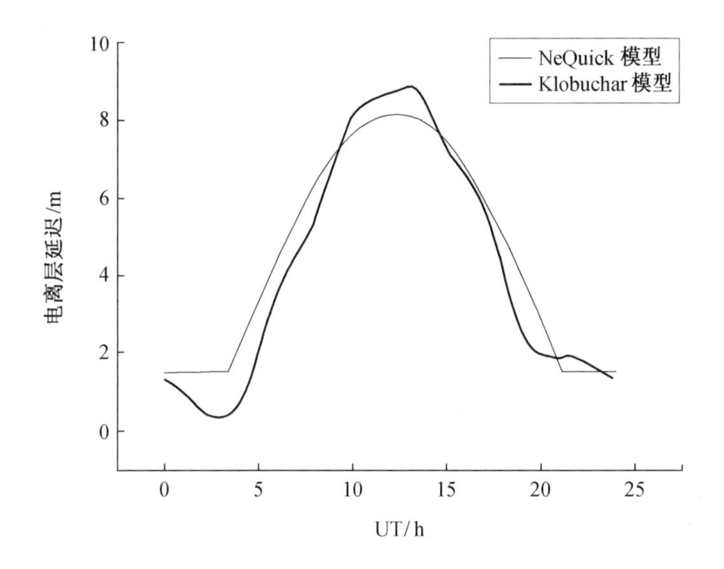

图 5.5　NeQuick 模型和 Klobuchar 模型下的电离层误差对比

如图 5.5 所示，NeQuick 模型在细节上优于 Klobuchar 模型，这在夜间十分明显。

4. 双频电离层修正模型

伪距测量中只有电离层效应与工作频率相关。因此，双频伪距的简单差分可以消除电离层效应以外的其他影响，进而确定电离层延迟：

$$R_1 - R_2 = \delta_g(f_1) - \delta_g(f_2) = \left(1 - \frac{f_1^2}{f_2^2}\right)\delta_g(f_1) \tag{5.49}$$

或，

$$\delta_g(f_1)=\frac{R_1-R_2}{1-\dfrac{f_1^2}{f_2^2}} \tag{5.50}$$

式（5.49）和式（5.50）中，R_1和R_2分别表示L1和L2的伪距，f_1和f_2分别表示L1和L2的载波频率。这里省略了随机测量误差和非模型偏差。

同样，电离层效应可由双频载波相位观测确定。相位观测模型采用的两个频率的相位伪距简单差分组合表示如下：

$$\lambda_1\Phi_1-\lambda_2\Phi_2=\delta_p(f_1)-\delta_p(f_2)+\lambda_1N_1-\lambda_2N_2=\left(1-\frac{f_1^2}{f_2^2}\right)\delta_P(f_1)+\lambda_1N_1-\lambda_2N_2 \tag{5.51}$$

或

$$\delta_P(f_1)=\frac{\lambda_1\Phi_1-\lambda_2\Phi_2-\lambda_1N_1+\lambda_2N_2}{1-\dfrac{f_1^2}{f_2^2}} \tag{5.52}$$

式（5.51）和式（5.52）中，Φ_1和Φ_2分别表示L1和L2的相位伪距（单位为周数）；N_1和N_2分别表示L1和L2的相位整周模糊度。这里省略了随机测量误差和非模型偏差。只要相位测量是连续的，$\lambda_1N_1-\lambda_2N_2$为常量。通过对式（5.50）和式（5.52）的长期统计比较，常量$\lambda_1N_1-\lambda_2N_2$可以大致确定。使用该方法可以很好地消除电离层效应的波动。

相比于Klobuchar模型，双频改正模型的电离层误差改正精度一般情况下可以达到99%，缺点是单频用户无法使用，Klobuchar模型的优点在于模型简单，参数少，单频用户无须其他支持系统即可获得近似的电离层延迟改正值。

5.2 对流层效应

GNSS信号穿过对流层和平流层时，其传播速度将发生变化，传播路径将发生弯曲，该种变化的80%源于对流层。因此，常将对流层和平流层对GNSS信号的影响，叫作对流层效应。研究表明，对于工作频率在15 GHz以内的信号而言，对流层导致其传播路径长于几何路径。[对流层导致的GNSS信号传播路径增长的距离，称为超长径距（Excess Path Length）。它是 GNSS 信号的实际传播路径与几何路径之差，即对流层效应导致的 GNSS 信号传播路径偏差。]

5.2.1　对流层简介

对流层，是离地面高度 50 km 以下的大气层，且是一种非电离大气层，其气温随高度增加而逐渐降低。在对流层内，按气流和天气现象分布的特点可分为下层、中层和上层。

1. 下层

下层又称为扰动层或摩擦层。其范围一般是自地面到 2 km 高度。随季节和昼夜的不同，下层的范围也有一些变动，一般是夏季高于冬季，白天高于夜间。在这层里气流受地面的摩擦作用的影响较大，湍流交换作用特别强盛，通常，随着高度的增加，风速增大，风向偏转。这层受地面热力作用的影响，气温亦有明显的日变化。由于本层的水汽、尘粒含量较多，因而，低云、雾、浮尘等出现频繁。

2. 中层

中层的底界在摩擦层顶部，距上层高度约为 6 km。它受地面影响比摩擦层小得多，气流状况基本上可表征整个对流层空气运动的趋势。大气中的云和降水大都产生在这一层内。

3. 上层

上层的范围是从 6 km 高度伸展到对流层的顶部。这一层受地面的影响更小，气温常年都在 0 ℃以下，水汽含量较少，各种云都由冰晶和过冷水滴组成。在中纬度和热带地区，这一层中常出现风速等于或大于 28 m/s 的强风带，即所谓的急流。

此外，在对流层和平流层之间，有一个厚度为数百米到 1～2 km 的过渡层，称为对流层顶。这一层的主要特征是，气温随高度而降低的情况有突然变化。其变化的情形有：温度随高度增加而降低很慢，或者几乎为等温。根据这一变化的起始高度确定对流层顶的位置。对流层顶的气温，在低纬地区平均约为 -83 ℃，在高纬地区约为 -53 ℃。对流层顶对垂直气流有很大的阻挡作用，上升的水汽、尘粒多聚集其下，使得那里的能见度往往较坏。

5.2.2 对流层延迟

对流层对电磁波传播的折射效应，称为对流层延迟（Tropospheric Delay）。在GNSS定位中，对流层延迟一般用来泛指非弥散介质对电磁波的折射。对流层和平流层中虽含有少量带电离子，但对于频率小于15 GHz的电磁波而言，可以认为是非弥散介质。由此，对流层延迟包括对流层和平流层共同的影响。但由于折射80%以上发生在对流层，所以统称为对流层延迟。在对流层延迟的影响下，卫星位于天顶方向（高度角90°）产生2～3 m的误差；高度角5°时，大约有25 m的误差。这种影响与电磁波传播途径上的温度、湿度和气压有关，是精密定位中必须考虑的误差项。

对流层造成的延迟取决于信号传播路径中空气的折射率，而折射率由空气密度决定。空气密度可以用干气密度和湿气密度的和来表示，与气压和温度有关。大气的干、湿组分对射频（RF）信号的传播有不同的影响，因此有各自不同的模型。干分量与纬度、季节和高度有关，相对稳定。但是我们很难建立对流层中湿分量的影响模型。水汽密度会随天气变化而快速变化。而幸运的是，对流层影响主要是由可预测的干分量的影响决定（约占对流层影响的90%）。

对流层路径延迟可表示为

$$\delta=\int(n-1)\mathrm{d}s \tag{5.53}$$

式中，n 为对流层折射率，积分在信号传输路径上进行（可以简化为在几何路径上进行）。

对流层折射数 N 为

$$N=10^{6}(n-1) \tag{5.54}$$

将式（5.54）代入式（5.53）得到

$$\delta=10^{-6}\int N\mathrm{d}s \tag{5.55}$$

折射率往往同时用干燥（流体静力学）和潮湿（非流体静力学）两个分量建模。干燥分量是由干燥空气引起的，它引起90%左右的对流层延迟，可以非常精确地预测。潮湿分量是由水蒸气引起的，由于在大气中分布不确定性而较难预测。这两种分量延伸到对流层的不同高度；干燥层延伸到 40 km 左右高度，而潮湿分量则延伸到 10 km 左右的高度。

我们把N_w和N_d分别定义为在标准海平面的干燥分量折射率和潮湿分量折射率：

$$N = N_w + N_d \tag{5.56}$$

干分量与干气体有关，湿分量与大气中水汽含量有关。相应的存在关系：

$$\begin{cases} \delta_d = 10^{-6}\int N_d \mathrm{d}s \\ \delta_w = 10^{-6}\int N_w \mathrm{d}s \end{cases} \tag{5.57}$$

式中，下标 w 和 d 分别代表湿和干，它们分别是由水蒸气和干燥大气引起的。故式（5.55）变为

$$\delta = \delta_w + \delta_d = 10^{-6}\int N_w \mathrm{d}s + 10^{-6}\int N_d \mathrm{d}s \tag{5.58}$$

地面的干分量可表示为

$$N_{d,0} = c_1 \frac{p}{T} \tag{5.59}$$

式中，c_1=77.64 K·mbar^{-1}；p 表示大气压（mbar；1 mbar=100 Pa）；T 表示温度（K）。

地面的湿分量可表示为

$$N_{w,0} = c_2 \frac{e}{T} + c_3 \frac{e}{T^2}$$

$$c_2 = -12.96\ \mathrm{K \cdot mbar^{-1}},\quad c_3 = 3\ 718 \times 10^5\ \mathrm{K \cdot mbar^{-1}} \tag{5.60}$$

式中，e 表示湿气压（mbar）；T 表示温度（K）；由于 c_1，c_2，c_3 是通过经验确定的，不能完全反映观测气象条件，可通过记录测站气象数据进行修正。

如果积分沿天顶方向进行，相关映射函数定义为

$$\delta_w = \delta_{wz} m_w \tag{5.61}$$

$$\delta_d = \delta_{dz} m_d \tag{5.62}$$

$$\delta = \delta_z m \tag{5.63}$$

式中，下标 z 表示天顶方向对流层延迟；m_{w} 表示湿分量；m_{d} 表示干燥分量的映射函数。

欲确定天顶方向的有关延迟模型需要先讨论映射函数。所有经验的对流层路径延迟模型都对应了一个映射函数（5.2.3 节中详解）。

5.2.3　映射函数

GNSS 卫星信号从卫星到接收机并不是只沿天顶方向传播的，而是从不同的斜方向到接收机。我们忽略 GNSS 信号中由大气引起的路径弯曲，并假设对流层为均匀一致的，则斜方向的对流层天顶延迟值就可以用下式来表示：

$$\delta^{s}=10^{-6}\int_{0}^{\infty}N\mathrm{d}s=10^{-6}\int_{0}^{\infty}N\frac{\mathrm{d}s}{\mathrm{d}r}\mathrm{d}r \tag{5.64}$$

如图 5.6 所示，我们可以得到

$$\frac{\mathrm{d}s}{\mathrm{d}r}=\frac{1}{\cos z}=\sec z \tag{5.65}$$

式中，dr 为半径上的微分；z 为任意方向天顶角。

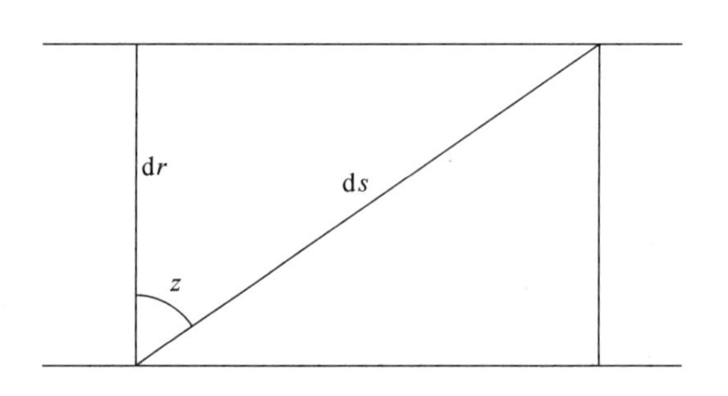

图 5.6　信号斜方向对流层延迟示意图

由于大气曲率的影响，天顶角随射线变化。

在球面坐标系中，应用斯涅尔（Snell’s）定律：

$$n^2r^2 = n^2r^2\cos^2 z + n^2r^2\sin^2 z = n^2r^2\cos^2 z + n_0^2r_0^2\sin^2 z_0$$

$$\Rightarrow \sec z = \frac{nr}{n_0r_0}\left(\left(\frac{nr}{n_0r_0}\right)^2 - \sin^2 z_0\right)^{-\frac{1}{2}} \mathrm{d}r \tag{5.66}$$

由于

$$\frac{nr}{n^2r^2} \approx \frac{r}{r_0} \tag{5.67}$$

结合以上式，得出对流层天顶延迟值为

$$\delta = 10^{-6}\int_{r_0}^{\infty} N(r)\frac{r}{r_0}\left(\left(\frac{r}{r_0}\right)^2 - \sin^2 z_0\right)^{-\frac{1}{2}} \mathrm{d}r \tag{5.68}$$

如图 5.7 所示，我们可以得到

$$s = (r^2 - r_0^2\sin^2 z_0)^{\frac{1}{2}} - r_0\cos z_0 \Rightarrow \frac{\mathrm{d}s}{\mathrm{d}r} = r(r^2 - r_0^2\sin^2 z_0)^{-\frac{1}{2}} \tag{5.69}$$

式中，s 表示射线在大气中的穿行距离；r_0 表示地球半径；z_0 表示地面天顶角。

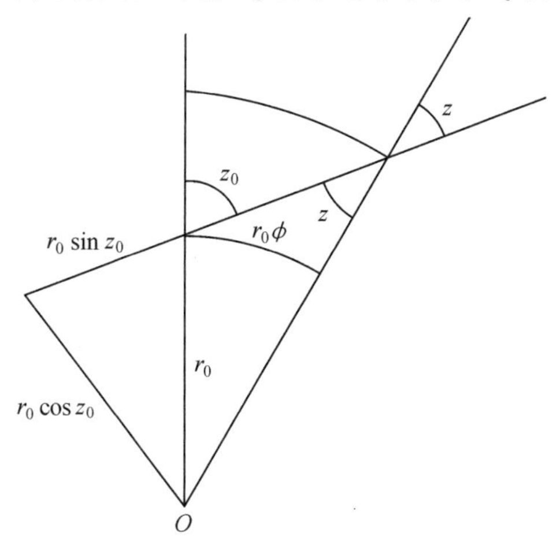

图 5.7　射线穿过大气时的几何路径图

映射函数，主要分为两类：一是把大气折射积分的被积函数按天顶角三角函数进行级数展开，利用一定的大气模型进行逐项积分求得大气折射延迟，如 Saastamoinen 模型和 Hopfield 模型；二是 Marini（1972）提出的一种连分形式的映射函数，Ifadis 模型、MTT 模型和 Niell 模型都属于第二种类型。下面就目前存在的映射函数模型进行系统的分析和介绍。

1. Saastamoinen 映射函数

Saastamoinen 映射函数建立在斯涅尔定律的基础上，它需要知道大气折射轮廓线 $n(r)$ 及干、湿对流层和平流层各层的边界值。其推导过程如下。

将式（5.65）中 $\sec z$ 用泰勒级数展开为

$$\sec z = \sec z_0 + \sec z_0 \tan z_0 \Delta z \tag{5.70}$$

如图 5.7 所示，

$$\Delta z \approx z - z_0 = -\phi \tag{5.71}$$

$$\tan z = \frac{r_0 \phi}{r - r_0} \tag{5.72}$$

由 $\tan z \approx \tan z_0$，得

$$\sec z = \sec z_0 \left(1 - \tan^2 z_0 \frac{r - r_0}{r_0}\right) \tag{5.73}$$

故

$$\delta = 10^{-6} \int_{r_0}^{\infty} N(r) \frac{1}{\cos z} \mathrm{d}r = 10^{-6} \frac{1}{\cos z} \left(\int_{r_0}^{\infty} N \mathrm{d}r - r_0^{-1} \tan_{z_0}^2 \int_{r_0}^{\infty} N(r - r_0) \mathrm{d}r \right) \tag{5.74}$$

式（5.74）中括号里第一项是天顶延迟，第二项可以分成下面三项：

$$\int_{r_0}^{\infty} N\left(r - r_0\right) \mathrm{d}r = \int_{r_0}^{r_T} N\left(r - r_0\right) \mathrm{d}r + \int_{r_T}^{\infty} N\left(r - r_0\right) \mathrm{d}r + \left(r_T - r_0\right) \int_{r_T}^{\infty} N \mathrm{d}r \tag{5.75}$$

式中，r_T 为对流层顶的半径。

Saastamoinen 对干大气分成两层积分，包括地表至 11～12 km 高度的对流层以及对流层以上的平流层（高度为 50 km 左右）水汽压基于回归线的气压轮廓对折射指数的湿项积分，最后斜方向总延迟为

$$\delta = 10^{-6} k_1 \frac{R_d}{g_m} \sec z_0 \left(P_0 + \left(\frac{1\ 255}{T_0} + 0.05 \right) e_0 - B(r) \tan^2 z_0 \right) \tag{5.76}$$

2. Hopfeild 映射函数

Hopfeild 等（1972）从全球平均资料中总结出干、湿大气层高度，以及大气折射率误差后，把映射函数简单表示为

$$\frac{1}{\cos z(r)}=\frac{1}{\sqrt{r^2+r_0^2\sin z_0}} \tag{5.77}$$

式中，r 表示信号传播路径上某点的地心距离；z_0 表示信号源在某点测站点的天顶角。

将投影函数的干项高度角按随机量增加 2.5，湿相高度角增加 1.5，可得到如下比较精确的改进公式：

$$m(E)=\frac{1}{\sin\sqrt{E^2+\theta^2}},\quad \begin{cases}\theta=2.5°\text{干分量}\\ \theta=1.5°\text{湿分量}\end{cases} \tag{5.78}$$

式中，E 为测站高度角；θ 为随机量。

3. 连分式映射函数

Marini（1972）利用余弦误差函数的连分式展开式，得出了与高度角有关的经验性映射函数，连分式比泰勒展开式更适合整个天顶角范围。

$$m(z_0)=\cfrac{1}{\cos z_0+\cfrac{a}{\cos z_0+\cfrac{b}{\cos z_0+\cfrac{c}{\cdots}}}} \tag{5.79}$$

式中，a，b，c …为在经验资料的基础上获得的值。它们取值的不同代表了射线在较低高度角下弯曲程度的不同。理论上这些参数可表示为 $a=ak=\frac{H}{r_0}$，$b=bk=\frac{2H}{r_0}$，$c=ck=\frac{3H}{r_0}\cdots$，它的主要局限是没有很明显的物理意义，也不能随意改变以适应不同的地区和季节。

在连分式映射函数基础上，又得出了以下几种不同的模型。

（1）Chao 映射函数。

Chao 提出了一个简单的二项连续函数模型，经验系数取自无线电探空资料所计

算的射线结果。表达式为

$$m(E)=\frac{1}{\sin(E)+\dfrac{a_i}{\tan(E)+b_i}} \tag{5.80}$$

式中，E 为高度角；i=dry 时，a_1=0.001 43，b_1=0.000 35；i=wet 时，a_1=0.044 5，b_1=0.017。

即干延迟和湿延迟的映射函数为

$$m_{\mathrm{d}}(E)=\frac{1}{\sin E+\dfrac{0.001\ 43}{\tan E+0.044\ 5}} \tag{5.81}$$

$$m_{\mathrm{w}}(E)=\frac{1}{\sin E+\dfrac{0.000\ 35}{\tan E+0.017}} \tag{5.82}$$

虽然这个模型的精度相对于其他模型不是特别高，但是由于其简洁性，也曾被广泛应用。

（2）Marrini & Murray 映射函数。

Davis（1986）提出以下函数：

$$m(E)=\frac{1+\chi}{\sin(E)+\dfrac{(\chi+(1+\chi))}{\sin(E)+0.015}} \tag{5.83}$$

其中

$$\begin{cases}\chi=\dfrac{G}{D^z}\\ G=\dfrac{0.002\ 644}{g'}\exp(-0.143\ 72h_0)\\ g'=1+0.002\ 66\cos 2\varphi+0.000\ 28h_0\\ D^z=\dfrac{0.002\ 277}{g'}\left(P_0+\left(\dfrac{1\ 255}{T_0}+0.05\right)e_0\right)\end{cases} \tag{5.84}$$

式中，D^z 为 Saastamoinen 标准天顶延迟。

（3）Ifadis 映射函数模型。

Ifadis 映射函数模型是基于大范围全球观站和不同气候条件因素得出的，该模型汇集了 47 个全球站 3 年的气压、温度、相对湿度以及风速和方向的资料。该模型有三项展开式和四项展开式。不同的系数取决于全球性气候和测站气候以及采用的气象相关模型，但这些都是温度、气压、相对湿度的线性函数。

Ifadis 映射函数模型为

$$m(E)=\frac{1+\dfrac{a_i}{1+\dfrac{b_i}{1+c_i}}}{\sin E+\dfrac{a_i}{\sin E+\dfrac{b_i}{\sin E+c_i}}} \tag{5.85}$$

其中

①当 i=dry 时，

$$\begin{cases}a=0.123\,7\times10^{-2}+0.131\,6\times10^{-6}(P_0-1\,000)+0.805\,7\times10^{-5}\sqrt{e_0}+0.137\,8\times10^{-5}(T_0-15)\\ b=0.333\,3\times10^{-2}+0.194\,6\times10^{-6}(P_0-1\,000)+0.174\,7\times10^{-6}\sqrt{e_0}+0.104\,0\times10^{-6}(T_0-15)\\ c=0.078\end{cases} \tag{5.86}$$

②当 i=wet 时，

$$\begin{cases}a=0.523\,6\times10^{-2}+0.247\,1\times10^{-6}\left(P_0-1\,000\right)+0.132\,8\times10^{-4}\sqrt{e_0}+0.172\,4\times10^{-6}(T_0-15)\\ b=0.170\,5\times10^{-2}+0.738\,4\times10^{-6}\left(P_0-1\,000\right)+0.214\,7\times10^{-4}\sqrt{e_0}+0.376\,7\times10^{-6}(T_0-15)\\ c=0.059\,17\end{cases} \tag{5.87}$$

式中，P_0 为地表大气压（hPa）；T_0 为地表温度（℃）；e_0 为地表水汽分压（hPa）。

（4）MTT 映射函数模型。

Herring 于 1992 年使用 3 个常数和 1 个天顶距分别确定出干分量和湿分量的映射函数形式。

干分量的映射函数形式为

$$m_{\mathrm{d}}(E)=\frac{1+\dfrac{a_{\mathrm{d}}}{1+\dfrac{b_{\mathrm{d}}}{1+c_{\mathrm{d}}}}}{\sin E+\dfrac{a_{\mathrm{d}}}{\sin E+\dfrac{b_{\mathrm{d}}}{\sin E+c_{\mathrm{d}}}}} \tag{5.88}$$

式中

$$\begin{cases} a_{\mathrm{d}} = (1.2320 + 0.0139\cos\phi - 0.0209h + 0.00215(T-10)) \times 10^{-3} \\ b_{\mathrm{d}} = (3.1612 - 0.1600\cos\phi - 0.0331h + 0.00206(T-10)) \times 10^{-3} \\ c_{\mathrm{d}} = (71.244 - 4.293\cos\phi - 0.149h - 0.0021(T-10)) \times 10^{-3} \end{cases} \tag{5.89}$$

湿分量的映射函数参数如下：

$$\begin{cases} a_{\mathrm{w}} = (0.583 - 0.011\cos\phi - 0.052h + 0.0014(T-10)) \times 10^{-3} \\ b_{\mathrm{w}} = (1.402 - 0.102\cos\phi - 0.101h + 0.0020(T-10)) \times 10^{-3} \\ c_{\mathrm{w}} = (45.85 - 1.91\cos\phi - 1.29h + 0.015(T-10)) \times 10^{-3} \end{cases} \tag{5.90}$$

式中，T 为地表温度（℃）；ϕ 为纬度（°）；h 为测站高度（km）。

此外，映射函数一个更精确但更复杂的模型具有如下连续的分数形式，其分子项将映射函数相对于天顶方向进行归一化，利用不同仰角的射线跟踪延迟值可以估计出参数 a_i，b_i 和 c_i。

$$m_{\mathrm{d}}(E) = \frac{1 + \cfrac{a_i}{1 + \cfrac{b_i}{1 + \cfrac{c_i}{1 + \cdots}}}}{\sin E + \cfrac{a_i}{\sin E + \cfrac{b_i}{\sin E + \cfrac{c_i}{\sin E + \cdots}}}} \tag{5.91}$$

式中，E 是仰角；a_i，b_i 和 c_i 是映射函数参数；i 表示干燥或潮湿分量。

针对以上几种映射函数模型，得出以下几点结论：

①映射函数模型（包括干、湿分量）基本上在高度角 $E<15°$ 以下呈现出较大的分歧，这一方面反映了大气折射在低仰角的变化更为复杂，另一方面说明这些模型要想客观真实地反映大气折射规律具有许多局限性。

②低仰角 $E<10°$ 时，在干分量中，映射函数模型误差可达 10%～30%，Chao、Ifadis、Hopfield 更为接近；在湿分量中，映射函数模型误差可达 50%以上，Chao、Hopfield 两者更为接近，Ifadis、MTT 两者比较接近。较为常用且精度较高的映射函数模型为 Chao 和 Hopfield。

③在低仰角情况下，大气压、高程变化对湿延迟投影函数影响要更大一些，温度变化对于干、湿延迟影响基本相当。

④要想获得高精度的大气折射延迟模型，首先，应对低仰角的观测数据特别关注，因为好的模型应能充分反映当地的特殊条件并能有清晰的物理解释。

5.2.4　对流层延迟模型

对流层延迟由干分量和湿分量两部分组成。一般是利用数学模型、根据气压温度、湿度等气象数据的地面观测值来估计对流层误差并加以改正。常用的模型有Hopfield 模型、Saastamoinen 模型等。这些模型可以有效减弱干分量部分，而干分量占总误差的 90%，湿分量难以精确估计，需用到气象数据的垂直变化梯度。

1. Hopfield 模型

利用全球实测数据，Hopfield（1969）通过实验发现了一种干折射的经验表示法，将干分量折射率表示为高度 h 的函数，得出如下干折射率公式：

$$N_{\mathrm{d}}(h)=N_{\mathrm{d},0}\left(\frac{h_{\mathrm{d}}-h}{h_{\mathrm{d}}}\right)^{4} \tag{5.92}$$

式中，h_{d} 为对流层分层厚度（m）；$N_{\mathrm{d},0}$ 为地球表面干分量（参照式（5.59））。

如图 5.8 所示，假设对流层分层厚度 h_{d}：

$$h_{\mathrm{d}}=40\,136+147.72(T-273.16) \tag{5.93}$$

式中，h_{d} 为对流层分层厚度（m）；T 表示测站温度（K）。

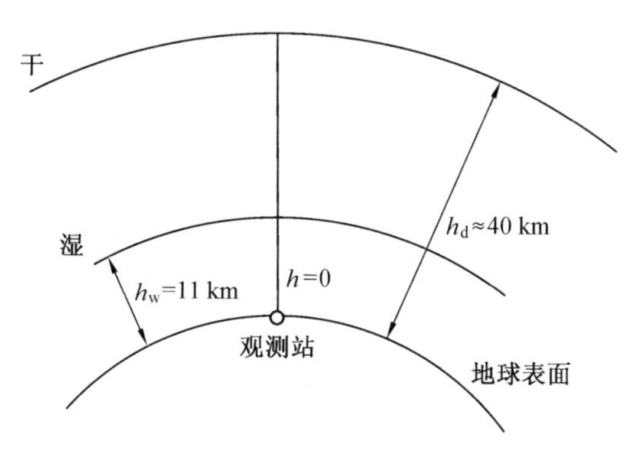

图 5.8　对流层分层厚度

将式（5.92）代入式（5.57）得

$$\delta_{\mathrm{d}} = 10^{-6} N_{\mathrm{d},0} \int \left(\frac{h_{\mathrm{d}} - h}{h_{\mathrm{d}}} \right)^4 \mathrm{d}s = 10^{-6} N_{\mathrm{d},0} \frac{1}{h_{\mathrm{d}}^4} \int_{h=0}^{h=h_{\mathrm{d}}} (h_{\mathrm{d}} - h)^4 \mathrm{d}h = \frac{10^{-6}}{5} N_{\mathrm{d},0} h_{\mathrm{d}} \quad (5.94)$$

由于水汽含量随着时间和空间变化剧烈，湿分量很难模型化。鉴于没有合适的替代模型，Hopfield 模型假定其与干分量模型相同，则有湿分量折射率为

$$N_{\mathrm{w}}(h) = N_{\mathrm{w},0} \left(\frac{h_{\mathrm{w}} - h}{h_{\mathrm{w}}} \right)^4 \quad (5.95)$$

式中，$N_{\mathrm{w},0}$ 为地球表面湿分量（参照式（5.60））。

平均高度：

$$h_{\mathrm{w}} = 11\,000 \text{ m} \quad (5.96)$$

有时取其他值，如 h_{w}=12 000 m。由于 h_{d} 和 h_{w} 与地点和温度有关，其值不能唯一确定。

类似于式（5.94）的积分结果为

$$\delta_{\mathrm{d}} = \frac{10^{-6}}{5} N_{\mathrm{d},0} h_{\mathrm{d}} \quad (5.97)$$

由此，以米为单位的总对流层天顶延迟为

$$\delta = \frac{10^{-6}}{5} (N_{\mathrm{d},0} h_{\mathrm{d}} + N_{\mathrm{w},0} h_{\mathrm{w}}) \quad (5.98)$$

该模型未考虑任意天顶角的情况，如果考虑视线方向信号，必须增加斜率因子，最简单的方法是将天顶方向延迟投影到视线方向。通常天顶方向延迟到任意天顶方向的延迟转换值指的就是映射函数。

引入映射函数，式（5.98）变为

$$\delta = \frac{10^{-6}}{5} (N_{\mathrm{d},0} h_{\mathrm{d}} m_{\mathrm{d}}(E) + N_{\mathrm{w},0} h_{\mathrm{w}} m_{\mathrm{w}}(E)) \quad (5.99)$$

式中，$m_{\mathrm{d}}(E)$ 表示干分量的映射函数；$m_{\mathrm{w}}(E)$ 表示湿分量的映射函数；E 表示测站高度角。

由式（5.78）知，Hopfield 模型的映射函数为

$$\begin{cases} m_{\mathrm{d}}(E)=\dfrac{1}{\sin\sqrt{E^{2}+6.25}} \\ m_{\mathrm{w}}(E)=\dfrac{1}{\sin\sqrt{E^{2}+2.25}} \end{cases} \tag{5.100}$$

采用更简洁的形式，式（5.99）可表示为

$$\delta(E)=\delta_{\mathrm{d}}(E)+\delta_{\mathrm{w}}(E) \tag{5.101}$$

方程右边各项表示为

$$\begin{cases} \delta_{\mathrm{d}}(E)=\dfrac{10^{-6}}{5}\cdot\dfrac{N_{\mathrm{d},0}h_{\mathrm{d}}}{\sin\sqrt{E^{2}+6.25}} \\ \delta_{\mathrm{w}}(E)=\dfrac{10^{-6}}{5}\cdot\dfrac{N_{\mathrm{w},0}h_{\mathrm{w}}}{\sin\sqrt{E^{2}+2.25}} \end{cases} \tag{5.102}$$

结合式（5.59）、式（5.60）和式（5.93）、式（5.96）

$$\begin{cases} \delta_{\mathrm{d}}(E)=\dfrac{10^{-6}}{5}\times\dfrac{77.64\dfrac{p}{T}}{\sin\sqrt{E^{2}+6.25}}(40\,136+148.72(T-273.16)) \\ \delta_{\mathrm{w}}(E)=\dfrac{10^{-6}}{5}\times\dfrac{-12.96T+3\,718\times10^{5}}{\sin\sqrt{E^{2}+2.25}}\cdot\dfrac{e}{T^{2}}\cdot11\,000 \end{cases} \tag{5.103}$$

在测站测量 p、T、e 值并计算测站高度角 E，并代入式（5.102）估计干、湿分量延迟，最后由式（5.99）就可以得到总对流层路径延迟。

以 Hopfield 模型为对流层延迟模型，映射函数设定为 Chao 函数，应用数仿系统计算对流层延迟。仿真开始时间为 2013-4-30 10:00，地点为东经 116° 3′，北纬 39° 9′，导航星座为 GPS，频点为 L1，仿真步长为 1 min。如图 5.9 所示，为仿真所得的部分可见星的对流层延迟（3 号星、7 号星、11 号星和 16 号星），当卫星不在可见视野内时，其对流层延迟不予计算。如图 5.10 所示为 3 号星的高度角（图 5.10（a））和对流层延迟（图 5.10（b））。

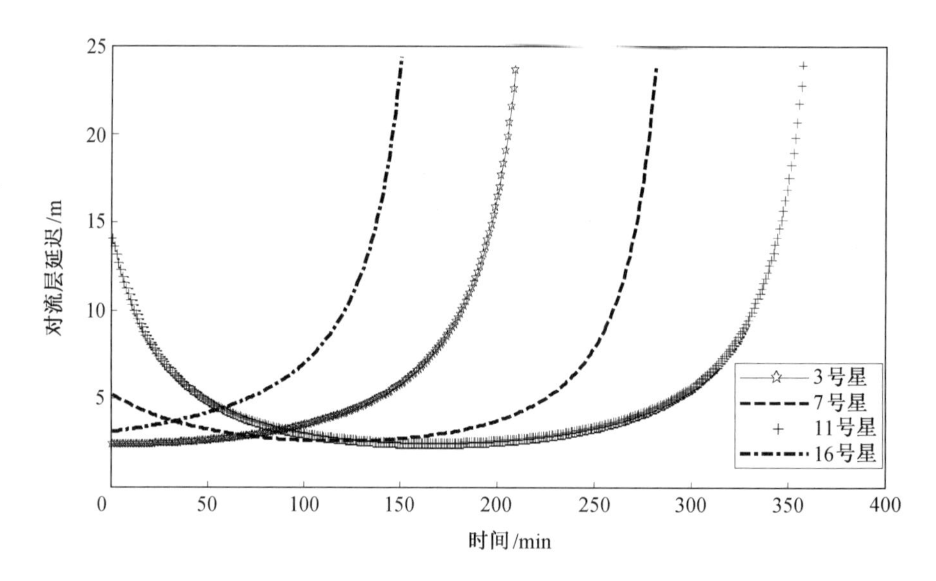

图 5.9　Hopfield 模型计算所得部分可见星的对流层延迟

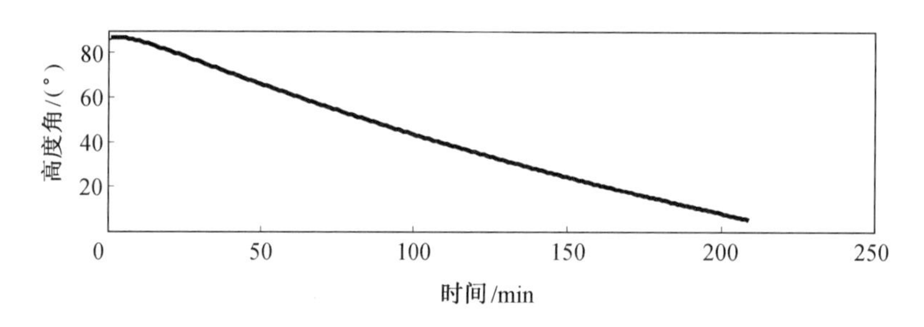

（a）GPS 3 号星高度角

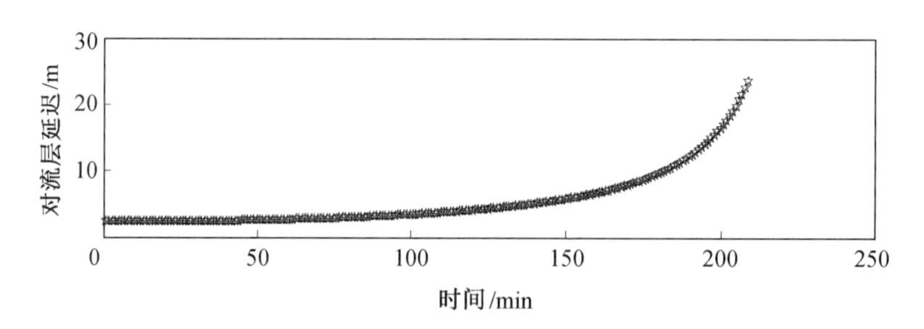

（b）GPS 3 号星对流层延迟

图 5.10　GPS 3 号星的高度角和对流层延迟

图 5.10 经分析可知，随着高度角的减小，对流层延迟增大，即卫星在天顶方向时，对流层延迟最小，大致为 2.5 m。

2. 改进的 Hopfield 模型

将式（5.92）中高程用相应的半径代替，可得改进的 Hopfield 模型，如图 5.11 所示，设地球半径为 R_E，有 $r_d=R_E+h_d$，$r=R_E+h$，从而得出与式（5.92）等价的干折射率公式：

$$N_d(r)=N_{d,0}\left(\frac{r_d-r}{r_d-R_E}\right)^4 \tag{5.104}$$

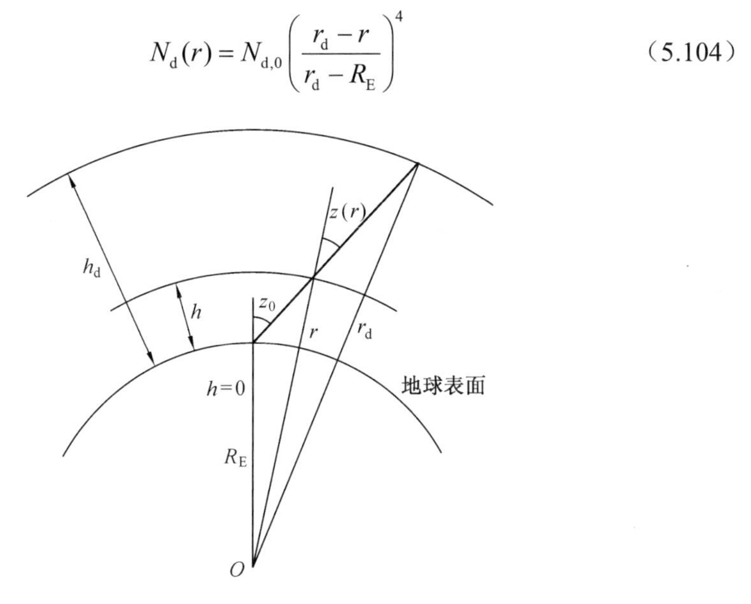

图 5.11　对流层延迟几何图形

根据式（5.57），并引入映射函数 $\dfrac{1}{\cos z(r)}$，得地面测站干分量路径延迟为

$$\delta_d(z)=10^{-6}\int_{r=R_E}^{r=r_d} N_d(r)\cdot\frac{1}{\cos z(r)}\mathrm{d}r \tag{5.105}$$

式中，天顶角 $z(r)$ 是一个变量，设卫星的天顶角为 z_0，则有由正弦定律（参照图 5.11 所示）知：

$$\sin z(r)=\frac{R_E}{r}\cdot\sin z_0 \tag{5.106}$$

由上式得天顶角余弦：

$$\cos z(r)=\sqrt{1-\frac{R_{\mathrm{E}}^{2}}{r^{2}}\sin^{2} z_{0}}=\frac{1}{r}\sqrt{r^{2}-R_{\mathrm{E}}\sin^{2} z_{0}} \tag{5.107}$$

将式（5.107）和式（5.104）代入式（5.105），可得

$$\delta_{\mathrm{d}}(z)=\frac{10^{-6} N_{\mathrm{w},0}}{(r_{\mathrm{d}}-R_{\mathrm{E}})^{4}}\int_{r=R_{\mathrm{E}}}^{r=r_{\mathrm{d}}}\frac{r(r_{\mathrm{d}}-r)}{\sqrt{r^{2}-R_{\mathrm{E}}^{2}\sin^{2} z_{0}}}\mathrm{d}r \tag{5.108}$$

其中与积分变量 r 无关常数已经从积分号中提出。假定对湿分量采用相同的模型，相应的公式可表示为

$$\delta_{\mathrm{w}}(z)=\frac{10^{-6} N_{\mathrm{w},0}}{(r_{\mathrm{w}}-R_{\mathrm{E}})^{4}}\int_{r=R_{\mathrm{E}}}^{r=r_{\mathrm{w}}}\frac{r(r_{\mathrm{w}}-r)}{\sqrt{r^{2}-R_{\mathrm{E}}^{2}\sin^{2} z_{0}}}\mathrm{d}r \tag{5.109}$$

以改进的 Hopfield 模型为对流层延迟模型，映射函数设定为 Chao 函数，应用数仿系统计算对流层延迟。仿真开始时间为 2013-04-30 10:00，地点为东经 116° 3′，北纬 39° 9′，导航星座为 GPS，频点为 L1，仿真步长为 1 min。图 5.12 所示为仿真所得的部分可见星的对流层延迟（3 号星、7 号星、11 号星和 16 号星），当卫星不在可见视野内时，其对流层延迟不予计算。

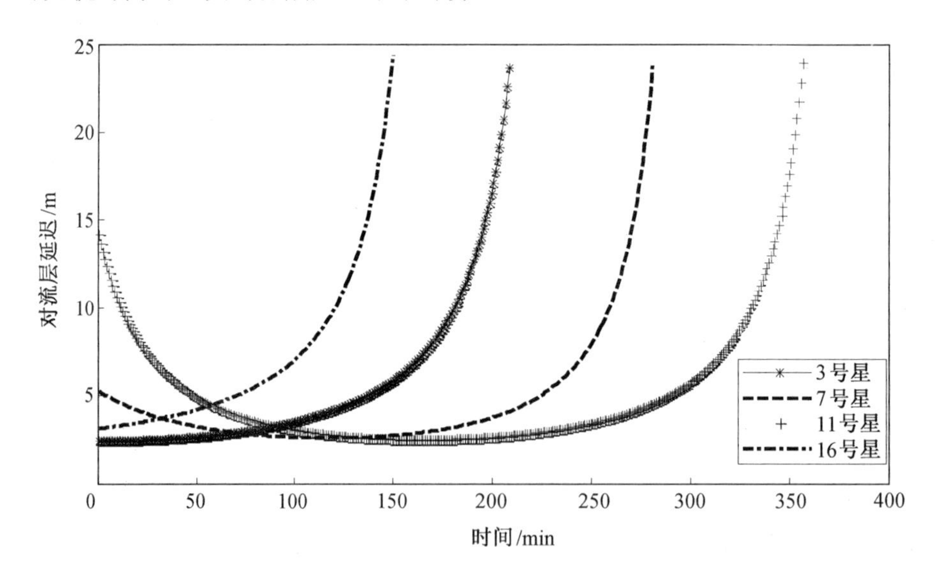

图 5.12　改进 Hopfield 模型计算所得部分可见星的对流层延迟

3. Saastamoinen 模型

Saastamoinen 模型将对流层干分量分成两层积分：

$$\delta^z = \int_{h_0}^{\infty} N(h)\,\mathrm{d}h = \int_{h_0}^{\infty} (N_\mathrm{d}(h) + N_\mathrm{w}(h))\,\mathrm{d}h = \delta_\mathrm{d}^z + \delta_\mathrm{w}^z \tag{5.110}$$

干湿分量天顶延迟值可表示为

$$\begin{aligned} \delta_\mathrm{d}^z &= 10^{-6} k_1 \frac{R_\mathrm{d}}{g_m} P_0 \\ \delta_\mathrm{w}^z &= 10^{-6} \left(\frac{k_2 + k_3}{T} \right) \frac{R_\mathrm{d}}{(\lambda+1) g_m} e_0 \end{aligned} \tag{5.111}$$

天顶总延迟为

$$\delta^z = 10^{-6} k_1 \frac{R_\mathrm{d}}{g_m} \left(P_0 + \left(\frac{k_3}{k_1 \left(\dfrac{\lambda + 1 - \beta R_\mathrm{d}}{g_m} \right) T_0} + \frac{k_2}{k_1(\lambda+1)} \right) e_0 \right) \tag{5.112}$$

式（5.112）中，各参数为：k_1=77.642 K/hPa；k_2=64.7 K/hPa；k_3=371 900 K^2/hPa；R_d=287.04 $\mathrm{m}^2/\mathrm{s}^2\cdot\mathrm{K}$；$g_m$=9.784 $\mathrm{m/s}^2$；β=0.006 2 K/m；λ=3。

将以上参数代入得

$$\delta^z = 0.002\,277 \left(P_0 + \left(\frac{1\,255}{T_0} + 0.05 \right) e_0 \right) \tag{5.113}$$

当考虑测站位置和高程时，上式变为

$$\delta^z = \frac{0.002\,277 \left(P_0 + \left(\dfrac{1\,255}{T_0} + 0.05 \right) e_0 \right)}{f(\varphi, H)} \tag{5.114}$$

式中，$f(\varphi,H) = 1 - 0.266 \times 10^{-2} \times \cos(2\varphi) - 0.28 \times 10^{-3} \times H$；$\varphi$ 为测站纬度；H 为测站高程。

Saastamoinen 根据气体定律于 1973 年导出对流层的改正模型：

$$\delta = \frac{0.002\,277}{\cos z}\left(p + \left(\frac{1\,255}{T} + 0.05\right)e - \tan^2 z\right) \tag{5.115}$$

式中，z 表示卫星天顶角；p 表示大气压（mbar）；T 表示测站温度（K）；e 表示水气分压（mbar）。

Bauersima（1983）给出了 Saastamoinen 的改进模型：

$$\delta = \frac{0.002\,277}{\cos z}\left(p + \left(\frac{1\,255}{T} + 0.05\right)e - B(r)\tan^2 z\right) + \delta R \tag{5.116}$$

式中，z 表示卫星天顶角；T 表示测站温度（K）；p 表示大气压（mbar）；e 是水蒸气的局部气压（mbar）；$B(r)$ 和 δR 是取决于 H 和 z 的修正项；H 是测站高程；δ 是对流层路径延迟（m）；

$$e = R_h \exp(-37.246\,5 + 0.213\,166T - 0.000\,256\,908T^2) \tag{5.117}$$

式中，R_h 为相对湿度（%）；exp 为指数函数；$B(r)$ 和 δR 可见表 5.1 和表 5.2，插值获得。

表 5.1　*B* 改正数表

高程/km	0.0	0.5	1.0	1.5	2.0	2.5	3.0	4.0	5.0
B/mbar	1.156	1.079	1.006	0.938	0.874	0.813	0.757	0.654	0.563

表 5.2　*δR* 改正数表

天顶角	测站高度							
	0	0.5	1.0	1.5	2.0	3.0	4.0	5.0
60° 00′	0.003	0.003	0.002	0.002	0.002	0.002	0.001	0.001
66° 00′	0.006	0.006	0.005	0.005	0.004	0.003	0.003	0.002
70° 00′	0.012	0.011	0.010	0.009	0.008	0.006	0.005	0.004
73° 00′	0.020	0.018	0.017	0.015	0.013	0.011	0.009	0.007

续表 5.2

天顶角	测站高度							
	0	0.5	1.0	1.5	2.0	3.0	4.0	5.0
75° 00′	0.031	0.028	0.025	0.023	0.021	0.017	0.014	0.011
76° 00′	0.039	0.035	0.032	0.029	0.026	0.021	0.017	0.014
77° 00′	0.050	0.045	0.041	0.037	0.033	0.027	0.022	0.018
78° 00′	0.065	0.059	0.054	0.049	0.044	0.036	0.030	0.024
78° 30′	0.075	0.068	0.062	0.056	0.051	0.042	0.034	0.028
79° 00′	0.087	0.079	0.072	0.065	0.059	0.049	0.040	0.033
79° 30′	0.102	0.093	0.085	0.077	0.070	0.058	0.047	0.039
79° 45′	0.111	0.101	0.092	0.083	0.076	0.063	0.052	0.043
80° 00′	0.121	0.110	0.100	0.091	0.083	0.068	0.056	0.047

以 Saastamoine 模型为对流层延迟模型，应用数仿系统计算对流层延迟。仿真开始时间为 2013-04-30 10:00，地点为东经 116° 3′，北纬 39° 9′，导航星座为 GPS，频点为 L1，仿真步长为 1 min。如图 5.13 所示，为仿真所得的部分可见星的对流层延迟（3 号星、7 号星、11 号星和 16 号星），当卫星不在可见视野内时，其对流层延迟不予计算。

对比图 5.9、图 5.12 和图 5.13，可知在这一算例中，Hopfield 模型、改进的 Hopfield 模型和 Saastamoinen 模型计算所得对流层延迟差别并不大。由 Hopfield 模型和改进的 Hopfield 模型计算所得的对流层延时误差范围为 2.5～25 m，由 Saastamoinen 模型计算所得的对流层延时误差范围为 2.5～28 m。当可见星在天顶方向时，对流层延迟误差最小。

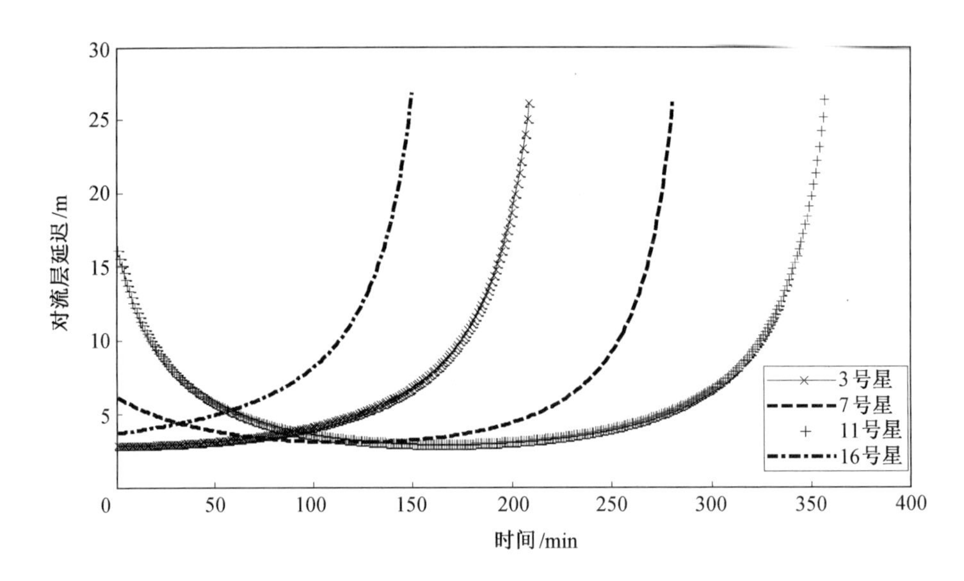

图 5.13　Saastamoine 模型计算所得部分可见星的对流层延迟

综合以上三种模型，经过比较得出以下几点结论：

（1）Hopfield 模型和 Saastamoinen 模型，它们的模型误差在干延迟分量上变化较小，而湿延迟分量上当温度 T>15 K 时，随温度的增加模型误差呈递增的趋势，大气压的变化引起的误差变化较小，差异性是由温度引起的。

（2）Hopfield 模型、改进的 Hopfield 模型和 Saastamoinen 模型，三种模型求得的对流层延迟趋势相同，都随着高度角的升高而降低。

（3）当高度角≥35° 时，Hopfield 模型求得的对流层延迟量小于 Saastamoinen 模型。

（4）当高度角≥35° 时，三种模型求得的对流层延迟量之间符合得很好，改进的 Hopfield 模型和 Saastamoinen 模型求得的结果完全一样，与 Hopfield 模型求得的结果相差很小，仅为几个毫米，实际运用时，如果观测条件好，截止高度角定为 15°，可任意选取这三种模型。

（5）对于低高度角的情况（<10° 时），如在 Saastamoinen 模型中，可以使用对高度角更加敏感的全球投影函数（Global Mapping Function，GMF）计算对流层延迟来提高测量高程方向的精度，这些还有待进一步研究。

计算对流层延迟还有许多其他模型，如 Black 模型，Davis 模型，Niellis 模型和 Yionoulis 模型。这些模型在天顶角小于 75° 时差异甚微。

总之，经过对流层模型改正后的定位精度得到明显提高，高程方向尤为明显；如果不同的模型采用了相同的天顶对流层模型，那么它们的差异取决于映射函数，且随着高度角降低，其差值将迅速增大；不同模型的改正值可能存在一定偏差，即使在高度角较高时，该偏差依然存在。

第 6 章　载体运动建模与仿真

载体运动信息仿真是 GNSS 数学仿真的重要组成部分，在载体运动信息仿真中，通过综合考虑各种典型载体的运动特点和动力学特性，可将载体分为高动态载体、中动态载体和低动态载体三类。其中，高动态载体包括：航天器和导弹；中动态载体主要指的是航空飞行器如飞机等；低动态载体包括：简单运动载体、车辆和舰船。其中，航天器的卫星导航方法与其他五种载体卫星导航方法略有不同，接收机等导航设备有差别，实现较为复杂，其动力学特性和运动学特点与导航卫星的相同，可参见第 3 章卫星轨道仿真部分的内容进行卫星载体数学模型的建立，故本章不对其运动信息仿真进行过多讨论。载体运动信息仿真可通过设定不同载体的动力学参数，并根据建立的载体运动模型仿真得到载体的运动状态信息（载体的姿态信息和位置信息）。不同载体的动力学特性和运动特点存在差异，需要设定的动力学参数也各不相同，即使是同一类载体，在动力学方面仍存在个体间的差异，故需要针对不同的载体设计各自相应的动力学参数。载体动力学模型的建立，需要基于合理的假设，对动力学模型进行简化，忽略影响较小的因素，降低模型的复杂程度，同时减小仿真系统的运算量。

根据 GNSS 数学仿真需求，可以按不同载体将运动信息仿真划分为简单运动信息仿真、车辆运动信息仿真、飞机运动信息仿真、舰船运动信息仿真和导弹运动信息仿真五部分，分别对五部分载体的运动进行建模。对各载体运动的设计可以通过叠加和线性组合载体的基本运动完成。例如，可以对汽车载体的运动进行划分，将汽车载体的基本运动归结为直线运动、停止运动、爬/下坡运动、转弯运动和沿航迹点运动，当进行汽车载体运动设计时，仅需在时间维度上对汽车基本运动进行简单的组合即可。其他载体的基本运动可如图 6.1 所示，进行归纳，读者亦可根据载体动力学与运动学特性以及个人经验等所掌握的知识和信息自行划分。

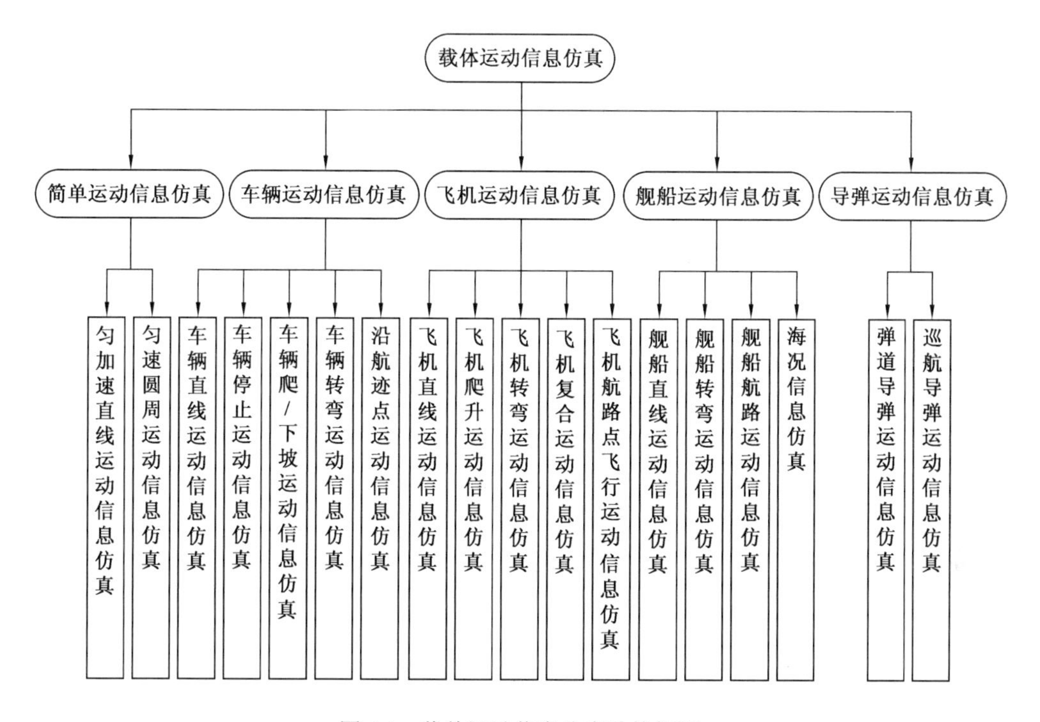

图 6.1　载体运动信息仿真结构框图

本章将针对上述五种典型载体的运动进行建模与仿真，并以飞机载体的运动信息仿真为例，较为详细地介绍飞机运动参数配置、数学模型建立、算法选择以及仿真结果分析等相关内容。

6.1　载体运动建模

本节将对简单运动载体、车辆运动载体、舰船运动载体、飞机运动载体和导弹运动载体进行数学建模，详细介绍车辆载体基本运动模型的建立以及飞机运动载体运动学和动力学模型的建立。除爬/下坡简单运动外，舰船运动载体模型与车辆运动载体模型相似，仅需叠加海况对载体运动的影响即可；导弹运动载体模型较为复杂，本章仅做简要介绍，并未给出详细的参考模型。

6.1.1　简单运动载体模型

简单运动信息仿真仅关系运动载体的位置信息，忽略运动载体的姿态信息。

1. 匀加速直线运动载体模型

匀加速直线运动载体位移如下式：

$$
\begin{aligned}
S_N &= V\sin\theta \\
S_E &= V\cos\theta
\end{aligned} \tag{6.1}
$$

式中，V 为运动速度；S_N 为沿经度往北的移动路程；S_E 为沿纬度往东的移动路程；θ 为速度与往东的纬线之间的夹角。

匀加速直线运动轨迹图如图 6.2 所示。

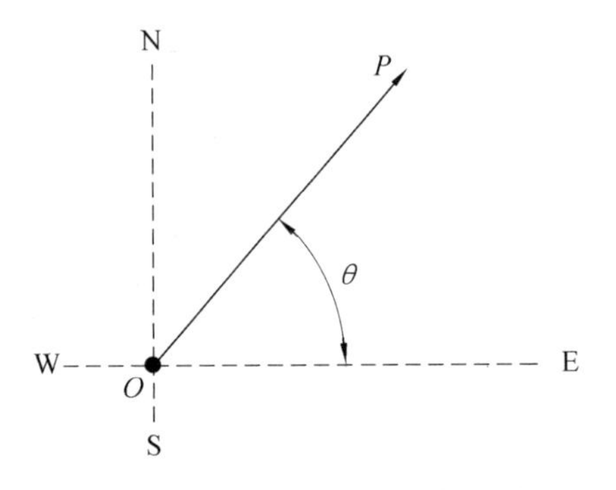

图 6.2　匀加速直线运动轨迹图

载体初始运动点 O 的坐标为（X，Y），则载体此时所在点 P 的坐标为（$X+S_E$，$Y+S_N$）。

2. 匀速圆周运动载体模型

匀速圆周运动的载体位移如下式：

$$
\begin{aligned}
S_N &= \frac{D}{2}\sin\theta \\
S_E &= \frac{D}{2}\cos\theta
\end{aligned} \tag{6.2}
$$

式中，D 为圆的直径；S_N 为沿经度往北的移动路程；S_E 为沿纬度往东的移动路程；θ 为载体所处位置与圆心连线同往东的纬线之间的夹角。

匀速圆周运动轨迹图如图 6.3 所示。

圆心 O 点的坐标为（X，Y），则载体此时所在点 P 的坐标为（$X+S_E$，$Y+S_N$）。

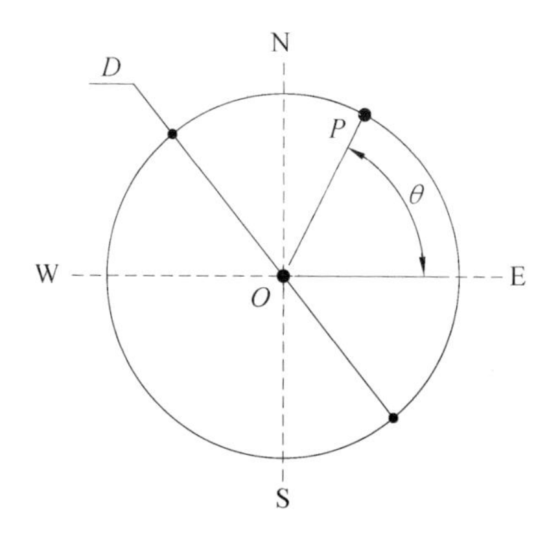

图 6.3　匀速圆周运动轨迹图

6.1.2　车辆运动载体建模

除了简单运动载体外，其他载体的运动如车辆载体运动、舰船载体运动、飞机载体运动、导弹载体运动等，均可采用基本运动线性叠加和时间维度上的先后排列的方式进行设计。以车辆载体为例，其基本运动包括：直线运动、停止运动、爬/下坡运动、转弯运动、沿航迹点运动等。本节将对其基本运动进行建模，设计车辆运动信息仿真任务时仅需对已有的车辆基本运动模块进行组合即可。

1. 直线运动模型

车辆的直线运动可分为两种模式：大圆模式和固定朝向角模式。大圆模式指，车辆沿两点间的最短路径即大圆弧运动；固定朝向角模式指，车辆以某一固定的方位角运动，在运动过程中方位角始终不变。

这里定义的直线运动方式下，高度变化为 0。大圆模式下，由第 i 点用户位置 φ_i、λ_i、H_i 和朝向角 ϕ_i，可以根据球面三角形几何关系计算微小时间间隔 Δt 后用户位置 φ_{i+1}、λ_{i+1}、H_{i+1}，和朝向角 ϕ_{i+1}，其中，

$$\begin{cases}\Delta\varphi_i = \dfrac{\Delta s\cdot\cos\theta\cdot\cos\phi_i}{M_i}\\ \Delta\lambda_i = \dfrac{\Delta s\cdot\cos\theta\cdot\sin\phi_i}{N_i\cdot\cos\varphi_i}\\ \Delta H_i = 0\\ \Delta\phi_i = \sin\varphi_i\cdot\Delta\lambda_i\end{cases}\tag{6.3}$$

固定朝向角模式下：

$$\begin{cases} \Delta\varphi_i = \dfrac{\Delta s \cdot \cos\theta \cdot \cos\phi_i}{M_i} \\ \Delta\lambda_i = \dfrac{\Delta s \cdot \cos\theta \cdot \sin\phi_i}{N_i \cdot \cos\varphi_i} \\ \Delta H_i = 0 \\ \Delta\phi_i = 0 \end{cases} \tag{6.4}$$

2. 停止模型

停止运动模式指设置用户在规定的时间或距离内停止。当设置时间时，根据 $a = \dfrac{v}{t}$ 计算加速度，然后按直线方式计算轨迹；当设置距离时，根据 $a = \dfrac{v^2}{2s}$ 计算加速度，然后按直线方式计算轨迹。

3. 车辆爬/下坡运动模型

若得到的爬坡参数是该段轨迹完成时最终高度，可根据当前高度计算出高度变化，由于爬坡距离最大限定为 20 km，所以可用平面三角计算该段轨迹与地面倾角：

$$\theta = \arctan\frac{\Delta H}{d} \tag{6.5}$$

其中，ΔH 为高度变化；d 为水平爬坡距离。然后可以用直线模型计算公式计算轨迹。

4. 转弯运动模型

转弯运动由用户设置朝向改变或者最终朝向，由匀速圆周运动模型一步一步计算车辆位置，当朝向改变或者最终朝向到设置值为止。

5. 沿航迹点运动模型

航迹点指用户按经纬高设置的地球表面的一些点迹，以最短路径连接这些点迹作为用户轨迹，球面两点间最短路径为两点间大圆弧，所以求轨迹即求连接这些点的球面大圆弧，但是由于车辆或船舰都不可能以折线行驶，所以需要设置一些转弯段调整用户行驶朝向，然后再计算剩余路段间大圆弧。

如图 6.4 所示，T_1 为起始点，P 为设置的航迹点，由于起始点航向角与航迹点方向不一致，需先调整航向角转向航迹点方向，即，将车辆按设置的转弯半径 R 沿圆弧 T_1T_2 转弯到 T_2 点，再直线行驶至 P 点。

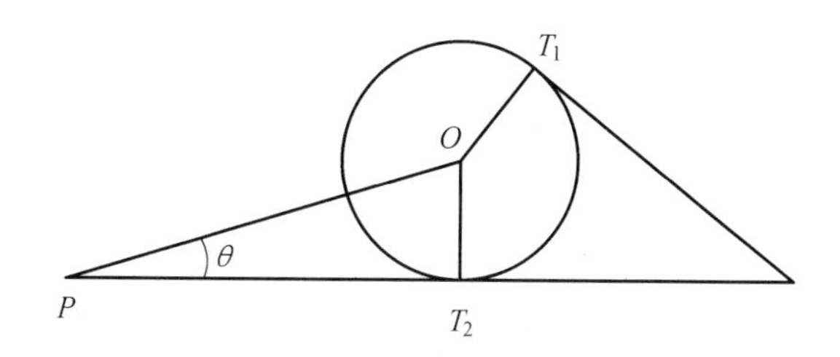

图 6.4　航路点飞行

计算步骤如下：

（1）由 T_1、T_1O 朝向角求圆心 O 点位置。

由 T_1 朝向和 P 点位置求朝向，将 T_1P 朝向与初始航向角比较，如果大于初始航向角，需转弯增大朝向角；如果小于初始航向角，需转弯减小初始航向角；如果相等，不需转弯。

当需减小朝向角时，由初始点朝向减 $\dfrac{\pi}{2}$，得 T_1O 的航向角，反之，加 $\dfrac{\pi}{2}$。已知 T_1、T_1O 的航向角和 T_1O 长度可求出圆心 O 位置，根据直线模型可由 $\mathrm{d}s$ 计算经纬高变化。

（2）由 O、P 位置求边 OP 和 OP 朝向角。

求边长即求球面两点之间距离，根据球面三角形正余弦定理可求得。

（3）由边长 O、转弯半径求 θ。

先求转弯半径 R 换算成弧度

$$R\_\mathrm{rad} = \arcsin\left(\frac{R}{R_{\mathrm{E}}}\right) \tag{6.6}$$

式中，R_E 为地球平均半径，然后计算 θ。

$$\theta = \arcsin\left(\frac{\sin R}{\sin OP}\right) \tag{6.7}$$

式中，OP 为弧度表示的 OP 边长。需对 $\dfrac{\sin R}{\sin OP}$ 大小做出判断。

当$\dfrac{\sin R}{\sin OP}>1$或$\dfrac{\sin R}{\sin OP}<-1$时，转弯半径过大，无法到达航迹点。

（4）由θ、OP朝向角求T_2P朝向。

需增大航向角时，T_2P朝向为OP朝向加θ，反之减θ。

（5）由T_2P朝向、初始点朝向角求转弯时间。

先由T_2P朝向、初始点朝向角求需转弯改变的朝向角$\Delta\varphi$，由$\Delta\varphi$求转弯时间，计算公式如下：

$$t=\frac{R\Delta\varphi}{v} \tag{6.8}$$

式中，v为用户行驶速度（标量）。

（6）计算转弯段。

该段的计算参见匀速圆周运动的部分。

（7）计算剩下的直行段所需时间。

直行段所需时间计算方法如下：

先由两点间弧长公式计算两点间弧度σ，则弧长：

$$\Delta s=\sigma(R_e+H) \tag{6.9}$$

式中，R_e为地球半径；H为用户高度。

则直行段所需时间为

$$t=\frac{\Delta s}{v\cos\theta} \tag{6.10}$$

式中，v为用户速度；θ为速度倾角；$v\cos\theta$即速度到地面投影。

（8）计算剩下直线段参见直线模型。

6.1.3 舰船运动载体建模

无风浪条件下，不考虑复杂的水动力学，除爬/下坡运动外，舰船载体的运动学模型与汽车载体运动学模型相同，做水平面内的二维运动。然而，风浪的作用不仅对舰船的姿态造成较大的影响，较大等级的海况同样会影响到舰船的航迹和位置。

对舰船运动载体进行建模时，可以参考汽车运动载体建模信息，之后叠加海况信息即海况对舰船运动载体运动的影响。

1. 舰船运动载体模型

舰船的位置、姿态和受力表示参量见表 6.1。

表 6.1　舰船的位置、姿态和受力表示参量

船舶运动	力和力矩	线速度和角速度	位置与欧拉角
Surge（进退/纵荡）	X	u	x
Sway（横移/横档）	Y	v	y
Heave（升沉/垂荡）	Z	w	z
Roll（横倾/横摇）	K	p	ϕ
Pitch（纵倾/纵摇）	M	q	θ
Yaw（转艏/艏摇）	N	r	ψ

海洋运动体的运动是在三维空间中的复合运动，它们包括沿 3 个坐标轴的直线运动和围绕 3 个坐标轴的旋转运动，这也是通常所说的海洋运动体六自由度运动。海洋运动体关于这三个坐标轴的运动以及受到的力和力矩已在表 6.1 中列出，并在图 6.5 中表示出，它们的名称和符号采用了国际拖曳水池会议（International Towing Tank Conference，ITTC）所推荐的符号。

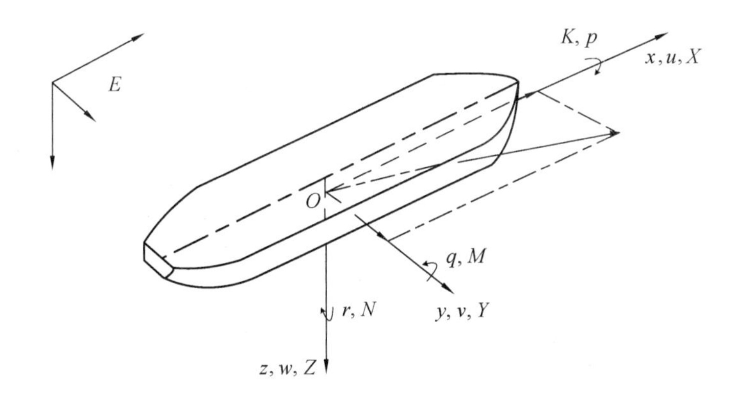

图 6.5　地面坐标系和海洋运动体坐标系

舰船运动载体的运动可以简化为水平面内的二维运动，具体方法可参见6.1.2节车辆运动载体的建模方法，之后叠加6.1.3节介绍的海况模型及海况影响，共同构成舰船运动载体的三维运动模型。

2. 海况模型

作用于海洋运动体的水动力和水动力矩是非常复杂的，它们受到许多因素的影响，一般它们与如下因素有关：

（1）海洋运动体的特征。

海洋运动体的特征包括海洋运动体的质量、转动惯量、质心和浮心的位置几何特征等。

（2）海洋运动体的运动情况。

海洋运动体的运动是复杂的，它的运动幅度大小及运动频率，海洋运动体航速的大小等直接影响运动方程中的参数值。当海洋运动体运动幅度较大时，往往会产生非线性现象。一般在海洋运动体运动控制的研究中，只讨论在某一运动平衡状态附近的有小幅度变化时的微幅运动。

（3）流体的性质和特性。

流体的性质和特性包括流体的密度、黏度、流场的几何参数，及流体的运动速度和方向等。

对于这些问题的深入研究，可以参阅有关海洋运动体耐波性、海洋运动体操纵性及流体动力学等有关书籍。

由以上分析可知，作用于海洋运动体的水动力和水动力矩是以上各种参数的函数。为了使分析得以简化，在海洋运动体运动控制研究中，通常引入一些假设条件，它们是：

①海洋运动体运动的水域是无限广、无限深的，海面大气压为常数。

②水是不可压缩的流体，并忽略其表面张力。

③假定海洋运动体运动在亚空泡条件下，控制翼面上也不产生空泡。

④海洋运动体航速为常数，它只是在这一常航速附近有小的变化，对于大部分的控制问题这个假设是合理的。

本章中仅考虑海浪对于船体的影响，不考虑海流对船体的影响。

波浪周期可能与海洋运动体航行中遇到的波浪周期并不相等，遭遇周期 T_e 是波浪周期、海洋运动体速度、波浪传播方向与海洋运动体航向之间的函数。

$$\omega_e = \frac{2\pi}{T_e} \tag{6.11}$$

遭遇角 μ_e 是波浪传播方向与海洋运动体航向间夹角，如图 6.6 所示。

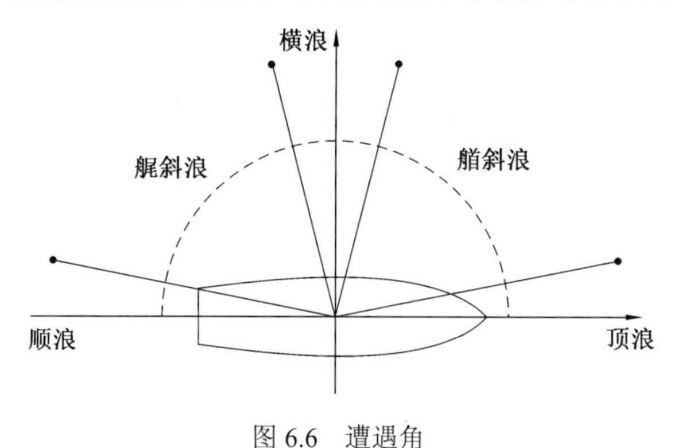

图 6.6　遭遇角

设波长为λ，波速为 C，海洋运动体速度 V，则 V 在波浪上的分速度为 $V\cos\mu_e$，海洋运动体相对于波浪的速度为 $C-V\cos\mu_e$，海洋运动体由一个波峰驶向另一个波峰所需的时间（即遭遇周期）为

$$T_e = \frac{\lambda}{C - V\cos\mu_e} \tag{6.12}$$

但是，由于 $\lambda=CT$，这里 $\lambda=CT$ 为海浪周期，因此可得

$$T_e = \frac{\lambda}{C - V\cos\mu_e} = \frac{T}{1 - \dfrac{V}{C}\cos\mu_e} \tag{6.13}$$

式（6.13）也可以写成

$$\frac{2\pi}{\omega_e} = \frac{\dfrac{2\pi}{\omega}}{1 - \left(\dfrac{V}{C}\right)\cos\mu_e} \tag{6.14}$$

则有

$$\omega_e = \omega\left(1-\left(\frac{V}{C}\right)\cos\mu_e\right) \tag{6.15}$$

又因 $C=\dfrac{g}{\omega}$，故遭遇角频率 ω_e 与海浪角频率间的关系为

$$\omega_e = \omega\left(1-\frac{\omega V}{g}\cos\mu_e\right) \tag{6.16}$$

遭遇波长/有效波长：$\lambda_e=\dfrac{\lambda}{\cos\mu_e}$，如图 6.7 所示。

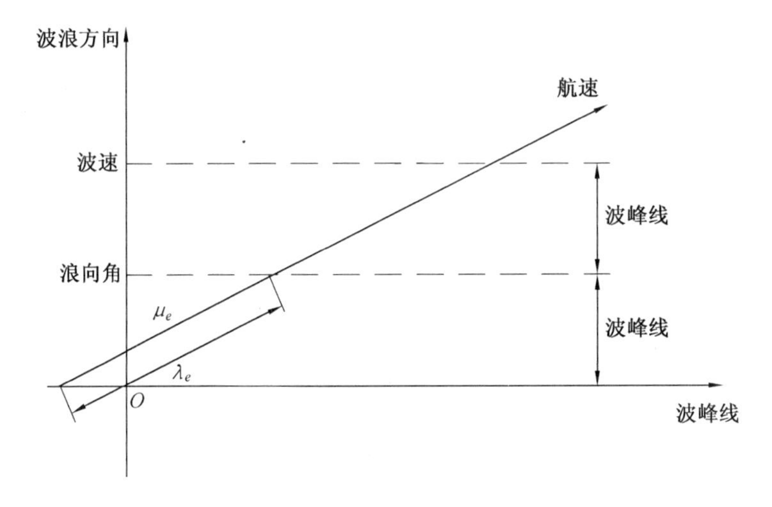

图 6.7　有效波长

遭遇角频率的物理意义为

$$\omega_e = \frac{2\pi(C-V\cos\mu_e)}{\lambda} \tag{6.17}$$

令 $\eta=\dfrac{\omega V}{g}\cos\mu_e$，则有 $\omega_e=\omega(1-\eta)$。

本章采用平面进行波假设，即假设海浪全部为平面进行波。沿 ξ 轴方向的平面进行波可写成：

$$\zeta = \zeta_a\cos(k\xi \pm \omega t) \tag{6.18}$$

式中，ξ 为波面偏离静水面的高度；ζ_a 为波面的幅值；$k=\dfrac{2\pi}{\lambda}$；λ 为波长；ω 为波浪的角频率；t 为时间。在上式中，ω 前取“±”号表示波的行进方向，“-”号表示波沿 ξ 轴正方向前进。波形图和波面方程如图 6.8 所示。

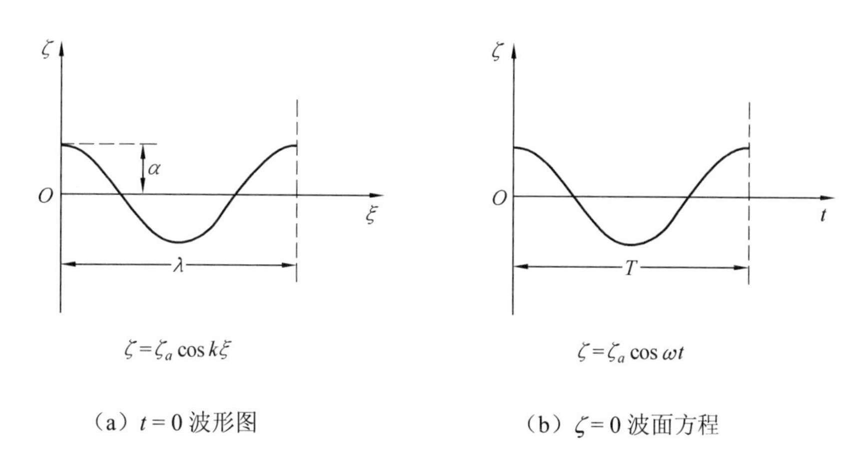

（a）$t=0$ 波形图　　（b）$\zeta=0$ 波面方程

图 6.8　波形图和波面方程

由流体力学知识可知，对于水深大于 $\dfrac{\lambda}{2}$ 的波，如果 $\dfrac{2\zeta_a}{\lambda}\leqslant 0.05$，则波长、周期和波速有如下关系：

$$\begin{cases} T=\sqrt{\dfrac{2\pi\lambda}{g}}\approx 0.8\sqrt{\lambda} \\ C=\dfrac{gT}{2\pi}=\sqrt{\dfrac{g\lambda}{2\pi}}\approx 1.25\sqrt{\lambda} \\ \lambda=\dfrac{gT^2}{2\pi} \end{cases} \tag{6.19}$$

波面上的任意一点的切线与 ξ 轴的夹角称为波倾角（波面角）α_ω：

$$\tan\alpha_\omega=\zeta'=(\zeta_a\cos(k\xi-\omega t))'=-\zeta_a\sin(k\xi-\omega t) \tag{6.20}$$

令 $\alpha_{\omega 0}$ 为最大的波倾角 $\alpha_{\omega 0}=\xi_a k$。

$$\alpha_\omega\approx\tan\alpha_\omega=-\alpha_{\omega 0}\sin(k\xi-\omega t)\ \text{(rad)} \tag{6.21}$$

将地面坐标系 $E\text{-}\xi\eta\zeta$ 平面进行波转换到船体坐标系 $O\text{-}xyz$ 中，假设：Ox 轴与 $E\text{-}\xi\eta$ 平面进行，Ox 轴与 $E\xi$ 轴的夹角为μ，则，

$$\xi = x\cos\mu + y\sin\mu \tag{6.22}$$

代入平面进行波方程，得

$$\zeta = \zeta_a \cos(k_1 x + k_2 y - \omega t) \tag{6.23}$$

式中，$k_1=k\cos\mu$；$k_2=k\sin\mu$。

波浪不但出现在水面上，而且也存在于水下。由流体力学知识，波浪随水深的变化可以用下式表示：

$$\zeta_z = \zeta_a e^{-kz}\cos(k\xi - \omega t) \tag{6.24}$$

由次波面波动幅值受水深影响而产生的波动压力差为

$$\Delta P = -\rho g \zeta_a e^{-kz}\cos(k\xi - \omega t) \tag{6.25}$$

这个效应称为史密斯效应。（对于吃水比较大的海洋运动体，必须考虑史密斯效应。）

本章中做了相应简化，只考虑船体逐浪的纵荡、横摇和纵摇。其数学模型如下：

纵荡，

$$H_i = H_i' + A_H\sin(\varphi_H + 2\pi f_H t) \tag{6.26}$$

横摇，

$$\gamma_i = \gamma_i' + A_\gamma\sin(\varphi_\gamma + 2\pi f_\gamma t) \tag{6.27}$$

纵摇，

$$\vartheta_i = \vartheta_i' + A_\vartheta\sin(\varphi_\vartheta + 2\pi f_\vartheta t) \tag{6.28}$$

海况信息如海况定义见表6.2，不同的海况对应了不同的海水运动情况，通过选取的海况对应的参数，确定该海况下海水的运动情况，然后再与纯海洋运动体的运动情况进行线性叠加即可得到不同海况下海洋运动体的运动情况。

表 6.2　海况的定义（风和充分成长的海浪[1]）

海面概貌		风				浪								
海况等级	征状	蒲福风级	名称	风速范围/kn	风速/kn	波高/ft[2] 平均值	波高/ft[2] 有义值	波高/ft[2] 1/10 最大平均值	主要周期范围/s	谱峰周期 $T_{\max}=T_c$	平均周期 $\tilde{T}_w$	平均波长 $\tilde{L}_w$ /ft（未指明者均为英尺）	最小风程/n mile	最小风时/h（未指明者均为小时）
0	海面平静如镜	0	无风	1	0	0	0	0	—	—	—	—	—	—
0	形成鱼鳞状波纹，但峰无泡沫	0	软风	1～3	2	0.04	0.07	0.09	1.2	0.75	0.5	10 in[3]	5	18 min
1	微浪：短小而明显，波峰呈玻璃状但不破裂	2	轻风	4～6	5	0.3	0.5	0.6	0.4～2.8	1.9	1.3	6.7	8	39 min
2	弱浪：波峰开始破裂，泡沫呈玻璃色，也偶有白浪	3	微风	7～10	8.5	0.8	1.3	1.6	0.8～5.0	3.2	2.3	20	9.8	1.7
					10	1.1	1.8	2.3	1.0～6.0	3.2	2.7	27	10	2.4
3	小浪：波浪拉长，常翻白浪	4	和风	11～16	12	1.6	2.6	3.3	1.0～7.0	4.5	3.2	40	18	3.8
					13.5	2.1	3.3	4.2	1.4～7.6	5.1	3.6	52	24	4.8
					14	2.3	3.6	4.6	1.5～7.8	5.3	3.8	59	28	5.2
					16	2.9	4.7	6.0	2.0～8.8	6.0	4.3	71	40	6.6
4	中浪：波形长而明显，形成许多白浪（偶尔有些浪花）	5	劲风	17～21	18	3.7	5.9	7.5	2.5～10.0	6.8	4.8	90	55	8.3
					19	4.1	6.6	8.4	2.8～10.6	7.2	5.1	99	65	9.2
					20	4.6	7.3	9.3	3.0～11.1	7.5	5.4	111	75	10

续表 6.2

海面概貌		风				浪								
海况等级	征状	蒲福风级	名称	风速范围/kn	风速/kn	波高/ft② 平均值	有义值	1/10 最大平均值	主要周期范围/s	谱峰周期 $T_{max}=T_c$	平均周期 $\tilde{T}_w$	平均波长$\tilde{L}_w$/ft（未指明者均为英尺）	最小风程/n mile	最小风时/h（未指明者均为小时）
5	大浪开始形成，海面铺遍白浪（多半有些浪花）	6	强风	22～27	22	5.5	8.8	11.2	3.4～12.2	8.3	5.9	134	100	12
					24	6.6	10.5	13.3	3.7～13.5	9.0	6.4	160	130	14
					24.5	6.8	10.9	13.8	3.8～13.6	9.2	6.6	164	140	15
					26	7.7	12.3	15.6	4.0～14.5	9.8	7.0	188	180	17
6	波浪累积，波浪破裂而生的白沫被吹成沿风向的条带（开始可以看到浪烟）	7	疾风	28～33	28	8.9	14.3	18.2	4.5～15.5	10.6	7.5	212	230	20
					30	10.3	16.4	20.8	4.7～16.7	11.3	8.0	250	280	23
					30.5	10.6	16.9	21.5	4.8～17.0	11.5	8.2	258	290	24
					32	11.6	18.6	23.6	5.0～17.5	12.1	8.6	285	340	27
7	巨浪：波浪更长，波峰边缘破裂成浪烟，飞沫吹成沿风向的明显条带，浪花影响到能见度	8	大风	34～40	34	13.1	21.0	26.7	5.5～18.5	12.8	9.1	322	420	30
					36	14.8	23.6	30.0	5.8～19.7	13.6	9.6	363	500	34
					37	15.6	24.9	31.6	6.0～20.5	13.9	9.9	376	530	37
					38	16.4	26.3	33.4	6.2～20.8	14.3	10.2	392	600	38
					40	18.2	29.1	37.0	6.5～21.7	15.1	10.7	444	710	42
8	狂浪：飞沫呈沿风向的密集条带，海浪开始翻滚，能见度受影响	9	烈风	41～37	42	20.1	32.1	40.8	7～23	15.8	11.3	492	830	47
					44	22.0	35.2	44.7	7～24.2	16.6	11.8	534	960	52
					46	24.1	38.5	48.9	7～25	17.3	12.3	590	1 110	57

续表 6.2

海面概貌		风				浪								
海况等级	征状	蒲福风级	名称	风速范围/kn	风速/kn	波高/ft[②] 平均值	波高/ft[②] 有义值	波高/ft[②] 1/10 最大平均值	主要周期范围/s	谱峰周期 $T_{max}=T_c$	平均周期 $\tilde{T}_w$	平均波长 $\tilde{L}_w$ /ft（未指明者均为英尺）	最小风程/n mile	最小风时/h（未指明者均为小时）
9	狂涛：长峰悬垂，大片飞沫吹成沿风向的密集白色条带，整个海面呈白色。海浪翻滚严重，轰隆声似雷。能见度受到影响	10	狂风[④]	48～55	40	26.2	41.9	53.2	7.5～26	18.1	12.9	650	1 250	63
					50	28.4	45.5	57.8	7.5～27	18.8	13.4	700	1 420	69
					51.5	30.2	48.3	61.3	8～28.2	19.4	13.8	736	1 560	73
					52	30.8	49.2	62.5	8～28.5	19.6	13.9	750	1 610	75
					54	33.2	53.1	67.4	8～29.5	20.4	14.5	810	1 800	81
	怒涛：海面为风向上的长片白沫完全覆盖。波峰边缘到处都被吹成泡沫。能见度受影响	11	暴风[④]	56～63	56	35.7	57.1	72.5	8.5~31	21.1	15	910	2 100	88
					40.3	40.3	64.4	81.8	10~32	22.4	15.9	985	2 500	101
	空气中充满了飞沫和浪花。浪花四溅，海面一片雪白。能见度受到非常严重的影响	12	飓风[④]	64～71	>64	>46.6	74.5	94.6	10~35	24.1	17.2	—	—	—

①1964 年由莫斯柯维茨（L. Moskowitz）和皮尔逊（W. Pierson）修订，经海军海洋测绘办公室（Navy Oceanoraphic Office）特许。
②此表选自国外资料，表中用“英尺”（1 ft = 0.304 8 m）作为波高和波长单位，而未应用国际标准长度单位“米”。
③1 in = 2.54 cm。
④对于飓风（还有经常的狂风和暴风）来说，所需要的风时很少能达到，资料亦很少，故海浪并不充分成长。

6.1.4 飞机运动载体建模

飞机是非常复杂的动力学系统，对其进行详细的模型描述是不可能的也是没有必要的。本节在介绍坐标系统、坐标系统之间的转换关系之后，将在适当假设和简化的前提条件下对飞机载体的数学模型进行描述。

1. 坐标系统

刚体飞行器的空间运动可以分为两部分：质心的运动和绕着质心的运动。描述任意时刻的空间运动需要 6 个自由度：质心 3 个方向的平动和绕质心 3 个方向的转动。当飞行器在大气中高速飞行时，其上作用着重力、发动机的推力以及极大的空气动力和气动力矩，导致飞行器发生弹性变形和空气动力学特性变化，而弹性变形的影响将会叠加到刚体飞行器的空间运动中。此外，分布在飞行器内部的部件与质量也会发生运动和变化（例如，动力装置等），因此，所谓的刚体飞行器实际上是将飞行器作为一个刚体系统来描述的。

作用在飞机上的重力、发动机推力和空气动力及其相应力矩的产生原因是各不相同的，因此，如何选择合适的坐标系来方便确切地描述飞机的空间运动状态是非常重要的。例如，选择地面坐标轴系来描述飞机的重力是比较方便的，发动机的推力在机体坐标轴系中描述是很合适的，而空气动力在气流坐标轴系中描述就非常方便。

由此可见，合理地选择不同的坐标系统来定义和描述飞机的各类运动参数，是建立飞机运动模型进行飞行控制系统分析和设计的重要环节之一。在通常情况下，由于飞机运动模型的参数是定义在不同坐标系上的，那么在建模过程中通过坐标系变换进行向量的投影分解是不可避免的。因此，本节将首先定义和讨论必要的坐标系以及坐标系之间的转换方法。本书第 2 章已经介绍过常用坐标系和坐标系之间的转换，本节将针对飞机运动载体建模过程中用到的坐标系及坐标系之间的转换重新进行梳理和定义。

（1）机体坐标系 $Ox_by_bz_b$。

机体坐标系是与飞机机体固联的非惯性坐标系，它将随飞机运动而运动。其原点位于飞机上某固定点，多选取飞机的质心 O 作为坐标原点。Ox_b 轴位于机体纵向对称面内，与纵向对称轴重合指向机头方向为正；Oy_b 轴位于机体纵向对称面内，垂

直于 Ox_b 轴，指向上；Oz_b 轴与 Ox_b 轴、Oy_b 轴分别垂直，构成右手直角坐标系。机体坐标系，如图 6.9 所示。

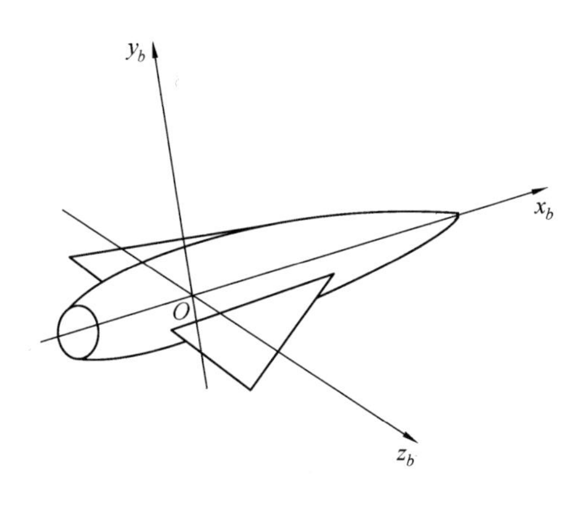

图 6.9　机体坐标系

（2）地面坐标系 $O_g x_g y_g z_g$。

地面坐标系是与地球表面某一定点固联的坐标系。原点 O_g 可以在地球表面上任意选取，一般情况下会选取飞机的起飞点或目的地为原点。$O_g x_g$ 轴指向地面任意方向，一般选取飞机起飞时的初始航向；$O_g y_g$ 轴沿铅垂方向，指向上；$O_g z_g$ 轴与 $O_g x_g$ 轴、$O_g y_g$ 轴分别垂直，构成右手直角坐标系。

（3）地心地固坐标系。

为了计算用户载体的位置，使用随地球而旋转的地心地固（ECEF）坐标系比较方便。在这一坐标系中，可以较容易地计算出用户载体的纬度、经度和高度参数。ECEF 坐标系的具体定义参见第 2 章相关内容。

（4）用户大地坐标系。

用户大地坐标系是利用纬度、经度和高度 3 个参数来描述用户位置的。本章在结合第 2 章内容的基础上，针对飞机建模过程中关注的内容对用户大地坐标系重新进行描述。

ECEF 坐标系是固定在地球参考椭球上的，如图 6.10 所示，点 O 相应于地球中心。我们现在可以相对于地球参考椭球来定义纬度、经度和高度参数了。当用这个方式进行定义时，这些参数称为大地的。

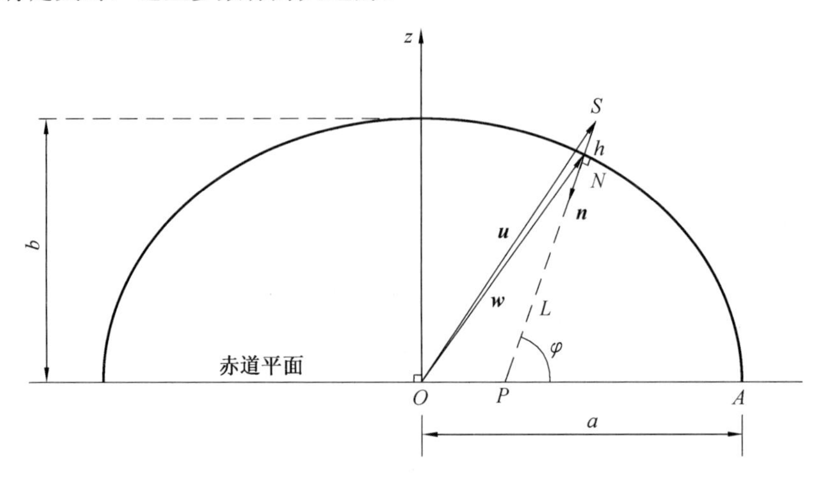

图 6.10　地球参考椭球模型（与赤道面正交的横截面）

在 ECEF 坐标系中给定了用户载体的位置矢量 $\boldsymbol{u}=(x_u, y_u, z_u)$的条件下，可以用在 xy 平面中测量的用户与 x 轴之间的角度计算大地经度(λ)：

$$\lambda=\begin{cases}\arctan\left(\dfrac{y_u}{x_u}\right), & x_u \geqslant 0 \\ 180^\circ+\arctan\left(\dfrac{y_u}{x_u}\right), & x_u<0 \text{ 和 } y_u \geqslant 0 \\ -180^\circ+\arctan\left(\dfrac{y_u}{x_u}\right), & x_u<0 \text{ 和 } y_u<0\end{cases} \tag{6.29}$$

在式（6.29）中，负的角度相应于西经度数。纬度 φ 和高度 h 等大地参数用在用户载体处的椭球法线来定义。如图 6.10 所示，椭球法线用单位矢量 $\boldsymbol{n}$ 来表示。注意，除非在极地或者在赤道上，否则椭球法线并不精确地指向地球中心。地球参考椭球以 WGS-84 为例，用户载体相对于 WGS-84 椭球计算其高度。然而，在一些地方由于 WGS-84 椭球与大地水准面（当地平均海平面）之间的差异，在地图上给出的海拔高度可能与从卫星导航接收机导出的高度有较大的差异。在水平面中，当地的基准[例如北美基准 1983（NAD1983）、欧洲基准 1950（ED50）等]和 WGS-84 可能有明显差异。

大地高度就是用户（在矢量 $\boldsymbol{u}$ 末端）和地球参考椭球之间的最小距离。注意，从用户到地球参考椭球表面最小距离的方向是在矢量 $\boldsymbol{n}$ 的方向上。大地纬度 φ 是在椭球法线矢量 $\boldsymbol{n}$ 和 $\boldsymbol{n}$ 在赤道（xy）平面上的投影之间的夹角。一般情况下，如果 $z_u > 0$（亦即用户在北半球），φ 取正值；而如果 $z_u < 0$，φ 取负值。对照图 6.10，大地纬度就是 $\angle NPA$，这里 N 是地球参考椭球上最接近用户的那一点，P 是沿 $\boldsymbol{n}$ 的方向上的直线与赤道面相交的点，而 A 是赤道上最接近 P 的那个点。

2. 坐标系间的转换方法

为了方便地描述飞机的空间运动状态，必须选择合适的坐标系。例如，通常将作用在飞机上的气动力和力矩投影分解到机体坐标系上来分析飞机的角运动，而气流坐标轴系主要通过两个气流角 α 和 β 所描述的飞机相对于气流的位置，来确定作用在飞机上空气动力的大小。如果选定机体坐标轴系来描述飞机的空间转动状态，那么对于推力而言则很方便，直接可以在机体坐标轴系中描述，而空气动力则需要由气流坐标轴系转换到机体坐标系，重力则需要由地面坐标轴系转换到机体坐标轴系（当然，重力并不产生相对于飞机质心的力矩），只有这样才能使得作用在不同坐标系中的力统一到选定的坐标系中，并由此可以建立沿着各个轴向的力的方程以及绕着各轴的力矩方程。综上所述，坐标系之间的转换是建立飞机运动方程不可缺少的重要环节。

进行坐标转换的方法有许多种，常见的有方向余弦法、欧拉角法和四元数法。每种方法有其各自的优点和不足，实践中应根据具体应用条件选择合适的方法。本章以方向余弦法为例，介绍三维坐标系间的转换方法。首先推导方向余弦法坐标转换的一般方法。

（1）两个矢量坐标轴之间的转换。

设两个坐标轴 Ox_1 和 Ox_2 有共同的坐标原点 O，两坐标轴之间的夹角为α。则 Ox_1 轴上的量在 Ox_2 轴上的投影为

$$x_2 = x_1 \cos\alpha \tag{6.30}$$

Ox_2 轴上的量在 Ox_1 轴上的投影为

$$x_1 = x_2 \cos\alpha \tag{6.31}$$

矢量坐标轴系与平面坐标轴系如图 6.11 所示。

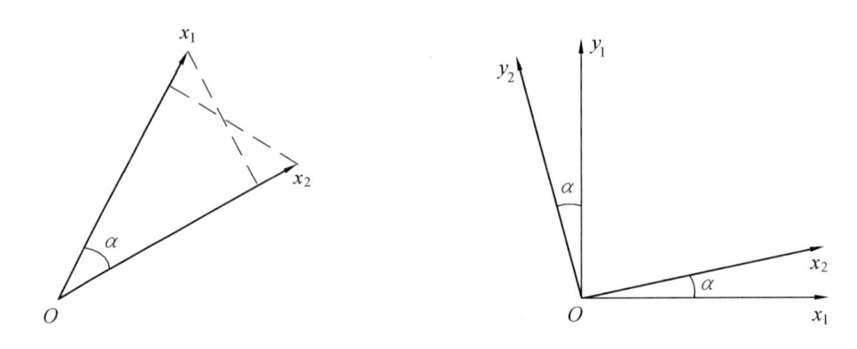

图 6.11 矢量坐标轴系和平面坐标轴系

（2）平面坐标系各轴间的转换。

设同一平面内有两坐标系 Ox_1y_1 和 Ox_2y_2，坐标系 Ox_1y_1 逆时针旋转α角与坐标系 Ox_2y_2 重合。假设某矢量可在坐标系 Ox_1y_1 中表示为（x_1, y_1），在坐标系 Ox_2y_2 中可表示为（x_2, y_2），那么，可得到如下关系式：

$$\begin{cases} x_2 = x_1\cos\alpha + y_1\sin\alpha \\ y_2 = -x_1\sin\alpha + y_1\cos\alpha \end{cases} \tag{6.32}$$

写成矩阵形式：

$$\begin{bmatrix} x_2 \\ y_2 \end{bmatrix} = \begin{bmatrix} \cos\alpha & \sin\alpha \\ -\sin\alpha & \cos\alpha \end{bmatrix} \begin{bmatrix} x_1 \\ y_1 \end{bmatrix} \tag{6.33}$$

令

$$\boldsymbol{C}_{21} = \begin{bmatrix} \cos\alpha & \sin\alpha \\ -\sin\alpha & \cos\alpha \end{bmatrix} \tag{6.34}$$

则

$$r_2 = \boldsymbol{C}_{21} r_1 \tag{6.35}$$

式中，$\boldsymbol{C}_{21}$ 为从坐标系 Ox_1y_1 转换到 Ox_2y_2 的坐标转换矩阵。坐标转换是相互的，同理可得，从坐标系 Ox_2y_2 转换到 Ox_1y_1 的转换矩阵为

$$C_{12}=\begin{bmatrix}\cos\alpha & -\sin\alpha\\ \sin\alpha & \cos\alpha\end{bmatrix} \tag{6.36}$$

（3）空间三维坐标轴系之间的转换。

空间三维坐标轴系之间的转换方法与平面坐标轴系的转换方法原理相同，仅是过程稍复杂而已。原点相同的空间两个三维坐标轴系，仅需对其中一个坐标系沿三个轴转动三次，即可与另外一个三维坐标系重合。

假设空间存在两个共原点的三维坐标轴系 $Ox_1y_1z_1$ 和 $Ox_2y_2z_2$，坐标系 $Ox_1y_1z_1$ 依次绕当时的 Oy_1 轴、Oz_1 轴和 Ox_1 轴旋转三次，即可与坐标系 $Ox_2y_2z_2$ 重合。产生的三个角分别为 ψ、θ 和 φ，称为欧拉角，如图 6.12 所示。

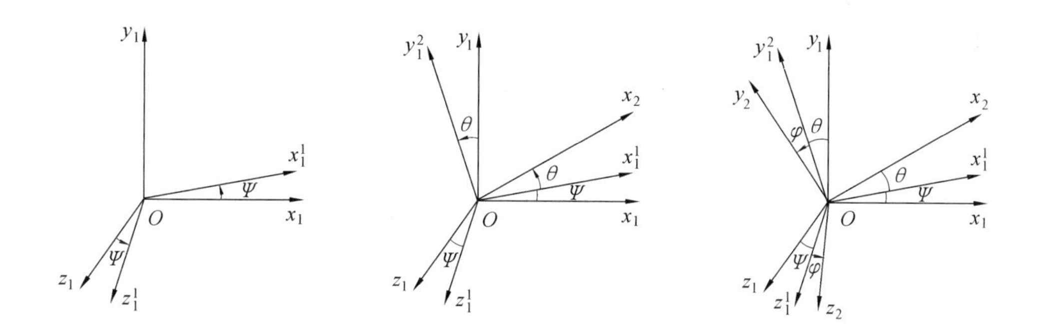

图 6.12　空间三维坐标系转换

由前所述，三次旋转会形成三个方向余弦矩阵，记为 $\boldsymbol{C}_1$、$\boldsymbol{C}_2$ 和 $\boldsymbol{C}_3$。由旋转顺序和旋转角可知：

$$\boldsymbol{C}_1=\begin{bmatrix}\cos\psi & 0 & -\sin\psi\\ 0 & 1 & 0\\ \sin\psi & 0 & \cos\psi\end{bmatrix} \tag{6.37}$$

$$\boldsymbol{C}_2=\begin{bmatrix}\cos\theta & \sin\theta & 0\\ -\sin\theta & \cos\theta & 0\\ 0 & 0 & 1\end{bmatrix} \tag{6.38}$$

$$C_3 = \begin{bmatrix} 1 & 0 & 0 \\ 0 & \cos\varphi & \sin\varphi \\ 0 & -\sin\varphi & \cos\varphi \end{bmatrix} \tag{6.39}$$

则，坐标系 Ox_1y_1 与 $Ox_2y_2z_2$ 之间的转换关系可用下式表示：

$$\begin{bmatrix} x_2 \\ y_2 \\ z_2 \end{bmatrix} = C_3C_2C_1 \begin{bmatrix} x_1 \\ x_2 \\ x_3 \end{bmatrix} \tag{6.40}$$

式（6.40）即为三维空间内共原点两坐标系之间转换关系表达式，数学模型建立时常用到该式进行坐标的变换，统一坐标系，以方便列写运动学和动力学方程。

3. 地面坐标系与机体坐标系之间的转换

如图 6.13 所示，表征了地面坐标系与机体坐标系之间的相对角度几何关系，即可表征机体的姿态。飞机在空间中飞行的姿态角即是机体坐标系 $Ox_by_bz_b$ 与地面坐标系 $O_gx_gy_gz_g$ 之间的 3 个欧拉角。

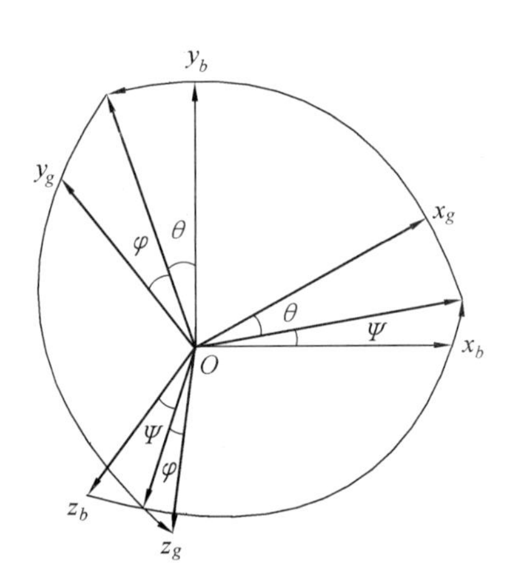

图 6.13　机体坐标系与地面坐标系

机体坐标系 $Ox_by_bz_b$ 经过三次旋转可与地面坐标系 $Ox_gy_gz_g$ 重合，期间形成 3 个欧拉角，分别为 ψ、θ 和 φ。这 3 个角就是用来表征飞机的飞行姿态的姿态角。

ψ: 偏航角，飞机的纵向对称轴 Ox_b 在水平面 Ox_gz_g 内的投影与 Ox_g 轴之间的夹角。规定机体向右偏航时产生的角度为正。

θ: 俯仰角，飞机的纵向对称轴 Ox_b 与水平面 Ox_gz_g 之间的夹角。规定飞机头部向上时产生的角度为正。

φ: 滚转角，飞机的纵向对称面 Ox_by_b 与包含 Ox_b 轴的铅垂平面之间的夹角。规定从机尾向机头看，飞机向右滚转产生的角度为正。

根据空间三维坐标轴之间转换的基本方法，即由地面坐标系 $Ox_gy_gz_g$ 旋转至机体坐标系 $Ox_by_bz_b$ 的旋转顺序可得，旋转矩阵 $\boldsymbol{C}_{bg}$ 的表达式如下：

$$\boldsymbol{C}_{bg}=\boldsymbol{C}_{\varphi}\boldsymbol{C}_{\theta}\boldsymbol{C}_{\psi} \tag{6.41}$$

其中

$$\boldsymbol{C}_{\psi}=\begin{bmatrix}\cos\psi & 0 & -\sin\psi\\ 0 & 1 & 0\\ \sin\psi & 0 & \cos\psi\end{bmatrix},\quad \boldsymbol{C}_{\theta}=\begin{bmatrix}\cos\theta & \sin\theta & 0\\ -\sin\theta & \cos\theta & 0\\ 0 & 0 & 1\end{bmatrix},\quad \boldsymbol{C}_{\varphi}=\begin{bmatrix}1 & 0 & 0\\ 0 & \cos\varphi & \sin\varphi\\ 0 & -\sin\varphi & \cos\varphi\end{bmatrix} \tag{6.42}$$

则，机体坐标系和地面坐标系之间的转换关系可表示为如下矩阵形式：

$$\boldsymbol{r}_b=\boldsymbol{C}_{bg}r_g \tag{6.43}$$

4. ECEF 框架下大地坐标系到笛卡儿坐标系的变换

在已知大地参数 λ、φ 和 h 的条件下，可以得到如下闭合形式计算 $\boldsymbol{u}=(x_u, y_u, z_u)$，即 ECEF 系中从大地坐标反变换为笛卡儿坐标的公式：

$$\boldsymbol{u}=\begin{bmatrix}\dfrac{a\cos\lambda}{\sqrt{1+(1-e^2)\tan^2\varphi}}+h\cos\lambda\cos\varphi\\ \dfrac{a\sin\lambda}{\sqrt{1+(1-e^2)\tan^2\varphi}}+h\sin\lambda\cos\varphi\\ \dfrac{a(1-e^2)\sin\varphi}{\sqrt{1-e^2\sin^2\varphi}}+h\sin\varphi\end{bmatrix} \tag{6.44}$$

5. 飞机运动载体数学模型

本节以空间六自由度飞机为例，介绍飞机数学模型的建立和简化。飞机在外力作用下的运动规律一般是用运动方程来描述的，即应用微分方程的形式描述飞机的运动和状态参数随时间的变化规律。飞机的运动方程通常又可分为动力学方程和运动学方程。

飞机是一个复杂的动力学系统。严格地说，由于飞机在飞行过程中质量是时变的，其结构也是具有弹性形变特性的，此外，地球是一个旋转的球体，不但存在离心加速度和哥氏加速度，而且重力加速度也随高度而变化。所以，作用于飞机外部的空气动力与飞机集合形状、飞行状态参数等因素呈现非常复杂的函数关系。列写出这种复杂函数关系的表达式是十分困难的，也是没有必要的。在实际数学模型建立的过程中，应抓住研究主要问题的主要因素，经过合理的假设和简化，将复杂的问题简单化，同时也突出了研究问题的重点。在工程实践中，实验结果和专业人员的经验也证实了这一观点的可适应性和必要性。

首先，为了简化需要研究的问题，需要做出合理的假设，以忽略次要因素，突出要研究的主要因素，本节中做出以下基本假设：

（1）将飞机视为刚体，且其质量在飞行过程中保持不变。

（2）将地面坐标系视为惯性坐标系（适用于小时间范围）。

（3）在足够小的时间间隔内，采用“平面地球假设”，忽略地球的曲率与自转。

（4）重力加速度不随飞行高度的变化而变化。

（5）忽略攻角，认为攻角在任何时候都为零。

（6）假设在飞行过程中，大气是静止不动的，即空速等于地速。

基于上述假设，通过“小扰动假设”等方法，可将复杂的动力学系统模型用微分方程组的形式表示。由于本章建立用户载体数学模型的目的是为了形成载体运动轨迹，作为之后仿真观测数据和对接收机定位解算进行仿真的基础，因而只需要关注飞机的运动学部分，即可通过仿真形成“伪”运动轨迹。但是，由于不同载体具有各自不同的动力学特性，动力学特性也会影响各自的运动品质，这一点也会在运动轨迹上有所体现。同时，通过在动力学方程解算出来的载体姿态信息、接收机天线在载体上的安装位置以及天线的增益分布和接收品质共同影响了可见星的情况以及接收到的信号品质，因此，为了区分不同用户载体的动力学特性以及力求尽可能接近真实飞机的飞行品质，本节在对于飞机载体进行数学建模时，考虑到其动力学部分，并加入经验丰富的工程师的经验对其进行相应的简化，得到简化后的动力学数学模型。

如图 6.14 所示，为典型飞行控制系统回路构成关系图。真实的飞机飞行控制系统的数学模型过于复杂，且对于用户载体轨迹仿真存在冗余部分，经简化后可得到图 6.15 所示简单结构。

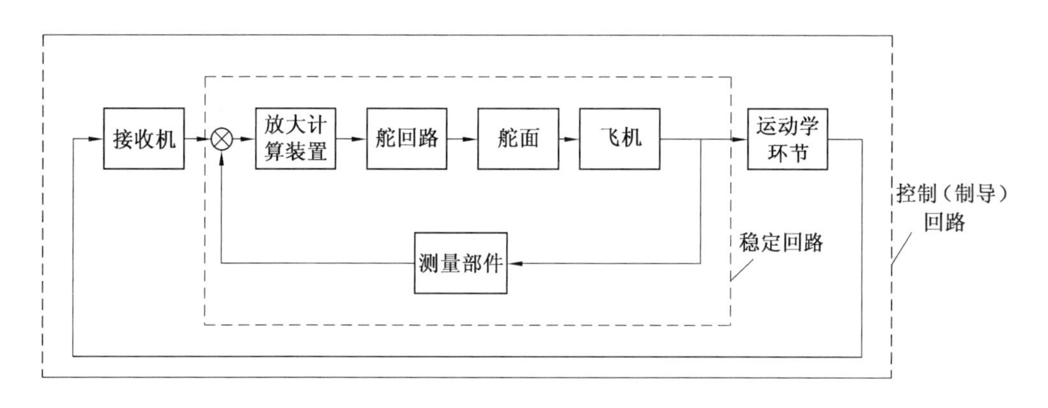

图 6.14　典型飞行控制系统的回路构成关系图

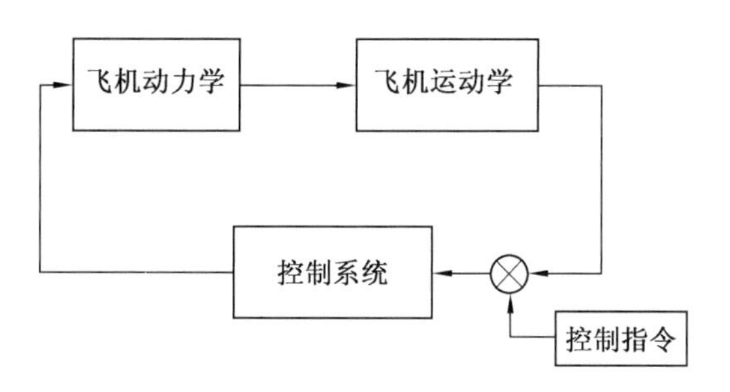

图 6.15　基本数学模型

图 6.15 表示，的是基于控制系统的飞机飞行数学模型结构图。接收到控制指令后，结合当前飞机飞行的状态，飞机的飞行控制系统形成控制信号，接到飞行控制系统的控制信号后，飞机的控制面和发动机产生相应的动作，从而改变作用在飞机上的力，经过飞机动力学模块的运算，能够求解出飞机当前的加速度和角加速度等

参数，将上述参数代入飞机运动学模块，求解飞机运动学方程组并进行坐标系转换，从而求得当前时刻飞机飞行的运动状态参数。本节中的数学模型是在理想控制条件下建立，即飞机的操纵面和发动机能够很好地响应飞行控制系统产生的控制指令，使作用在飞机上的力达到设计要求。

下面分别介绍飞机动力学模块和飞机运动学模块模型的建立。飞机动力学表征的是飞机所受合外力和合外力矩与飞机加速度以及绕质心转动角速度之间的关系；飞机运动学表征的是飞机加速度与飞机速度和位置之间的关系以及飞机绕质心转动的角速度与飞机姿态角度之间的关系。

本节中建立飞机运动的数学模型的目的是生成用户载体运动轨迹，由于飞机所受外力为未知量，因而，飞机动力学部分模型的建立需结合具体飞机载体的动力学特性，因而，飞机动力学部分本节仅结合相关已有机型的动力学性能简要介绍飞机质心运动动力学方程组。

（1）飞机动力学模型。

由理论力学知识可知，牛顿第二定律可以用来描述飞机质心运动。

式（6.45）为动量定理方程的矢量形式。

$$m\frac{\mathrm{d}\boldsymbol{V}}{\mathrm{d}t}=\boldsymbol{F} \tag{6.45}$$

式中，$\boldsymbol{V}$为飞机飞行速度矢量；$\boldsymbol{F}$为作用在飞机质心的合外力矢量。

注意：牛顿第二定律的适用条件是在惯性参考系下。矢量形式的表达式使用不方便，一般情况下我们使用其标量形式的方程。通常，我们将式（6.45）表达的关系在某动坐标系内表示。假设 $O_g x_g y_g z_g$ 为惯性坐标系，$Oxyz$ 为一动坐标系，动坐标系相对于惯性坐标系存在转动角速度 $\boldsymbol{\omega}$，飞机质心的绝对速度即在惯性坐标系中的速度为 $\boldsymbol{V}$。

将速度矢量 $\boldsymbol{V}$ 和角速度矢量 $\boldsymbol{\omega}$ 投影到动坐标系中，可得

$$\begin{cases}\boldsymbol{V}=V_x\boldsymbol{i}+V_y\boldsymbol{j}+V_z\boldsymbol{k}\\ \boldsymbol{\omega}=\omega_x\boldsymbol{i}+\omega_y\boldsymbol{j}+\omega_z\boldsymbol{k}\end{cases} \tag{6.46}$$

式中，$\boldsymbol{i}$、$\boldsymbol{j}$ 和 $\boldsymbol{k}$ 为沿 $Oxyz$ 各坐标轴的单位矢量，由于存在 $\boldsymbol{\omega}$，所以上述 3 个矢量在惯性坐标系中的指向随时间变化。

则质心的绝对加速度可以表示为

$$\boldsymbol{V}=\frac{\mathrm{d}V_x}{\mathrm{d}t}\boldsymbol{i}+\frac{\mathrm{d}V_y}{\mathrm{d}t}\boldsymbol{j}+\frac{\mathrm{d}V_z}{\mathrm{d}t}\boldsymbol{k}+V_x\frac{\mathrm{d}\boldsymbol{i}}{\mathrm{d}t}+V_y\frac{\mathrm{d}\boldsymbol{j}}{\mathrm{d}t}+V_z\frac{\mathrm{d}\boldsymbol{k}}{\mathrm{d}t} \tag{6.47}$$

其中

$$\frac{\mathrm{d}\boldsymbol{i}}{\mathrm{d}t}=\boldsymbol{\omega}\times\boldsymbol{i},\quad \frac{\mathrm{d}\boldsymbol{j}}{\mathrm{d}t}=\boldsymbol{\omega}\times\boldsymbol{j},\quad \frac{\mathrm{d}\boldsymbol{k}}{\mathrm{d}t}=\boldsymbol{\omega}\times\boldsymbol{k} \tag{6.48}$$

设动坐标系内的角速度表示为

$$\frac{\delta\boldsymbol{V}}{\delta t}=\frac{\mathrm{d}V_x}{\mathrm{d}t}\boldsymbol{i}+\frac{\mathrm{d}V_y}{\mathrm{d}t}\boldsymbol{j}+\frac{\mathrm{d}V_z}{\mathrm{d}t}\boldsymbol{k} \tag{6.49}$$

则，质心的绝对加速度可以表示为

$$\frac{\mathrm{d}\boldsymbol{V}}{\mathrm{d}t}=\frac{\delta\boldsymbol{V}}{\delta t}+\boldsymbol{\omega}\times\boldsymbol{V} \tag{6.50}$$

式（6.50）可写成质心动力学标量方程组的形式，如下：

$$\begin{cases} m\left(\dfrac{\mathrm{d}V_x}{\mathrm{d}t}+V_z\omega_y-V_y\omega_z\right)=F_x \\ m\left(\dfrac{\mathrm{d}V_y}{\mathrm{d}t}+V_x\omega_z-V_z\omega_x\right)=F_y \\ m\left(\dfrac{\mathrm{d}V_z}{\mathrm{d}t}+V_y\omega_x-V_x\omega_y\right)=F_z \end{cases} \tag{6.51}$$

抑或表示为

$$\begin{cases} \dfrac{\mathrm{d}V_x}{\mathrm{d}t}+V_z\omega_y-V_y\omega_z=a_x \\ \dfrac{\mathrm{d}V_y}{\mathrm{d}t}+V_x\omega_z-V_z\omega_x=a_y \\ \dfrac{\mathrm{d}V_z}{\mathrm{d}t}+V_y\omega_x-V_x\omega_y=a_z \end{cases} \tag{6.52}$$

（2）飞机运动学模型。

由于忽略飞机飞行时的攻角，故飞机的飞行速度方向沿飞机的纵向对称轴即机体坐标系的 Ox_b 轴的正向。将飞机的飞行速度 V 投影到地面坐标系中：

$$\begin{bmatrix} V_x \\ V_y \\ V_z \end{bmatrix}_g = \boldsymbol{C}_{gb} \begin{bmatrix} \boldsymbol{V} \\ 0 \\ 0 \end{bmatrix} = \boldsymbol{C}_{bg}^{\mathrm{T}} \begin{bmatrix} \boldsymbol{V} \\ 0 \\ 0 \end{bmatrix} \tag{6.53}$$

由前文可知：

$$\boldsymbol{C}_{gb} = \boldsymbol{C}_{bg}^{\mathrm{T}} = (\boldsymbol{C}_{\varphi}\boldsymbol{C}_{\theta}\boldsymbol{C}_{\psi})^{\mathrm{T}} \tag{6.54}$$

则

$$\begin{bmatrix} V_x \\ V_y \\ V_z \end{bmatrix} = \begin{bmatrix} \boldsymbol{V}\cos\theta\cos\psi \\ \boldsymbol{V}\sin\theta \\ -\boldsymbol{V}\cos\theta\sin\psi \end{bmatrix} \tag{6.55}$$

设机体坐标系三个轴上的角速度分量分别表示为 ω_x、ω_y 和 ω_z，三个欧拉角速度可表示为 $\dot{\psi}$ 、$\dot{\theta}$ 和 $\dot{\varphi}$。则欧拉角速度在大地坐标系三个轴上的投影可表示成以下矩阵形式：

$$\begin{bmatrix} \dot{\gamma}\cos\theta\cos\psi + \dot{\theta}\sin\psi \\ \dot{\theta}\cos\psi + \dot{\gamma}\cos\theta\sin\psi \\ \dot{\psi} + \dot{\gamma}\sin\theta \end{bmatrix}_g \tag{6.56}$$

根据大地坐标系和机体坐标系之间的转换关系，有以下式子成立：

$$\begin{bmatrix} \omega_x \\ \omega_y \\ \omega_z \end{bmatrix}_b = \boldsymbol{C}_{bg} \begin{bmatrix} \dot{\gamma}\cos\theta\cos\psi + \dot{\theta}\sin\psi \\ \dot{\theta}\cos\psi + \dot{\gamma}\cos\theta\sin\psi \\ \dot{\psi} + \dot{\gamma}\sin\theta \end{bmatrix}_g = \begin{bmatrix} \dot{\gamma} + \dot{\psi}\sin\theta \\ \dot{\psi}\cos\theta\cos\gamma + \dot{\theta}\sin\gamma \\ \dot{\theta}\cos\gamma - \dot{\psi}\cos\theta\sin\gamma \end{bmatrix} \tag{6.57}$$

式（6.57）即为飞机的角速度运动方程的矩阵形式。

6.1.5　导弹运动载体建模

导弹的定义是一个在放射出去以后还能控制和改变道程的飞行武器。

导弹种类繁多，根据不同的依据有不同的分类方法：

（1）按照装药划分：常规导弹和核导弹。

（2）按照作战任务性质划分：战略导弹和战术导弹。

（3）按照发射地点与目标的关系划分：地地导弹、地空导弹、空地导弹、空舰导弹、空空导弹、空潜导弹、潜地导弹、潜潜导弹、潜空导弹、岸舰导弹、舰空导弹、舰舰导弹、舰潜导弹等。

（4）按照攻击目标划分：反坦克导弹、反舰导弹、反雷达导弹、反弹道导弹、反卫星导弹等。

（5）按照搭载平台划分：单兵便携导弹、车载导弹、机载导弹、舰载导弹等。

（6）按照推进剂的物理状态划分：固体推进剂导弹和液体推进剂导弹。

导弹也可以从它有没有弹翼来分类，没有弹翼的导弹在飞行的时候升力比较小，它的道程就和炮弹一样，所以又叫弹道式导弹。其余类型的导弹，像空空导弹、空地导弹和防空导弹，因为必须在空气中灵活地飞行，它们一定要有弹翼，利用空气动力来控制道程。因此，可以将导弹划分为有翼导弹和无翼弹道导弹。

卫星导航仿真系统中的载体运动仿真主要关心载体的运动学特性，即载体的轨迹、载体的速度和载体的加速度等信息。载体的动力学特性并不是研究的重点。本节将对导弹相对运动方程进行介绍，之后结合导弹的制导规律和目标的运动，确定导弹的运动，得到导弹的运动轨迹即导引弹道。读者可以根据不同仿真任务涉及的导弹类型和目标类型，自行设计相应弹道。出于便于读者理解的考虑，本节将首先给出有翼导弹的六自由度运动学方程组。

1. 有翼导弹六自由度运动方程组

前人已对有翼导弹建模做了大量研究，在此引用北京理工大学钱杏芳提出的有翼导弹六自由度运动方程组，如式（6.58）。

式（6.58）即为以标量的形式描述的导弹空间运动方程组。

$$\begin{cases}
m\dfrac{\mathrm{d}V}{\mathrm{d}t}=P\cos\alpha\cos\beta-X-mg\sin\theta \\
mV\dfrac{\mathrm{d}\theta}{\mathrm{d}t}=P(\sin\alpha\cos\gamma_V+\cos\alpha\sin\beta\sin\gamma_V)+Y\cos\gamma_V-Z\sin\gamma_V-mg\cos\theta \\
-mV\cos\theta\dfrac{\mathrm{d}\psi_V}{\mathrm{d}t}=P(\sin\alpha\sin\gamma_V-\cos\alpha\sin\beta\cos\gamma_V)+Y\sin\gamma_V+Z\cos\gamma_V \\
J_x\dfrac{\mathrm{d}\omega_x}{\mathrm{d}t}+(J_z-J_y)\omega_z\omega_y=M_x \\
J_y\dfrac{\mathrm{d}\omega_y}{\mathrm{d}t}+(J_x-J_z)\omega_x\omega_z=M_y \\
J_z\dfrac{\mathrm{d}\omega_z}{\mathrm{d}t}+(J_y-J_x)\omega_y\omega_x=M_z \\
\dfrac{\mathrm{d}x}{\mathrm{d}t}=V\cos\theta\cos\psi_V \\
\dfrac{\mathrm{d}y}{\mathrm{d}t}=V\sin\theta \\
\dfrac{\mathrm{d}z}{\mathrm{d}t}=-V\cos\theta\sin\psi_V \\
\dfrac{\mathrm{d}\vartheta}{\mathrm{d}t}=\omega_y\sin\gamma+\omega_z\cos\gamma \\
\dfrac{\mathrm{d}\psi}{\mathrm{d}t}=\dfrac{\omega_y\cos\gamma-\omega_z\sin\gamma}{\cos\vartheta} \\
\dfrac{\mathrm{d}\gamma}{\mathrm{d}t}=\omega_x-\tan\vartheta(\omega_y\cos\gamma-\omega_z\sin\gamma) \\
\dfrac{\mathrm{d}m}{\mathrm{d}t}=-m_c \\
\sin\beta=\cos\theta(\cos\gamma\sin(\psi-\psi_V)+\sin\vartheta\sin\gamma\cos(\psi-\psi_V))-\sin\theta\cos\vartheta\sin\gamma \\
\sin\alpha=\dfrac{\cos\theta(\sin\vartheta\cos\gamma\cos(\psi-\psi_V)\sin\gamma\sin(\psi-\psi_V))-\sin\theta\cos\vartheta\cos\gamma}{\cos\beta} \\
\sin\gamma_V=\dfrac{\cos\alpha\sin\beta\sin\vartheta-\sin\alpha\sin\beta\cos\gamma\cos\vartheta+\cos\beta\sin\gamma\cos\vartheta}{\cos\theta} \\
\phi_1(\cdots,\ \varepsilon_i,\cdots,\ \delta_i,\cdots)=0 \\
\phi_2(\cdots,\ \varepsilon_i,\cdots,\ \delta_i,\cdots)=0 \\
\phi_3(\cdots,\ \varepsilon_i,\cdots,\ \delta_i,\cdots)=0 \\
\phi_4(\cdots,\ \varepsilon_i,\cdots,\ \delta_i,\cdots)=0
\end{cases} \tag{6.58}$$

式中，V 为导弹飞行速度；P 为发动机推力；X 为迎面阻力；Y 为升力；Z 为侧向力；α 为攻角；β 为侧滑角；γ 为倾斜角；γ_V 为速度倾斜角；ϑ 为俯仰角；θ 为弹道倾角；ψ 为偏航角；ψ_V 为弹道偏角；ω 为导弹转动角速度；ω_x、ω_y、ω_z 分别为导弹绕弹体坐标系三轴的旋转角速度；J_x、J_y、J_z 分别为导弹绕 Ox_1、Oy_1、Oz_1 轴的转动惯量；M_x、M_y、M_z 分别为滚动（倾斜）力矩、偏航力矩、俯仰力矩；m_c 为单位时间内燃料消耗量。

$$\begin{cases} m\dfrac{\mathrm{d}V}{\mathrm{d}t} = P\cos\alpha\cos\beta - X - mg\sin\theta \\ mV\dfrac{\mathrm{d}\theta}{\mathrm{d}t} = P(\sin\alpha\cos\gamma_V + \cos\alpha\sin\beta\sin\gamma_V) + Y\cos\gamma_V - Z\sin\gamma_V - mg\cos\theta \\ -mV\cos\theta\dfrac{\mathrm{d}\psi_V}{\mathrm{d}t} = P(\sin\alpha\sin\gamma_V - \cos\alpha\sin\beta\cos\gamma_V) + Y\sin\gamma_V + Z\cos\gamma_V \end{cases} \tag{6.59}$$

方程组式（6.59）为导弹质心运动的动力学方程。

$$\begin{cases} J_x\dfrac{\mathrm{d}\omega_x}{\mathrm{d}t} + (J_z - J_y)\omega_z\omega_y = M_x \\ J_y\dfrac{\mathrm{d}\omega_y}{\mathrm{d}t} + (J_x - J_z)\omega_x\omega_z = M_y \\ J_z\dfrac{\mathrm{d}\omega_z}{\mathrm{d}t} + (J_y - J_x)\omega_y\omega_x = M_z \end{cases} \tag{6.60}$$

方程组式（6.60）为导弹绕质心转动的动力学方程；方程组式（6.59）和式（6.60）共同构成了导弹空间六自由度动力学方程。其中涉及的导弹气动力和气动力矩并未具体展开。

$$\begin{cases} \dfrac{\mathrm{d}x}{\mathrm{d}t} = V\cos\theta\cos\psi_V \\ \dfrac{\mathrm{d}y}{\mathrm{d}t} = V\sin\theta \\ \dfrac{\mathrm{d}z}{\mathrm{d}t} = -V\cos\theta\sin\psi_V \end{cases} \tag{6.61}$$

方程组式（6.61）为导弹质心运动的运动学方程。

$$
\begin{cases}
\dfrac{\mathrm{d}\vartheta}{\mathrm{d}t}=\omega_y\sin\gamma+\omega_z\cos\gamma \\
\dfrac{\mathrm{d}\psi}{\mathrm{d}t}=\dfrac{\omega_y\cos\gamma-\omega_z\sin\gamma}{\cos\vartheta} \\
\dfrac{\mathrm{d}\gamma}{\mathrm{d}t}=\omega_x-\tan\vartheta(\omega_y\cos\gamma-\omega_z\sin\gamma)
\end{cases}
\tag{6.62}
$$

方程组式（6.62）为导弹绕质心转动的运动学方程；方程组式（6.61）和式（6.62）共同构成了导弹的运动学方程组。

$$
\begin{cases}
\sin\beta=\cos\theta(\cos\gamma\sin(\psi-\psi_V)+\sin\vartheta\sin\gamma\cos(\psi-\psi_V))-\sin\theta\cos\vartheta\sin\gamma \\
\sin\alpha=\dfrac{\cos\theta(\sin\vartheta\cos\gamma\cos(\psi-\psi_V)\sin\gamma\sin(\psi-\psi_V))-\sin\theta\cos\vartheta\cos\gamma}{\cos\beta} \\
\sin\gamma_V=\dfrac{\cos\alpha\sin\beta\sin\vartheta-\sin\alpha\sin\beta\cos\gamma\cos\vartheta+\cos\beta\sin\gamma\cos\vartheta}{\cos\theta}
\end{cases}
\tag{6.63}
$$

方程组式（6.63）称为几何关系方程，是由弹道坐标系、速度坐标系、弹体坐标系和地面坐标的几何关系和坐标转换推导而来。

$$
\frac{\mathrm{d}m}{\mathrm{d}t}=-m_c \tag{6.64}
$$

式（6.64）称为质量变化方程。

$$
\begin{cases}
\phi_1(\cdots,\ \varepsilon_i,\cdots,\ \delta_i,\cdots)=0 \\
\phi_2(\cdots,\ \varepsilon_i,\cdots,\ \delta_i,\cdots)=0 \\
\phi_3(\cdots,\ \varepsilon_i,\cdots,\ \delta_i,\cdots)=0 \\
\phi_4(\cdots,\ \varepsilon_i,\cdots,\ \delta_i,\cdots)=0
\end{cases}
\tag{6.65}
$$

方程组式（6.65）称为控制关系方程。导弹的运动主要由四个操纵机构来控制，它们是：升降舵、方向舵、副翼的操纵机构和发动机的推力的调节装置。方程组式（6.65）的四个关系式中第一个和第二个关系式仅用来表示控制飞行方向，改变飞行方向是控制系统的主要任务，因此称它们为基本（主要）控制关系方程。第三个关系式用以表示对第三轴加以稳定，第四个关系式仅用来表示控制速度大小，这两个关系式则称为附加（辅助）控制关系方程。其中 ε_i 为误差，δ_i 为控制量。

式（6.58）是一组非线性的常微分方程，在这 20 个方程中，包括 20 个未知数：$V(t)$、$\theta(t)$、$\gamma_V(t)$、$\omega_x(t)$、$\omega_y(t)$、$\omega_z(t)$、$x(t)$、$y(t)$、$z(t)$、$\vartheta(t)$、$\psi(t)$、$\gamma(t)$、$m(t)$、$\alpha(t)$、$\beta(t)$、$\gamma_V(t)$、$\delta_z(t)$、$\delta_y(t)$、$\delta_x(t)$、$\delta_P(t)$，所以方程组式（6.58）是封闭的，给定初始条件后，用数值积分法可以解得有控弹道及其相应的 20 个参数的变化规律。此 20 个参数即是导弹的运动信息，可用来表征和描述导弹的运动特性。

2. 导弹相对运动方程

以上已经对导弹的运动方程组进行了简单介绍，其中包含 20 个未知数和 20 个方程，理论上，该方程组是封闭可解的，可得到表征导弹运动的状态量。但是，得到该方程组的前提假设是已知导弹特性，包括其结构、气动布局、受力、运动环境和控制特性等信息，不同导弹特性不同，作战环境不一，其受力情况与目标运动特性和制导规律紧密相关。本节基于导弹的控制系统是理想控制系统的假设，即导弹能够根据目标运动按照制导规律飞行，给出导弹的相对运动方程。

导弹的相对运动方程描述的是导弹、目标（采用遥控制导规律时还包括制导站）之间的相对运动关系。除了理想控制假设外，该相对运动方程还需要基于以下假设：

（1）导弹、目标和制导站的运动视为质点运动。

（2）制导系统的工作是理想的。

（3）导弹速度是时间的已知量。

（4）目标和制导站的运动规律是已知的。

（5）导弹、目标和制导站始终是在同一个固定平面内运动，该平面可能是铅垂平面、水平平面或倾斜平面，该平面被称作攻击平面。

相对运动方程习惯上建立在极坐标系中，其形式最简单。①和②将分别介绍极坐标系下的自寻的制导和遥控制导相对运动方程。

①自寻的制导导弹的相对运动方程。

所谓自寻的制导方式，即是指导弹通过装在导弹上的导引头感知目标，形成控制指令，控制导弹飞向目标的制导方式。

自寻的制导导引规律中仅涉及目标与导弹两个主体，故自寻的制导相对运动方程描述的是导弹和目标两者之间的相对运动关系。

如图 6.16 所示，用攻击平面内的极坐标系参数 r 和 q 的变化规律来描述导弹与目标的相对运动。其中，T 为目标；M 为导弹；V_T 为目标速度；V_M 为导弹速度；q 为弹目间连线与基准线之间的夹角，由基准线逆时针旋转到弹目连线时，q 为正。虚线为基准线，可以在攻击平面内任意选择，但基准线的选取会影响相对运动方程的复杂程度；r 为弹目之间的相对距离；θ_T 和 θ_M 分别为目标、导弹速度矢量与基准线之间的夹角，分别以目标和导弹为原点，由基准线逆时针转到弹目连线时，θ_T 和 θ_M 分别为正；φ_T 和 φ_M 分别为目标、导弹速度矢量与弹目视线连线及其延长线的夹角，由各自速度矢量逆时针旋转到弹目视线连线及其延长线时，q 为正。

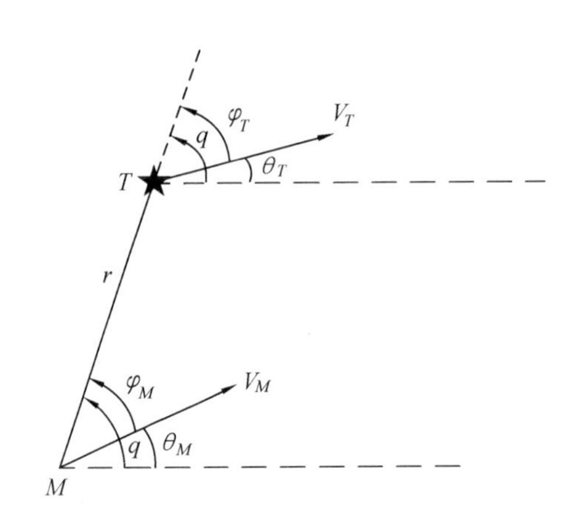

图 6.16　导弹与目标的相对位置

考虑如图 6.16 所示的几何关系及导引关系方程，自寻的制导导弹的相对运动方程组可表示如下：

$$\begin{cases} \dfrac{\mathrm{d}r}{\mathrm{d}t} = V_T \cos\varphi_T - V_M \cos\varphi_M \\ r\dfrac{\mathrm{d}q}{\mathrm{d}t} = V_M \sin\varphi_M - V_T \sin\varphi_T \\ q = \varphi_M + \theta_M \\ q = \varphi_T + \theta_T \\ \varepsilon_1 = 0 \end{cases} \tag{6.66}$$

式中，$\varepsilon_i = 0$ 为自寻的制导规律下的导引关系方程。

根据假设在方程组式（6.66）中，$V_T(t)$、$V_M(t)$ 和 $\theta_T(t)$ 为已知量，方程中含有 5 个未知数，可封闭求解。$r(t)$ 和 $q(t)$ 可表示导弹相对于目标的运动轨迹，称为导弹的相对弹道。在已知目标相对于地面坐标系的运动轨迹之后，可求得导弹的绝对弹道。

②遥控制导导弹的相对运动方程。

所谓遥控制导导引方式，是指由制导站感知目标和导弹位置和速度，根据制导规律形成控制指令，并将控制指令下发给导弹，导弹在控制系统的作用下飞行目标的制导方式。

求解遥控制导导弹相对运动时不仅要研究目标和导弹两者之间的相对运动关系，制导站的运动对导弹运动特性的影响同样需要考虑。假设制导站的运动情况是已知的。

制导站、导弹和目标的相对位置如图 6.17 所示，其中，

r_T、r_M 分别为制导站与目标的相对距离以及制导站与导弹的相对距离；

q_T、q_M 分别为制导站-目标连线与基准线的夹角以及制导站-导弹连线与基准线的夹角；

θ_C、θ_T 和 θ_M 分别为制导站、目标和导弹与基准线之间的夹角。

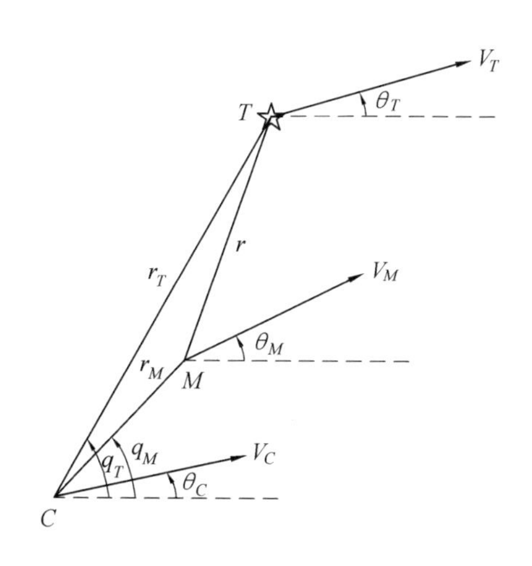

图 6.17　制导站、导弹和目标相对位置

如图6.17所示，描述的制导站、导弹和目标的相对位置关系以及导引关系方程，可得遥控制导导弹的相对运动方程组。

$$
\begin{cases}
\dfrac{\mathrm{d}r_M}{\mathrm{d}t} = V_M \cos(q_M - \theta_M) - V_C \cos(q_M - \theta_C) \\
r_M \dfrac{\mathrm{d}q_M}{\mathrm{d}t} = -V_M \sin(q_M - \theta_M) + V_C \sin(q_M - \theta_C) \\
\dfrac{\mathrm{d}r_T}{\mathrm{d}t} = V_T \cos(q_T - \theta_T) - V_C \cos(q_T - \theta_C) \\
r_T \dfrac{\mathrm{d}q_T}{\mathrm{d}t} = -V_T \sin(q_T - \theta_T) + V_C \sin(q_T - \theta_C) \\
\varepsilon_1 = 0
\end{cases}
\tag{6.67}
$$

式中，$\varepsilon_1 = 0$ 为导引关系方程，方程组式（6.67）含有5个未知数和5个方程，可封闭求解。

相对运动方程组与作用在导弹上的力没有直接关系，故称为运动学方程组。但对求解该方程组得到的弹道，称为运动学弹道。

3. 导弹制导规律

导弹发射后按照一定的导引规律飞向目标、接近目标，最终打击目标。理论上讲，可以存在无数条导弹飞向和接近目标的弹道，但是导弹本身的动力学特性和运动规律、目标的动力学特性和运动规律、环境、制导设备的性能以及可允许的脱靶量和打击精度等共同制约了导弹的飞行轨迹，一般情况下，不同类型的导弹会按照既定的导引方式飞行，这既定的导引方式就是导弹的制导规律。

制导规律分为古典制导规律和现代制导规律，本节主要对古典制导规律进行介绍，有关现代制导规律的内容，如：线性二次型最优制导规律、自适应制导规律、微分对策制导规律等，可以参见刘兴堂编写的《导弹制导控制系统分析、设计与仿真》。在古典制导规律中根据制导系统所处位置不同以及制导方式的差异可将制导规律划分为自寻的制导规律和遥控制导规律。在自寻的制导方式中，制导系统位于导弹上，导弹上的制导系统根据导引规律生成控制指令；而在遥控制导方式中，制导系统位于制导站。基于上述差异，自寻的制导规律限定的是导弹与目标之间的运动学关系，而遥控制导规律限定的是导弹、目标和制导站三者之间的运动学关系。

本节所涉及的制导规律，均以二维攻击平面内的情况为例进行介绍，同时本节中对导弹制导规律的讨论将基于以下假设：

①导弹、目标和制导站都看作是质点。

②导弹和目标的速度认为是已知的量。

③认为制导控制系统是在理想条件下工作，即每一瞬间都符合制导规律的要求，方案弹道与实际飞行弹道完全重合。

自寻的制导规律主要分为：追踪法、平行接近法和比例导引法；遥控制导规律主要分为：三点法和前置角法。

（1）自寻的制导规律。

自寻的制导规律仅涉及导弹与目标的相对运动，多属于速度导引，即对导弹的速度矢量给出某种特定的约束。经常采用的速度导引法包括：追踪法、平行接近法和比例导引法等。本小节将对上述三种方法进行简要介绍。

①追踪法，也叫速度追踪法。

导弹在接近目标的过程中，导弹的速度矢量与导弹、目标的连线（弹目视线）重合。因采用追踪法制导规律的导弹的末段弹道曲率较大，所需法向过载较大，故追踪法一般用于攻击静止或低速低动态目标的导弹。

速度追踪法导引方程为

$$\varphi_M \equiv 0 \tag{6.68}$$

式中，φ_M 为导弹速度矢量与弹目视线之间的夹角，如图 6.18 所示。

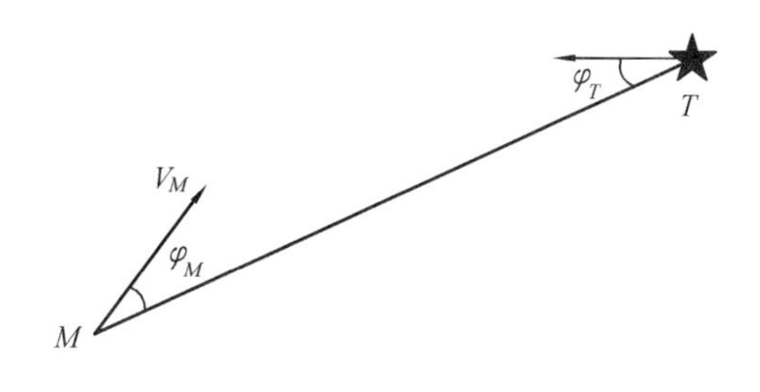

图 6.18　前置角追踪法示意图

当 $\varphi_M \neq 0$ 时，则为前置角追踪法，此处 φ_M 可以为常数或变量。如图 6.18 所示。

②平行接近法。

平行接近法要求制导过程中的每一瞬时都要保证弹目视线沿空间给定方向平行移动，即视线角速度为零。其与导弹速度矢量和目标速度矢量在与弹目视线垂直的方向上的投影始终相同。当导弹速度大于目标速度时，导弹的需用法向过载总小于目标的法向过载，即导弹的弹道曲率总比目标航迹曲率要小，因此，平行接近法是比较理想的导引方法，其形成的弹道曲线对导弹动力学性能要求较低，但是因导引方程较难实现，故在实际应用中使用存在问题。平行接近法如图 6.19 所示。

平行接近法的导引方程可表示为以下形式：

a. 根据平行接近导引方程可表示为

$$V_M \sin \varphi_M = V_T \sin \varphi_T \tag{6.69}$$

式中，φ_T 为目标速度矢量与弹目视线的夹角。

b. 根据视线角速度为零导引方程可表示为

$$\varphi = \text{const} \qquad \dot{\varphi} = 0 \tag{6.70}$$

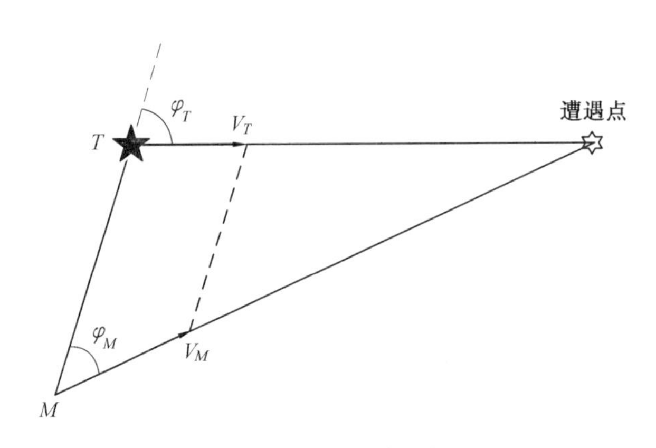

图 6.19　平行接近法示意图

③比例导引法。

若导弹采用比例导引法作为其制导控制系统的制导规律，则在其接近目标的过程中速度矢量的转动角速度与弹目视线的转动角速度成一定的比例关系。比例导引法在工程实践中易于实现，且能够在保证精度的前提下迅速响应快速机动的目标，应用较为广泛。

比例导引法的导引方程为

$$\dot{\theta}_M = k\dot{q} \tag{6.71}$$

将式（6.71）两边同时积分，得

$$\theta_M = k(q - q_0) + \theta_{M0} \tag{6.72}$$

式中，k 为导引系数，也称为导航比；θ_M 为导弹速度矢量与基准线的夹角；q 为弹目视线与基准线的夹角；θ_{M0} 为初始时刻导弹速度矢量与基准线的夹角；q_0 为初始时刻弹目视线与基准线的夹角。

式中角度的几何关系如图 6.20 所示。

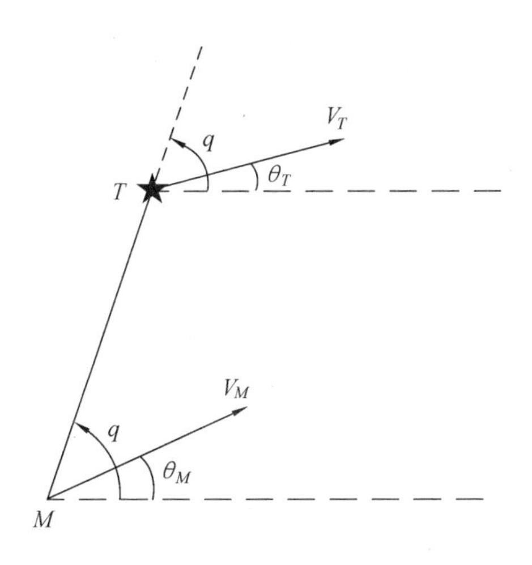

图 6.20　比例导引法示意图

导引系数 k 的选取决定了式（6.71）和式（6.72）所表述的制导规律下弹道的情况：$k = 1$，$\theta_{M0} = q_0$ 时，为速度追踪法；$k = \infty$ 时，由于 $\dot{\theta}_M$ 为有限的值，则 $\dot{q} = 0$，为平行接近法；$1 < k < \infty$ 时，为比例导引法。导弹的可用过载限定了 k 值的上限值，同时 k 值过大还有可能导致制导系统的稳定性变差。上述几种关系的几何示意图如图 6.21 所示。

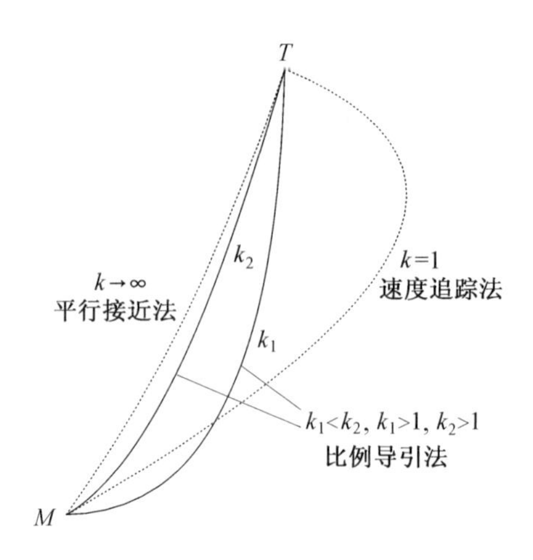

图 6.21　速度导引法示意图

（2）遥控制导规律。

遥控制导规律主要涉及和关注导弹、目标和制导站三者之间的位置及其位置变化的运动学关系，属于位置导引。常用的遥控制导规律包括：三点法和前置角法。本小节将对上述两种位置导引方法进行简要介绍。

首先以铅垂平面为例介绍描述导弹、目标和制导站几何关系的方法：

$$\frac{\Delta r}{\sin(\varepsilon_T-\varepsilon_M)}=a_\varepsilon \tag{6.73}$$

式中，a_ε为垂直平面内人为指定的导引方法系数；Δr 为目标、导弹的斜距差，由于观测设备的限制，一般情况下 $|\varepsilon_T-\varepsilon_M|<5^\circ$，故 $\Delta r\approx r_T-r_M$；同时 $\sin(\varepsilon_T-\varepsilon_M)\approx\varepsilon_T-\varepsilon_M$。如图 6.22 所示，$\varepsilon_T$为目标的高低角；$\varepsilon_M$为导弹的高低角。

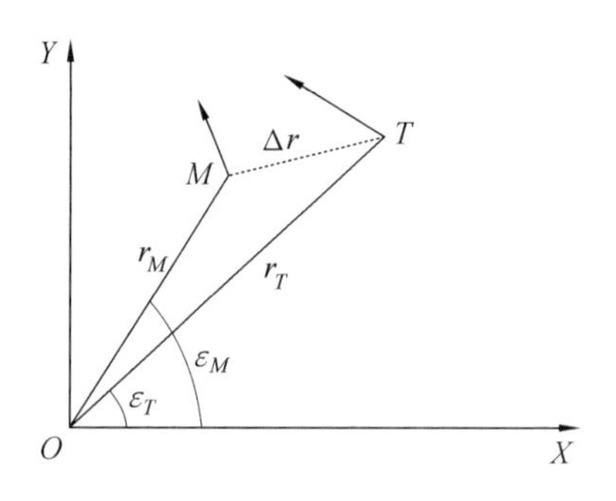

图 6.22　遥控制导示意图

由于式 $\left|\varepsilon_T - \varepsilon_M\right| < 5^\circ$，则 $\sin(\varepsilon_T - \varepsilon_M) \approx \varepsilon_T - \varepsilon_M$，式（6.73）可近似表示为

$$\frac{\Delta r}{\varepsilon_T - \varepsilon_M} = a_\varepsilon \tag{6.74}$$

同理，方位角平面内的导弹、目标运动几何关系可以表述为

$$\frac{\Delta r}{\beta_T - \beta_M} = a_\beta \tag{6.75}$$

式中，β_T 为目标方位角；β_M 为导弹方位角。

设 $A_\varepsilon = \dfrac{1}{a_\varepsilon}$，$A_\beta = \dfrac{1}{a_\beta}$，则可将式（6.74）和式（6.75）整理为

$$\begin{cases} \varepsilon_M = \varepsilon_T - A_\varepsilon \Delta r \\ \beta_M = \beta_T - A_\beta \Delta r \end{cases} \tag{6.76}$$

式（6.76）即称为遥控导引方程。下面结合遥控导引方程及相关遥控制导规律介绍三点法和前置角法。

①三点法。

三点法指的是在遥控制导过程中制导站、导弹和目标始终位于同一条直线上，也称为重合法或直线法。三点法应用得比较早，实施较为简单，但是由于其飞行弹道的曲率受目标机动的影响比较大，尤其是在制导末段，可能出现导弹的可用过载小于需用过载的情况，造成脱靶。

三点法的遥控导引方程，如式（6.77）所示。

$$\begin{cases} A_\varepsilon = A_\beta = 0 \\ \varepsilon_M = \varepsilon_T \\ \beta_M = \beta_T \end{cases} \tag{6.77}$$

三点法弹道示意如图 6.23 所示。

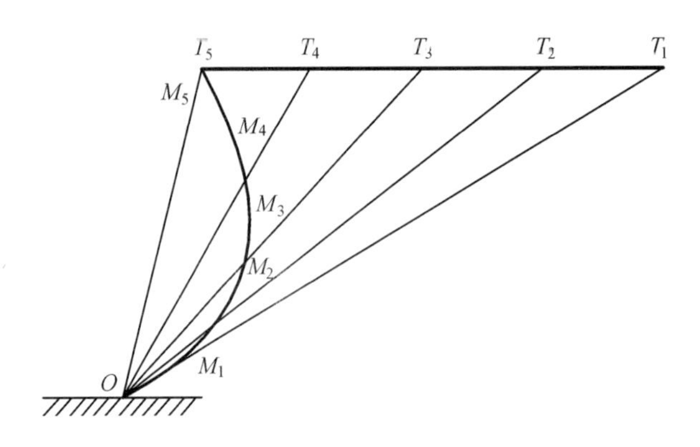

图 6.23 三点法弹道示意图

②前置角法。

前置角法指的是导弹在与目标遭遇之前的飞行过程中，任意瞬时均位于制导站与目标连线的同一侧。一般情况下，导弹与制导站的连线应超前于目标与制导站连线某一角度。

选取不同的系数 A_ε 和 A_β 可以得到不同的前置角方法。

a. A_ε 和 A_β 为非零定值时，称为常系数前置角法。

b. 当 $A_\varepsilon = \dfrac{\dot{\varepsilon}_T}{\Delta\dot{r}}$， $A_\beta = \dfrac{\dot{\beta}_T}{\Delta\dot{r}}$ 时，称为全前置角法，其导引方程为

$$\begin{cases} \varepsilon_M = \varepsilon_T - \dfrac{\dot{\varepsilon}_T}{\Delta\dot{r}}\Delta r \\ \beta_M = \beta_T - \dfrac{\dot{\beta}_T}{\Delta\dot{r}}\Delta r \end{cases} \tag{6.78}$$

c. 当 $A_\varepsilon = \dfrac{\dot{\varepsilon}_T}{2\Delta\dot{r}}$， $A_\beta = \dfrac{\dot{\beta}_T}{2\Delta\dot{r}}$ 时，称为全前置角法，其导引方程为

$$\begin{cases} \varepsilon_M = \varepsilon_T - \dfrac{\dot{\varepsilon}_T}{2\Delta\dot{r}}\Delta r \\ \beta_M = \beta_T - \dfrac{\dot{\beta}_T}{2\Delta\dot{r}}\Delta r \end{cases} \tag{6.79}$$

在前置角法中，前置系数可以取为任意常值，亦可取为某种函数。前置角法导引时，导弹的理想弹道比三点法平直，导弹飞行时间也短，对拦截机动目标有利，这种导引方法在遥控制导中应用得比较多。

4. 导弹运动载体建模

根据以上关于导弹相对运动方程的介绍，可知导弹的运动特性与以下因素有关：目标的运动特性，如飞行高度、速度及机动性；制导站的运动特性；导弹飞行速度的变化规律；导弹所采用的导引方法及导弹控制系统的控制效率等。

其中，导弹飞行速度的变化规律主要与发动机的特性、导弹的结构参数和气动外形等有关。可以通过求解导弹六自由度运动方程得到；在导弹相对运动方程的讨论中，假设目标的运动是已知的，对于不同类型的导弹其攻击的目标不同，目标的运动学特性也不一样；有关导弹的制导规律，已在导弹制导规律中进行了简要介绍。

综上，可以根据假设的不同和掌握的有效信息的多寡将卫星导航仿真系统导弹运动模型的建立分成三种复杂程度：第一种，根据具体导弹的相关信息，包括弹体结构、气动外形和发动机特性进行导弹的动力学模型的建立，得到导弹运动方程组，再根据选取制导方式设计制导规律得到相应的导弹相对运动方程组，再结合不同的目标运动特性得到相应的导弹运动特性及弹道；第二种，基于理想控制假设及我们在导弹相对运动方程部分推导的相对运动方程的相应假设，忽略导弹的动力学方程，仅设计目标、制导站和导弹的速度矢量随时间的变化规律，根据选取的制导方式和设计的制导规律，得到导弹的特性及弹道；第三种，仅关心弹道曲线特性和导弹的运动信息，根据导弹类型的不同将弹道进行分类和分段，通过参数限定弹道曲线的形状和不同弹道阶段导弹的状态。

按照第一种复杂程度建立导弹运动模型最复杂，但其弹道特性和导弹运动特性与真实导弹飞行数据最相近，其逼真程度最高。由于在导弹运动方程组的建立和求解过程中需要大量的信息，如导弹弹体结构、弹翼结构、气动特性和发动机特性等，且需要考虑不同控制系统对导弹的作用效果，这使得导弹运动模型的建立异常复杂，而其实现过程的复杂程度又有过之而无不及，输入数据数量相当繁复，系统庞大复杂。对于弹道式导弹，其真实运动的描述更为复杂，中国导弹之父钱学森在其著述《导弹概论》中指出：弹道式导弹的活动范围大，不限于地表面附近，它要飞入高空，它的弹道因此也就是三元空间的而不是二元空间的。因为弹道式导弹的速度大，加速度大，所以我们在研究制导它的时候，必须注意其中动力学上的关系，不能只看到弹道的几何关系。这就是说：制导弹道式导弹的问题已经超越了一般导航问题范围，从运动学的观点转到动力学的观点，这是很重要的。因此，这一复杂程度的导弹运动模型建立于仿真的实现有较大的难度，对于卫星导航仿真系统中的运动载体信息生成模块而言也是没有必要的。如需建立高逼真度的导弹运动模型，具体的导弹通用弹道建模和实现相关内容可以参考相应资料，如国防科学技术大学鲁中华的硕士论文《导弹通用弹道模型建立及仿真验证》。

按照第二种复杂程度建立导弹运动模型虽然其逼真程度不及第一种方法，但是相对简单，对于导弹信息需求量减少许多，但仍然需要对制导站和目标的运动进行设计，同时也要对制导规律进行设计。之后按照相对运动方程和导引关系方程进行求解，即可得到导弹的理论弹道和相应的运动信息。在其实现过程中，对于制导站和目标运动的设计仍然存在两种设计思路：一种是按照不同攻击目标和制导站的运动学特点建立运动方程，表征其运动；另一种是对制导站和攻击目标进行分类，按照不同类型在其性能范围内选择几种典型的运动特性建立模型，并不建立通用模型。

第三种方式仅建立弹道模型，对常见弹道进行分类，如弹道导弹弹道、亚轨道飞行器弹道、助推滑翔弹道、爬升平飞俯冲弹道、低空巡航弹道以及掠海飞行弹道等，然后根据弹道特点将弹道进行分段，如爬升段、平飞段和末制导段等。利用设置参量的方法规定弹道曲线的形状，同样通过对其他相关参量进行限定的方式，描述导弹的运动状态。此种方式，并非从弹道产生的动力学和运动学机理出发，也无须设计制导站和目标的运动特性，因此较其他两种方式而言，实现最为简单，但与真实弹道的逼真程度相比最低。

以上提供了不同复杂程度的导弹弹道建模和实现的思路与方法，读者可根据对系统复杂程度的要求以及对逼真程度的要求，查阅相关资料，自行选择。

6.2 仿真实例

本节将在6.1.4节介绍内容的基础上结合飞机载体给出载体运动信息仿真实例。

1. 飞机飞行任务配置

根据飞机飞行特点将飞机的飞行过程拆分成几种基本飞行动作，然后通过先后添加设计过的飞行动作完成全过程的飞行任务配置。本例中将飞机的飞行过程拆分成以下几种基本飞行动作：直线飞行、爬升飞行、转弯飞行、爬升转弯混合飞行以及按航路点飞行。几种基本飞行动作的参量选取见表 6.3。

表 6.3　基本飞行动作的参量选取

	距离	加速度	时间	加速度	偏航角改变量	高度改变量	铅垂速度	经度	纬度	高度
直线飞行 1	●	●								
直线飞行 2		●	●							
直线飞行 3	●			●						
直线飞行 4			●	●						
爬升飞行						●	●			
转弯飞行		●			●					
爬升转弯混合飞行		●			●	●	●			
按航路点飞行								●	●	●

2. 飞机运动解算模型设计

在已知飞机运动初始条件（即初始时刻飞机的经度、纬度、高度、航向和速度）的情况下，可对具体的飞机运动模型进行设计。在本例中将飞机的运动模型设计为 7 个互相独立的通道，基本结构框图如图 6.24 所示。

注意：俯仰通道、滚转通道和偏航通道的数学模型在之前的数学建模部分并未涉及，在本例中根据航空工程师的经验，俯仰通道、滚转通道、偏航通道的动力学过程可以简化成一个二阶滤波系统，其在精度和动力学过程方面都与真实系统有较好的相似性。当然，根据建模精度的不同和关注度的差异，建立的数学模型可以不尽相同。此处以俯仰通道为例，介绍二阶滤波系统的数学模型及参数确定。

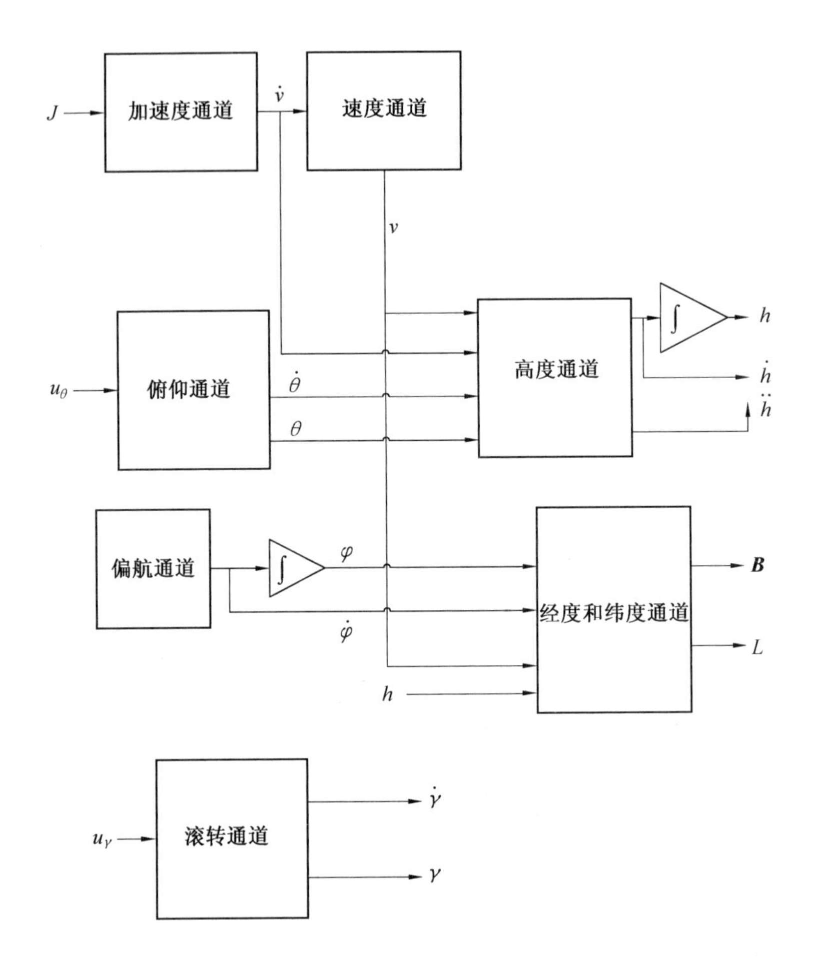

图 6.24　飞机运动模型结构图

基于现代控制理论，二阶滤波系统的数学表达式如下：

$$\begin{cases} \dot{\theta}_1 = \theta_2 \\ \dot{\theta}_2 = -2\alpha_\theta \theta_2 - \omega_n^2 \theta_1 + \omega_n^2 u_\theta \\ \theta = \theta_1 \end{cases} \tag{6.80}$$

该通道的状态空间表达式可写成：

$$\begin{cases} \dot{\theta} = \boldsymbol{A\theta} + \boldsymbol{B}u \\ y = \boldsymbol{C\theta} \end{cases} \tag{6.81}$$

其中

$$\boldsymbol{A}=\begin{bmatrix}0 & 1\\ -\omega_n^2 & -2\alpha_\theta\end{bmatrix},\quad \boldsymbol{B}=\begin{bmatrix}0\\ \omega_n^2\end{bmatrix},\quad \boldsymbol{C}=\begin{bmatrix}k_\theta^v\\ 0\end{bmatrix},\quad \boldsymbol{\theta}=\begin{bmatrix}\theta_1\\ \theta_2\end{bmatrix} \tag{6.82}$$

故状态空间表达式的矩阵形式如下：

$$\begin{cases}\begin{bmatrix}\dot{\theta}_1\\ \dot{\theta}_2\end{bmatrix}=\begin{bmatrix}0 & 1\\ -\omega_n^2 & -2\alpha_\theta\end{bmatrix}\begin{bmatrix}\theta_1\\ \theta_2\end{bmatrix}+\begin{bmatrix}0\\ \omega_n^2\end{bmatrix}u_\theta\\ \boldsymbol{\theta}=[k_\theta^v \quad 0]^{\mathrm{T}}[\theta_1 \quad \theta_2]\end{cases} \tag{6.83}$$

设 $\alpha_\theta=\omega_n\xi$，将上述连续的状态空间表达式离散化，得到下列方程组：

$$\begin{cases}\theta_k=\boldsymbol{A}_\Delta\theta_{k-1}+\boldsymbol{B}_\Delta u\\ y_k=\boldsymbol{C}\theta_k\end{cases} \tag{6.84}$$

其中，$\boldsymbol{A}_\Delta=\mathrm{e}^{A\Delta t}$。

$$\mathrm{e}^{A\Delta t}=\begin{bmatrix}\left(\cos(\omega_n\sqrt{1-\xi^2}\Delta t)+\dfrac{\xi}{\sqrt{1-\xi^2}}\sin(\omega_n\sqrt{1-\xi^2}\Delta t)\right)\mathrm{e}^{-\omega_n\xi\Delta t} & \dfrac{\sin(\omega_n\sqrt{1-\xi^2}\Delta t)}{\omega_n\sqrt{1-\xi^2}}\mathrm{e}^{-\omega_n\xi\Delta t}\\ -\omega_n^2\dfrac{\sin(\omega_n\sqrt{1-\xi^2}\Delta t)}{\omega_n\sqrt{1-\xi^2}}\mathrm{e}^{-\omega_n\xi\Delta t} & \left(\cos(\omega_n\sqrt{1-\xi^2}\Delta t)+\dfrac{\xi}{\sqrt{1-\xi^2}}\sin(\omega_n\sqrt{1-\xi^2}\Delta t)\right)\mathrm{e}^{-\omega_n\xi\Delta t}\end{bmatrix},$$

$\boldsymbol{B}_\Delta=(\mathrm{e}^{A\Delta t}-I)\boldsymbol{A}^{-1}\boldsymbol{B}$，$\boldsymbol{A}^{-1}=\begin{bmatrix}-\dfrac{2\alpha}{\omega_f^2} & -\dfrac{1}{\omega_f^2}\\ 1 & 0\end{bmatrix}$，$\boldsymbol{A}^{-1}\boldsymbol{B}=\begin{bmatrix}-1\\ 0\end{bmatrix}$。

俯仰通道系统传递函数结构框图，如图 6.25 所示。

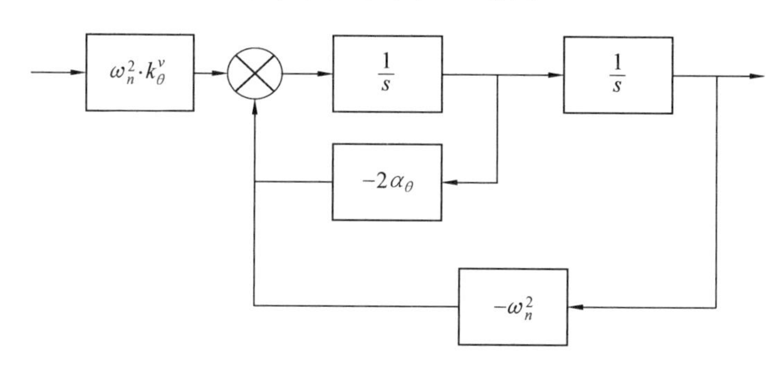

图 6.25　俯仰通道系统传递函数结构框图

如图 6.25 所示，根据俯仰通道系统传递函数结构框图，可以写出俯仰通道的传递函数：

$$\frac{s(\boldsymbol{\theta})}{s(u_\theta)}=\frac{\omega_n^2\cdot k_\theta^u}{s^2+2\alpha_\theta s+\omega_n^2} \tag{6.85}$$

式（6.85）表示的是经典的二阶震荡环节的传递函数，根据经典自动控制理论，选择不同机型各自不同控制品质，以及输入信号与输出响应之间的关系，可求解得到各未知系数的值，本例子中求得状态空间表达式为

$$\begin{gathered}\begin{bmatrix}\dot{\theta}_1\\ \dot{\theta}_2\end{bmatrix}=\begin{bmatrix}0 & 1\\ -32 & -8\end{bmatrix}\begin{bmatrix}\theta_1\\ \theta_2\end{bmatrix}+\begin{bmatrix}0\\ 32\end{bmatrix}u_\theta\\ \boldsymbol{\theta}=\begin{bmatrix}18 & 0\end{bmatrix}^{\mathrm{T}}\begin{bmatrix}\theta_1 & \theta_2\end{bmatrix}\end{gathered} \tag{6.86}$$

滚转通道以及偏航通道数学表达式的推导和求解过程与此类似，请自行推导。

3. 程序实现

根据飞机飞行任务配置要求，设计飞机的飞行任务如图 6.26 所示。

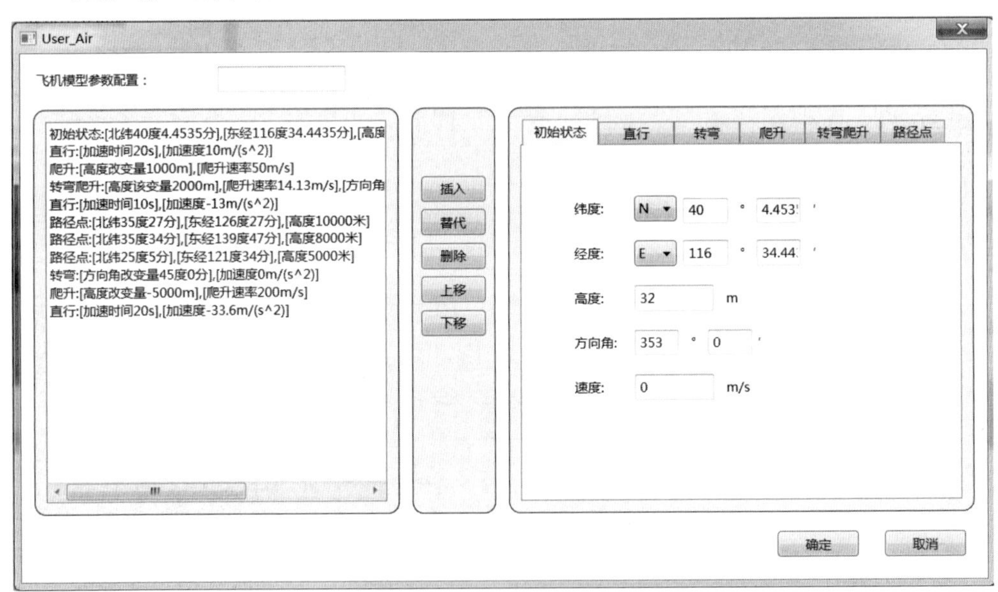

图 6.26　飞机飞行任务配置

如图 6.26 所示，首先根据选取的基本飞行动作设定相应的仿真参数（如图 6.26 右侧对话框所示）。其次，将设计好的基本飞行动作添加到飞行任务列表（如图 6.26 左侧对话框所示），用户可以利用图 6.26 中间的相关按钮随时检查、确定和调整设计的飞行任务。然后，将设计好的飞行任务参数输入到相应的解算函数，求解飞机飞行的实时状态参数。

飞机飞行状态解算流程图，如图 6.27 所示。

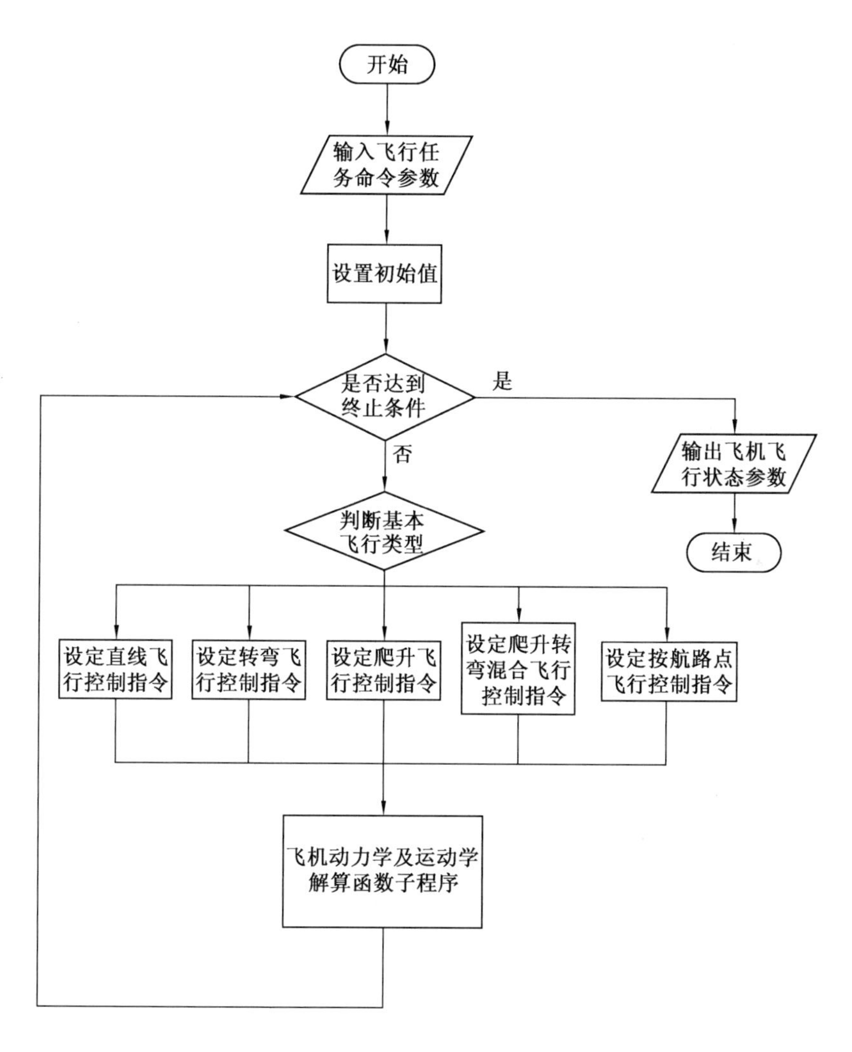

图 6.27　后台解飞行解算程序总体结构框图

飞行运动学及动力学解算子函数流程图，如图 6.28 所示。

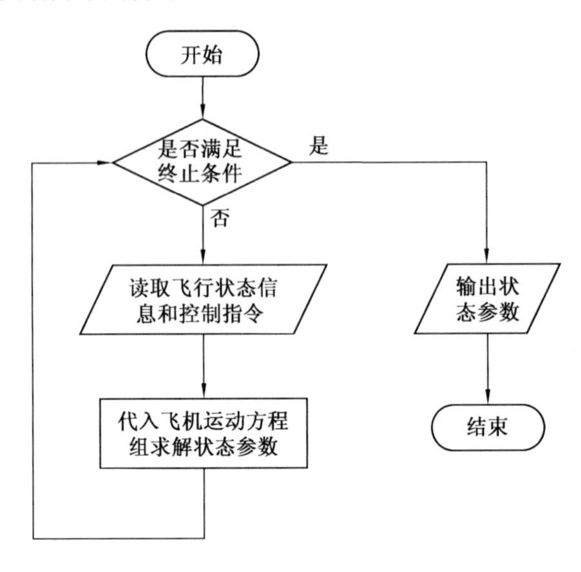

图 6.28　飞行运动学及动力学解算子函数流程图

最后，将飞行状态量在飞行仪表上进行显示，同时将其位置信息绘制成相应曲线，直观表示。图 6.29（a）（b）分别为仿真实例的飞行仪表及地图上曲线显示。

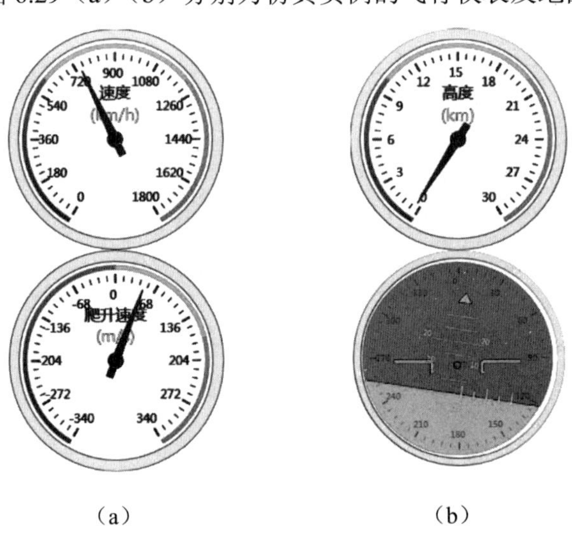

（a）　　　　（b）

图 6.29　航空仪表显示效果图

本实例中设计的飞机飞行任务是民航客机从首都机场 L36 跑道加速滑跑、起飞，空中加速盘旋爬升，然后减速转弯，之后设定进入按航路点飞行模式，依次设置仁川国际机场、东京羽田国际机场以及台湾桃园国际机场为航路点进入自动调速调姿飞行模式，最终调整方向降落到台湾桃园国际机场 05 跑道。

第 7 章　观测数据仿真

GNSS 接收机利用接收到的卫星信号进行相关定位，其基本观测量有伪距和载波相位。由于卫星钟、接收机钟的误差以及无线电信号经过电离层和对流层中的延迟，实际测出的距离与卫星到接收机的几何距离有一定的差值，因此，一般称测量出的距离为伪距。载波相位是指在接收时刻接收到的卫星信号的相位相对于接收机产生的载波信号相位的测量值。接收机在观测量的获取中会出现各种误差，其主要来源于卫星本身、信号传播过程和接收机。本章在描述和分析观测量的主要误差来源的基础上，给出了伪距观测量方程和载波相位观测量方程。

7.1　观测量误差来源分析

观测量误差按照来源划分主要有三类：与卫星有关的误差、与传播信号有关的误差和与接收机有关的误差。与卫星有关的误差包括卫星星历误差、卫星钟的钟差、相对论效应和地球自转效应等；与传播信号有关的误差包括对流层延迟、电离层延迟和多路径效应等；与接收机有关的误差包括接收机钟的误差、接收机位置误差和天线相位中心位置的偏差。其中，多路径效应属于偶然误差，其他误差均属于系统误差，系统误差无论从误差的大小还是对定位结果的危害性来讲都比偶然误差要大得多，它是观测量测量的主要误差源。同时系统误差有一定的规律可循，可采取一定的措施加以消除。

7.1.1　与卫星有关的误差

1. 卫星星历误差

GNSS 卫星在轨道运行中会受到各种复杂的摄动力影响，卫星星历所描述、预测的卫星运行轨道与真实的运行轨道之间存在着必然的差异，这种差异就是卫星星历带来的误差。

GPS 在实施选择可用性（Selective Auailability，SA）政策时，广播星历的精度被人为地降低至 50～100 m。SA 政策取消以后，广播星历所给出的卫星的三维点位中误差为 5～7 m。自从 GPS 卫星正式运行以来，广播星历的轨道精度一直在改进提高，这一方面得益于工作性能更好的新型卫星（比如 Block ⅡR、Block ⅡR-M）的发射；另一方面得益于相关机构在提高广播星历轨道精度方面所采取的一系列措施，如：降低导航电文的数据龄期；加强卫星钟的管理；地面跟踪站本身的位置精度的提高；对卡尔曼滤波方法的改进。2002 年以来，为进一步提高广播星历的精度，在美国国家地理空间情报局（NGA）和 GPS 的联合工作办公室（JPO）的支持下成功地实施了精度改进计划 L-AII（Legacy Accuracy Improvement Initiative）。其主要内容为：

（1）把 NGA 所属的 6～11 个 GPS 卫星跟踪站的观测资料逐步添加到广播星历的定轨资料中去，使所有的 GPS 卫星在任意时刻至少有一个地面站对其进行跟踪观测。

（2）对卫星定轨/预报中所使用的动力学模型进行改进。实施 L-AII 计划后广播星历的精度已有了明显提高。轨道径向误差已从 2002 年的 0.8 m 降至 2006 年的 0.6 m；沿迹误差已从 2002 年的 4 m 降至 2006 年的 1.5 m；法向误差也从 2002 年的 2.5 m 降至 2006 年的 0.9 m。到 2006 年底，几乎所有卫星的三维点误差的均方根误差（RMS）值都降至 2 m 左右。在不顾及卫星钟差（CLK）的情况下，反映卫星星历对导航定位影响的参数 SISRE（Signal-in-Space Range Error）也从 2002 年的 1 m 降至 2006 年的 0.7 m。

GPS 卫星向全球用户播发的星历，是用两种波码进行传送的。一种是用叫作 C/A 码传送的 GPS 卫星星历（简称 C/A 码星历），其星历精度为数十米。另一种是用 P 码传送的 GPS 卫星星历（简称 P 码星历），精度提高到 5 m 左右，只有工作于 P 码的接收机才能从 P 码中解译出精密的 P 码星历。精密的 P 码星历主要用于军事目的导航定位。

GLONASS 的现代化改造中的一项重要内容就是通过星间测距和扩展地面监控部分设施，使得 GLONASS 卫星星历参数和时钟校正参数更加准确。表 7.1 给出了两款 GLONASS 卫星的星历误差大小情况，该表证实了卫星星历径向位置误差比切向和横向位置误差小，同时也展示了 GNSS 技术进步所带来的从 GLONASS 型到

GLONASS-M 型卫星在星历精度方面的改善程度。

表 7.1　GLONASS 卫星星历的误差均方差

误差内容	误差均方差			
	卫星位置/m		卫星速度/（cm·s^{-1}）	
卫星类型	GLONASS 型	GLONASS-M 型	GLONASS 型	GLONASS-M 型
切向分量	20	7	0.05	0.03
横向分量	10	7	0.1	0.03
径向分量	5	1.5	0.3	0.2

2. 卫星钟的钟差

卫星钟的钟差包括由钟差、频偏、频漂等产生的误差，也包含钟的随机误差。相对于 GNSS 时间，在 GNSS 卫星上作为时间和频率源的星载原子钟存在着必然的时间偏差和频率漂移，接收机在采用以 GNSS 时间作为 GNSS 定位算法时间基准的同时，必须对 GNSS 测量值进行卫星时间校正。通过卫星信号的跟踪与测量，GNSS 地面监控部分估算并预测各颗卫星的钟差状态，并通过 GNSS 导航电文将关于卫星钟差的模型参数提供给用户接收机。一旦 GNSS 地面监控部分发现卫星时间偏离 GNSS 时间的幅值过大，那么 GNSS 一般的做法是通过导航电文声明这颗卫星的运行状态为非健康，然后地面监控部分上传指令给卫星，让卫星时钟做跳跃性调整，最后等调整结束再声明该卫星重新进入正常运行状态。

GPS、Galileo 系统和 BDS 的卫星钟在观测时刻 t 的钟误差可表示为

$$\Delta t = a_0 + a_1(t - t_0) + a_2(t - t_0)^2 + \int_{t_0}^{t} y(t)\,\mathrm{d}t \tag{7.1}$$

式中，a_0 为 t_0 时刻该钟的钟差；a_1 为 t_0 时刻该钟的钟速（频偏）；a_2 为 t_0 时刻该钟的加速度的一半（也称钟的老化率或频漂项）。a_1 的数值可由地面控制系统依据前一段时间的跟踪资料（将卫星钟的钟面时与标准的 GNSS 系统时进行比对）得到，然后根据该钟的特性来加以预报，并编入卫星导航电文播发给用户。$\int_{t_0}^{t} y(t)\,\mathrm{d}t$ 是一项随机项。我们不能确切地知道其数值，而只能采用钟的稳定度来描述其统计特性。高质量石英钟的频率分稳定度接近 1×10^{-11}，时稳定度为 1×10^{-10}，日稳定度优于 $1\times$

10^{-9}。价格较为低廉的铷原子钟的频率分稳定度约为 5×10^{-12}，时稳定度和日稳定度均优于 1×10^{-11}。铯原子钟的短期稳定度和长期稳定度都优于铷原子钟。

GLONASS 卫星钟的钟差由 GLONASS 卫星播发的导航电文中卫星时钟校正量 τ_n 和频率偏差率 γ_n 得到。GLONASS 的卫星钟在观测时刻 t 的钟误差可表示为

$$\Delta t = \tau_n - \gamma_n (t - t_0) \tag{7.2}$$

式中，t_0 为这套卫星时钟参数的参考时间。

3. 相对论效应

由于卫星钟和接收机钟所处的状态（运动速度和重力位）不同而引起卫星钟和接收机钟之间产生相对钟误差的现象即为相对论效应。由于相对论效应主要取决于卫星的运动速度和重力位，并且是以卫星钟的误差这一形式出现的，因此将此类误差也归结为与卫星有关的误差。

爱因斯坦的广义和狭义相对论理论都是伪距和载波相位测量过程中的因素。任何时候当信号源或信号接收机相对于所选的各向同性光速坐标系（ECI 坐标系）发生移动时，都需要有狭义相对论的相对论校正。任何时候当信号源和信号接收机处于不同的重力势时都需要有广义相对论的相对论校正。卫星时钟同时受到狭义相对论和广义相对论的影响。为了补偿这两种效应，在发射前要把卫星时钟频率调到 10.229 999 995 43 MHz。在海平面上的用户所观测到的频率将是 10.23 MHz，因此用户不必校正这种效应。用户需要校正的是由于卫星轨道的轻微偏心度所引起的另一种相对论周期效应。正好一半的周期效应是由卫星的速度相对于 ECI 坐标系来说的周期变化引起的，而另一半则是由卫星的重力势的周期变化引起的。

当卫星处在近地点时，卫星速度较高，而重力势较低——两者都会使卫星时钟运行放慢。当卫星处在远地点时，卫星速度较低，而重力势则较高——两者都会使卫星时钟运行加快。这种效应可按下式进行补偿：

$$\Delta t_r = Fe\sqrt{a}\sin E_k \tag{7.3}$$

式中，$F=-4.442\,807\,633\times10^{-10}\ \mathrm{s\cdot m^{-1/2}}$；$e$ 表示卫星轨道偏心率；a 表示卫星轨道的半长轴；E_k 表示卫星轨道的偏近点角。

这种相对论效应最大可达到 70 ns（距离 21 m）的误差。对卫星时钟进行相对论

效应校正会使用户更精确地估计传输时间。

利用上式可计算对 GPS 卫星时钟的相对论效应校正量，可是 GLONASS 信号接口控制文件没有提及卫星时钟的相对论效应校正问题。我们认为有效期通常仅为 30 分钟长的 GLONASS 卫星时钟偏差和频率偏差参数，不但已经考虑了卫星时钟本身的误差，而且还考虑了相对论效应校正，因而我们不用像对待 GPS 卫星时钟那样对 GLONASS 卫星时钟进行相对论效应校正。

4. 地球自转效应

GNSS 数据处理一般都在地心地固坐标系（ECEF 坐标系）中进行，即接收机和卫星均用 ECEF 坐标系表示。当卫星信号传播到接收机时，ECEF 坐标系相对卫星的上述瞬时位置已产生了相对于 Z 轴的旋转。这是由于在信号传输时间内地球在自转，所以在 ECEF 坐标系中计算卫星位置时会引入一种相对论误差，称为地球自转效应。如图 7.1 所示说明了这种现象。

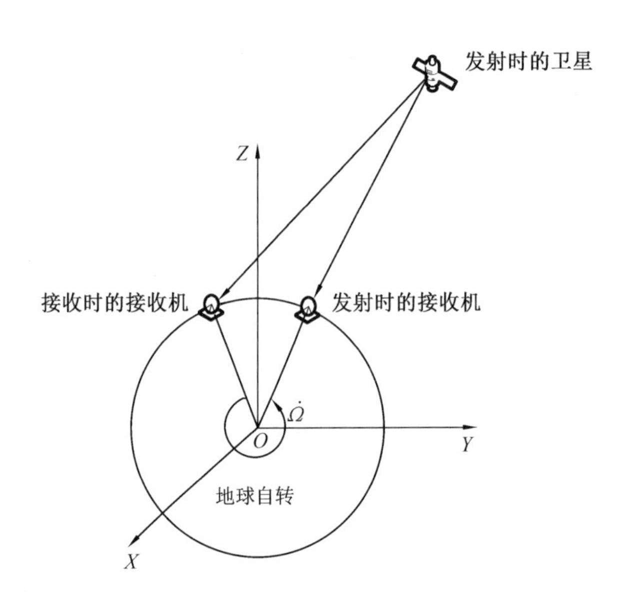

图 7.1　地球自转效应

地球自转效应引起的位置误差在 30 m 左右，因此要对地球自转效应的影响进行校正。地球自转效应的校正有很多方法。普遍采用的一种方法是完全在地球惯性坐标系（ECI 坐标系）中计算卫星和用户的位置以避免地球自转效应。只要将 ECEF

坐标系固定在对可见卫星集合进行伪距测量的瞬时就可以很方便地得到 ECI 坐标系。在 ECI 坐标系中不会发生地球自转效应。更重要的是，在标准的 GNSS 用户位置解算中所采用的卫星位置必须与其各自的卫星信号发射时间 T_s 相对应，而这些发射时间往往是不同的。商业接收机用户很容易获得每颗卫星的发射时间，只需要将伪距测量值除以光速，然后用测量所用的接收机时间标记减去即可。接下来利用第 4 章中描述的广播星历数据就可以计算出在传输时间每颗卫星的 ECEF 坐标(x_s, y_s, z_s)。然后利用下面这个变换，每颗卫星的位置就可以转换到普通的 ECI 坐标系中，ECI 坐标为$(x_{eci}, y_{eci}, z_{eci})$。

$$\begin{bmatrix} x_{eci} \\ y_{eci} \\ z_{eci} \end{bmatrix} = \begin{bmatrix} \cos\dot{\Omega}(T_u - T_s) & \sin\dot{\Omega}(T_u - T_s) & 0 \\ -\sin\dot{\Omega}(T_u - T_s) & \cos\dot{\Omega}(T_u - T_s) & 0 \\ 0 & 0 & 1 \end{bmatrix} \begin{bmatrix} x_s \\ y_s \\ z_s \end{bmatrix} \tag{7.4}$$

在这个式子中，接收时刻 T_u 在进行位置/时间估计之前是未知的，$\dot{\Omega}$ 为地球自转角速度。对于一个地面用户而言，它可以初始化为约等于所有可见星信号发射的平均时间加上 75 ms。一旦采用最小二乘法得到了用户位置解，就可以应用用户时钟校正来获得关于 T_u 的更精确估计值，且处理过程可以迭代。在信号接收时刻，用户在 ECEF 坐标系和 ECI 坐标系中的位置坐标是一样的，因为按照定义这两个坐标系在这一时刻是固定的。

7.1.2　与信号传播有关的误差

与信号传播有关的误差有电离层延迟、对流层延迟及多路径效应误差。电离层延迟模型和对流层延迟模型已在第 5 章中进行过介绍，这里只介绍多路径效应误差。

在 GNSS 测量中，如果测站周围的反射物所反射的卫星信号（反射波）进入接收机天线，这就将和直接来自卫星的信号（直接波）产生干涉，从而使观测值偏离真值产生所谓的“多路径误差”。这种由于多路径的信号传播所引起的干涉时延效应被称作多路径效应。

由于卫星在不断运动，而且不同地方的信号反射器情况又各不相同，因此多路径效应误差既不具有时间相关性，也不具有空间相关性。随着 GNSS 技术的发展，不具有时空相关性特点的多径正成为在众多 GNSS 测量误差源中制约 GNSS 定位精度的一个主要因素。不过，对静态接收机而言，因为天线及其观测环境固定不变，而 GNSS 卫星轨道运动和地球自转均呈一定周期性，也就是说，GNSS 卫星相对于接收天线的位置呈一定的周期性，所以在此情形下的多径现象也能体现出周期性特点。

为了介绍多路径效应，先介绍反射波的概念。如图 7.2 所示，GNSS 接收机天线接收到的信号是直接波和反射波产生干涉后的组合信号。

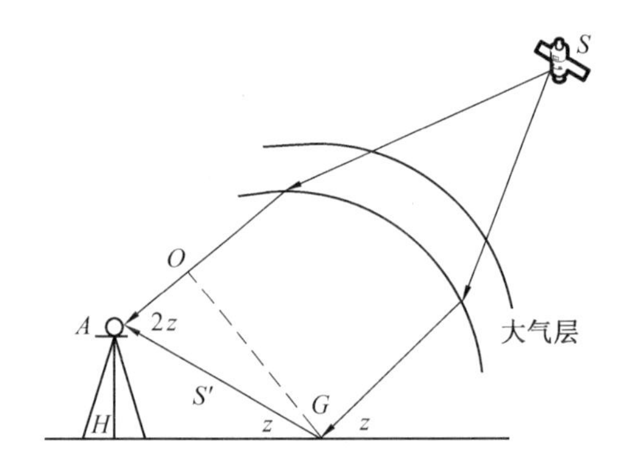

图 7.2　地面反射波

天线 A 同时收到来自卫星的直接信号 S 和经地面反射后的反射信号 S'。显然这两种信号所经过的路径长度是不同的，反射信号多经过的路径长度成为误差，用 Δ 表示，从图 7.2 中可以看出：

$$\Delta = GA - OA = GA(1-\cos 2z) = \frac{H}{\sin z}(1-\cos 2z) = 2H\sin z \tag{7.5}$$

式中，H 为天线离地面的高度。

反射波和直接波间相位延迟 θ，为

$$\theta = \Delta \cdot \frac{2\pi}{\lambda} = \frac{4\pi H\sin z}{\lambda} \tag{7.6}$$

式中，λ 为载波的波长。

由于反射波一部分能量被反射面吸收、GPS 接收天线为右旋圆极化结构，也抑制反射波的功能，所以反射波除了存在相位延迟外，信号强度一般也会减少。

设直接波信号为

$$S_d = U\cos \omega t \tag{7.7}$$

式中，U 为信号电压；ω 为载波的角频率。

反射信号的数字表达式为

$$S_d = aU\cos(\omega t + \theta) \tag{7.8}$$

反射信号和直接信号“叠加”后被接收天线接收，所以天线实际接收的信号为

$$S_d = \beta U\cos(\omega t + \varphi) \tag{7.9}$$

式中

$$\begin{cases} \beta = (1 + 2a\cos\theta + a^2)^{\frac{1}{2}} \\ \varphi = \arctan\left(\dfrac{a\sin\theta}{1 + a\cos\theta}\right) \end{cases} \tag{7.10}$$

式中，φ 为载波相位测量中的多路径误差。对上式求导数并令其等于零：

$$\begin{aligned} \frac{\mathrm{d}\varphi}{\mathrm{d}\theta} &= \frac{1}{1+\left(\dfrac{a\sin\theta}{1+a\cos\theta}\right)} \cdot \frac{(1+a\cos\theta)\cdot a\cos\theta + a^2\sin^2\theta}{(1+a\cos\theta)^2} \\ &= \frac{a\cos\theta + a^2}{(1+a\cos\theta)(1+a\cos\theta+a\sin\theta)} = 0 \end{aligned} \tag{7.11}$$

当 $\theta = \pm\arccos(-a)$ 时，多路径误差 φ 有极大值：

$$\varphi_{\max} = \pm\arcsin a \tag{7.12}$$

可以看出，L_1 载波相位测量中多路径误差的最大值为 4.8 cm，对 L_2 载波则为 6.1 cm。

实际上可能会有多个反射信号同时进入接收天线，此时的多路径误差为

$$\varphi = \arctan\left(\frac{\sum_{i=1}^{n} a_i\sin\theta_i}{1 + \sum_{i=1}^{n} a_i\cos\theta_i}\right) \tag{7.13}$$

可见多路径效应对伪距测量比载波相位测量的影响要严重得多。

消弱多路径误差的方法主要从选择合适的站址和对接收机本身的要求出发。

（1）选择合适的站址。

多路径误差不仅与卫星信号方向有关、与反射系数有关，且与反射物离测站远近有关，至今无法建立改正模型，只有采用以下措施来削弱：

①测站应远离大面积平静的水面。灌木丛、草和其他地面植被能较好地吸收微波信号的能量，是较为理想的设站地址。翻耕后的土地和其他粗糙不平的地面的反射能力也较差，也可选站。

②测站不宜选择在山坡、山谷和盆地中。以避免反射信号从天线抑径板上方进入天线，产生多路径误差。

③测站应离开高层建筑物。观测时，汽车也不要停放得离测站过近。

（2）对接收机天线的要求。

①在天线中设置抑径板。

为了减弱多路径误差，接收机天线下应配置抑径板。

②接收机天线对于极化特性不同的反射信号应该有较强的抑制作用。

由于多路径误差 φ 是时间的函数，所以在静态定位中经过较长时间的观测后，多路径误差的影响可大为削弱。

7.1.3 与接收机有关的误差

与接收机有关的误差主要有接收机钟误差、接收机位置误差、天线相位中心位置误差等。

1. 接收机钟误差

GNSS 接收机一般采用高精度的石英钟，其稳定度约为 10^{-9}。若接收机钟与卫星钟间的同步差为 1 μs，则引起的等效距离误差约为 300 m。

减弱接收机钟差的方法：

（1）把每个观测时刻的接收机钟差当作一个独立的未知数，在数据处理中与观测站的位置参数一并求解。

（2）认为各观测时刻的接收机钟差间是相关的，像卫星钟那样，将接收机钟差表示为时间多项式，并在观测量的平差计算中求解多项式系数。这种方法可以大大减少未知数，该方法成功与否的关键在于钟误差模型的有效程度。

（3）通过在卫星间求一次差来消除接收机的钟差。这种方法和上述方法（1）是等价的。

2. 接收机位置误差

接收机天线相位中心相对测站标识中心位置的误差，称为接收机位置误差。这里包括天线的置平和对中误差，量取天线高误差。在精密定位时，必须仔细操作，以尽量减少这种误差的影响。

3. 天线相位中心位置误差

在 GPS 测量中，观测值都是以接收机天线的相位中心位置为准的，而天线的相位中心与其几何中心，在理论上应保持一致。可是实际上天线的相位中心随着信号输入的强度和方向不同而有所变化，即观测时相位中心的瞬时位置（一般称相位中心）与理论上的相位中心将有所不同，这种差别叫天线相位中心的位置偏差。这种偏差的影响，可达数毫米至数厘米。而如何减少相位中心的偏移是天线设计中的一个重要问题。在实际工作中，如果使用同一类型的天线，在相距不远的两个或多个观测站上同步观测了同一组卫星，那么，便可以通过观测值的求差来削弱相位中心偏移的影响。不过，这时各观测站的天线应按天线附有的方位标进行定向，使之根据罗盘指向磁北极。通常定向偏差应保持在 3° 以内。

7.2　伪距观测量仿真

以 GPS 为例，GPS 接收机的基本测量是信号从卫星到接收机的传播时间，即由接收机时钟记录的接收机接收信号的时刻与记录在广播信号中的卫星发射信号时刻之差。接收机产生的 C/A 复制码延迟适当时间与接收到的卫星信号对齐，通过测量这个延迟量即能计算出信号传输时间。由于卫星时钟与接收机时钟不同步，以及它们相互独立的计时，这种测量是有偏差的。每颗卫星根据卫星上的时钟产生信号。接收机根据自己的时钟产生卫星发射信号的复制信号。通过这种方法测得的传播时间与真空中的光速相乘，就得到存在一定偏差的传播距离，即伪距。利用复现码确定卫星码的发送时间如图 7.3 所示。

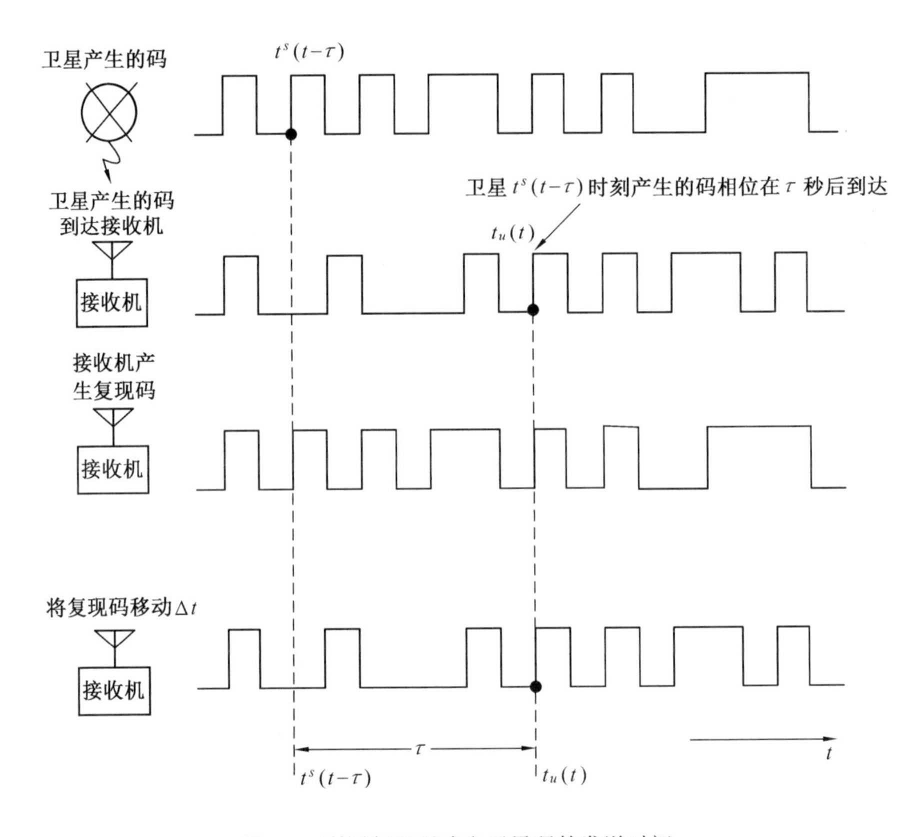

图 7.3　利用复现码确定卫星码的发送时间

这里要考虑到 3 个时间标准：GPS 卫星时间标准、接收机时间标准以及共同参考时间，即 GPS 时（GPST）。假设从某颗卫星上发出的特定码信号在 GPS 时下的时刻 t 被接收，信号的传播时间为 τ，$t^s(t-\tau)$ 为相应的发射时间，$t_u(t)$ 是通过用户接收机钟测得的信号的到达时间，则观测距离（即伪距）ρ，可由测得的传播时间表示为

$$\rho(t)=c(t_u(t)-t^s(t-\tau)) \tag{7.14}$$

式中，t 和 τ 都是未知数，需要计算。当卫星在我们上空时，卫星离我们大约是 20 000 km，相应的信号传播时间在 70～90 ms 之间。

我们用上标 s 来表示卫星，用下标 u 表示用户或者接收机。

接收机时钟和卫星时钟可按如下方式转换成 GPS 时间标准：

$$t_u(t)=t+\delta t_u(t) \tag{7.15}$$

$$t^s(t-\tau)=(t-\tau)+\delta t^s(t-\tau) \tag{7.16}$$

其中，δt_u 和 δt^s 分别表示接收机钟与卫星时钟相对于（超前于）GPS 标准时间的钟差。卫星时钟的钟差（δt^s）是由地面主控站计算出来的，它可以用二次多项式表示。多项式的系数在导航电文中被传送给用户。距离测量的定时关系如图 7.4 所示。

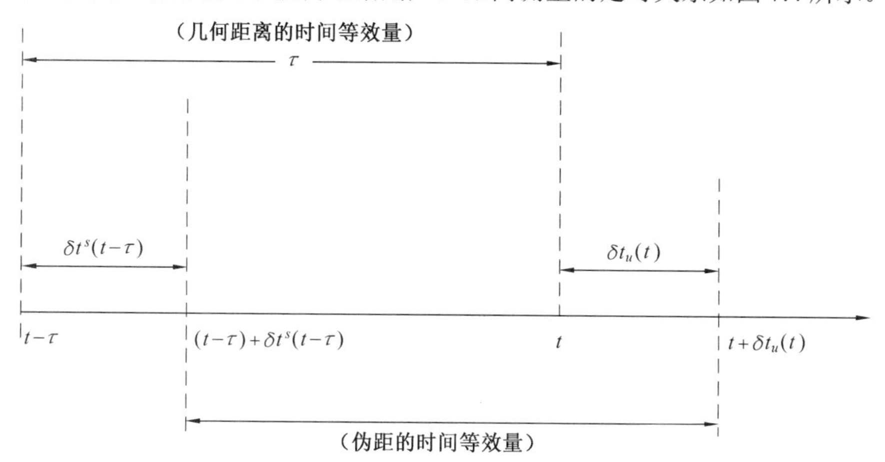

图 7.4　距离测量的定时关系

根据时钟偏差，伪距的表达式式（7.14）可以写成：

$$\begin{aligned}\rho(t)&=c(t+\delta t_u(t)-(t-\tau+\delta t^s(t-\tau)))+\varepsilon_\rho(t)\\&=c\tau+c(\delta t_u(t)-\delta t^s(t-\tau))+\varepsilon_\rho(t)\end{aligned} \tag{7.17}$$

符号 ε 被用来表示未知因素、模型误差和测量误差。传播时间乘光速可得

$$c\tau=r(t,t-\tau)+I_\rho(t)+T_\rho(t) \tag{7.18}$$

式中，$r(t,t-\tau)$ 表示在 t 时刻用户的位置到 $(t-\tau)$ 时刻卫星位置之间的几何距离或称真实距离，I_ρ 和 T_ρ，分别表示在传播过程中由电离层和对流层引起的延迟，这两个参数都是正数。为了简便，我们可以去掉 t，这样伪距的表达式等效为

$$\rho=r+c(\delta t_u-\delta t^s)+I_\rho+T_\rho+\varepsilon_\rho \tag{7.19}$$

理想情况下，我们希望测量到卫星的真实距离 r。但我们能测到的只是伪距 ρ，也就是真实距离 r 加上偏差和噪声。从这些测量中估算出的位置、速度和时间的精

确度，将依赖于我们对偏差和误差的补偿及消除。

在 GNSS 数学仿真中，在某观测时刻 t，卫星 s 与用户 u 之间的真距 r 可以利用下式进行计算：

$$r=\sqrt{(x_t^s-x_t^u)^2+(y_t^s-y_t^u)^2+(z_t^s-z_t^u)^2} \tag{7.20}$$

其中，(x_t^s, y_t^s, z_t^s) 为卫星 s 观测时刻在 ECEF 坐标系中的位置坐标，可以利用第 3 章中的相关内容根据卫星的星历进行推算。(x_t^u, y_t^u, z_t^u) 为用户 u 观测时刻在 ECEF 坐标系中的位置坐标，可以利用第 6 章中的相关载体运动模型进行仿真计算。

应用数仿系统计算卫星与接收机之间的真距和伪距，选择 8 参数 Kolbuchar 电离层模型，Hopfield 对流层模型，仿真开始时间为 2013-04-30 00:00，接收机所处位置为东经 116° 3′，北纬 39° 9′，接收机处于静态，导航星座为 GPS 和 BDS，频点为 L1 和 B1，仿真步长为 2 s。图 7.5 所示，为仿真所得 GPS 的 9 号、15 号、18 号和 21 号可见星与接收机之间的伪距。图 7.6 所示，为仿真所得 BDS 的 1 号、2 号、3 号和 10 号可见星与接收机之间的伪距。

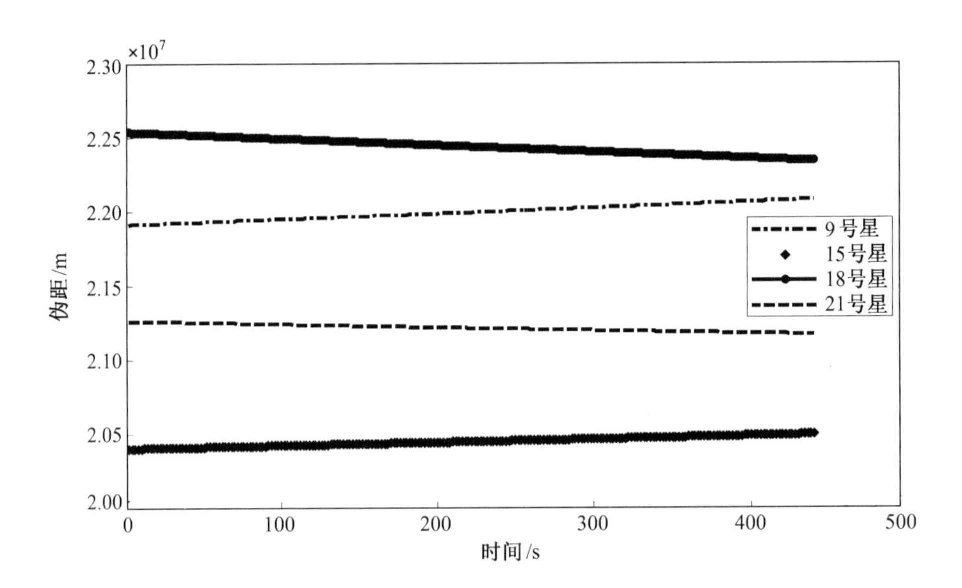

图 7.5　GPS 的可见星与接收机之间的伪距

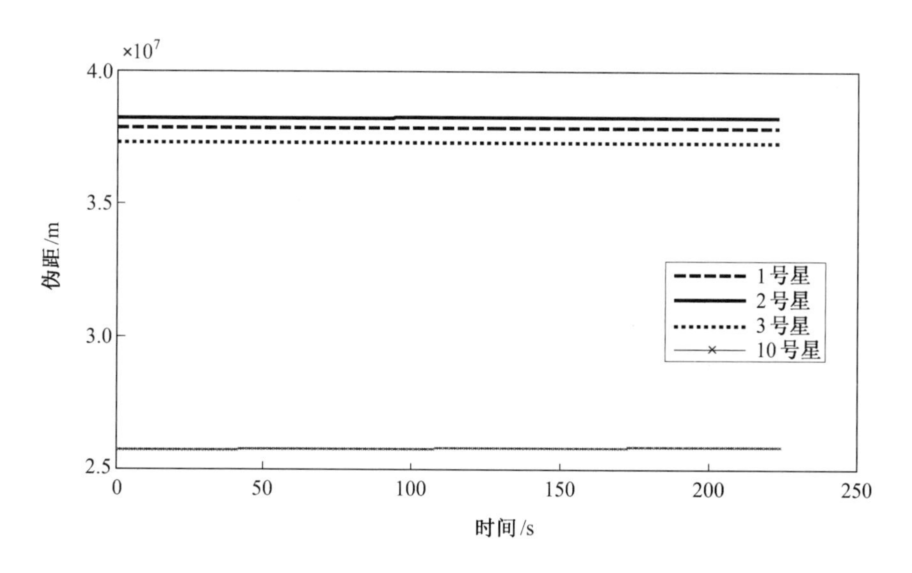

图 7.6　BDS 的可见星与接收机之间的伪距

如图 7.5、图 7.6 所示，GPS 星座卫星均为 MEO 卫星，故所有卫星的轨道高度相同，可见星与接收机之间的伪距相差较小；而 BDS 星座由 GEO、IGSO 和 MEO 三种卫星组成，其中 GEO 和 IGSO 卫星轨道高度为 35 786 km，MEO 卫星轨道高度为 21 528 km，由于图 7.6 中的 1 号、2 号、3 号星属于 GEO 或 IGSO 卫星，10 号星属于 MEO 卫星，故 10 号星的伪距与其他卫星伪距相去甚远。

7.3　多普勒频移和载波相位观测量仿真

通过跟踪 GNSS 卫星信号上的伪码，可以获得对卫星信号的码相位和伪距测量值。在伪码之下的另一个 GNSS 信号结构层次是载波，通过跟踪 GNSS 卫星信号上的载波，可获得对卫星信号的另一类观测量，即多普勒频移和载波相位等。

一个静止不动的信号发射源向外播发频率为 f 的信号，接收机以速度 $\boldsymbol{v}$ 运行，那么由于信号发射源与接收机之间相对运动所引起的多普勒效应，接收机接收到的信号频率 f_r 发生了变化，它不再等于信号的发射频率 f，而是 $f+f_d$，其中 f_d 称为多普勒频移，它定义为信号接收频率 f_r 与信号发射频率 f 之间的差异，即

$$f_d = f_r - f \tag{7.21}$$

从电磁波传播的基本理论出发，我们可以严格地推导出如下以赫兹为单位的多普勒频移值 f_{d} 的计算公式：

$$f_{\mathrm{d}}=\frac{v}{\lambda}\cos,\quad \beta=\frac{v}{c}f\cos\beta \tag{7.22}$$

式中，λ 是与信号发射频率 f 相对应的信号波长；c 为光速；而 β 为信号入射角，即从接收机的运动方向到信号入射方向的夹角。

卫星作为信号发射源是在不断运动的，假设卫星 s 的运行速度向量为 $\boldsymbol{v}^{(s)}$，那么接收信号的载波多普勒频移值 $f_{\mathrm{d}}^{(s)}$ 为

$$f_{\mathrm{d}}^{(s)}=\frac{(\boldsymbol{v}-\boldsymbol{v}^{(s)})\cdot\mathbf{1}^{(s)}}{\lambda}=-\frac{(\boldsymbol{v}^{(s)}-\mathbf{v})\cdot\mathbf{1}^{(s)}}{\lambda}=-\frac{\dot{r}}{\lambda} \tag{7.23}$$

式中，$\mathbf{1}^{(s)}$ 是卫星 s 在接收机 u 处的单位观测向量；而 $\dot{r}$ 代表卫星与接收机之间的几何距离 r 对时间的导数。由式（7.23）可见，假如接收机测得卫星信号的载波多普勒频移值 $f_{\mathrm{d}}^{(s)}$，并利用卫星星历计算出卫星运行速度 $\boldsymbol{v}^{(s)}$，那么接收机运动速度 $\boldsymbol{v}$ 就能被求解出来，从而实现接收机测速。

接收机接收信号的多普勒频移测量值是接收机相位锁定环路根据其所复制的载波信号状态得到的，根据复制载波信号的相位和鉴相器检测所得的相位跟踪误差还能获得对接收信号的载波相位测量值。载波相位测量值比码相位测量值要精确得多，GNSS 接收机测量的是接收机产生的载波信号相位与收到的从卫星发射出的载波相位之差的瞬时值。

载波相位测量是从卫星发出或接收机接收到的载波相位周期数来计算的。观测时刻 t 时的相位定义为

$$\phi(t)=\phi(t_0)+\int_{t_0}^{t}f(s)\,\mathrm{d}s \tag{7.24}$$

式中，$f(s)$ 为时变频率；$\phi(t_0)$ 为初始相位。在这个模型中，假定用来测量历元 t_0 和 t 的定时器是理想的。如果时间间隔 $(t-t_0)$ 较短并且信号发生器非常稳定，则等式可写成：

$$\phi(t)=\phi(t_0)+f\cdot(t-t_0) \tag{7.25}$$

式中，f 为瞬时频率。但是如果使用额定频率为 f_0 的非理想时钟产生的信号的周期数来测量时间间隔，在这种情况下：

$$\phi(t)=\phi(t_0)+f_0\cdot(t-t_0) \tag{7.26}$$

首先考虑一个理想的无误差测量模型：假设卫星与接收机采用理想且同步的时钟，并忽略它们之间的相对运动。在这个模型中，测量的载波相位（即接收机产生的信号与接收到的信号的相位之差）为固定的、不足一整周载波相位值。卫星到接收机的距离为未知的整周数与不足一整周数相位之和。其中整周数是无法直接通过测量得到的，称为整周模糊度。现在如果保持对载波相位的跟踪，而将接收机或是卫星移动，使其间距增加一个波长，那么相应的载波相位测量则变成一个整周与之前测得的不足整周相位之和。

为了测量载波相位，接收机需要锁定卫星信号相位，测量接收到的相位与接收机产生的信号相位之差的初始值，并跟踪该相位差的变化，在每个测量时刻计算整周数和跟踪不足整周的相位。

在理想时钟且同步的条件下，载波相位的周期数的测量可以写成：

$$\phi(t)=\phi_u(t)-\phi^s(t-\tau)+N \tag{7.27}$$

式中，$\phi_u(t)$ 是接收机产生的信号相位；$\phi^s(t-\tau)$ 是在 t 时刻接收到信号相位，即卫星在 $(t-\tau)$ 时刻的信号相位；τ 是信号的传播时间；N 为整周模糊度。N 的计算即为整周模糊度求解。

上面的表达式可以简化为

$$\phi^s(t-\tau)=\phi^s(t)-f\cdot\tau \tag{7.28}$$

我们得到

$$\phi(t)=f\cdot\tau+N=\frac{r(t,t-\tau)}{\lambda}+N \tag{7.29}$$

式中，f 和 λ 分别代表载波频率和波长，$r(t,t-\tau)$ 为 t 时刻用户位置到 $(t-\tau)$ 时刻卫星位置的几何距离。现在我们计入时钟偏差，初始相位偏移，大气层传播延迟和测量方法误差。先不考虑测量历元，式（7.26）可以写成：

$$\phi = \lambda^{-1}(r + I_\phi + T_\phi) + \frac{c}{\lambda}(\delta t_u - \delta t^s) + N + \varepsilon_\phi \tag{7.30}$$

式中，I_ϕ 和 T_ϕ 分别为电离层和对流层传播延迟，c 为光在真空中的传播速度。

载波相位测量在一个时间间隔里的变化对应着用户到卫星距离和接收机钟偏差的变化，即积分多普勒或伪距增量。载波相位测量的变化率给出伪距变化率，由真实距离变化率加上接收机钟频率偏差组成。

式（7.30）与基于码跟踪的伪距测量式（7.19）颇为相似。码测量和载波相位测量被同样的误差源所影响，但是有很大的不同之处。码跟踪测量得到的是明确的伪距，但是它没有载波相位测量那样精确。载波相位测量非常精确，却存在整周模糊度问题。只要载波跟踪环被锁定，则整周数保持不变。一旦跟踪被打断，无论打断的时间多短，整周数都将改变。

为了充分利用这些测量方法来获得精确的位置估算，我们必须补偿各种误差并且对整周模糊度进行计算。一个绕开整周模糊度问题而至少能从高精度载波相位测量部分获益的方法，就是通过在一个时间间隔内的载波相位变化得到伪距增量。在式（7.30）中，载波相位测量值在瞬时 t_0 和 t_1 的变化为

$$\phi(t_1) - \phi(t_0) \approx \lambda^{-1}(r(t_1) - r(t_0)) + \frac{c}{\lambda}(\delta t_u(t_1) - \delta t_u(t_0)) + \tilde{\varepsilon}_\phi \tag{7.31}$$

如果载波在 t_0 到 t_1 时段被连续跟踪，就不用考虑整周模糊度问题。式（7.27）中的误差与卫星时钟偏差、电离层和对流层传播延迟在观测时间内的变化量有关。

应用数仿系统计算载波相位测量值，选择 Kolbuchar 8 为电离层模型，Hopfield 模型为对流层模型，仿真开始时间为 2013-04-30 10:00，接收机所处位置为东经 116° 3′，北纬 39° 9′，接收机处于静态导航星座为 GPS，频点为 L1，仿真步长为 10^{-5} s。图 7.7 所示为仿真所得 3 号可见星的载波相位测量值。

图 7.7 所示，载波相位随着时间连续变化，由于数仿系统是对接收机接收的实际情况进行载波相位仿真，因此，仿真所得的是载波相位的小数部分，当载波相位累积到一个整周时，载波相位的小数部分归零，整周部分加一。

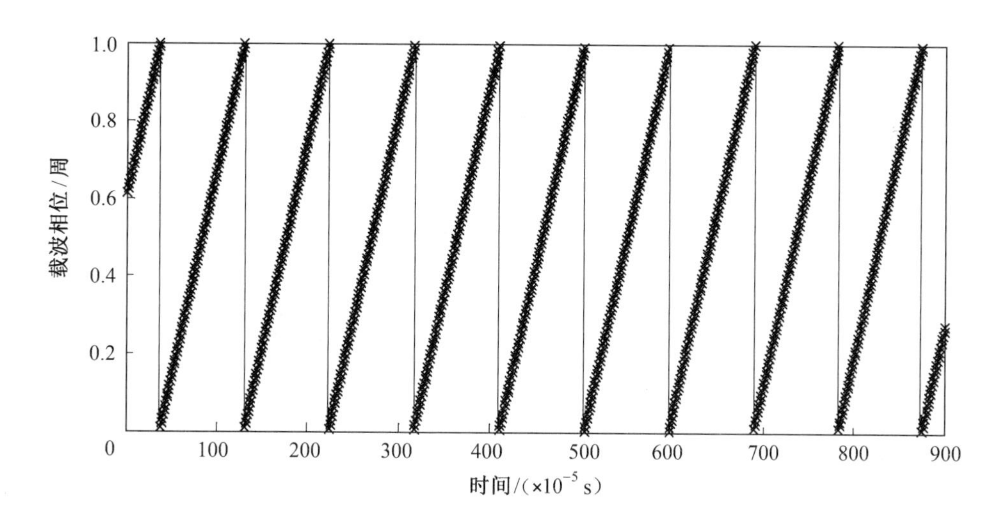

图 7.7　3 号可见星的载波相位测量值

伪距和载波相位是GNSS接收机对GNSS卫星导航信号的两个基本距离测量值，两者既有明显的区别，又呈互补的特性。第一个重要的区别是载波相位测量值含有一个未知的整周模糊度，接收机在实现单点绝对定位时可以单纯地利用伪距测量值，但是不能只利用载波相位，在利用载波相位测量值进行单点绝对定位时，必须借助伪距测量值。只利用伪距测量值进行定位比较方便，但是其精度不如载波相位测量值，这也是两者的第二个重要区别。伪距测量值比较粗糙，其误差均方差大小在米这一量级，而载波相位测量值非常平滑，精度很高，一般仅为一周载波的 1/4 左右，也就是说，其测量精度高达毫米量级。因此，随着载波相位整周模糊度求解技术的进步，利用载波相位测量值进行定位越来越受到大家的关注。

第 8 章　载体定位算法分析与仿真

利用卫星进行载体定位是通过求解载体和卫星之间位置关系的方程实现的，解法的不同会造成定位结果的不同。本章我们将从卫星导航系统定位原理出发，分析观测方程的线性化过程，并讲解两种常用的定位算法——最小二乘法和卡尔曼滤波法。

8.1　卫星导航系统定位方法

利用卫星导航系统进行载体定位的方法有单点定位、差分定位和相对定位三种。单点定位仅使用一台接收机即可完成，而差分定位和相对定位需要两台接收机同时工作才能实现，差分定位和相对定位的定位精度较单点定位高出许多。由于单点定位简单易行且成本低，应用最为广泛，但是对于定位导航精度要求高的应用，需要用到差分定位或相对定位。

8.1.1　单点定位原理

所谓单点定位（Point Positioning），即利用单台接收机，某时刻的观测数据测定载体位置的卫星定位。单点定位方法现广泛应用于商用接收机。本节中将介绍伪距单点定位原理、载波相位单点定位原理以及精密单点定位原理。

1. 伪距单点定位原理

伪距观测方程为

$$R_{\mathrm{r}}^{\mathrm{s}} = \rho_{\mathrm{r}}^{\mathrm{s}} + c\delta_{\mathrm{r}} \tag{8.1}$$

式中，上角标 s 代表卫星（Satellite），下角标 r 代表接收机（Receiver）；$R_{\mathrm{r}}^{\mathrm{s}}$ 为接收机与卫星之间的伪距观测值；$\rho_{\mathrm{r}}^{\mathrm{s}}$ 为接收机与卫星之间的真实距离；c 为光速；δ_{r} 为接收机钟差。

事实上，接收机与卫星之间的伪距除包含接收机与卫星之间的真实距离外，还包括卫星钟差、电离层误差、对流层误差及其他误差。式（8.1）的 $R_{\mathrm{r}}^{\mathrm{s}}$ 是将真实伪距通过各种误差模型处理后所得到的伪距观测量，只包含 $\rho_{\mathrm{r}}^{\mathrm{s}}$ 、$c\delta_{\mathrm{r}}$ 和残差（因误差模型与实际情况不完全相符造成），这些误差模型包括卫星钟差模型、电离层模型、对流层模型、相对论效应模型。此外，式（8.1）中，残差忽略不计。式（8.1）中，$\rho_{\mathrm{r}}^{\mathrm{s}}$ 为

$$\rho_{\mathrm{r}}^{\mathrm{s}} = \sqrt{(X^{\mathrm{s}} - X_{\mathrm{r}})^2 + (Y^{\mathrm{s}} - Y_{\mathrm{r}})^2 + (Z^{\mathrm{s}} - Z_{\mathrm{r}})^2} \tag{8.2}$$

式中，X^{s}、Y^{s} 和 Z^{s} 为卫星在 ECEF 坐标系下位置矢量的三维坐标，X_{r}、Y_{r} 和 Z_{r} 为接收机在 ECEF 坐标系下位置矢量的三维坐标。

就单点定位而言，采用 n 个星座进行定位，则未知数个数为 $3+n$（接收机的 ECEF 三维坐标和 n 个接收机钟差），需要至少 $3+n$ 个伪距观测方程联立，因此，在用伪距观测量进行单点定位时，至少需要观测 $3+n$ 颗卫星。

2. 载波相位单点定位原理

载波相位观测方程为

$$\Phi_{\mathrm{r}}^{\mathrm{s}} = \frac{1}{\lambda_{\mathrm{s}}}\rho_{\mathrm{r}}^{\mathrm{s}} + N_{\mathrm{r}}^{\mathrm{s}} + \frac{c}{\lambda_{\mathrm{s}}}\delta_{\mathrm{r}} \tag{8.3}$$

式中，$\Phi_{\mathrm{r}}^{\mathrm{s}}$ 是以周为单位的载波相位观测值（$\Phi_{\mathrm{r}}^{\mathrm{s}}$ 不考虑除接收机钟差外的其他误差）；λ_{s} 为载波波长；相位模糊度 $N_{\mathrm{r}}^{\mathrm{s}}$ 是一个与时间无关的整数，通常称为整周模糊度或整周未知数；$\rho_{\mathrm{r}}^{\mathrm{s}}$ 、c 和 δ_{r} 同式（8.1）。

3. 精密单点定位原理

在伪距单点定位和载波相位单点定位中，伪距观测量 $R_{\mathrm{r}}^{\mathrm{s}}$ 和载波相位观测量 $\Phi_{\mathrm{r}}^{\mathrm{s}}$ 都是将实际观测量通过误差模型处理所得到的观测量。由于误差模型与实际情况有误差，$R_{\mathrm{r}}^{\mathrm{s}}$ 和 $\Phi_{\mathrm{r}}^{\mathrm{s}}$ 中包含一定的误差残差，这势必会影响定位精度。精密单点定位（PPP）利用双频伪距（或载波相位）观测值定位，可直接消除电离层误差的影响。

（1）无电离层影响的伪距观测方程。

$$\begin{cases} R_1 = \rho_{\mathrm{r}}^{\mathrm{s}} + c\delta_{\mathrm{r}} + \varDelta_1^{\mathrm{Iono}} + \varDelta^{\mathrm{Trop}} \\ R_2 = \rho_{\mathrm{r}}^{\mathrm{s}} + c\delta_{\mathrm{r}} + \varDelta_2^{\mathrm{Iono}} + \varDelta^{\mathrm{Trop}} \end{cases} \tag{8.4}$$

式中，R_1 和 R_2 分别是同一颗卫星与接收机在同一历元（即同一时刻）的伪距观测值（只包含电离层误差、对流层误差和接收机钟差）；ρ_r^s 为卫星与接收机之间的真实距离；c 为光速；δ_r 为接收机钟差；$\varDelta_1^{\text{Iono}}$ 和 $\varDelta_2^{\text{Iono}}$ 分别为同一颗卫星两个不同频率的载波到接收机的电离层误差；$\varDelta^{\text{Trop}}$ 为卫星信号到接收机的对流层误差。

$\varDelta^{\text{Iono}}$ 与各载波频率的平方成反比，于是将式（8.4）的两式分别乘 f_1^2 和 f_2^2，并相减得

$$R_1 f_1^2 - R_2 f_2^2 = (f_1^2 - f_2^2)(\rho_r^s + c\delta_r + \varDelta^{\text{Trop}}) \tag{8.5}$$

式（8.5）可消除电离层影响。方程两边同除以 $(f_1^2 - f_2^2)$，整理后可得无电离层影响的伪距观测方程为

$$\left(R_1 - \frac{f_2^2}{f_1^2} R_2\right) \frac{f_1^2}{f_1^2 - f_2^2} = \rho_r^s + c\delta_r + \varDelta^{\text{Trop}} \tag{8.6}$$

（2）无电离层影响的载波相位观测方程。

$$\begin{cases} \lambda_1 \varPhi_1 = \rho_r^s + c\delta_r + \lambda_1 N_1 - \varDelta_1^{\text{Iono}} + \varDelta^{\text{Trop}} \\ \lambda_2 \varPhi_2 = \rho_r^s + c\delta_r + \lambda_2 N_2 - \varDelta_2^{\text{Iono}} + \varDelta^{\text{Trop}} \end{cases} \tag{8.7}$$

式中，$\varPhi_1$ 和 $\varPhi_2$ 分别是同一颗卫星与接收机在同一历元的载波相位观测值（只包含电离层误差、对流层误差和接收机钟差）；ρ_r^s 为卫星与接收机之间的真实距离；c 为光速；δ_r 为接收机钟差；$\varDelta_1^{\text{Iono}}$ 和 $\varDelta_2^{\text{Iono}}$ 分别为同一颗卫星两个不同频率载波到接收机的电离层误差；$\varDelta^{\text{Trop}}$ 为卫星信号到接收机的对流层误差。

式（8.6）两边同除以相应的波长，得

$$\begin{cases} \varPhi_1 = \dfrac{1}{\lambda_1}\rho_r^s + \dfrac{c}{\lambda_1}\delta_r + N_1 - \dfrac{1}{\lambda_1}\varDelta_1^{\text{Iono}} + \dfrac{1}{\lambda_1}\varDelta^{\text{Trop}} \\ \varPhi_2 = \dfrac{1}{\lambda_2}\rho_r^s + \dfrac{c}{\lambda_2}\delta_r + N_2 - \dfrac{1}{\lambda_2}\varDelta_2^{\text{Iono}} + \dfrac{1}{\lambda_2}\varDelta^{\text{Trop}} \end{cases} \tag{8.8}$$

根据 $c = f\lambda$ 得

$$\begin{cases} \varPhi_1 = \dfrac{f_1}{c}\rho_r^s + f_1\delta_r + N_1 - \dfrac{f_1}{c}\varDelta_1^{\text{Iono}} + \dfrac{f_1}{c}\varDelta^{\text{Trop}} \\ \varPhi_2 = \dfrac{f_2}{c}\rho_r^s + f_2\delta_r + N_2 - \dfrac{f_2}{c}\varDelta_2^{\text{Iono}} + \dfrac{f_2}{c}\varDelta^{\text{Trop}} \end{cases} \tag{8.9}$$

即

$$\begin{cases} \Phi_1 = af_1 + N_1 - \dfrac{b}{f_1} + \dfrac{f_1}{c}\Delta^{\mathrm{Trop}} \\ \Phi_2 = af_2 + N_2 - \dfrac{b}{f_2} + \dfrac{f_2}{c}\Delta^{\mathrm{Trop}} \end{cases} \tag{8.10}$$

其中，与频率无关的 a、b 分别为

$$\begin{cases} a = \dfrac{\rho_{\mathrm{r}}^{\mathrm{s}}}{c} + \delta_{\mathrm{r}}, & \text{几何项} \\ b = \dfrac{f_i^2}{c}\Delta^{\mathrm{Iono}} = \dfrac{1}{c}\dfrac{40.3}{\cos z'}\mathrm{TVEC}, & \text{电离层项} \end{cases} \tag{8.11}$$

将式（8.10）的两式分别乘 f_1 和 f_2 并相减得

$$\Phi_1 f_1 - \Phi_2 f_2 = a(f_1^2 - f_2^2) + N_1 f_1 - N_2 f_2 + \frac{f_1^2 - f_2^2}{c}\Delta^{\mathrm{Trop}} \tag{8.12}$$

将式（8.10）两边同乘 $\dfrac{f_1}{f_1^2 - f_2^2}$ 得

$$\left(\Phi_1 - \frac{f_2}{f_1}\Phi_2\right)\frac{f_1^2}{f_1^2 - f_2^2} = af_1 + \left(N_1 - \frac{f_2}{f_1}N_2\right)\frac{f_1^2}{f_1^2 - f_{2\,1}^2} + \frac{f_1}{c}\Delta^{\mathrm{Trop}} \tag{8.13}$$

将式（8.11）代入式（8.13）可得

$$\left(\Phi_1 - \frac{f_2}{f_1}\Phi_2\right)\frac{f_1^2}{f_1^2 - f_2^2} = \frac{f_1}{c}\rho_{\mathrm{r}}^{\mathrm{s}} + f_1\delta_{\mathrm{r}} + \left(N_1 - \frac{f_2}{f_1}N_2\right)\frac{f_1^2}{f_1^2 - f_{2\,1}^2} + \frac{f_1}{c}\Delta^{\mathrm{Trop}} \tag{8.14}$$

将式（8.14）两边同乘 $\dfrac{c}{f_1}$ 得

$$\left(\Phi_1 - \frac{f_2}{f_1}\Phi_2\right)\frac{cf_1}{f_1^2 - f_2^2} = \rho_{\mathrm{r}}^{\mathrm{s}} + c\delta_{\mathrm{r}} + \Delta^{\mathrm{Trop}} + \left(N_1 - \frac{f_2}{f_1}N_2\right)\frac{cf_1}{f_1^2 - f_2^2} \tag{8.15}$$

则式（8.15）即为无电离层影响的载波相位观测方程。

（3）精密单点定位模型。

将式（8.6）和式（8.15）联立，可得 PPP 的伪距和载波相位无电离层组合观测

方程：

$$\begin{cases} \dfrac{R_1 f_1^2}{f_1^2 - f_2^2} - \dfrac{R_2 f_2^2}{f_1^2 - f_2^2} = \rho_{\mathrm{r}}^{\mathrm{s}} + c\delta_{\mathrm{r}} + \varDelta^{\mathrm{Trop}} \\ \dfrac{c f_1^2}{f_1^2 - f_2^2} - \dfrac{c f_2^2}{f_1^2 - f_2^2} = \rho_{\mathrm{r}}^{\mathrm{s}} + c\delta_{\mathrm{r}} + \varDelta^{\mathrm{Trop}} + \dfrac{cN_1 f_1}{f_1^2 - f_2^2} - \dfrac{cN_2 f_2}{f_1^2 - f_2^2} \end{cases} \tag{8.16}$$

式中，待定未知参数为 $\rho_{\mathrm{r}}^{\mathrm{s}}$ 中包含的三维坐标、接收机钟差 δ_{r}、对流层延迟 $\varDelta^{\mathrm{Trop}}$ 及模糊度 $N_i\,(i=1, 2)$。基于这一模型，PPP 可应用于静态定位或动态定位。

要解算以上所提到的未知量，可用序贯最小二乘法、卡尔曼滤波法等。

8.1.2 差分定位原理

1. 差分定位基本概念

GNSS 差分定位，简写为 DGNSS，是一种实时定位技术。与单点定位不同，差分定位需要使用两台或者两台以上接收机，其中一台接收机通常固定在参考站或基站，其坐标已知（或假定已知），其他接收机固定或移动且坐标待定，如图 8.1 所示。参考站计算伪距改正（PRC）和距离变化率改正（RRC），并实时传递给流动站接收机。流动站接收机利用这些改正信息修正伪距观测值并利用修正后的伪距完成单点定位，这样可以提高相对于基站的定位精度。

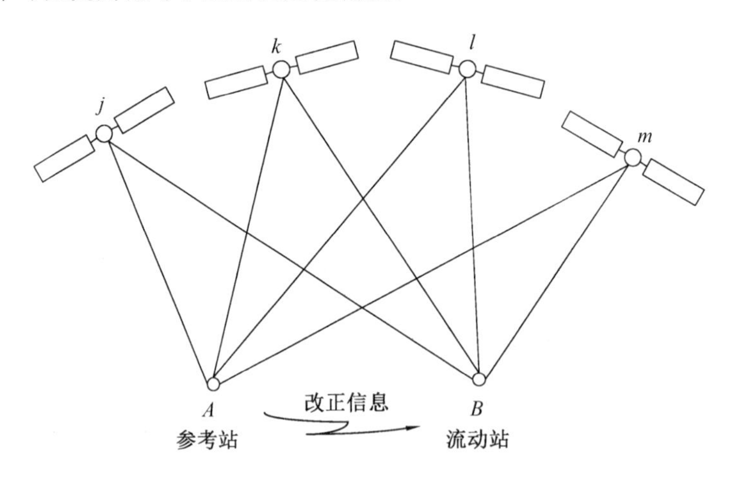

图 8.1　差分定位基本概念

2. 伪距 DGNSS

设在 t_0 时刻测得基站 A 相对于卫星 s 的伪距为

$$R_A^s(t_0) = \rho_A^s(t_0) + \Delta\rho_A^s(t_0) + \Delta\rho^s(t_0) + \Delta\rho_A(t_0) \tag{8.17}$$

式中，$\rho_A^s(t_0)$ 是卫星与基站 A 之间的真实距离；$\Delta\rho_A^s(t_0)$ 是只与地面基站和卫星位置相关的测距误差（如径向轨道误差，折射效应）；$\Delta\rho^s(t_0)$ 是只与卫星有关的测距误差（如卫星钟差）；$\Delta\rho_A(t_0)$ 是只与接收机有关的测距误差（如接收机钟差、多路径效应）。

卫星 s 在参考历元 t_0 的伪距改正由下式计算：

$$\mathrm{PRC}^s(t_0) = \rho_A^s(t_0) - R_A^s(t_0) = -\Delta\rho_A^s(t_0) - \Delta\rho^s(t_0) - \Delta\rho_A(t_0) \tag{8.18}$$

$\rho_A^s(t_0)$ 根据基站的已知位置与广播星历计算得出，$R_A^s(t_0)$ 是观测量。除了伪距改正 $\mathrm{PRC}^s(t_0)$，基站位置关于时间的偏导（距离变化率）$\mathrm{PRC}^s(t_0)$ 也可确定。

参考历元 t_0 的距离和距离变化率被实时传送到流动站 B。流动站 B 在 t 时刻伪距改正值可由下式预测：

$$PRC^s(t) = PRC^s(t_0) + RRC^s(t_0)(t - t_0) \tag{8.19}$$

式中，$t-t_0$ 是对于参考时刻的时间延迟。伪距变化率和时间延迟越小，预测 $\mathrm{PRC}^s(t)$ 的精度越高。

流动站 B 于历元 t 所得的伪距值可由式（8.17）给出：

$$R_B^s(t) = \rho_B^s(t) + \Delta\rho_B^s(t) + \Delta\rho^s(t) + \Delta\rho_B(t) \tag{8.20}$$

由式（8.19），将预测的伪距改正值 $\mathrm{PRC}^s(t)$ 代入观测伪距 $R_B^s(t)$ 可得

$$R_B^s(t)_{\mathrm{corr}} = R_B^s(t) + \mathrm{PRC}^s(t) \tag{8.21}$$

将式（8.18）～（8.20）代入式（8.21）可得

$$R_B^s(t)_{\mathrm{corr}} = \rho_B^s(t) + (\Delta\rho_B^s(t) - \Delta\rho_A^s(t)) + (\Delta\rho_B(t) - \Delta\rho_A(t)) \tag{8.22}$$

这样与卫星有关的误差就被消除了。当基站与流动站的距离在一定范围内时，传播路径引起的偏差强相关，因此，径向的轨道误差及大气折射的影响将大大减弱，

忽略这些偏差，式（8.22）可简化为

$$R_B^{\mathrm{s}}(t)_{\mathrm{corr}} = \rho_B^{\mathrm{s}}(t) + \Delta\rho_{AB}(t) \tag{8.23}$$

式中，$\Delta\rho_{AB}(t) = \Delta\rho_B(t) - \Delta\rho_A(t)$。如果忽略多路径效应影响，$\Delta\rho_{AB}(t)$这一项即为两个接收机的钟差之差，即$\Delta\rho_{AB}(t) = c\delta_{AB}(t) = c\delta_B(t) - c\delta_A(t)$。如果不存在时间延迟，则等同于接收机$A$与$B$之间的伪距单差，差分定位转化为相对定位。

流动站B利用改正后的伪距$R_B^{\mathrm{s}}(t)_{\mathrm{corr}}$定位，其定位精度可大大提高。伪距DGNSS与伪距单点定位的基本原理相同，只是利用固定站的伪距改正值对流动站的伪距观测值做了修正。

3. 载波相位DGNSS

设在t_0时刻测得基站A相对于卫星s的载波相位观测为

$$\lambda_A \Phi_A^{\mathrm{s}}(t_0) = \rho_A^{\mathrm{s}}(t_0) + \Delta\rho_A^{\mathrm{s}}(t_0) + \Delta\rho^{\mathrm{s}}(t_0) + \Delta\rho_A(t_0) + \lambda^{\mathrm{s}} N_A^{\mathrm{s}} \tag{8.24}$$

式中，$\rho_A^{\mathrm{s}}(t_0)$是卫星与基站A之间的真实距离；$\Delta\rho_A^{\mathrm{s}}(t_0)$为与地面基站和卫星位置相关的测距误差；$\Delta\rho^{\mathrm{s}}(t_0)$是只与卫星有关的测距误差；$\Delta\rho_A(t_0)$是只与接收机有关的测距误差；$N_A^{\mathrm{s}}$为整周模糊度。

卫星s在参考历元t_0的载波相位改正由下式计算：

$$\mathrm{PRC}^{\mathrm{s}}(t_0) = \rho_A^{\mathrm{s}}(t_0) - \lambda_A \Phi_A^{\mathrm{s}}(t_0) = -\Delta\rho_A^{\mathrm{s}}(t_0) - \Delta\rho^{\mathrm{s}}(t_0) - \Delta\rho_A(t_0) - \lambda^{\mathrm{s}} N_A^{\mathrm{s}} \tag{8.25}$$

基站A的距离变化率改正公式，以及预报距离改正应用到流动站B的载波相位观测值，均与伪距步骤类似，改正后的相位伪距为

$$\lambda_{\mathrm{s}} \Phi_B^{\mathrm{s}}(t)_{\mathrm{corr}} = \rho_B^{\mathrm{s}}(t) + \Delta\rho_{AB}(t) + \lambda_{\mathrm{s}} N_{AB}^{\mathrm{s}} \tag{8.26}$$

式中，$\Delta\rho_{AB}(t) = \Delta\rho_B(t) - \Delta\rho_A(t)$，$N_{AB}^{\mathrm{s}} = N_B^{\mathrm{s}} - N_A^{\mathrm{s}}$为相位模糊度的单差。同伪距模型一样，如果忽略多路径效应，$\Delta\rho_{AB}(t)$则转换为以距离表示的两个接收机钟差之差，即$\Delta\rho_{AB}(t) = c\delta_{AB}(t) = c\delta_B(t) - c\delta_A(t)$。

流动站B可利用改正后的载波相位$\Phi_B^{\mathrm{s}}(t)_{\mathrm{corr}}$进行单点定位。载波相位DGNSS基本原理与载波相位单点定位原理基本一致。

DGNSS 有一种扩展应用方式——区域 DGNSS（LADGNSS）。其特点是建立了参考站网，覆盖区域比单一参考站的范围广。LADGNSS 不仅可以覆盖难以到达的地区，而且在一个参考站失效的情况下，仍可保持较高水平的完备性和可靠性。

8.1.3　相对定位原理

如图 8.2 所示，相对定位即确定未知点相对于一个已知点的坐标，通常已知点是定点。所谓相对定位，目的在于确定两点的相对位置，即两点间的位置矢量，称为基线向量。

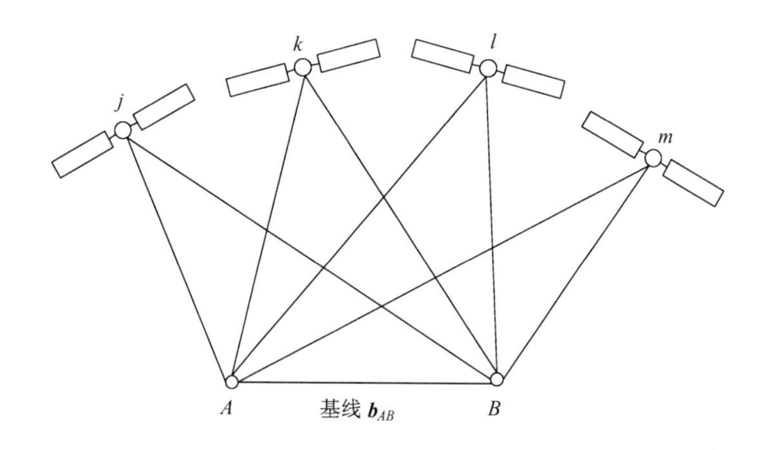

图 8.2　相对定位原理图

如图 8.2 所示，A 为已知参考点，B 为未知点，$\boldsymbol{b}_{AB}$ 为基线向量。设 A、B 两点的位置矢量分别为 $\boldsymbol{P}_A$ 和 $\boldsymbol{P}_B$，其关系如下：

$$\boldsymbol{P}_B = \boldsymbol{P}_A + \boldsymbol{b}_{AB} \tag{8.27}$$

$\boldsymbol{b}_{AB}$ 在 ECEF 坐标系中表示为

$$\boldsymbol{b}_{AB} = \begin{bmatrix} X_B - X_A \\ Y_B - Y_A \\ Z_B - Z_A \end{bmatrix} = \begin{bmatrix} \Delta X_{AB} \\ \Delta Y_{AB} \\ \Delta Z_{AB} \end{bmatrix} \tag{8.28}$$

参考点的坐标需要提前给出，也可通过伪距单点定位近似获得。通常情况下，参考点位置需要精确确定。在相对定位中，至少两个测站同步观测同一组卫星，观测值中所包含的卫星轨道误差、卫星钟差、电离层延迟和对流层延迟等误差可能相同或相近，因此，可以将这些观测值在不同的接收机、卫星或历元之间求差，大大减弱有关误差的影响。按求差次数，其可分为单差、双差和三差。本节中所指的单差为接收机之间求差，双差指在接收机和卫星之间二次求差，三差指在接收机、卫星和观测历元之间三次求差。相对定位是目前定位精度最高的一种定位方法，它广泛应用于大地测量、精密工程测量等领域。相对定位的结果是已知点和未知点之间的基线向量。

1. 单差

单差观测模型中包含两台接收机和一颗卫星，用 A 和 B 表示接收机，j 表示卫星，这两点在 t 时刻的相位方程为

$$\begin{cases}\Phi_A^j(t)+f^j\delta^j(t)=\dfrac{1}{\lambda^j}\rho_A^j(t)+N_A^j+f^j\delta_A(t)\\\Phi_B^j(t)+f^j\delta^j(t)=\dfrac{1}{\lambda^j}\rho_B^j(t)+N_B^j+f^j\delta_B(t)\end{cases}\tag{8.29}$$

与式（8.3）相比，式（8.29）中 $\Phi_A^j(t)$ 和 $\Phi_B^j(t)$ 包含卫星钟差。两方程相减有

$$\Phi_B^j(t)-\Phi_A^j(t)=\frac{1}{\lambda^j}(\rho_B^j(t)-\rho_A^j(t))+N_B^j-N_A^j+f^j(\delta_B(t)-\delta_A(t))\tag{8.30}$$

式（8.30）即为单差方程，该方程消除了卫星钟差，不必通过误差模型来模拟卫星钟差，减小了因为卫星钟差模型与实际情况不完全相符带来的残差。该方程未知数集中在右边，联立方程组合在有大量多余观测量的情况下也可能出现秩亏，因此，可以引用相对量：

$$\begin{cases}N_{AB}^j=N_B^j-N_A^j\\\delta_{AB}(t)=\delta_B(t)-\delta_A(t)\end{cases}\tag{8.31}$$

采用如下简写：

$$\begin{cases}\Phi_{AB}^j(t)=\Phi_B^j(t)-\Phi_A^j(t)\\\rho_{AB}^j(t)=\rho_B^j(t)-\rho_A^j(t)\end{cases}\tag{8.32}$$

将式（8.31）和式（8.32）代入式（8.30）中，可得单差方程的最终形式：

$$\Phi_{AB}^{j}(t)=\frac{1}{\lambda^{j}}\rho_{AB}^{j}(t)+N_{AB}^{j}+f^{j}\delta_{AB}(t) \tag{8.33}$$

2. 双差

假设 A、B 两点对卫星 j、k 同时观测，根据式（8.33）可组成两个单差观测方程为

$$\begin{cases}\Phi_{AB}^{j}(t)=\dfrac{1}{\lambda^{j}}\rho_{AB}^{j}(t)+N_{AB}^{j}+f^{j}\delta_{AB}(t)\\ \Phi_{AB}^{k}(t)=\dfrac{1}{\lambda^{k}}\rho_{AB}^{k}(t)+N_{AB}^{k}+f^{k}\delta_{AB}(t)\end{cases} \tag{8.34}$$

将两个单差方程相减即可得到以下双差方程，有两种情况，如下：

（1）j、k 两颗卫星频率相同。

设 $f=f^{j}=f^{k}$，则双差方程为

$$\Phi_{AB}^{k}(t)-\Phi_{AB}^{j}(t)=\frac{1}{\lambda}(\rho_{AB}^{k}(t)-\rho_{AB}^{j}(t))+(N_{AB}^{k}-N_{AB}^{j}) \tag{8.35}$$

可见，在两颗卫星频率相同的情况下，双差方程可进一步消除接收机钟差。

在式（8.35）中引入类似式式（8.32）的缩写形式，可得

$$\Phi_{AB}^{jk}(t)=\frac{1}{\lambda}\rho_{AB}^{jk}(t)+N_{AB}^{jk} \tag{8.36}$$

引入如下约定：

$$*_{AB}^{jk}=*_{AB}^{k}-*_{AB}^{j} \tag{8.37}$$

式中，“ * ” 可用Φ、ρ或N替换。

$$*_{AB}^{jk}=(*_{B}^{k}-*_{A}^{k})-(*_{B}^{j}-*_{A}^{j})=*_{B}^{k}-*_{B}^{j}-*_{A}^{k}+*_{A}^{j} \tag{8.38}$$

具体为

$$\begin{cases}\Phi_{AB}^{jk}=\Phi_{B}^{k}-\Phi_{B}^{j}-\Phi_{A}^{k}+\Phi_{A}^{j}\\ \rho_{AB}^{jk}=\rho_{B}^{k}-\rho_{B}^{j}-\rho_{A}^{k}+\rho_{A}^{j}\\ N_{AB}^{jk}=N_{B}^{k}-N_{B}^{j}-N_{A}^{k}+N_{A}^{j}\end{cases} \tag{8.39}$$

（2）j、k 两颗卫星频率不同。

将式（8.22）两侧同乘 λ^j 有，A、B 两点对卫星 j 所测得的载波相位模型方程为

$$\begin{cases}\lambda^j \Phi_A^j(t) + c\delta^j(t) = \rho_A^j(t) + \lambda^j N_A^j + c\delta_A(t) \\ \lambda^j \Phi_B^j(t) + c\delta^j(t) = \rho_B^j(t) + \lambda^j N_B^j + c\delta_B(t)\end{cases} \tag{8.40}$$

设 $\tilde{\Phi}^j(t) = \lambda^j \Phi_A^j(t)$，则式（8.40）中两个方程的单差为

$$\tilde{\Phi}_B^j(t) - \tilde{\Phi}_A^j(t) = \rho_B^j(t) - \rho_A^j(t) + \lambda^j (N_B^j - N_A^j) + c(\delta_B(t) - \delta) \tag{8.41}$$

式中，$c = \lambda^j f^j$ 为光速。引入式（8.32）的缩写 $*_{AB}^j = *_B^j - *_A^j$，可得更简化的形式为

$$\tilde{\Phi}_{AB}^j(t) = \rho_{AB}^j(t) + \lambda^j N_{AB}^j + c\delta_{AB}(t) \tag{8.42}$$

设两颗卫星 j、k 两个如式（8.42）的单差，继而可得双差方程，即

$$\tilde{\Phi}_{AB}^k(t) - \tilde{\Phi}_{AB}^j(t) = \rho_{AB}^k(t) - \rho_{AB}^j(t) + \lambda^k N_{AB}^k - \lambda^j N_{AB}^j \tag{8.43}$$

将式（8.43）根据 $*_{AB}^{jk} = *_{AB}^k - *_{AB}^j$ 缩写为

$$\tilde{\Phi}_{AB}^{jk}(t) = \rho_{AB}^{jk}(t) + \lambda^k N_{AB}^k - \lambda^j N_{AB}^j \tag{8.44}$$

将式（8.44）右侧以 $-\lambda^k N_{AB}^j + \lambda^k N_{AB}^j$ 形式加零，重新组合得

$$\tilde{\Phi}_{AB}^{jk}(t) = \rho_{AB}^{jk}(t) + \lambda^k N_{AB}^{jk} + N_{AB}^j(\lambda^k - \lambda^j) \tag{8.45}$$

与式（8.36）相比，式（8.45）不同之处在于偏差项 $b_{SD} = N_{AB}^j(\lambda^k - \lambda^j)$。对于很小的频差，$b_{SD}$ 相当于一个多余参数；对于频差较大的情况，建议使用迭代方法处理。有关这一问题详细处理请参阅相关文献。

3. 三差

单差和双差仅考虑了一个历元 t，为了消除与时间无关的模糊度的影响，可对两个历元的双差求差。只考虑 $f^j = f^k$ 的情况，用 t_1 和 t_2 表示式（8.36）中的两个历元：

$$\begin{cases} \Phi_{AB}^{jk}(t_1) = \dfrac{1}{\lambda}\rho_{AB}^{jk}(t_1) + N_{AB}^{jk} \\ \Phi_{AB}^{jk}(t_2) = \dfrac{1}{\lambda}\rho_{AB}^{jk}(t_2) + N_{AB}^{jk} \end{cases} \tag{8.46}$$

将式（8.46）的两个双差方程相减，可得到三差方程：

$$\Phi_{AB}^{jk}(t_2) - \Phi_{AB}^{jk}(t_1) = \frac{1}{\lambda}(\rho_{AB}^{jk}(t_2) - \rho_{AB}^{jk}(t_1)) \tag{8.47}$$

进一步简化为

$$\Phi_{AB}^{jk}(t_{12}) = \frac{1}{\lambda}\rho_{AB}^{jk}(t_{12}) \tag{8.48}$$

设符号式：

$$*(t_{12}) = *(t_2) - *(t_1) \tag{8.49}$$

将上式应用于 Φ 和 ρ，可得

$$\Phi_{AB}^{jk}(t_{12}) = \Phi_B^k(t_2) - \Phi_B^j(t_2) - \Phi_A^k(t_2) + \Phi_A^j(t_2) - \Phi_B^k(t_1) + \Phi_B^j(t_1) + \Phi_A^k(t_1) - \Phi_A^j(t_1) \tag{8.50}$$

$$\rho_{AB}^{jk}(t_{12}) = \rho_B^k(t_2) - \rho_B^j(t_2) - \rho_A^k(t_2) + \rho_A^j(t_2) - \rho_B^k(t_1) + \rho_B^j(t_1) + \rho_A^k(t_1) - \rho_A^j(t_1) \tag{8.51}$$

可以证明，当 $f^j \neq f^k$ 时，得

$$\tilde{\Phi}_{AB}^{jk}(t_{12}) = \rho_{AB}^{jk}(t_{12}) \tag{8.52}$$

三差消除了模糊度的影响，不再需要求解模糊度。

根据待测接收机的运动状态，我们将相对定位分为静态相对定位和动态相对定位，所谓静态相对定位，即参考站和待测站都静止；所谓动态相对定位，即参考站静止，待测站移动。单差、双差和三差方程是相对定位的基本数学模型，无论是静态相对定位还是动态相对定位，上述方程都适用。但是与静态相对定位相比，动态相对定位牵涉到了待测站的速度，单差、双差和三差方差都隐含了距离变化，所以，静态和动态相对定位所求解的未知数个数不同，所需的观测方程个数也不同，下面，我们就对此进行讨论。

4. 静态相对定位

相对定位实际上求解的是参考站和待测站之间的基线向量。假设 A、B 分别是两台静止的接收机，A 为参考站，B 为待测站，假定两个测站 A、B 在相同的历元能观测到相同的卫星，不考虑实际应用中的卫星失锁问题，单差、双差和三差的观测方程个数与未知量的关系如下，仍用 n_t 表示观测历元数，n_s 表示观测卫星数。

单差是相对于每一颗卫星和每一个历元而言的，因此观测量的总数为 $n_t n_s$，参见式（8.33）$\varPhi_{AB}^{j}(t)=\dfrac{1}{\lambda^{j}}\rho_{AB}^{j}(t)+N_{AB}^{j}+f^{j}\delta_{AB}(t)$，未知量个数与观测方程个数的数量关系为

$$n_s n_t \geqslant 3+n_s+n_t \tag{8.53}$$

观测 n_t 个历元，对于接收机 A 和 B 就有 n_t 个钟差之差，观测 n_s 颗卫星，对于接收机 A 和 B 就有 n_s 个整周模糊度之差，因此，未知量个数为 $3+n_s+n_t$；对每个历元，观测 n_s 颗卫星，就有 n_s 个观测方程，观测 n_t 个历元，就有 $n_t n_s$ 个观测方程，要想求解待测站 B 的位置，则观测方程的个数不小于未知数的个数，故有式（8.53）的数量关系。求解式（8.53）可得

$$n_t \geqslant \frac{n_s+3}{n_s-1} \tag{8.54}$$

根据式（8.54）可知，$n_s-1\neq 0$，一颗卫星无法求解。n_s 最小为 2，当 n_s=2 时，可以得到 $n_t\geqslant 4$，有解；n_s 最常用为 4，当 n_s=4 时，可以得到 $n_t\geqslant 3$，有解。

同理可得双差方程与未知量的关系。一个双差方程需要 2 颗卫星，所以对于 n_s 颗卫星，在每个历元可以得到 n_s-1 个双差方程，因此双差方程总数为 $(n_s-1)\,n_t$。参见式（8.36）$\varPhi_{AB}^{jk}(t)=\dfrac{1}{\lambda}\rho_{AB}^{jk}(t)+N_{AB}^{jk}$，当卫星信号频率相同时，方程中不含接收机钟差项，未知数和观测方程之间的数量关系为

$$(n_s-1)n_t \geqslant 3+(n_s-1) \tag{8.55}$$

求解式（8.55）可得

$$n_t \geqslant \frac{n_s+2}{n_s-1} \tag{8.56}$$

式（8.55）有解的基本条件为 n_s=2，$n_t \geqslant 4$ 和 n_s=4，$n_t \geqslant 2$。为了避免在应用双差数学模型求解待测站位置时产生线性相关方程，通常情况下，使用同一颗参考卫星，其他卫星的观测值与此参考卫星进行差分。

当卫星信号频率不同时，式（8.56）同样适用，参见式（8.45），单差模糊度个数与式（8.33）一致，总计为 n_s，如果将其中一颗卫星单差模糊度作为参考，可以组合成 n_s−1 个双差模糊度。

参见式（8.52）$\tilde{\Phi}_{AB}^{jk}(t_{12}) = \rho_{AB}^{jk}(t_{12})$，三差模型中未知数仅包含三个未知点坐标。一个三差需要两个历元，因此当历元为 n_t 时，可有 n_t−1 个线性无关的历元组合。因此有：

$$(n_s - 1)(n_t - 1) \geqslant 3 \tag{8.57}$$

可得

$$n_t \geqslant \frac{n_s + 2}{n_s - 1} \tag{8.58}$$

式（8.58）与式（8.56）一致，因此其有解的基本条件仍为：n_s=2，$n_t \geqslant 4$ 和 n_s=4，$n_t \geqslant 2$。

以上讨论了静态相对定位中，分别以单差、双差和三差为数学模型求解待测站位置时，观测历元数与可见星数之间的数量关系。动态相对定位中，由于待测站的位置在不停变化，因此观测历元数与可见星数之间的数量关系不同于静态相对定位，讨论如下。

5. 动态相对定位

在动态相对定位中，参考站 A 固定在基线向量已知的点上，流动站 B 是移动的，流动站点 B 和卫星 j 在静态状况下的几何距离为

$$\rho_B^j(t) = \sqrt{(X^j(t) - X_B)^2 + (Y^j(t) - Y_B)^2 + (Z^j(t) - Z_B)^2} \tag{8.59}$$

在动态情况下的几何距离为

$$\rho_B^j(t) = \sqrt{(X^j(t) - X_B(t))^2 + (Y^j(t) - Y_B(t))^2 + (Z^j(t) - Z_B(t))^2} \tag{8.60}$$

式（8.59）中，点 B 的位置参数与时间无关；式（8.60）中，点 B 的位置参数与时间有关。在动态相对定位中，每个历元待测站的三个坐标分量均未知。因此，对于 n_t 个历元则有总数为 $3n_t$ 的未知测站坐标。类似于静态单差和双差模型，参见式（8.33）和式（8.36），动态相对定位中观测量个数与未知量个数的关系为

$$\begin{cases} n_s n_t \geqslant 3n_t + n_s + n_t, & \text{单差} \\ (n_s - 1)n_t \geqslant 3n_t + (n_s - 1), & \text{双差} \end{cases} \tag{8.61}$$

单差方程有解的基本条件为

$$n_t \geqslant \frac{n_s}{n_s - 4} = 1 + \frac{4}{n_s - 4}, \quad n_s \geqslant 4 \tag{8.62}$$

双差方程有解的基本条件为

$$n_t \geqslant \frac{n_s - 1}{n_s - 4} = 1 + \frac{3}{n_s - 4}, \quad n_s \geqslant 4 \tag{8.63}$$

对于移动的待测站，要求其在某个历元的位置，只能利用该历元的观测量，但从式（8.62）和式（8.63）中可知，要使式（8.33）和式（8.36）有解，需有 $n_t \geqslant 2$。所以，单差和双差模型不能满足动态相对定位的要求。我们可以对单差和双差模型进行修改，通过忽略整周模糊度未知数来减少未知数的数量，即假定模糊度是已知的。对于单差的情形，模糊修正后的单差定位观测条件为 $n_s n_t \geqslant 4n_t$，对于单一历元该条件为 $n_s \geqslant 4$。同样，对于双差模型来说，忽略 $n_s - 1$ 个模糊度，可以得到其基本定位条件 $(n_s - 1)\, n_t \geqslant 3n_t$，对于单一历元该条件为 $n_s \geqslant 4$。因此，对于忽略整周模糊度的单差和双差模型，基本要求都是至少需要同步观测 4 颗卫星。但是，这就需要提前求解整周模糊度。

忽略单差和双差的模糊度意味着这些模糊度是已知的。式（8.33）的单差模型改写为

$$\Phi_{AB}^{j}(t) - N_{AB}^{j} = \frac{1}{\lambda^{j}} \rho_{AB}^{j}(t) + f^{j} \delta_{AB}(t) \tag{8.64}$$

式（8.36）的双差模型改写为

$$\Phi_{AB}^{jk}(t) - N_{AB}^{jk} = \frac{1}{\lambda} \rho_{AB}^{jk}(t) \tag{8.65}$$

三差模型在动态定位中受到很大限制。原则上，因为流动站的位置是随历元变化的，由位于固定位置的两个测站在两个历元的两颗卫星所构成的三差模型在动态定位中是无法使用的。然而，如果在参考历元流动接收机的坐标已知，就可以使用三差模型。在这种情况下，将式（8.52）引入含有 $3n_t$ 个未知量的动态模型中，并减去 3 个流动站坐标的未知数（流动站在参考历元坐标已知），可得关系式 $(n_s-1)(n_t-1)\geqslant 3(n_t-1)$，由此可推出 $n_s\geqslant 4$，与忽略模糊度的单差和双差模型有解的基本条件相同。

如果卫星信号的频率不同，也可以得到类似的双差关系式。参考式（8.45），包含模糊度的两项可以移到方程的左边表示它们已知，方程右边只剩下一项 $\rho_{AB}^{jk}(t)$。

因此，如果流动站的某一个点位是已知的，那么所有的方程都可解算。最好这个已知点为流动站的起始点，与这个起始点相关的基线指定为起始矢量。只要不发生信号失锁并保证视野中至少有 4 颗卫星，有了已知的起始矢量，就可以确定所有流动站后继点的模糊度。

8.2　观测方程的线性化

根据 8.1 节中单点定位的伪距观测方程式（8.1）和载波相位观测方程式（8.3）可知，卫星定位的数学模型中只有接收机与卫星之间的真实距离 ρ 是含有未知数的非线性项。在用最小二乘法和扩展卡尔曼滤波法进行定位解算时，观测方程必须是线性方程，故先讨论观测方程的线性化问题。根据式（8.2），令：

$$\rho_{\mathrm{r}}^{\mathrm{s}}=\sqrt{(X^{\mathrm{s}}-X_{\mathrm{r}})^2+(Y^{\mathrm{s}}-Y_{\mathrm{r}})^2+(Z^{\mathrm{s}}-Z_{\mathrm{r}})^2}=f(X_{\mathrm{r}},Y_{\mathrm{r}},Z_{\mathrm{r}}) \tag{8.66}$$

式（8.60）表明距离 $\rho_{\mathrm{r}}^{\mathrm{s}}$ 是待定点坐标 $\boldsymbol{P}_{\mathrm{r}}=[X_{\mathrm{r}}\quad Y_{\mathrm{r}}\quad Z_{\mathrm{r}}]$ 的函数。假设待定点坐标的近似值为 $\boldsymbol{P}_{\mathrm{r}0}=[X_{\mathrm{r}0}\quad Y_{\mathrm{r}0}\quad Z_{\mathrm{r}0}]$，则近似距离 $\rho_{\mathrm{r}0}^{\mathrm{s}}$ 为

$$\rho_{\mathrm{r}0}^{\mathrm{s}}=\sqrt{(X^{\mathrm{s}}-X_{\mathrm{r}0})^2+(Y^{\mathrm{s}}-Y_{\mathrm{r}0})^2+(Z^{\mathrm{s}}-Z_{\mathrm{r}0})^2} \tag{8.67}$$

根据待定点坐标的近似值，可将待定点坐标 X_{r}、Y_{r}、Z_{r} 分解为

$$\begin{cases}X_{\mathrm{r}}=X_{\mathrm{r}0}+\Delta X_{\mathrm{r}}\\ Y_{\mathrm{r}}=Y_{\mathrm{r}0}+\Delta Y_{\mathrm{r}}\\ Z_{\mathrm{r}}=Z_{\mathrm{r}0}+\Delta Z_{\mathrm{r}}\end{cases} \tag{8.68}$$

式中，ΔX_{r}、ΔY_{r} 和 ΔZ_{r} 是新未知参数，而 ΔX_{r0}、ΔY_{r0} 和 ΔZ_{r0} 已知，于是有

$$f(X_{\mathrm{r}},Y_{\mathrm{r}},Z_{\mathrm{r}})=f(X_{\mathrm{r0}}+\Delta X_{\mathrm{r}},Y_{\mathrm{r0}}+\Delta Y_{\mathrm{r}},Z_{\mathrm{r0}}+\Delta Z_{\mathrm{r}}) \tag{8.69}$$

将 $f(X_{\mathrm{r0}}+\Delta X_{\mathrm{r}},Y_{\mathrm{r0}}+\Delta Y_{\mathrm{r}},Z_{\mathrm{r0}}+\Delta Z_{\mathrm{r}})$ 在点 $\boldsymbol{P}_{\mathrm{r0}}=[X_{\mathrm{r0}}\quad Y_{\mathrm{r0}}\quad Z_{\mathrm{r0}}]$ 处展开为泰勒级数，即

$$\begin{aligned}f(X_{\mathrm{r}},Y_{\mathrm{r}},Z_{\mathrm{r}})&=f(X_{\mathrm{r0}}+\Delta X_{\mathrm{r}},Y_{\mathrm{r0}}+\Delta Y_{\mathrm{r}},Z_{\mathrm{r0}}+\Delta Z_{\mathrm{r}})=f(X_{\mathrm{r0}},Y_{\mathrm{r0}},Z_{\mathrm{r0}})+\\&\left(\frac{\partial f(X_{\mathrm{r}},Y_{\mathrm{r}},Z_{\mathrm{r}})}{\partial X_{\mathrm{r}}}\Big|_{X_{\mathrm{r}}=X_{\mathrm{r0}}}\right)\Delta X_{r}+\left(\frac{\partial f(X_{\mathrm{r}},Y_{\mathrm{r}},Z_{\mathrm{r}})}{\partial Y_{r}}\Big|_{Y_{\mathrm{r}}=Y_{\mathrm{r0}}}\right)\Delta Y_{\mathrm{r}}+\\&\left(\frac{\partial f(X_{\mathrm{r}},Y_{\mathrm{r}},Z_{\mathrm{r}})}{\partial Z_{\mathrm{r}}}\Big|_{Z_{\mathrm{r}}=Z_{\mathrm{r0}}}\right)\Delta Z_{\mathrm{r}}+\cdots\end{aligned} \tag{8.70}$$

展开式中只包含一阶线性项，二阶及以上的高阶项很小，可忽略不计。在近似点 $\boldsymbol{P}_{r0}$ 处的各项偏导数可由式（8.61）求得，即

$$\begin{cases}\dfrac{\partial f(X_{\mathrm{r}},Y_{\mathrm{r}},Z_{\mathrm{r}})}{\partial X_{\mathrm{r}}}\Big|_{X_{\mathrm{r}}=X_{\mathrm{r0}}}=-\dfrac{X^{\mathrm{s}}-X_{\mathrm{r0}}}{\rho_{\mathrm{r0}}^{\mathrm{s}}}\\\dfrac{\partial f(X_{\mathrm{r}},Y_{\mathrm{r}},Z_{\mathrm{r}})}{\partial Y_{\mathrm{r}}}\Big|_{Y_{\mathrm{r}}=Y_{\mathrm{r0}}}=-\dfrac{Y^{\mathrm{s}}-Y_{\mathrm{r0}}}{\rho_{\mathrm{r0}}^{\mathrm{s}}}\\\dfrac{\partial f(X_{\mathrm{r}},Y_{\mathrm{r}},Z_{\mathrm{r}})}{\partial Z_{\mathrm{r}}}\Big|_{Z_{\mathrm{r}}=Z_{\mathrm{r0}}}=-\dfrac{Z^{\mathrm{s}}-Z_{\mathrm{r0}}}{\rho_{\mathrm{r0}}^{\mathrm{s}}}\end{cases} \tag{8.71}$$

将式（8.61）和式（8.65）代入式（8.70）可得

$$\rho_{\mathrm{r}}^{\mathrm{s}}=\rho_{\mathrm{r0}}^{\mathrm{s}}+\frac{X_{\mathrm{r0}}-X^{\mathrm{s}}}{\rho_{\mathrm{r0}}^{\mathrm{s}}}\Delta X_{\mathrm{r}}+\frac{Y_{\mathrm{r0}}-Y^{\mathrm{s}}}{\rho_{\mathrm{r0}}^{\mathrm{s}}}\Delta Y_{\mathrm{r}}+\frac{Z_{\mathrm{r0}}-Z^{\mathrm{s}}}{\rho_{\mathrm{r0}}^{\mathrm{s}}}\Delta Z_{\mathrm{r}} \tag{8.72}$$

上式即为未知参数 ΔX_{r}、ΔY_{r} 和 ΔZ_{r} 的线性方程。以下的伪距和载波相位单点定位模型均以单历元为例。

8.2.1 伪距单点定位的线性化模型

伪距单点定位的数学模型如式（8.1），模型中除了真实距离之外，只含接收机钟差，电离层、对流层误差以及卫星钟差已通过误差模型剔除。将式（8.72）代入式（8.1）可得

$$R_{\mathrm{r}}^{\mathrm{s}} = \rho_{\mathrm{r0}}^{\mathrm{s}} + \frac{X_{\mathrm{r0}} - X^{\mathrm{s}}}{\rho_{\mathrm{r0}}^{\mathrm{s}}}\Delta X_{\mathrm{r}} + \frac{Y_{\mathrm{r0}} - Y^{\mathrm{s}}}{\rho_{\mathrm{r0}}^{\mathrm{s}}}\Delta Y_{\mathrm{r}} + \frac{Z_{\mathrm{r0}} - Z^{\mathrm{s}}}{\rho_{\mathrm{r0}}^{\mathrm{s}}}\Delta Z_{\mathrm{r}} + c\delta_{\mathrm{r}} \tag{8.73}$$

将式（8.73）中含有未知量的项移到等式的左边，整理得

$$R_{\mathrm{r}}^{\mathrm{s}} - \rho_{\mathrm{r0}}^{\mathrm{s}} = \frac{X_{\mathrm{r0}} - X^{\mathrm{s}}}{\rho_{\mathrm{r0}}^{\mathrm{s}}}\Delta X_{\mathrm{r}} + \frac{Y_{\mathrm{r0}} - Y^{\mathrm{s}}}{\rho_{\mathrm{r0}}^{\mathrm{s}}}\Delta Y_{\mathrm{r}} + \frac{Z_{\mathrm{r0}} - Z^{\mathrm{s}}}{\rho_{\mathrm{r0}}^{\mathrm{s}}}\Delta Z_{\mathrm{r}} + c\delta_{\mathrm{r}} \tag{8.74}$$

式中，有 ΔX_{r}、ΔY_{r}、ΔZ_{r} 和 δ_{r} 4 个未知参数，鉴于 δ_{r} 很小，为了保证运算时的数值稳定，通常将 $c\delta_{\mathrm{r}}$ 作为未知参数。假设由 n 个导航卫星系统完成载体定位，由于对于不同的系统，接收机的钟差不同，所以有 $3+n$ 个未知量需要求解，需要 $3+n$ 颗卫星。以单系统为例，式（8.73）中各项可简记为

$$\begin{cases} l^{\mathrm{s}} = R_{\mathrm{r}}^{\mathrm{s}} - \rho_{\mathrm{r0}}^{\mathrm{s}} \\ a_{X_{\mathrm{r}}}^{\mathrm{s}} = \dfrac{X_{\mathrm{r0}} - X^{\mathrm{s}}}{\rho_{\mathrm{r0}}^{\mathrm{s}}} \\ a_{Y_{\mathrm{r}}}^{\mathrm{s}} = \dfrac{Y_{\mathrm{r0}} - Y^{\mathrm{s}}}{\rho_{\mathrm{r0}}^{\mathrm{s}}} \\ a_{Z_{\mathrm{r}}}^{\mathrm{s}} = \dfrac{Z_{\mathrm{r0}} - Z^{\mathrm{s}}}{\rho_{\mathrm{r0}}^{\mathrm{s}}} \end{cases} \tag{8.75}$$

假设将 4 颗卫星按从 1 到 4 编号，则有方程组：

$$\boldsymbol{l} = \boldsymbol{A}\boldsymbol{x} \tag{8.76}$$

其中

$$\boldsymbol{l} = \begin{bmatrix} l^1 \\ l^2 \\ l^3 \\ l^4 \end{bmatrix} = \begin{bmatrix} R_{\mathrm{r}}^1 - \rho_{\mathrm{r0}}^1 \\ R_{\mathrm{r}}^2 - \rho_{\mathrm{r0}}^2 \\ R_{\mathrm{r}}^3 - \rho_{\mathrm{r0}}^3 \\ R_{\mathrm{r}}^4 - \rho_{\mathrm{r0}}^4 \end{bmatrix},\quad \boldsymbol{A} = \begin{bmatrix} a_{X_{\mathrm{r}}}^1 & a_{Y_{\mathrm{r}}}^1 & a_{Z_{\mathrm{r}}}^1 & 1 \\ a_{X_{\mathrm{r}}}^2 & a_{Y_{\mathrm{r}}}^2 & a_{Z_{\mathrm{r}}}^2 & 1 \\ a_{X_{\mathrm{r}}}^3 & a_{Y_{\mathrm{r}}}^3 & a_{Z_{\mathrm{r}}}^3 & 1 \\ a_{X_{\mathrm{r}}}^4 & a_{Y_{\mathrm{r}}}^4 & a_{Z_{\mathrm{r}}}^4 & 1 \end{bmatrix},\quad \boldsymbol{x} = \begin{bmatrix} \Delta X_{\mathrm{r}} \\ \Delta Y_{\mathrm{r}} \\ \Delta Z_{\mathrm{r}} \\ c\delta_{\mathrm{r}} \end{bmatrix} \tag{8.77}$$

$\boldsymbol{A}$ 的具体表达式为

$$
\boldsymbol{A}=\begin{bmatrix}
\dfrac{X_{r0}-X^1}{\rho_{r0}^1} & \dfrac{Y_{r0}-Y^1}{\rho_{r0}^1} & \dfrac{Z_{r0}-Z^1}{\rho_{r0}^1} & 1 \\
\dfrac{X_{r0}-X^2}{\rho_{r0}^2} & \dfrac{Y_{r0}-Y^2}{\rho_{r0}^2} & \dfrac{Z_{r0}-Z^2}{\rho_{r0}^2} & 1 \\
\dfrac{X_{r0}-X^3}{\rho_{r0}^3} & \dfrac{Y_{r0}-Y^3}{\rho_{r0}^3} & \dfrac{Z_{r0}-Z^3}{\rho_{r0}^3} & 1 \\
\dfrac{X_{r0}-X^4}{\rho_{r0}^4} & \dfrac{Y_{r0}-Y^4}{\rho_{r0}^4} & \dfrac{Z_{r0}-Z^4}{\rho_{r0}^4} & 1
\end{bmatrix} \tag{8.78}
$$

将式（8.76）求逆，可得

$$
\boldsymbol{x}=\boldsymbol{A}^{-1}\boldsymbol{l} \tag{8.79}
$$

用上式便可求得 ΔX_r、ΔY_r、ΔZ_r 和 $c\delta_r$，将所求的 ΔX_r、ΔY_r、ΔZ_r 代入式（8.54），可得 $\boldsymbol{P}_r=[X_r \quad Y_r \quad Z_r]$。由于测站近似坐标的选取是任意的，甚至可以假定为零，计算值依赖于近似坐标的精度，因此必须进行迭代计算。

8.2.2 载波相位单点定位的线性化模型

载波相位单点定位模型的线性化过程与上节相同。利用式（8.3），对 ρ_r^s 进行线性化并将已知项移到方程式左边，且方程两边同时乘 λ（假设所有卫星同频率），根据 $c=\lambda f$，得

$$
\lambda\Phi_r^s-\rho_{r0}^s=\frac{X_{r0}-X^s}{\rho_{r0}^s}\Delta X_r+\frac{Y_{r0}-Y^s}{\rho_{r0}^s}\Delta Y_r+\frac{Z_{r0}-Z^s}{\rho_{r0}^s}\Delta Z_r+\lambda N_r^s+c\delta_r \tag{8.80}
$$

与伪距单点定位方程相比，式（8.80）中未知参数中增加了整周模糊度（临近历元的整周模糊度相同）。同样以单系统为例，将方程组写成矩阵向量形式 $\boldsymbol{l}=\boldsymbol{Ax}$，其中，

$$
\boldsymbol{l}=\begin{bmatrix} l^1 \\ l^2 \\ l^3 \\ l^4 \end{bmatrix}=\begin{bmatrix} \lambda\Phi_r^1-\rho_{r0}^1 \\ \lambda\Phi_r^2-\rho_{r0}^2 \\ \lambda\Phi_r^3-\rho_{r0}^3 \\ \lambda\Phi_r^4-\rho_{r0}^4 \end{bmatrix},\quad
\boldsymbol{A}=\begin{bmatrix}
a_{X_r}^1 & a_{Y_r}^1 & a_{Z_r}^1 & \lambda & 0 & 0 & 0 & 1 \\
a_{X_r}^2 & a_{Y_r}^2 & a_{Z_r}^2 & 0 & \lambda & 0 & 0 & 1 \\
a_{X_r}^3 & a_{Y_r}^3 & a_{Z_r}^3 & 0 & 0 & \lambda & 0 & 1 \\
a_{X_r}^4 & a_{Y_r}^4 & a_{Z_r}^4 & 0 & 0 & 0 & \lambda & 1
\end{bmatrix},
$$

$$
\boldsymbol{x}=[\Delta X_r \quad \Delta Y_r \quad \Delta Z_r \quad N_r^1 \quad N_r^2 \quad N_r^3 \quad N_r^4 \quad c\delta_r]^{\mathrm{T}} \tag{8.81}
$$

显然，上述 $\boldsymbol{l}=\boldsymbol{Ax}$ 的方程组中，4 个方程含有 8 个未知参数。对于单一历元，设观测到的可见星为 n 个，利用载波相位单点定位，未知数个数为 n+4 个，这意味着利用单一历元的观测量，无法进行载波相位单点定位。所以，需要通过增加观测历元来求解，但是每增加一个观测历元，钟差项就会相应地增加一个。设需要观测的历元数为 m 个，每个历元观测的可见星个数为 n 个，则 m、n 需要满足以下方程才可完成定位：

$$mn \geqslant m+n+4 \tag{8.82}$$

整理上式，得

$$m \geqslant \frac{n+4}{n-1} \tag{8.83}$$

8.2.3　相对定位的线性化模型

8.1.3 中给出了相对定位的观测模型，均为载波相位观测模型。这是因为相对定位的目标仅利用载波相位就可获得更高的精度，且载波相位之间组合所得的模型线性化以及线性方程的建立模式相同，对每个模型的处理过程也类似。以载波频率相同的双差模型为例，阐述相对定位的线性化模型。将式（8.36）两边同乘 λ，可得

$$\lambda \Phi_{AB}^{jk} = \rho_{AB}^{jk} + \lambda N_{AB}^{jk} \tag{8.84}$$

$$\rho_{AB}^{jk} = \rho_{B}^{k} - \rho_{B}^{j} - \rho_{A}^{k} + \rho_{A}^{j} \tag{8.85}$$

这表明，一个双差观测值含 4 个观测量，每个观测量均要进行线性化：

$$\begin{aligned}\rho_{AB}^{jk} = &\left(\rho_{B0}^{k} + \frac{X_{B0}-X^{k}}{\rho_{B0}^{k}}\Delta X_{B} + \frac{Y_{B0}-Y^{k}}{\rho_{B0}^{k}}\Delta Y_{B} + \frac{Z_{B0}-Z^{k}}{\rho_{B0}^{k}}\Delta Z_{B}\right) - \\ &\left(\rho_{B0}^{j} + \frac{X_{B0}-X^{j}}{\rho_{B0}^{j}}\Delta X_{B} + \frac{Y_{B0}-Y^{j}}{\rho_{B0}^{j}}\Delta Y_{B} + \frac{Z_{B0}-Z^{j}}{\rho_{B0}^{j}}\Delta Z_{B}\right) - \\ &\left(\rho_{A0}^{k} + \frac{X_{A0}-X^{k}}{\rho_{A0}^{k}}\Delta X_{A} + \frac{Y_{A0}-Y^{k}}{\rho_{A0}^{k}}\Delta Y_{A} + \frac{Z_{A0}-Z^{k}}{\rho_{A0}^{k}}\Delta Z_{A}\right) + \\ &\left(\rho_{A0}^{j} + \frac{X_{A0}-X^{j}}{\rho_{A0}^{j}}\Delta X_{A} + \frac{Y_{A0}-Y^{j}}{\rho_{A0}^{j}}\Delta Y_{A} + \frac{Z_{A0}-Z^{j}}{\rho_{A0}^{j}}\Delta Z_{A}\right)\end{aligned} \tag{8.86}$$

将式（8.86）代入式（8.85），整理得

$$l_{AB}^{jk} = a_{X_A}^{jk}\Delta X_A + a_{Y_A}^{jk}\Delta Y_A + a_{Z_A}^{jk}\Delta Z_A + a_{X_B}^{jk}\Delta X_B + a_{Y_B}^{jk}\Delta Y_B + a_{Z_B}^{jk}\Delta Z_B + \lambda N_{AB}^{jk} \tag{8.87}$$

其中

$$l_{AB}^{jk} = \lambda \Phi_{AB}^{jk} - \rho_{B0}^{k} + \rho_{B0}^{j} + \rho_{A0}^{k} - \rho_{A0}^{j} \tag{8.88}$$

式中，l_{AB}^{jk} 由观测量和所有近似坐标计算得到的项组成。式（8.87）左边的各项分别为

$$\begin{cases} a_{X_A}^{jk} = -\dfrac{X_{A0}-X^k}{\rho_{A0}^k} + \dfrac{X_{A0}-X^j}{\rho_{A0}^j}, a_{Y_A}^{jk} = -\dfrac{Y_{A0}-Y^k}{\rho_{A0}^k} + \dfrac{Y_{A0}-Y^j}{\rho_{A0}^j}, a_{Z_A}^{jk} = -\dfrac{Z_{A0}-Z^k}{\rho_{A0}^k} + \dfrac{Z_{A0}-Z^j}{\rho_{A0}^j} \\ a_{X_B}^{jk} = -\dfrac{X_{B0}-X^k}{\rho_{B0}^k} + \dfrac{X_{B0}-X^j}{\rho_{B0}^j}, a_{Y_B}^{jk} = -\dfrac{Y_{B0}-Y^k}{\rho_{B0}^k} + \dfrac{Y_{B0}-Y^j}{\rho_{B0}^j}, a_{Z_B}^{jk} = -\dfrac{Z_{B0}-Z^k}{\rho_{B0}^k} + \dfrac{Z_{B0}-Z^j}{\rho_{B0}^j} \end{cases} \tag{8.89}$$

相对定位时，一个点的坐标必须已知，假设已知点为 A 点，则方程少了 3 个未知量 ΔX_A、ΔY_A 和 ΔZ_A ($\Delta X_A = \Delta Y_A = \Delta Z_A = 0$)。

式（8.88）可改写为

$$l_{AB}^{jk} = \lambda \Phi_{AB}^{jk} - \rho_{B0}^{k} + \rho_{B0}^{j} + \rho_{A}^{k} - \rho_{A}^{j} \tag{8.90}$$

用双差模型求解 B 点的位置，只观测单一历元是无法完成的，因为方程的个数始终少于位置数的个数。设观测历元数为 m，观测的卫星数为 n，则 m 和 n 必须满足以下方程：

$$m(n-1) \geqslant (n-1)+3 \tag{8.91}$$

整理得

$$m \geqslant \frac{n+2}{n-1} \tag{8.92}$$

当 m=2，n=4 时，$m = \dfrac{n+2}{n-1}$，假设 4 颗卫星 j、k、l、m 和 2 个历元 t_1 和 t_2，可得到如下矩阵表达式：

$$
\boldsymbol{l}=\begin{bmatrix} l_{AB}^{jk}(t_1) \\ l_{AB}^{jl}(t_1) \\ l_{AB}^{jm}(t_1) \\ l_{AB}^{jk}(t_2) \\ l_{AB}^{jl}(t_2) \\ l_{AB}^{jm}(t_2) \end{bmatrix},\quad \boldsymbol{x}=\begin{bmatrix} \Delta X_B \\ \Delta Y_B \\ \Delta Z_B \\ N_{AB}^{jk} \\ N_{AB}^{jl} \\ N_{AB}^{jm} \end{bmatrix},\quad \boldsymbol{A}=\begin{bmatrix} a_{X_B}^{jk}(t_1) & a_{Y_B}^{jk}(t_1) & a_{Z_B}^{jk}(t_1) & \lambda & 0 & 0 \\ a_{X_B}^{jl}(t_1) & a_{Y_B}^{jl}(t_1) & a_{Z_B}^{jl}(t_1) & 0 & \lambda & 0 \\ a_{X_B}^{jm}(t_1) & a_{Y_B}^{jm}(t_1) & a_{Z_B}^{jm}(t_1) & 0 & 0 & \lambda \\ a_{X_B}^{jk}(t_2) & a_{Y_B}^{jk}(t_2) & a_{Z_B}^{jk}(t_2) & \lambda & 0 & 0 \\ a_{X_B}^{jl}(t_2) & a_{Y_B}^{jl}(t_2) & a_{Z_B}^{jl}(t_2) & 0 & \lambda & 0 \\ a_{X_B}^{jm}(t_2) & a_{Y_B}^{jm}(t_2) & a_{Z_B}^{jm}(t_2) & 0 & 0 & \lambda \end{bmatrix} \tag{8.93}
$$

8.3　卫星导航系统常用定位算法

本节中将详细分析最常用的两种伪距单点定位算法——最小二乘法和扩展卡尔曼滤波算法。这两种算法简单易行，读者可根据本节所讲详细步骤自行编程实现载体的定位和测速。

8.3.1　最小二乘定位算法

1. 普通最小二乘定位算法

本节中将以伪距单点定位为例，阐述以最小二乘法（LS）完成定位解算的过程。在 8.2.1 节中，经过推导，我们可利用式（8.76）求解 ΔX_{r}、ΔY_{r}、ΔZ_{r} 和 δ_{r}，求解方式为式（8.79）。这种求解方式要求矩阵 $\boldsymbol{A}$（称为几何矩阵）必须为方阵，即观测的卫星数目与求解的未知量个数相等，假设有 N 个系统参与定位，则有 N+3 个未知数，除 ΔX_{r}、ΔY_{r}、ΔZ_{r} 外，还包括接收机相对于不同导航卫星系统的钟差（N 个），则需要 n+3 个方程联系求解。

当用于定位的可见卫星数目大于 N+3，即矩阵 $\boldsymbol{A}$ 的行数大于 N+3，且矩阵 $\boldsymbol{A}$ 的秩大于 N+3 时，$\boldsymbol{l}=\boldsymbol{A}\boldsymbol{x}$ 即为超定方程组，超定方程组无解。$\boldsymbol{l}=\boldsymbol{A}\boldsymbol{x}$ 的具体表达式如下：

$$
\boldsymbol{l}=\begin{bmatrix} l^1 \\ l^2 \\ \vdots \\ l^N \end{bmatrix},\ l^N=\begin{bmatrix} R_{\mathrm{r}}^{1N}-\rho_{\mathrm{r}0}^{1N} \\ R_{\mathrm{r}}^{2N}-\rho_{\mathrm{r}0}^{2N} \\ \vdots \\ R_{\mathrm{r}}^{\mathrm{s}N}-\rho_{\mathrm{r}0}^{\mathrm{s}N} \end{bmatrix},\ \boldsymbol{A}=\begin{bmatrix} \boldsymbol{A}_1 \\ \vdots \\ \boldsymbol{A}_N \end{bmatrix},\ \boldsymbol{A}_N=\begin{bmatrix} a_{X_{\mathrm{r}}}^{1N} & a_{Y_{\mathrm{r}}}^{1N} & a_{Z_{\mathrm{r}}}^{1N} & \Delta_N \\ a_{X_{\mathrm{r}}}^{2N} & a_{Y_{\mathrm{r}}}^{2N} & a_{Z_{\mathrm{r}}}^{2N} & \Delta_N \\ \vdots & \vdots & \vdots & \vdots \\ a_{X_{\mathrm{r}}}^{\mathrm{s}N} & a_{Y_{\mathrm{r}}}^{\mathrm{s}N} & a_{Z_{\mathrm{r}}}^{\mathrm{s}N} & \Delta_N \end{bmatrix},\ \boldsymbol{x}=\begin{bmatrix} \Delta X_{\mathrm{r}} \\ \Delta Y_{\mathrm{r}} \\ \Delta Z_{\mathrm{r}} \\ c\delta_{\mathrm{r}} \end{bmatrix} \tag{8.94}
$$

式中，N 为参与定位的系统数；s_N 为第 N 个系统的可见星数；$\boldsymbol{A}_N$ 表示第 N 个系统的观测矩阵，$\boldsymbol{\Delta}_N=\underbrace{[0 \quad \cdots \quad 1 \quad \cdots \quad 0]}_{\text{第}N\text{位为1，其余全为0}}$，$a_{X_r}^{sN}=\dfrac{X_{r0}-X^{sN}}{\rho_{r0}^{sN}}$，$a_{Y_r}^{sN}=\dfrac{Y_{r0}-Y^{sN}}{\rho_{r0}^{sN}}$，$a_{Z_r}^{sN}=\dfrac{Z_{r0}-Z^{sN}}{\rho_{r0}^{sN}}$，$\delta_r=[\delta_{r1} \quad \cdots \quad \delta_{rN}]$，$\delta_{rN}$ 表示接收机相对于第 N 个系统的钟差。

可见星的数目大于 N+3 是接收机实现定位所希望的情形（有冗余观测量）。且随着GNSS的不断发展，可用于定位导航的卫星数目不断增加，可见星数目大于 N+3 是常态。最小二乘法广泛应用于求解这类超定方程组，其解能够使式（8.76）中的各个方程式等号左右两边之差的平方和最小。

推导过程如下：

将式（8.76）中的各方程式等左右两边之差的平方和记作 $\boldsymbol{P}(\boldsymbol{x})$，则

$$\begin{aligned}\boldsymbol{P}(\boldsymbol{x})&=\|\boldsymbol{A}\boldsymbol{x}-\boldsymbol{l}\|^2=(\boldsymbol{A}\boldsymbol{x}-\boldsymbol{l})^{\mathrm{T}}(\boldsymbol{A}\boldsymbol{x}-\boldsymbol{l})\\&=\boldsymbol{x}^{\mathrm{T}}\boldsymbol{A}^{\mathrm{T}}\boldsymbol{A}\boldsymbol{x}-\boldsymbol{x}^{\mathrm{T}}\boldsymbol{A}^{\mathrm{T}}\boldsymbol{l}-\boldsymbol{l}^{\mathrm{T}}\boldsymbol{A}\boldsymbol{x}+\boldsymbol{l}^{\mathrm{T}}\boldsymbol{l}\\&=\boldsymbol{x}^{\mathrm{T}}\boldsymbol{A}^{\mathrm{T}}\boldsymbol{A}\boldsymbol{x}-2\boldsymbol{x}^{\mathrm{T}}\boldsymbol{A}^{\mathrm{T}}\boldsymbol{l}+\boldsymbol{l}^{\mathrm{T}}\boldsymbol{l}\end{aligned} \tag{8.95}$$

式中，矩阵 $\boldsymbol{A}^{\mathrm{T}}\boldsymbol{A}$ 对称、正定、可逆，因而 $\boldsymbol{P}(\boldsymbol{x})$ 存在最小值。将式（8.94）对 $\boldsymbol{x}$ 求导，可得

$$\frac{\mathrm{d}\boldsymbol{P}(\boldsymbol{x})}{\mathrm{d}\boldsymbol{x}}=2\boldsymbol{A}^{\mathrm{T}}\boldsymbol{A}\boldsymbol{x}-2\boldsymbol{A}^{\mathrm{T}}\boldsymbol{l} \tag{8.96}$$

当上式等于零时，$\boldsymbol{P}(\boldsymbol{x})$ 最小。令：

$$2\boldsymbol{A}^{\mathrm{T}}\boldsymbol{A}\boldsymbol{x}-2\boldsymbol{A}^{\mathrm{T}}\boldsymbol{l}=\boldsymbol{0} \tag{8.97}$$

则可解出

$$\boldsymbol{x}=(\boldsymbol{A}^{\mathrm{T}}\boldsymbol{A})^{-1}\boldsymbol{A}^{\mathrm{T}}\boldsymbol{l} \tag{8.98}$$

式（8.98）即为 n 颗可见星进行伪距单点定位的最小二乘解。

2. 加权最小二乘定位算法

式（8.94）中，$\boldsymbol{l}$ 的每个分量 $l^s=R_r^s-\rho_{r0}^s(s=1, 2, \cdots, n)$ 均含有观测量 R_r^s，考虑到不同的 R_r^s 有着不同的测量误差，我们可以对每一个 R_r^s 设一个权重 w_s，并希望权重 w_s 越大的观测值在最小二乘法的解中起到的作用越大。需要指出的是，各个观测量之间的权重大小是相对而言的。通常，若 R_r^s 的观测误差较小，则其权重 w_s 较大。

实际应用中，通常将权重 w_s 取值为 R_r^s 观测误差标准差 σ_s 的倒数，即

$$w_s = \frac{1}{\sigma_s} \tag{8.99}$$

在设置好各观测值的权重后，将式（8.76）的各方程乘相应的权重，则式（8.76）改写为

$$\boldsymbol{Wl} = \boldsymbol{WAx} \tag{8.100}$$

其中，权重矩阵为 $n \times n$ 的对角阵（n 为参与定位解算的可见星个数）。

$$\boldsymbol{W}=\begin{bmatrix} w_1 & & & \\ & w_1 & & \\ & & \ddots & \\ & & & w_n \end{bmatrix} \tag{8.101}$$

需要注意的是，若不同的观测值的测量误差之间存在相关性，那么 $\boldsymbol{W}$ 就不再是一个对角阵。

用最小二乘法来求解矩阵方程 $\boldsymbol{Wl} = \boldsymbol{WAx}$，直接套用式（8.98）可得

$$\boldsymbol{x} = (\boldsymbol{A}^{\mathrm{T}}\boldsymbol{CA})^{-1}\boldsymbol{A}^{\mathrm{T}}\boldsymbol{Cl} \tag{8.102}$$

$$\boldsymbol{C}=\boldsymbol{W}^{\mathrm{T}}\boldsymbol{W} \tag{8.103}$$

通常，我们将式（8.102）称为加权最小二乘法对式（8.76）的解。

若权重按式（8.99）取值，则矩阵 $\boldsymbol{C}$ 相当于 $\boldsymbol{l}$ 的协方差矩阵 $\boldsymbol{Q}_l$ 的逆，即

$$\boldsymbol{C}=\boldsymbol{Q}_l^{-1} \tag{8.104}$$

此时，根据协方差传播定律，可以推测：

$$\boldsymbol{Q}_x = [(\boldsymbol{A}^{\mathrm{T}}\boldsymbol{CA})^{-1}\boldsymbol{A}^{\mathrm{T}}\boldsymbol{C}]\boldsymbol{Q}_l[(\boldsymbol{A}^{\mathrm{T}}\boldsymbol{CA})^{-1}\boldsymbol{A}^{\mathrm{T}}\boldsymbol{C}]^{\mathrm{T}} \tag{8.105}$$

将式（8.104）代入式（8.105），化简得

$$\boldsymbol{Q}_x = (\boldsymbol{A}^{\mathrm{T}}\boldsymbol{Q}_l^{-1}\boldsymbol{A})^{-1} \tag{8.106}$$

3. 牛顿迭代法

在应用最小二乘法和加权最小二乘法进行解算时，由于观测方程通过泰勒展开被线性化，需要设置一个近似值 $\boldsymbol{P}_{r0}=[X_{r0} \quad Y_{r0} \quad Z_{r0}]$，且近似值越接近接收机的真实位置 $\boldsymbol{P}$，最终的解算结果越准确。在不知道接收机大概方位的情况下，为 $\boldsymbol{P}_{r0}$ 赋值并不容易，因此，我们引入牛顿迭代法，通过迭代计算省去为 $\boldsymbol{P}_{r0}$ 赋值的过程。

在观测历元 t，利用牛顿迭代法解算接收机位置的步骤如下：

（1）令 $\boldsymbol{P}_{r0}=[X_{r0} \quad Y_{r0} \quad Z_{r0}]=[0 \quad 0 \quad 0]$，则 $\rho_{r0}^{s}=\sqrt{(X^{s})^{2}+(Y^{s})^{2}+(Z^{s})^{2}}$。

（2）计算 $\boldsymbol{A}$ 和 $\boldsymbol{l}$。

将观测量 R_{r}^{s}，通过卫星星历计算的卫星位置坐标 X^{s}、Y^{s} 和 Z^{s}，以及 $\rho_{r0}^{s}(s=1, 2, \cdots, n)$ X_{r0}、Y_{r0}、Z_{r0} 代入式（8.80）计算，即可得 $\boldsymbol{A}$ 和 $\boldsymbol{l}$。

（3）计算 $\boldsymbol{x}=[\Delta X_{r} \quad \Delta Y_{r} \quad \Delta Z_{r} \quad c\delta_{r}]^{T}$。

将步骤（2）所得的 $\boldsymbol{A}$ 和 $\boldsymbol{l}$ 代入方程 $\boldsymbol{x}=(\boldsymbol{A}^{T}\boldsymbol{A})^{-1}\boldsymbol{A}^{T}\boldsymbol{l}$，即可得 $\boldsymbol{x}$。

（4）更新 X_{r0}、Y_{r0}、Z_{r0}。

令 $\begin{bmatrix} X_{r0} \\ Y_{r0} \\ Z_{r0} \end{bmatrix}=\begin{bmatrix} X_{r0}+\Delta X_{r} \\ Y_{r0}+\Delta Y_{r} \\ Z_{r0}+\Delta Z_{r} \end{bmatrix}$。

（5）判别所求 $\boldsymbol{x}$ 的精度，设门限值为 ΔP。

如果 $\sqrt{(\Delta X_{r})^{2}+(\Delta Y_{r})^{2}+(\Delta Z_{r})^{2}} \leqslant \Delta P$，则转到步骤（6）。

如果 $\sqrt{(\Delta X_{r})^{2}+(\Delta Y_{r})^{2}+(\Delta Z_{r})^{2}} > \Delta P$，则转到步骤（2），继续计算。

（6）输出计算结果 X_{r0}、Y_{r0}、Z_{r0} 和 $c\delta_{r}$。

当然，为了加快收敛过程，我们可将步骤 1 中的 $\boldsymbol{P}_{r0}$ 设置为与接收机真实位置接近的估计值，$\boldsymbol{P}_{r0}$ 与 $\boldsymbol{P}_{r}$ 越接近，迭代收敛越快，解算精度越高。

应用数仿系统，以牛顿迭代最小二乘法为伪距单点定位算法，完成接收机的定位和测速，选择 Kolbuchar 8 为电离层模型，Hopfield 模型为对流层模型，另外伪距附加 5 倍高斯白噪声，多普勒频移附加 0.2 倍高斯白噪声，仿真开始时间为 2013-04-30 10:00，接收机所处初始位置为东经 116° 3′，北纬 39° 9′，高度为 5 m。接收机做匀速直线运动，北向速度为 5 m/s，东向和天向速度为 0。导航星座为 GPS，频点为 L1，仿真步长为 1 s，仿真时长为 6 min。图 8.3 和图 8.4 所示为北向定位误差和测速误差。

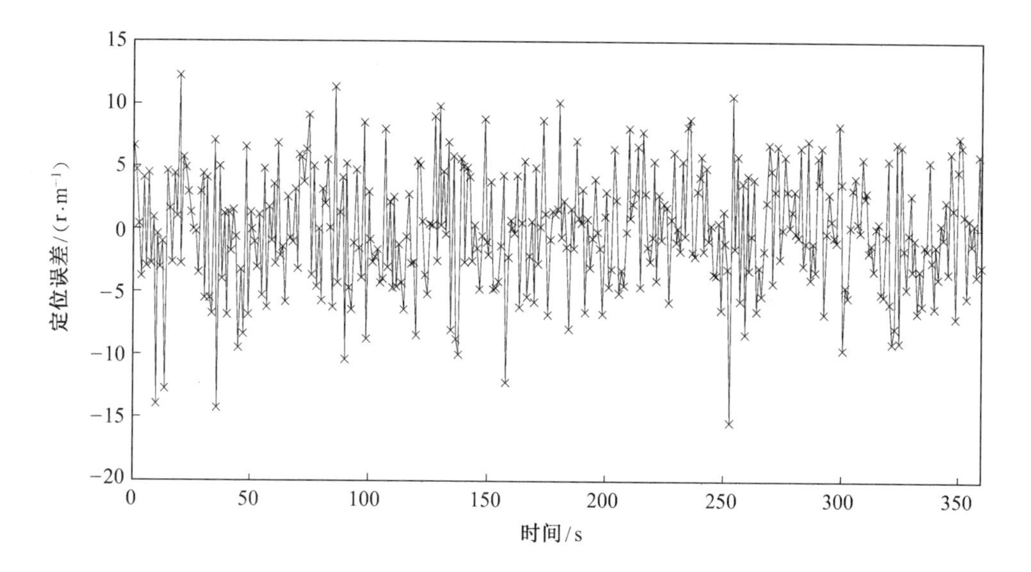

图 8.3　最小二乘法北向定位误差

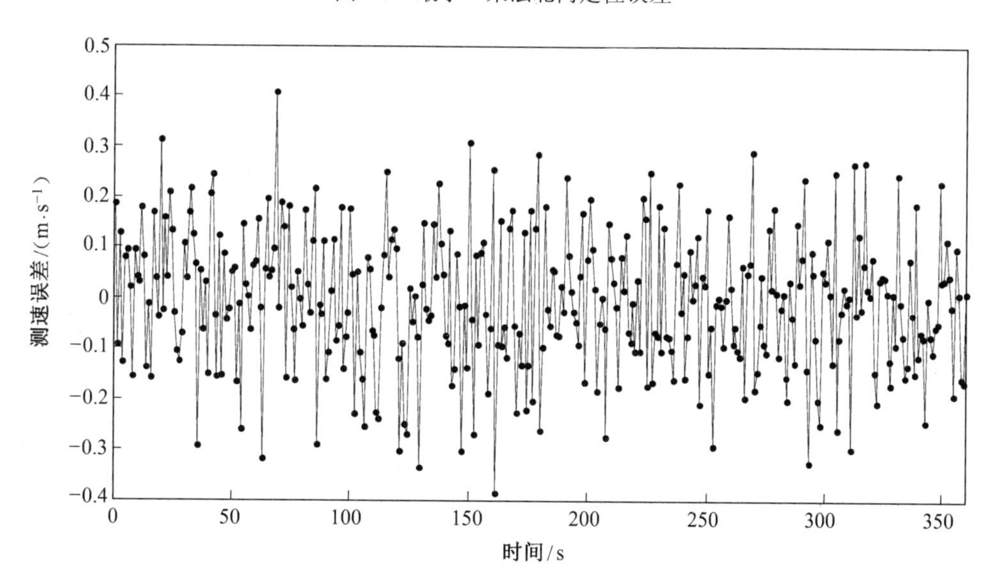

图 8.4　最小二乘法北向测速误差

8.3.2 卡尔曼滤波定位算法

卡尔曼滤波（KF）是卡尔曼于1960年提出的从与被提取信号有关的观测量中，通过算法估计出所需信号的一种滤波方法。这种方法将信号过程视为白噪声作用下的一个线性系统，利用高斯白噪声的统计特性，以系统的观测量为输入，以所需要的估计值（称为系统的状态向量）为输出，将输入和输出由时间更新和观测更新联系在一起，根据系统的状态转移方程和观测方程获取状态向量的最优估计值。

KF的原理是：将系统中需求解的所有参数设为一个状态向量；通过状态转移方程建立两个相邻历元的状态向量之间的关系，由前一历元的状态向量推算当前历元状态向量的预测值；通过观测方程建立当前历元状态向量与观测量之间的关系，从而获取一个状态向量预测值的修正量；将状态向量的预测值和修正量通过滤波增益加权，获得状态向量的最优滤波估计。

卡尔曼滤波技术是一种处理动态定位数据的有效手段。它可以显著改善动态定位精度。它在定位中不仅利用观测历元的观测值，而且充分利用以前的观测数据，根据线性方差最小原则，求出最优估计。但是，利用卡尔曼滤波所得的线性无偏最小方差估计只有在卡尔曼滤波假设的前提下才是可能的。即，

（1）系统的动力学模型（状态转移方程）和观测模型（观测方程）都是线性的。

（2）系统动力学模型和观测模型与实际情况相符。

（3）系统状态的初始条件和误差模型的先验统计特性是已知方差的零均值白噪声（高斯白噪声）。

事实上，卫星定位导航中涉及的滤波问题，常常不易满足上述假设条件，观测方程一般都是非线性的，通常还存在非高斯随机噪声干扰不确定性。运用卡尔曼滤波法完成定位解算，就必须解决非线性滤波的问题。

广义上讲，非线性最优滤波的一般方法可以由递推贝叶斯方法统一描述。递推贝叶斯估计的核心思想是基于所获得的观测求非线性系统状态向量的概率密度函数，即所谓的系统状态估计完整描述的验后概率密度函数。对于线性系统而言，最优滤波的闭合解就是卡尔曼滤波；而对于非线性系统而言，要得到精确的最优滤波解是很困难甚至是不可能的，因为需要处理无穷维积分运算，为此人们提出了大量次优的近似非线性滤波方法。这些近似非线性滤波方法可分为三类：第一类是解析

解近似，如扩展卡尔曼滤波（EKF）；第二类是基于确定性采样的方法，如无迹卡尔曼滤波；第三类是基于仿真的滤波方法，如粒子滤波。在卫星导航定位计算中，最常用的是 EKF 算法，所以我们对其进行详细介绍。

1. 扩展卡尔曼滤波算法原理

为了实现非线性系统的卡尔曼滤波，必须做如下假设：非线性方程的理论解一定存在，而且这个理论解与实际解之差能够用一个线性微分方程表示。这一假设在卫星定位解算中是可以满足的。

利用卡尔曼滤波算法进行定位解算，通常情况下，描述状态向量的状态转移方程为线性方程，观测方程是非线性的（观测方程中含有接收机与卫星之间的真实距离，它是非线性量）。

以线性的状态转移方程和非线性的观测方程所构成的系统为例，简述EKF过程。

状态转移方程：

$$\boldsymbol{X}_k = \boldsymbol{\Phi}_{k|k-1}\boldsymbol{X}_{k-1} + \boldsymbol{\Gamma}_{k|k-1}\boldsymbol{\omega}_{k-1} \tag{8.107}$$

观测方程：

$$\boldsymbol{Z}_k = f_k(\boldsymbol{X}_k) + \boldsymbol{v}_k \tag{8.108}$$

由于 $f_k(\cdot)$ 是非线性的，需要对式（8.108）进行线性化处理，在 $\hat{\boldsymbol{X}}_{k|k-1}$ 处进行泰勒展开，并取其一阶近似，可得到方程式（8.109）。

$$\Delta\boldsymbol{Z}_k = \boldsymbol{H}_k\Delta\boldsymbol{X}_k + \boldsymbol{v}_k \tag{8.109}$$

式中，k 表示观测历元数；$\boldsymbol{H}_k$ 表示第 k 个历元的观测矩阵；$\boldsymbol{X}_k$ 和 $\boldsymbol{X}_{k-1}$ 为第 k 个和第 $k-1$ 个观测历元的状态向量；$\boldsymbol{\Phi}_{k|k-1}$ 是状态转移矩阵；$\boldsymbol{\Gamma}_{k|k-1}$ 为噪声驱动矩阵；$\boldsymbol{Z}_k$ 为第 k 个历元的观测量；f_k 描述了第 k 个历元，$\boldsymbol{Z}_k$ 和 $\boldsymbol{X}_k$ 之间的函数关系；$\boldsymbol{\omega}_{k-1}$ 和 $\boldsymbol{v}_k$ 分别为过程噪声和观测噪声，二者皆为高斯白噪声；$\Delta\boldsymbol{X}_k = \boldsymbol{X}_k - \hat{\boldsymbol{X}}_{k|k-1}$，$\Delta\boldsymbol{Z}_k = \boldsymbol{Z}_k - f(\hat{\boldsymbol{X}}_{k|k-1})$，$\hat{\boldsymbol{X}}_{k|k-1}$ 为 $\boldsymbol{X}_k$ 的预测值。

基于式（8.107）和式（8.109）的 EKF 步骤如下，如图 8.5 所示。

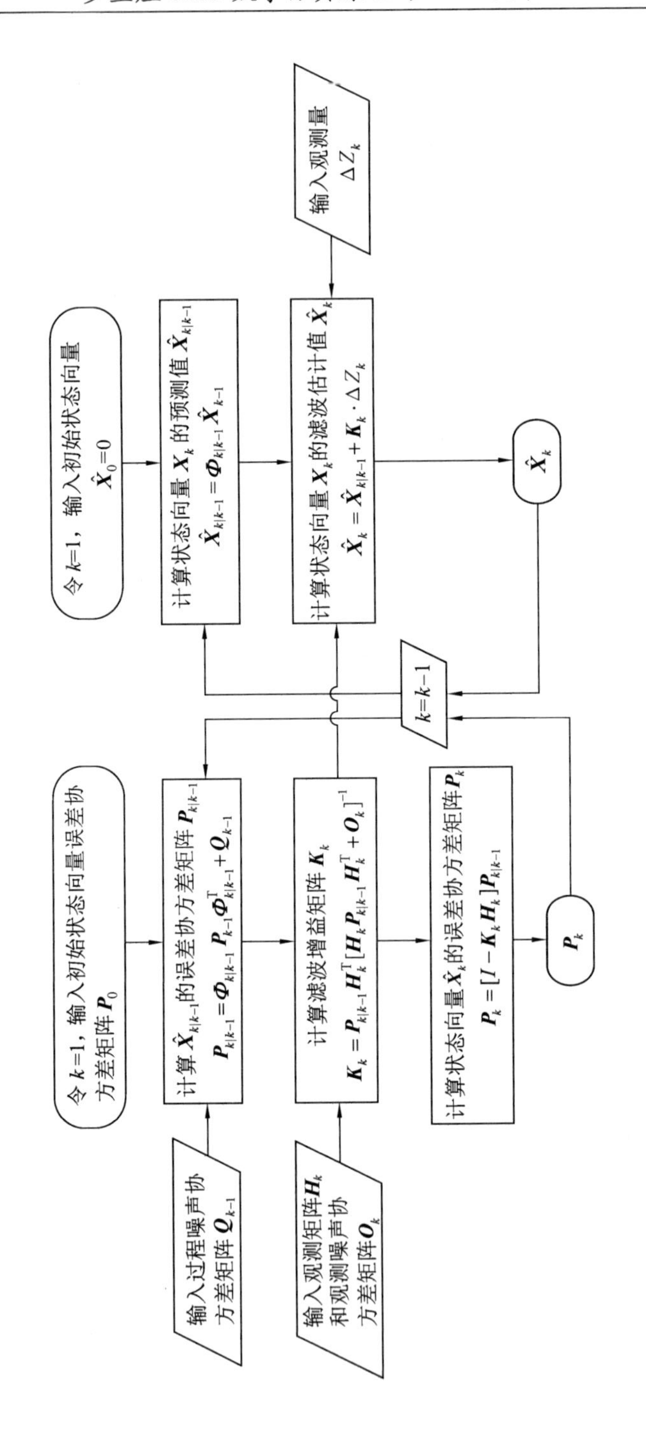
令 $k=1$，输入初始状态向量 $\hat{\boldsymbol{X}}_0=0$
计算状态向量 $\boldsymbol{X}_k$ 的预测值 $\hat{\boldsymbol{X}}_{k|k-1}$
$\hat{\boldsymbol{X}}_{k|k-1}=\boldsymbol{\Phi}_{k|k-1}\hat{\boldsymbol{X}}_{k-1}$
输入观测量 ΔZ_k
计算状态向量 $\boldsymbol{X}_k$ 的滤波估计值 $\hat{\boldsymbol{X}}_k$
$\hat{\boldsymbol{X}}_k=\hat{\boldsymbol{X}}_{k|k-1}+\boldsymbol{K}_k\cdot\Delta Z_k$
$\hat{\boldsymbol{X}}_k$
$k=k-1$
令 $k=1$，输入初始状态向量误差协方差矩阵 $\boldsymbol{P}_0$
计算 $\hat{\boldsymbol{X}}_{k|k-1}$ 的误差协方差矩阵 $\boldsymbol{P}_{k|k-1}$
$\boldsymbol{P}_{k|k-1}=\boldsymbol{\Phi}_{k|k-1}\boldsymbol{P}_{k-1}\boldsymbol{\Phi}_{k|k-1}^{\mathrm{T}}+\boldsymbol{Q}_{k-1}$
输入过程噪声协方差矩阵 $\boldsymbol{Q}_{k-1}$
计算滤波增益矩阵 $\boldsymbol{K}_k$
$\boldsymbol{K}_k=\boldsymbol{P}_{k|k-1}\boldsymbol{H}_k^{\mathrm{T}}[\boldsymbol{H}_k\boldsymbol{P}_{k|k-1}\boldsymbol{H}_k^{\mathrm{T}}+\boldsymbol{O}_k]^{-1}$
输入观测矩阵 $\boldsymbol{H}_k$ 和观测噪声协方差矩阵 $\boldsymbol{O}_k$
计算状态向量 $\hat{\boldsymbol{X}}_k$ 的误差协方差矩阵 $\boldsymbol{P}_k$
$\boldsymbol{P}_k=[\boldsymbol{I}-\boldsymbol{K}_k\boldsymbol{H}_k]\boldsymbol{P}_{k|k-1}$
$\boldsymbol{P}_k$

图 8.5 EKF 步骤

（1）推算状态向量 $\boldsymbol{X}_k$ 的预测值 $\hat{\boldsymbol{X}}_{k|k-1}$。

$$\hat{\boldsymbol{X}}_{k|k-1} = \varPhi_{k|k-1}\hat{\boldsymbol{X}}_{k-1} \tag{8.110}$$

式中，$\hat{\boldsymbol{X}}_{k-1}$ 是 $\boldsymbol{X}_{k-1}$ 的最优滤波估计。

（2）计算 $\hat{\boldsymbol{X}}_{k|k-1}$ 的协方差矩阵 $\boldsymbol{P}_{k|k-1}$。

$$\boldsymbol{P}_{k|k-1} = \varPhi_{k|k-1}P_{k-1}\varPhi_{k|k-1}^{\mathrm{T}} + Q_{k-1} \tag{8.111}$$

式中，$\boldsymbol{Q}_{k-1}$ 为 $\boldsymbol{\omega}_{k-1}$ 的协方差矩阵。

（3）计算滤波增益矩阵 $\boldsymbol{K}_k$。

$$\boldsymbol{K}_k = \boldsymbol{P}_{k|k-1}\boldsymbol{H}_k^{\mathrm{T}}[\boldsymbol{H}_k\boldsymbol{P}_{k|k-1}\boldsymbol{H}_k^{\mathrm{T}} + \boldsymbol{O}_k]^{-1} \tag{8.112}$$

式中，$\boldsymbol{Q}_k$ 为 v_k 的协方差矩阵。

（4）计算状态向量 $\boldsymbol{X}_k$ 的滤波估计值 $\hat{\boldsymbol{X}}_k$。

$$\hat{\boldsymbol{X}}_k = \hat{\boldsymbol{X}}_{k|k-1} + \boldsymbol{K}_k \cdot \Delta\boldsymbol{Z}_k \tag{8.113}$$

式中，$\hat{\boldsymbol{X}}_k$ 即为第 k 个历元状态向量 $\boldsymbol{X}_k$ 的滤波解算结果。

（5）计算 $\boldsymbol{X}_k$ 的误差协方差矩阵 $\boldsymbol{P}_k$。

$$\boldsymbol{P}_k = [I - \boldsymbol{K}_k\boldsymbol{H}_k]\boldsymbol{P}_{k|k-1} \tag{8.114}$$

（6）令 $k-1=k$，转入步骤（1）……

2. 扩展卡尔曼滤波定位算法详述

描述接收机状态向量的动力学模型（状态转移方程）有很多，常见的有 Constant Velocity（CV）Model（恒速模型）、Constant Acceleration（CA）Model（恒加速模型）和 Singer Model（辛格模型）；描述接收机状态向量与观测值之间关系的观测模型有单点定位模型、差分定位模型和相对定位模型（见 8.1 节）等。现以动力学模型为 Signer 模型，观测模型为伪距单点定位模型和多普勒单点定位模型为例，详述单导航系统下 EKF 定位解算过程。多系统和单系统的差别在于：单系统的状态向量中只含一个钟差参数和一个钟漂参数，而多系统的状态向量含 N 个钟差参数和 N 个钟漂参数，N 表示系统个数。读者可根据下述单系统 EKF 解算步骤，参考 8.3.1 节中多系统最小二乘解算方法中有关观测方程和观测量的设定方法，独立完成多系统下 EKF 定位解算。

预设接收机处于 ECEF 坐标系下，其状态向量为

$$\boldsymbol{X}_k=[x_k^u,v_k^{ux},a_k^{ux},y_k^u,v_k^{uy},a_k^{uy},z_k^u,v_k^{uz},a_k^{uz},c\Delta t_k^u,c\Delta f_k^u]^{\mathrm{T}}$$

式中，k 为观测历元数，$[x_k^u,y_k^u,z_k^u]$，$[v_k^{ux},v_k^{uy},v_k^{uz}]$，$[a_k^{ux},a_k^{uy},a_k^{uz}]$ 分别为 ECEF 坐标下 GNSS 接收机载体的三维位置、速度和加速度，Δt_k^u 和 Δf_k^u 分别为接收机的钟差和钟漂。该状态向量包含了导航定位所需求解的全部信息。

则 $\boldsymbol{X}_k$ 的滤波估计表示为

$$\hat{\boldsymbol{X}}_k=[\hat{x}_k^u,\hat{v}_k^{ux},\hat{a}_k^{ux},\hat{y}_k^u,\hat{v}_k^{uy},\hat{a}_k^{uy},\hat{z}_k^u,\hat{v}_k^{uz},\hat{a}_k^{uz},c\Delta\hat{t}_k^u,c\Delta\hat{f}_k^u]^{\mathrm{T}}$$

步骤 1：在观测历元数 k=1 时，初始状态向量 $\hat{\boldsymbol{X}}_0=0$，初始状态向量误差协方差矩阵设为 $\boldsymbol{P}_0$。

$$\boldsymbol{P}_0=\mathrm{diag}\left[\frac{1}{\varepsilon_p},\ \frac{1}{\varepsilon_v},\ \frac{1}{\varepsilon_a},\ \frac{1}{\varepsilon_p},\ \frac{1}{\varepsilon_v},\ \frac{1}{\varepsilon_a},\ \frac{1}{\varepsilon_p},\ \frac{1}{\varepsilon_v},\ \frac{1}{\varepsilon_a},\ \frac{1}{\varepsilon_t},\ \frac{1}{\varepsilon_f}\right] \tag{8.115}$$

式中，ε_p 为载体距地心距离平方的倒数；ε_v 为载体最大允许速度平方的倒数；ε_a 为载体最大允许加速度的倒数；ε_t 为接收机钟差与光速乘积平方的倒数；ε_f 为接收机钟漂与光速乘积平方的倒数。

在实际运用中，ε_p，ε_v，ε_a，ε_t 和 ε_f 均为正数，取值在数量级上与接收机真实情况相近。可取 $\varepsilon_p=10^{-14}$，$\varepsilon_a=0.01$，$\varepsilon_v=10^{-3}$，$\varepsilon_t=\varepsilon_f=10^{-5}$。

步骤 2：将 $\boldsymbol{\Phi}_{k|k-1}$ 和 $\hat{\boldsymbol{X}}_{k-1}$ 代入式（8.110）计算状态向量 $\boldsymbol{X}_k$ 的预测值 $\hat{\boldsymbol{X}}_{k|k-1}$。

$\hat{\boldsymbol{X}}_{k|k-1}$ 表示为

$$[\hat{x}_{k|k-1}^u,\hat{v}_{k|k-1}^{ux},\hat{a}_{k|k-1}^{ux},\hat{y}_{k|k-1}^u,\hat{v}_{k|k-1}^{uy},\hat{a}_{k|k-1}^{uy},\hat{z}_{k|k-1}^u,\hat{v}_{k|k-1}^{uz},\hat{a}_{k|k-1}^{uz},c\Delta\hat{t}_{k|k-1}^u,c\Delta\hat{f}_{k|k-1}^u]^{\mathrm{T}}$$

式中，$\boldsymbol{\Phi}_{k|k-1}$ 为状态转移矩阵，来自接收机载体的动力学模型。

$$\boldsymbol{\Phi}_{k|k-1}=\begin{bmatrix}\boldsymbol{\Phi}_{k|k-1}^x & & & \\ & \boldsymbol{\Phi}_{k|k-1}^y & & \\ & & \boldsymbol{\Phi}_{k|k-1}^z & \\ & & & \boldsymbol{\Phi}_{k|k-1}^c\end{bmatrix} \tag{8.116}$$

式中，$\boldsymbol{\Phi}_{k|k-1}^{x}$，$\boldsymbol{\Phi}_{k|k-1}^{y}$，$\boldsymbol{\Phi}_{k|k-1}^{z}$ 分别是 ECEF 坐标系下，X 向，Y 向和 Z 向运动状态量的状态转移矩阵，依据动力学模型确定；$\boldsymbol{\Phi}_{k|k-1}^{c}$ 是有关钟差和钟漂的状态转移矩阵，依据时钟模型确定。

以 Singer 模型描述接收机的运动状态，其状态转移方程为（以 ECEF 坐标系下 X 向运动为例）

$$\boldsymbol{\Phi}_{k|k-1}^{x}=\begin{bmatrix}1 & T & \dfrac{1}{\alpha_x^2}(-1+\alpha_x+\mathrm{e}^{-\alpha_x T}) \\ 0 & 1 & \dfrac{1}{\alpha_x}(1-\mathrm{e}^{-\alpha_x T}) \\ 0 & 0 & \mathrm{e}^{-\alpha_x T}\end{bmatrix} \tag{8.117}$$

$\boldsymbol{\Phi}_{k|k-1}^{y}$ 和 $\boldsymbol{\Phi}_{k|k-1}^{z}$ 参见 $\boldsymbol{\Phi}_{k|k-1}^{x}$，只需将 α_x 轮换为 α_y 和 α_z。α_x、α_y 和 α_z 分别为 X 向，Y 向和 Z 向的机动加速度频率，T 为观测步长，即相邻两个观测历元间的时间差，α_x、α_y 和 α_z 可取值为 $\alpha_x=\alpha_y=\alpha_z=10^6$。

关于钟差和钟漂的状态转移矩阵，可选取石英钟模型由二阶马尔可夫过程来描述。

$$\boldsymbol{\Phi}_{k|k-1}^{c}=\begin{bmatrix}1 & T \\ 0 & 1\end{bmatrix} \tag{8.118}$$

步骤3：将 $\boldsymbol{\Phi}_{k|k-1}$、$\boldsymbol{Q}_{k-1}$ 和 $\boldsymbol{P}_{k-1}$ 代入式(8.111)计算预测值 $\hat{\boldsymbol{X}}_{k|k-1}$ 的协方差矩阵 $\boldsymbol{P}_{k|k-1}$。

过程噪声协方差矩阵：

$$\boldsymbol{Q}_{k-1}=\begin{bmatrix}2\alpha_x\sigma_x^2\boldsymbol{Q}_{k-1}^{x} & & & \\ & 2\alpha_y\sigma_y^2\boldsymbol{Q}_{k-1}^{y} & & \\ & & 2\alpha_z\sigma_z^2\boldsymbol{Q}_{k-1}^{z} & \\ & & & \boldsymbol{Q}_{k-1}^{c}\end{bmatrix} \tag{8.119}$$

式中，$\boldsymbol{Q}_{k-1}^{x}$，$\boldsymbol{Q}_{k-1}^{y}$ 和 $\boldsymbol{Q}_{k-1}^{z}$ 分别是 ECEF 坐标系下，X，Y，Z 三向运动状态量的过程噪声矩阵；α_x，α_y 和 α_z 分别为 X 向，Y 向和 Z 向的机动加速度频率；σ_x^2，σ_y^2，σ_z^2 分别是 X，Y，Z 三向的机动加速度方差。α_x、α_y 和 α_z 仍取值为 $\alpha_x=\alpha_y=\alpha_z=10^6$；$\sigma_x^2$，$\sigma_y^2$ 和 σ_z^2 可取值为 $\sigma_x^2=\sigma_y^2=\sigma_z^2=100$。

以 Singer 模型描述接收机的运动状态，其过程噪声为（仍以 X 向为例）

$$\boldsymbol{Q}_{k-1}^{x}=\begin{bmatrix} q_{11} & q_{12} & q_{13} \\ q_{21} & q_{22} & q_{23} \\ q_{31} & q_{32} & q_{33} \end{bmatrix} \tag{8.120}$$

式（8.120）中各项分别为

$$\begin{cases} q_{11}=\dfrac{\dfrac{1-\mathrm{e}^{-2\alpha_x T}+2\alpha_x T+2\alpha_x^3 T^3}{3-2\alpha_x^2 T^2-4\alpha_x T\mathrm{e}^{-\alpha_x T}}}{2\alpha_x^5} \\ q_{22}=\dfrac{4\mathrm{e}^{-\alpha_x T}-3-\mathrm{e}^{-2\alpha_x T}+2\alpha_x T}{2\alpha_x^3} \\ q_{23}=\dfrac{1-2\mathrm{e}^{-2\alpha_x T}}{2\alpha_x} \\ q_{12}=q_{21}=\dfrac{\mathrm{e}^{-2\alpha_x T}+1-2\mathrm{e}^{\alpha_x T}+2\alpha_x T\mathrm{e}^{-\alpha_x T}-2\alpha_x T+\alpha_x^2 T^2}{2\alpha_x^4} \\ q_{13}=q_{31}=\dfrac{1-\mathrm{e}^{-2\alpha_x T}-2\alpha_x T\mathrm{e}^{-\alpha_x T}}{2\alpha_x^3} \\ q_{23}=q_{32}=\dfrac{1+\mathrm{e}^{-2\alpha_x T}-2\mathrm{e}^{-\alpha_x T}}{2\alpha_x^2} \end{cases} \tag{8.121}$$

$\boldsymbol{Q}_{k-1}^{y}$ 和 $\boldsymbol{Q}_{k-1}^{z}$ 参见 $\boldsymbol{Q}_{k-1}^{x}$，将 α_x 轮换为 α_y 和 α_z 即可，σ_x^2，σ_y^2，σ_z^2 分别是 X，Y，Z 三向的机动加速度方差。

有关时钟的过程噪声解释如下：

$$\boldsymbol{Q}_{k-1}^{c}=\begin{bmatrix} q_c^{11} & q_c^{12} \\ q_c^{21} & q_c^{23} \end{bmatrix} \tag{8.122}$$

$q_c^{11}=\dfrac{h_0}{2}T+2h_{-1}T^2+\dfrac{2}{3}\pi^2 h_{-2}T^3$，$q_c^{12}=q_c^{21}=2h_{-1}T+\pi^2 h_{-2}T^3$，$q_c^{22}=\dfrac{h_0}{2T}+2h_{-1}+\dfrac{8}{3}\pi^2 h_{-2}T$，对于石英钟而言，$h_0$=9.4×$10^{-20}$，$h_{-1}$=1.8×$10^{-19}$，$h_{-2}$=3.8×$10^{-21}$。

步骤 4：将 $\boldsymbol{P}_{k|k-1}$、$\boldsymbol{H}_k$ 和 $\boldsymbol{O}_k$ 代入式（8.122）中，计算滤波增益矩阵 $\boldsymbol{K}_k$。

（1）观测矩阵 $\boldsymbol{H}_k$ 由 $f_k(\boldsymbol{X}_k)=[R_k^1 \quad \cdots \quad R_k^n \quad D_k^1 \quad \cdots \quad D_k^n]$线性化而来，$R_k^s$ 和 D_k^s 分别为第 s 颗可见星的伪距方程式（8.123）和多普勒方程式（8.124），s=1, 2, ⋯, n，n 为接收机观测到的参与定位计算的可见星总数。

$$R_k^s=\sqrt{(X_k^s-x_k^u)^2+(Y_k^s-x_k^u)^2+(Z_k^s-x_k^u)^2}+c\cdot\Delta t_k^u \tag{8.123}$$

$$D_k^s=\frac{(X_k^s-x_k^u)\cdot(V_k^{sx}-v_k^{ux})+(Y_k^s-y_k^u)\cdot(V_k^{sy}-v_k^{uy})+(Z_k^s-z_k^u)\cdot(V_k^{sz}-v_k^{uz})}{\rho_k^s+c\cdot\Delta f_k^u} \tag{8.124}$$

式中，$[X_k^s, Y_k^s, Z_k^s]$和$[V_k^{sx}, V_k^{sy}, V_k^{sz}]$分别为 ECEF 坐标系下第 s 颗可见星在第 k 个历元的三维位置和速度，ρ_k^s 是第 s 颗可见星与 GNSS 接收机之间的真实距离，参见式（8.2），

$$\rho_k^s=\sqrt{(X_k^s-x_k^u)^2+(Y_k^s-y_k^u)^2+(Z_k^s-z_k^u)^2}$$

$$\boldsymbol{H}_k=\begin{bmatrix} h_{1x|k}^1 & 0 & h_{1y|k}^1 & 0 & h_{1z|k}^1 & 0 & 1 & 0 \\ \vdots & \vdots & \vdots & \vdots & \vdots & \vdots & \vdots & \vdots \\ h_{nx|k}^1 & 0 & h_{ny|k}^1 & 0 & h_{nz|k}^1 & 0 & 1 & 0 \\ h_{1x|k}^2 & h_{1x|k}^1 & h_{1y|k}^2 & h_{1y|k}^1 & h_{1z|k}^2 & h_{1z|k}^1 & 0 & 1 \\ \vdots & \vdots & \vdots & \vdots & \vdots & \vdots & \vdots & \vdots \\ h_{nx|k}^2 & h_{nx|k}^1 & h_{ny|k}^2 & h_{ny|k}^1 & h_{nz|k}^2 & h_{nz|k}^1 & 0 & 1 \end{bmatrix} \tag{8.125}$$

$\boldsymbol{H}_k$ 中前 n 行由伪距方程线性化而来，后 n 行由多普勒方程线性化而来。

$$\begin{cases} h_{sx|k}^1=\dfrac{\partial R_k^s}{\partial x_k^u}=\dfrac{\partial D_k^s}{\partial v_k^{ux}}=\dfrac{\hat{x}_{k|k-1}^u-X_k^s}{\rho_{k|k-1}^s} \\ h_{sx|k}^2=\dfrac{\partial R_k^s}{\partial x_k^u}=\dfrac{(\hat{v}_{k|k-1}^{ux}-V_k^{sx})(\rho_{k|k-1}^s)^2-(\hat{x}_{k|k-1}^u-X_k^s)J_{k|k-1}^s}{(\rho_{k|k-1}^s)^2} \\ \rho_{k|k-1}^s=\sqrt{(X_k^s-\hat{x}_{k|k-1}^u)^2+(Y_k^s-\hat{y}_{k|k-1}^u)^2+(Z_k^s-\hat{z}_{k|k-1}^u)^2} \\ J_{k|k-1}^s=(X_k^s-\hat{x}_{k|k-1}^u)(V_k^{sx}-\hat{v}_{k|k-1}^{ux})+(Y_k^s-\hat{y}_{k|k-1}^u)(V_k^{sy}-\hat{v}_{k|k-1}^{uy})+(Z_k^s-\hat{z}_{k|k-1}^u)(V_k^{sz}-\hat{v}_{k|k-1}^{uz}) \end{cases} \tag{8.126}$$

用 y 和 z 分别代替 $h_{sx|k}^1$ 和 $h_{sx|k}^2$ 中的 x，得到 $h_{sy|k}^1$ 和 $h_{sz|k}^1$，$h_{sy|k}^2$ 和 $h_{sz|k}^2$。

（2）过程噪声方差矩阵。

$$\boldsymbol{O}_k=\begin{bmatrix}\beta_1\cdot\boldsymbol{I}_{n\times n} & 0\\ 0 & \beta_2\cdot\boldsymbol{I}_{n\times n}\end{bmatrix} \tag{8.127}$$

式中，$\boldsymbol{I}_{n\times n}$为 n 阶方阵；β_1 为伪距观测噪声方差；β_2 为多普勒频移观测噪声方差。

步骤 5：将 $\hat{\boldsymbol{X}}_{k|k-1}$、$\boldsymbol{K}_k$ 和 $\Delta\boldsymbol{Z}_k$ 代入式（8.125）中，计算状态向量 $\boldsymbol{X}_k$ 的滤波估计值 $\hat{\boldsymbol{X}}_k$，其中，

$$\Delta\boldsymbol{Z}_k=[(r_k^1-\hat{r}_{k|k-1}^1),\cdots,(r_k^n-\hat{r}_{k|k-1}^n),(d_k^1-\hat{d}_{k|k-1}^1),\cdots,(d_k^n-\hat{d}_{k|k-1}^n)]^{\mathrm{T}} \tag{8.128}$$

式中，r_k^s 和 d_k^s 分别为第 s 颗可见星的伪距观测值和多普勒观测值。

$$\begin{cases}\hat{r}_{k|k-1}^s=\sqrt{(X_k^s-\hat{x}_{k|k-1}^u)^2+(Y_k^s-\hat{y}_{k|k-1}^u)^2+(Z_k^s-\hat{z}_{k|k-1}^u)^2}+c\cdot\Delta\hat{t}_{k|k-1}^u\\ \hat{d}_{k|k-1}^s=\left(\dfrac{(X_k^s-\hat{x}_{k|k-1}^u)(V_k^{sx}-\hat{v}_{k|k-1}^{ux})}{\rho_{k|k-1}^s}+\dfrac{(Y_k^s-\hat{y}_{k|k-1}^u)(V_k^{sy}-\hat{v}_{k|k-1}^{uy})}{\rho_{k|k-1}^s}+\right.\\ \left.\dfrac{(Z_k^s-\hat{z}_{k|k-1}^u)(V_k^{sz}-\hat{v}_{k|k-1}^{uz})}{\rho_{k|k-1}^s}\right)+c\cdot\Delta\hat{f}_{k|k-1}^u\end{cases} \tag{8.129}$$

步骤 6：将 $\boldsymbol{K}_k$、$\boldsymbol{H}_k$ 和 $\boldsymbol{P}_{k|k-1}$ 代入式（8.114）中，计算 $\boldsymbol{P}_k$。

步骤 7：输出：

$$\hat{\boldsymbol{X}}_k=[\hat{x}_k^u,\hat{v}_k^{ux},\hat{a}_k^{ux},\hat{y}_k^u,\hat{v}_k^{uy},\hat{a}_k^{uy},\hat{z}_k^u,\hat{v}_k^{uz},\hat{a}_k^{uz},c\Delta\hat{t}_k^u,c\Delta\hat{f}_k^u]^{\mathrm{T}}$$

式中，$[\hat{x}_k^u,\hat{y}_k^u,\hat{z}_k^u]$，$[\hat{v}_k^{ux},\hat{v}_k^{uy},\hat{v}_k^{uz}]$即为第 k 个历元的定位和测速结果。

步骤 8：令 k=k+1，转入步骤 2，继续计算并输出下一个历元的状态向量的滤波估计值，直到不需要进行接收机载体的定位测速时，停止计算。

应用数仿系统，以扩展卡尔曼滤波算法为伪距单点定位算法，完成接收机的定位和测速，选择 Kolbuchar 8 为电离层模型，Hopfield 模型为对流层模型，另外伪距附加 5 倍高斯白噪声，多普勒频移附加 0.2 倍高斯白噪声，仿真开始时间为 2013-04-30 10:00，接收机所处初始位置为东经 116° 3′，北纬 39° 9′，高度为 5 m。接收机做匀速直线运动，北向速度为 5 m/s，东向和天向速度为 0。导航星座为 GPS，

频点为 L1，仿真步长为 1 s，仿真时长为 6 min。图 8.6 所示为 Z 向定位误差。

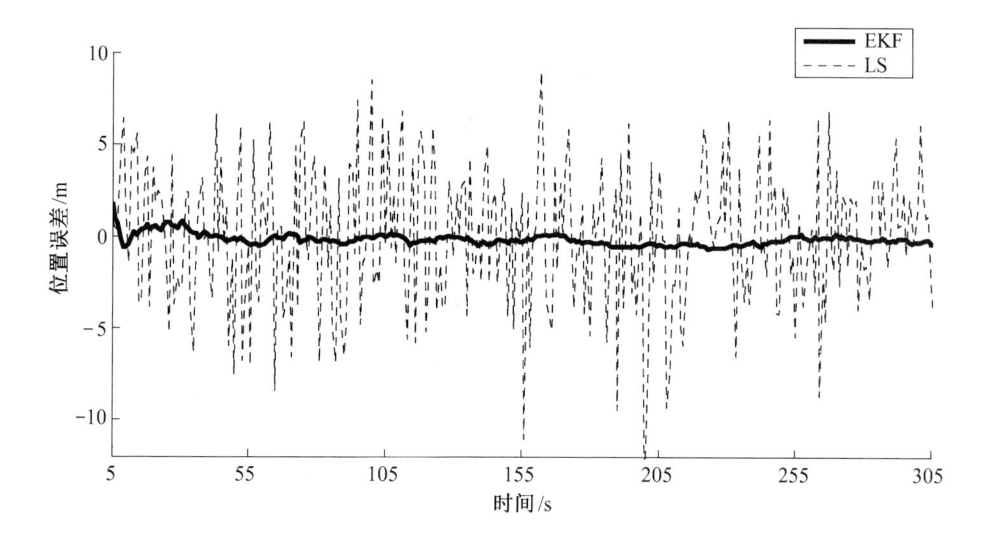

图 8.6　Z 向定位误差

第9章 多星座GNSS接收机自主完好性监测技术

完好性最初起源于民用航空用户对系统的高可靠性需求。随着国际航空运输业务量的迅速增长，民用航空完好性服务的重要性越来越突出。通过完好性监测可以对故障进行检测和识别并及时向用户报警，从而提高卫星导航系统的可靠性。RAIM是完好性监测的一种有效方法，RAIM对卫星故障及空中异常反应迅速、完全自主，无须外界干预，能及时、有效地给用户提供告警信息。用户级完好性实现简单，投入成本较低。通过对卫星导航系统终端自主完好性监测技术的研究，可以提高我国北斗导航卫星系统对用户终端的服务性能。此外，随着四大系统的组网，面向多星座融合应用的RAIM方法一定具有巨大的研究与应用价值。因此，本章首先对RAIM的基本理论进行了描述，其次对多星座组合RAIM方法进行了研究，分析了故障发生的概率，对多星座单星故障RAIM方法和双星故障RAIM方法进行了研究，并对其故障检测概率和故障识别概率进行了仿真分析，最后本章对多星座RAIM的可用性和连续性进行了分析，在多星座使用条件下，RAIM方法可以达到航空进近阶段LPV-200的导航应用需求。

9.1 RAIM基本理论

RAIM的理论基础是可靠性理论中的粗差的探测和分离理论，主要包括故障检测和故障识别两部分。故障检测部分完成对不可接受的定位误差的检测，在检测基础上，故障识别部分识别并排除故障，使导航继续而不中断。故障检测和故障识别的处理过程如图9.1所示。

由于RAIM算法原因，故障检测和故障识别可能出现虚警和漏检情况。在正确定位的情况下，无定位故障时，若检测出有故障，这种情况属于虚警；在有定位故障时，故障未被检测出，属于漏检。如果检测出有故障，要进行故障识别，如果能正确识别并排除，均属于正常操作，如果未被正确识别，均应及时告警。

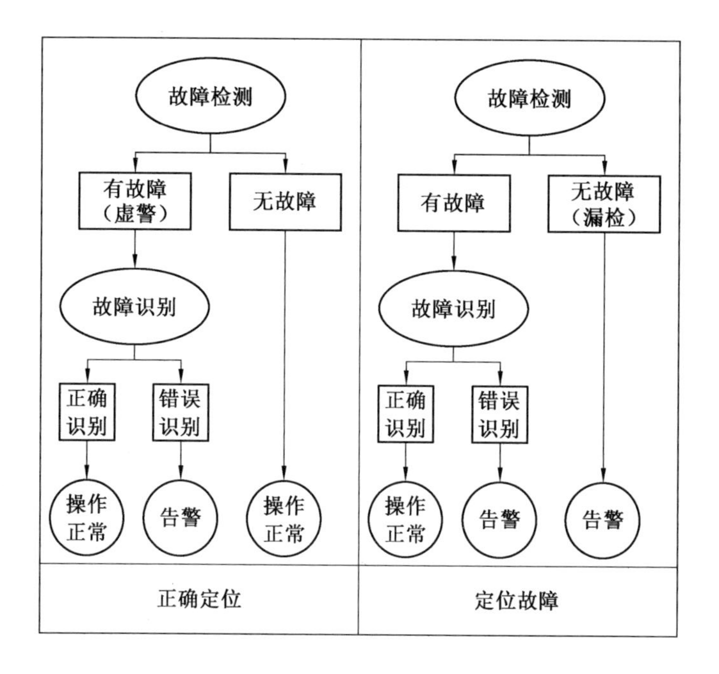

图 9.1　故障检测和故障识别处理过程

9.1.1　粗差探测理论

在可靠性理论中应用最为广泛的是可靠性矩阵 $\boldsymbol{R}$ 阵和多余观测分量的应用。

设误差方程为

$$\boldsymbol{V} = \boldsymbol{H}\hat{\boldsymbol{X}} - \boldsymbol{Y}\boldsymbol{W} \tag{9.1}$$

式中，$\boldsymbol{W}$ 为权矩阵，从而可得到可靠性矩阵 $\boldsymbol{R}$:

$$\boldsymbol{R} = \boldsymbol{I} - \boldsymbol{H}(\boldsymbol{H}^{\mathrm{T}}\boldsymbol{W}\boldsymbol{H})^{-1}\boldsymbol{H}^{\mathrm{T}}\boldsymbol{W} \tag{9.2}$$

则可得

$$\boldsymbol{V} = -\boldsymbol{R}\boldsymbol{Y} \tag{9.3}$$

残差方差阵为

$$\boldsymbol{D}_{VV} = \sigma_0^2\boldsymbol{Q}_{VV} = \sigma_0^2(\boldsymbol{W}^{-1} - \boldsymbol{H}(\boldsymbol{H}^{\mathrm{T}}\boldsymbol{W}\boldsymbol{H})^{-1}\boldsymbol{H}^{\mathrm{T}}) = \sigma_0^2\boldsymbol{R}\boldsymbol{W}^{-1} \tag{9.4}$$

则残差方差阵的每一项可表示为

$$\sigma_{Vi} = \frac{\sigma_0 \sqrt{r_i}}{W_i} \tag{9.5}$$

式中，σ_0为观测值测量误差；r_i为$\boldsymbol{R}$阵的第i个主对角元素，称为第i个观测值的多余观测分量，它代表了该观测值在总的多余观测中所占的分量，且有

$$0 \leqslant r_i \leqslant 1, \quad r = \sum_{i=1}^{n} r_i \tag{9.6}$$

式中，r为多余观测个数。当$r_i = 0$时，粗差在残差中毫无反映，表示没有抵抗粗差的能力，即该观测值为必要观测；当$r_i = 1$时，粗差在$\boldsymbol{V}$中得到完全反映，表示该观测值完全多余，即未参与平差，抵抗粗差的能力最强；通常$0 \leqslant r_i \leqslant 1$，说明粗差在改正数$\boldsymbol{V}$中只能部分反映；当没有多余观测（$r = 0$）时，所有的$r_i$均为零，这意味着观测误差全部作用到未知数的估值中，而观测值的残差全部为零。

经验表明，r_i的平均值$\bar{r} = \dfrac{r}{n}$达到0.4以上，则该平差系统具有足够的多余观测使得粗差能得到较好的监控。若$\bar{r}$在0.1以下，残差的值较少，意味着粗差反映到$\boldsymbol{V}$中仅是很小部分，因而不易被察觉。

9.1.2 粗差分离理论

粗差分离就是在平差过程中，当探测到粗差后，能够正确指出粗差的位置，并将其从平差系统中剔除。

粗差分离的方法从大的方面来说，可以从两个角度去理解。一个是把粗差的观测值看作与其他同类观测值具有相同方差、不同期望的一个子样，即

$$Y_i \sim N(E(Y) + \Delta Y_i, \sigma^2) \tag{9.7}$$

$$Y_j \sim N(E(Y), \sigma^2), \quad j \neq i \tag{9.8}$$

这就意味着将粗差视为函数模型的一部分。于是可按单个备选假设下的假设检验理论和平差结果，严格构成相应的统计量，在给定的显著水平α下，便可与临界值K_α相比较，从而判断相应的观测值是否包含粗差。

第二个角度是把含粗差的观测值看作与其他同类观测值具有相同期望、不同方

差的子样，含粗差观测值的方差将异常大，即

$$Y_i \sim N(E(Y), \sigma_{Yi}^2), \quad \sigma_{Yi}^2 \gg \sigma^2 \tag{9.9}$$

$$Y_j \sim N(E(Y), \sigma^2), \quad j \neq i \tag{9.10}$$

这意味着将粗差视为随机模型的一部分。按此法进行粗差分离，是按逐次迭代平差结果来不断改变观测值的权，最终使含粗差观测值的权趋向于零，从而达到剔出粗差的目的。

9.1.3 故障概率分析

对于多星座来说，多卫星同时发生故障的概率会随着可见星的增多而增大，本书将从危险误导信息（Hazardous Misleading Information，HMI）概率的角度分析卫星发生故障的概率。

危险误导信息概率是指导航定位误差超过了告警限值而该事件没有被检测到的概率。假设可见星的数目为 n，每颗可见卫星的测距信号可以是无故障和有故障两种假设，假设 H_i 代表所有可能发生故障或不发生故障的组合，则 $0 \leqslant i \leqslant 2^n - 1$，$H_i$ 共有 2^n 种假设。基于全概率公式，HMI 的概率可以表示为：

$$P(\text{HMI}) = \sum_{i=0}^{2^n-1} P(\text{HMI}|H_i)P(H_i) < I_{\text{REQ}} \tag{9.11}$$

式中，I_{REQ} 是完好性风险需求。

为了分析多星故障对 HMI 概率的影响，将 H_i 分为无故障情况，单颗卫星发生故障情况、两颗卫星同时发生故障情况以及三颗或更多卫星同时发生故障情况，这样，HMI 的概率可以表示为

$$P(\text{HMI}) = P(\text{HMI}|0F)P_{0F} + P(\text{HMI}|1F)P_{1F} + P(\text{HMI}|2F)P_{2F} + P(\text{HMI}|\geqslant 3F)P_{\geqslant 3F} \tag{9.12}$$

式中，P_{0F} 为无卫星发生故障的概率；P_{1F} 为单颗卫星发生故障的概率；P_{2F} 为两颗卫星同时发生故障的概率；$P_{\geqslant 3F}$ 为三颗或更多卫星同时发生故障的概率。

对于 P_{1F}，单颗卫星发生故障的情况有 n 种，故障位于第一颗卫星，故障位于第二颗卫星……故障位于第 n 颗卫星，假设各颗卫星之间发生故障的事件是相互独立

的，则 P_{1F} 服从二项概率分布。P_{1F} 可表示为

$$P_{1F}=C_n^1 P_{\text{sat}}(1-P_{\text{sat}})^{n-1} \tag{9.13}$$

式中，C_n^1 为二项式系数；P_{sat} 为单颗卫星发生故障的先验概率，按照参考文献[54]，P_{sat} 设定为 1×10^{-4}。

同理，P_{2F} 与 $P_{\geqslant 3F}$ 也均服从二项分布，其可表示为

$$P_{2F}=C_n^2 P_{\text{sat}}^2(1-P_{\text{sat}})^{n-2} \tag{9.14}$$

$$P_{\geqslant 3F}=\sum_{k=3}^{n} C_n^k P_{\text{sat}}^k(1-P_{\text{sat}})^{n-k} \tag{9.15}$$

图 9.2 所示为卫星同时发生故障的概率与可见星的关系。

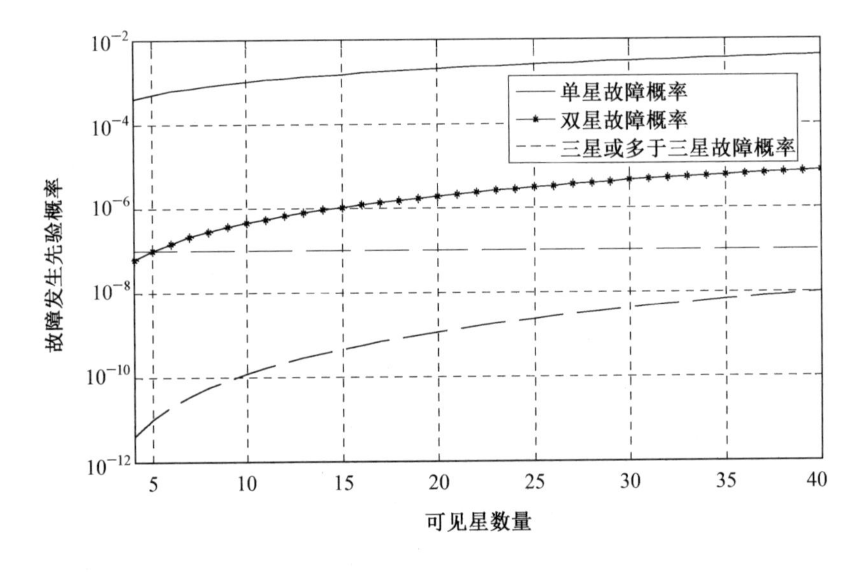

图 9.2　卫星同时发生故障的先验概率

图 9.2 中虚线代表完好性风险需求，这里取值为 10^{-7}，Galileo 生命安全服务的性能需求中对完好性风险要求为 3.5×10^{-7}，国际民航组织制定的导航性能需求中，精密进近 CAT-Ⅰ阶段完好性风险要求为 2×10^{-7}。如图 9.2 所示，可以看出，随着可见星数量的增多，无论是单颗卫星故障概率、两颗卫星同时发生故障概率还是三颗或以上卫星同时发生故障概率均随之增大，因此，对于多星座 GNSS 组合导航来

说，多颗卫星同时发生故障的概率相对单星座来说要大。当可见星大于六颗时，两颗卫星同时发生故障的概率超过了完好性风险需求，而三颗卫星及三颗以上卫星同时发生故障总的概率在可见星达到 40 颗时依然没有超过完好性风险需求，因此，对于多星座 GNSS 而言，应重点研究单星和双星发生故障的 RAIM 问题。

9.1.4　多星座组合 RAIM 方法基本流程

随着四大卫星导航系统的组网，接收机可以利用的信号源越来越多，在多星座背景下，冗余的观测量变多，极大地满足了 RAIM 方法对卫星数量的要求，使卫星数目不再成为限制 RAIM 可用性的条件。因此，对多星座 RAIM 方法及其性能的研究有重要意义。基于多星座的 RAIM 方法的基本流程如图 9.3 所示。

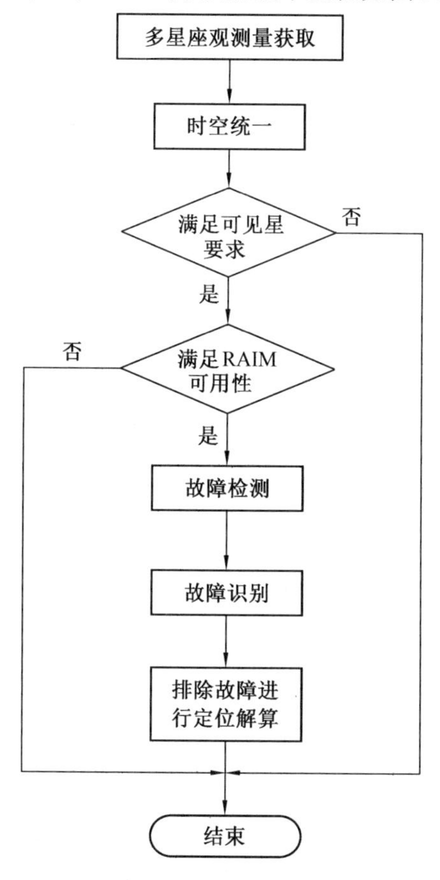

图 9.3　多星座 RAIM 方法基本流程

首先获取多星座组合观测量，然后利用第 2 章的相关结论将其时空转换到统一的时空坐标系下，如果可见星数量满足要求，则进行 RAIM 可用性的判断，满足可用性的情况下可以进行故障检测和识别，从而排除故障完成正确的定位解算。

目前常用的 RAIM 方法主要是利用当前观测量的“快照”算法，典型的有伪距比较法，最小二乘法和奇偶矢量法，并且这三种方法具有等效性。本书以最小二乘法和奇偶矢量法为基础分析多星座组合 RAIM 方法，多星座组合 RAIM 方法的故障检测和故障识别具体流程如图 9.4 所示。

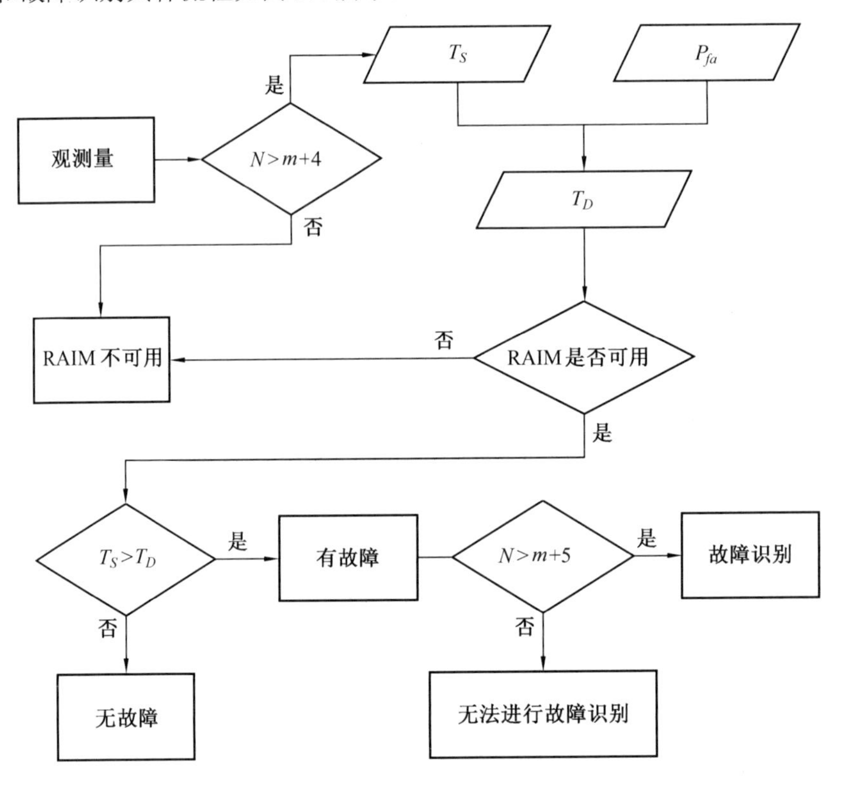

图 9.4　多星座 RAIM 故障检测和故障识别具体流程图

图 9.4 中，T_S 为检验统计量；P_{fa} 为虚警概率；T_D 为检测门限值。从图 9.4 中可以看出，RAIM 方法首先要根据观测量构造检验统计量，然后结合允许的最大虚警概率确定检测门限。在 RAIM 可用性满足的条件下，利用检验统计量与检测门限的大小关系即可进行故障检测与故障识别。

9.2　基于多星座的单星故障 RAIM 方法

目前研究的 RAIM 方法主要是针对单星座情况，常用的 RAIM 方法主要是基于当前观测量“快照”算法，由于这种方法不需要借助外界设备，完全自主，易于实现，因此被广泛应用，常用的“快照”算法包括最小二乘残差法、奇偶矢量法和伪距比较法，这三种方法是等效的。本书首先将最小二乘残差法用于多星座单卫星故障的 RAIM，并对其原理进行推导分析，然后提出了基于 M 估计的多星座单卫星故障 RAIM 方法。

9.2.1　基于最小二乘的多星座单星故障 RAIM 方法

由第 4 章可知，用户接收机伪距观测方程为

$$\boldsymbol{Y}=\boldsymbol{HX}+\boldsymbol{\varepsilon} \tag{9.16}$$

式中，$\boldsymbol{\varepsilon}$ 为 $n\times 1$ 向量，表示各卫星的伪距测量误差，若存在偏差，则用 $\boldsymbol{\varepsilon}+\boldsymbol{b}$ 表示。

其加权最小二乘定位解为

$$\hat{\boldsymbol{X}}=(\boldsymbol{H}^{\mathrm{T}}\boldsymbol{WH})^{-1}\boldsymbol{H}^{\mathrm{T}}\boldsymbol{WY} \tag{9.17}$$

令：

$$\boldsymbol{A}=(\boldsymbol{H}^{\mathrm{T}}\boldsymbol{WH})^{-1}\boldsymbol{H}^{\mathrm{T}}\boldsymbol{W} \tag{9.18}$$

则，

$$\hat{\boldsymbol{X}}=\boldsymbol{AY} \tag{9.19}$$

$$\hat{\boldsymbol{Y}}=\boldsymbol{H}\hat{\boldsymbol{X}} \tag{9.20}$$

伪距残差向量：

$$\begin{aligned}\boldsymbol{w}&=\boldsymbol{Y}-\hat{\boldsymbol{Y}}=\boldsymbol{Y}-\boldsymbol{H}(\boldsymbol{H}^{\mathrm{T}}\boldsymbol{WH})^{-1}\boldsymbol{H}^{\mathrm{T}}\boldsymbol{WY}\\&=(\boldsymbol{I}_n-\boldsymbol{H}(\boldsymbol{H}^{\mathrm{T}}\boldsymbol{WH})^{-1}\boldsymbol{H}^{\mathrm{T}}\boldsymbol{W})\boldsymbol{Y}\\&=(\boldsymbol{I}_n-\boldsymbol{H}(\boldsymbol{H}^{\mathrm{T}}\boldsymbol{WH})^{-1}\boldsymbol{H}^{\mathrm{T}}\boldsymbol{W})(\boldsymbol{HX}+\varepsilon)\\&=(\boldsymbol{I}_n-\boldsymbol{H}(\boldsymbol{H}^{\mathrm{T}}\boldsymbol{WH})^{-1}\boldsymbol{H}^{\mathrm{T}}\boldsymbol{W})\varepsilon\end{aligned} \tag{9.21}$$

令

$$\boldsymbol{S} = \boldsymbol{I}_n - \boldsymbol{H}(\boldsymbol{H}^{\mathrm{T}}\boldsymbol{W}\boldsymbol{H})^{-1}\boldsymbol{H}^{\mathrm{T}}\boldsymbol{W} \tag{9.22}$$

式中，$\boldsymbol{S}$ 称为残差敏感矩阵。则残差平方和可表示为

$$\mathrm{SSE} = \boldsymbol{w}^{\mathrm{T}}\boldsymbol{w} = \boldsymbol{\varepsilon}^{\mathrm{T}}\boldsymbol{S}^2\boldsymbol{\varepsilon} = \boldsymbol{\varepsilon}^{\mathrm{T}}\boldsymbol{S}\boldsymbol{\varepsilon} \tag{9.23}$$

$\boldsymbol{S}$ 有很多实际意义的特性：对称性、幂等性、它每行和每列的平方和等于对应对角线的元素、每行或每列的和等于 0。

记 $\boldsymbol{G} = \boldsymbol{H}(\boldsymbol{H}^{\mathrm{T}}\boldsymbol{W}\boldsymbol{H})^{-1}\boldsymbol{H}^{\mathrm{T}}\boldsymbol{W}$ ，则，

$$\mathrm{rank}(\boldsymbol{G}) = m + 3 \tag{9.24}$$

$$\mathrm{rank}(\mathrm{SSE}) = \mathrm{rank}(\boldsymbol{S}) = \mathrm{rank}(\boldsymbol{I} - \boldsymbol{G}) = n - m - 3 \tag{9.25}$$

式中，n 为可见卫星数；m 为参与计算的导航卫星系统个数。

伪距残差向量的验后单位权中误差为

$$\hat{\sigma} = \sqrt{\frac{\mathrm{SSE}}{n - m - 3}} \tag{9.26}$$

因此，伪距残差向量的单位权中误差 $\hat{\sigma}$ 由伪距残差平方和计算得到，在系统正常情况下，各伪距残差比较小，验后单位权中误差 $\hat{\sigma}$ 也较小；当在某个测量伪距存在较大偏差时，$\hat{\sigma}$ 会变大，需要进行故障检测。假设当无故障时，距离残差向量 $\boldsymbol{w}$ 中各个分量是相互独立的正态分布随机误差，均值为 0，方差为 ${\sigma_0}^2$，因为残差敏感矩阵 $\boldsymbol{S}$ 是秩等于 $n-m-3$ 的实对称矩阵，依据统计分布理论，$\dfrac{\mathrm{SSE}}{{\sigma_0}^2}$ 服从自由度为 $n-m-3$ 的卡方分布；有故障时，距离残差向量 $\boldsymbol{w}$ 的均值不为 0，则 $\dfrac{\mathrm{SSE}}{{\sigma_0}^2}$ 服从自由度为 $n-m-3$ 的非中心卡方分布。因此，可将 $\hat{\sigma}$ 作为检验统计量。令检验统计量：

$$T_S = \hat{\sigma} = \sqrt{\frac{\mathrm{SSE}}{n - m - 3}} \tag{9.27}$$

检测门限 T_D 可通过允许的最大虚警概率 P_{fa} 求取。虚警是当没有发生定位故障时却告知用户有定位故障的一种指示，其检测门限是通过将概率密度函数从检测门限到无穷积分求得的。这种问题属于数理统计中的假设检验问题。假设，

H_0：无故障发生；

H_1：有故障发生。

则虚警概率：

$$P_{fa} = P\left(\frac{\text{SSE}}{{\sigma_0}^2} \geqslant {T_D}^2 \mid H_0\right) \tag{9.28}$$

无故障发生情况下，当 $n > m+4$ 时，用具有 $n-m-3$ 个自由度的卡方分布对检验统计量建模，各测量残差的平方之和具有卡方分布。当 $n = m+4$ 时，卡方分布退化为标准正态分布。其概率密度函数可表示为

$$f(x) = \begin{cases} \dfrac{1}{\sqrt{2\pi}} \mathrm{e}^{\frac{-x^2}{2}}, & n = m+4,\ x \in \mathbf{R} \\ \dfrac{1}{2^{\frac{k}{2}} \Gamma\left(\dfrac{k}{2}\right)} \mathrm{e}^{\frac{-x}{2}} x^{\frac{k}{2}-1}, & n > m+4,\ x > 0 \\ 0, & n > m+4,\ x \leqslant 0 \end{cases} \tag{9.29}$$

式中，n 为可见星数；$k = n-m-3$，为自由度；Γ 为伽马（Gamma）函数。结合式（9.28）、式（9.29），虚警概率可表示为

$$P_{fa} = \int_{{T_D}^2}^{+\infty} f(x)\,\mathrm{d}x \tag{9.30}$$

在虚警概率已知的条件下，通过上式结合可见卫星数利用数值积分的方法可以求取不同可见卫星数（即不同自由度）对应的检测门限值，如图 9.5 所示。

图 9.5 展示了部分自由度对应 $\dfrac{\text{SSE}}{{\sigma_0}^2}$ 的检测门限值 T_D，则检验统计量 $\hat{\sigma}$ 的检测门限值 $\sigma_T = \dfrac{\sigma_0 T_D}{\sqrt{n-m-3}}$，如果 $\hat{\sigma} > \sigma_T$，表示检测到故障，将向用户发出告警。若取 $\sigma_0 = 5\ \text{m}$，对应图中的虚警概率采样，对应的检测门限值见表 9.1。

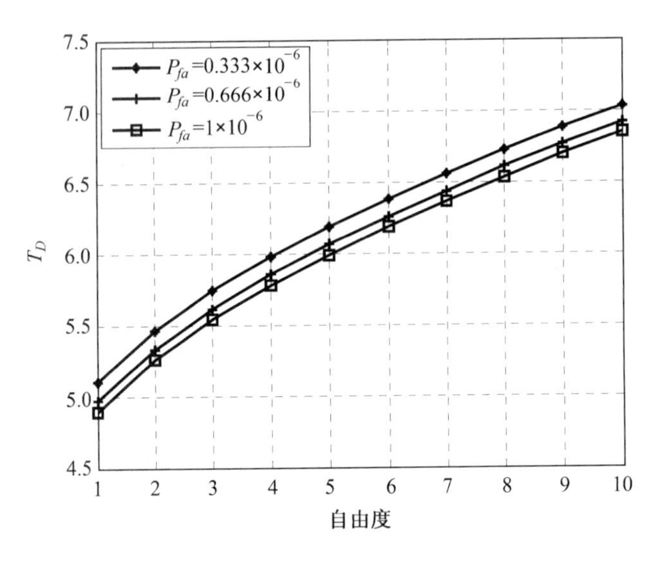

图 9.5　检测门限值

表 9.1　故障检测门限值与虚警率和自由度的关系

自由度	T_D/m	σ_T/m	T_D/m	σ_T/m	T_D/m	σ_T/m
	$P_{fa}=0.333\times10^{-6}$		$P_{fa}=0.666\times10^{-6}$		$P_{fa}=1\times10^{-6}$	
1	5.103 8	25.519 1	4.971 0	24.854 8	4.891 7	24.458 4
2	5.461 5	19.309 4	5.333 1	18.855 4	5.256 5	18.584 6
3	5.738 5	16.565 8	5.612 7	16.202 4	5.537 6	15.985 7
4	5.975 2	14.938 1	5.851 3	14.628 2	5.777 4	14.443 5
5	6.186 3	13.833 0	6.063 8	13.559 1	5.990 8	13.395 8
6	6.379 0	13.021 1	6.257 7	12.773 5	6.185 5	12.626 0
7	6.557 7	12.393 0	6.437 5	12.165 7	6.365 8	12.030 2
8	6.7251	11.888 5	6.605 7	11.677 4	6.534 7	11.551 8
9	6.883 5	11.472 6	6.764 9	11.274 8	6.694 2	11.157 0
10	7.033 8	11.121 5	6.916 0	10.935 1	6.845 7	10.824 0

结合图 9.5 和表 9.1，可知相同的虚警概率下，T_D 值随着自由度的增加而增大；自由度相同的情况下，T_D 值随着虚警概率的增大而减小。即相同虚警概率下，T_D 值随着可见卫星数增加而增大。由于虚警概率是将概率密度函数由 T_D 到无穷的积分，自由度相同的情况下，概率密度函数相同，因此虚警概率增大也会导致 T_D 值左移而减小。相反，检测门限 σ_T 的值随着自由度的增加而逐渐减小。

至此，通过比较检验统计量和检测门限的大小关系，即可对故障卫星进行检测。

故障检测是基于伪距残差平方和的检验，故障识别则是基于伪距残差元素的检验。其基本思想是基于巴尔达提出的数据探测法，基于最小二乘残差矢量构造统计量，该统计量服从某种分布，给定显著水平，则可通过统计量的检验来判断某残差是否存在粗差。由残差和观测误差的关系式，可令故障识别检验统计量为

$$T_{Si} = \frac{|w_i|}{\sigma_0\sqrt{\boldsymbol{Q}_{V_{ii}}}} \tag{9.31}$$

式中，$\boldsymbol{Q}_{V_{ii}}$ 表示伪距残差向量协因数阵 $\boldsymbol{Q}_V$ 的第 i 行第 i 列元素。

$$\boldsymbol{Q}_V = W^{-1} - \boldsymbol{H}(\boldsymbol{H}^{\mathrm{T}}W\boldsymbol{H})^{-1}\boldsymbol{H}^{\mathrm{T}} \tag{9.32}$$

由式（9.31）可知，T_{Si} 的统计分布与 $|w_i|$ 一致，假设，

H_0：无故障发生；

H_1：有故障发生。

当无故障时，$T_{Si} \sim N(0,1)$；有故障时，$T_{Si} \sim N(\delta_i,1)$。

δ_i 为统计量偏移参数，如果第 i 颗卫星的伪距偏差为 b_i，则：

$$\delta_i = \frac{\sqrt{\boldsymbol{Q}_{V_{ii}}}W_{ii}b_i}{\sigma_0} \tag{9.33}$$

n 颗可见卫星共得到 n 个检验统计量，给定总体虚警概率为 P_{fa}，则每个检验统计量的虚警概率为 $\frac{P_{fa}}{n}$，故障识别的检测门限 T_{Di} 可由每个检验统计量的虚警概率求取。

$$P(T_{Si} > T_{Di} \mid H_0) = 2\int_{T_d}^{\infty} h(x)\,\mathrm{d}x = \frac{P_{fa}}{n} \tag{9.34}$$

其中

$$h(x)=\frac{1}{\sqrt{2\pi}}e^{\frac{-x^2}{2}}, \quad x\in\mathbf{R} \tag{9.35}$$

由式（9.35）可以计算得到每个检验统计量 T_{Si} 对应的检测门限值 T_{Di}，将检验统计量与检测门限值进行比较，若 $T_{Si}>T_{Di}$，则表明第 i 颗卫星有故障，可将其排除。

故障识别门限值与虚警率和自由度的关系见表 9.2。

表 9.2　故障识别门限值与虚警率和自由度的关系

自由度	虚警率		
	P_{fa}=0.333×10^{-6}/m	P_{fa}=0.666×10^{-6}/m	P_{fa}=1×10^{-6}/m
1	5.399 9	5.274 2	5.199 3
2	5.432 5	5.307 5	5.233 1
3	5.460 0	5.335 6	5.261 5
4	5.483 6	5.359 8	5.286 0
5	5.504 4	5.381 0	5.307 5
6	5.523 0	5.399 9	5.326 7
7	5.539 7	5.417 0	5.344 0
8	5.554 9	5.432 5	5.359 8
9	5.568 9	5.446 8	5.374 2
10	5.581 8	5.460 0	5.387 5

与故障检测门限类似，相同的虚警概率下，故障识别门限随着自由度的增加而减小；自由度相同的情况下，检测门限随着虚警概率的增大而减小。

至此，通过比较故障识别检验统计量和故障识别门限的大小关系，即可对故障卫星进行识别。

9.2.2　基于 M 估计的多星座单星故障 RAIM 方法

M 估计实际上是一种迭代加权最小二乘估计，根据距离残差向量对不同的点施加不同的权重，即对残差小的点给予较大的权重，而对残差较大的点给予较小的权重，并据此建立加权的最小二乘估计，反复迭代以改进权重系数。

与最小二乘将距离残差和作为极值函数不同，M 估计的极值函数为

$$P(X)=\sum_{i=1}^{n}p_i\rho(\boldsymbol{w}_i)=\sum_{i=1}^{n}p_i\rho(\boldsymbol{h}_i\boldsymbol{X}-\boldsymbol{Y}_i) \tag{9.36}$$

式中，$\boldsymbol{h}_i$ 为 $\boldsymbol{H}$ 观测矩阵第 i 行；$\rho(x)=-\ln f(x)$，$f(x)$为概率密度函数，将其对 $\boldsymbol{w}$ 求导，并令其为零，记 $\psi(\boldsymbol{w}_i)=\dfrac{\partial\rho}{\partial\boldsymbol{w}_i}$，则有：

$$\sum_{i=1}^{n}p_i\psi(\boldsymbol{w}_i)\boldsymbol{h}_i=\boldsymbol{0} \tag{9.37}$$

令 $\dfrac{\psi(\boldsymbol{w}_i)}{\boldsymbol{w}_i}=W_i$（权因子），引入等价权元素 $\bar{p}_{ii}=p_iW_i$，则上式改写为

$$\boldsymbol{H}^{\mathrm{T}}\bar{\boldsymbol{P}}\boldsymbol{w}=\boldsymbol{0} \tag{9.38}$$

式中，$\bar{\boldsymbol{P}}$ 为等价权阵（对角阵），其元素为 $\bar{p}_{ii}$，将其代入误差方程，有：

$$\boldsymbol{H}^{\mathrm{T}}\bar{\boldsymbol{P}}\boldsymbol{H}\boldsymbol{X}-\boldsymbol{H}^{\mathrm{T}}\bar{\boldsymbol{P}}\boldsymbol{Y}=\boldsymbol{0} \tag{9.39}$$

由此得参数向量抗差 M 估计值为

$$\boldsymbol{X}=(\boldsymbol{H}^{\mathrm{T}}\bar{\boldsymbol{P}}\boldsymbol{H})^{-1}\boldsymbol{H}^{\mathrm{T}}\bar{\boldsymbol{P}}\boldsymbol{Y} \tag{9.40}$$

其中，$\bar{\boldsymbol{P}}^{-1}=\begin{bmatrix}\bar{p}_{11}^2 & 0 & \cdots & 0\\ 0 & \bar{p}_{22}^2 & \cdots & 0\\ \vdots & \vdots & & \vdots\\ 0 & 0 & \cdots & \bar{p}_{nn}^2\end{bmatrix}$。

等价权阵的构造有许多方法，但是得到的稳健估计大同小异，在各方法中都用到一个“标准化”的残差指标 u_i，其定义为

$$u_i=\frac{\boldsymbol{w}_i}{s}=0.674\,5\times\frac{\boldsymbol{w}_i}{\mathrm{med}(|\boldsymbol{w}_i-\mathrm{med}(\boldsymbol{w}_i)|)} \tag{9.41}$$

其中，med( ) 为中位数；s 为残差尺度。这里选取 Huber 法，即

$$\bar{p}_{ii}=\begin{cases}1, & |u_i|\leqslant c_h\\ \dfrac{c_h}{|u_i|}, & |u_i|>c_h\end{cases} \tag{9.42}$$

式中，c_h一般取 1.345。

接下来故障检测与故障识别的方法与最小二乘 RAIM 方法类似，构造检验统计量：

$$T_S = \hat{\sigma} = \sqrt{\frac{w^T \bar{\boldsymbol{P}} w}{n-m-3}} \tag{9.43}$$

无故障假设 H_0：则 $\dfrac{\hat{\sigma}^2}{\sigma_0^2} \sim \chi^2(n-m-3)$。

有故障假设 H_1：则 $\dfrac{\hat{\sigma}^2}{\sigma_0^2} \sim \chi^2(n-m-3,\lambda)$。

λ 为非中心化参数，σ_0^2 为伪距残差的先验方差，并由相应的置信概率（虚警概率），计算相应的检测限值，然后进行故障检测和故障识别。

9.2.3 仿真分析

选取 GPS+BDS 双星座单颗卫星故障下，两种 RAIM 方法进行仿真比较分析，基本仿真条件见表 9.3。

表 9.3 基本仿真条件

项目	条件	项目	条件
星历参考点	2015.1.12 00:00:00	高度截止角	10°
仿真星座	GPS+BD2	仿真步长	5 s
仿真地区	(40° N，116° E)	仿真周期	24 h
伪距噪声标准差	5 m	虚警概率	1/3 000 000

在指定仿真时间间隔，单颗卫星中人为注入 60 m 偏差，两种方法所有采样点的检验统计量和检测门限统计如图 9.6 所示。

由图 9.6 可以看出两种方法均可以用于多星座的单星故障检测，但是相同情况下，基于 M 估计的故障检测率明显高于基于最小二乘的情况；由于 M 估计能将故障卫星的伪距残差在检验统计量中进行放大，因此 M 估计比最小二乘对微小偏差更加敏感，即最小二乘对微小偏差的正确告警概率低于 M 估计对微小偏差的正确告警概率。

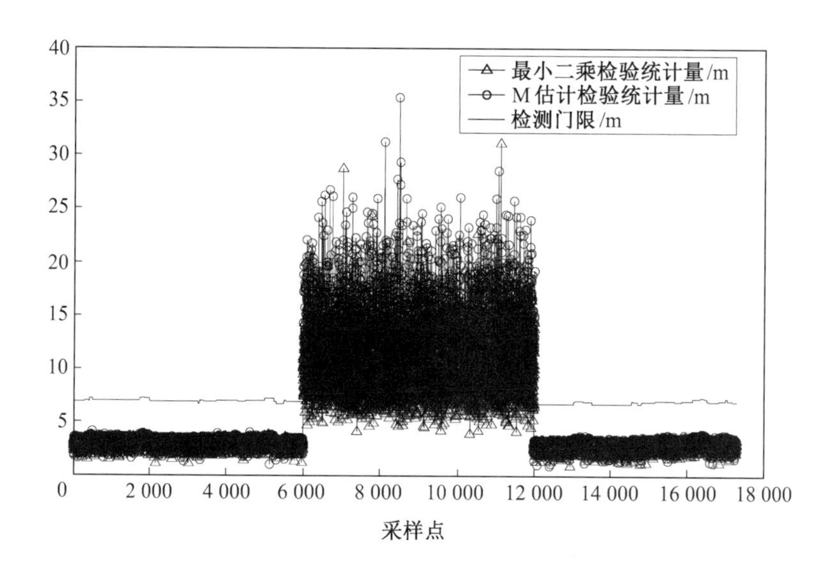

图 9.6　两种方法检验统计量与门限值比较

此外，M 估计抗差性能好，在故障未被排除的情况下，根据偏差大小迭代加权，可以减小偏差最终对定位性能的影响，如图 9.7 所示。

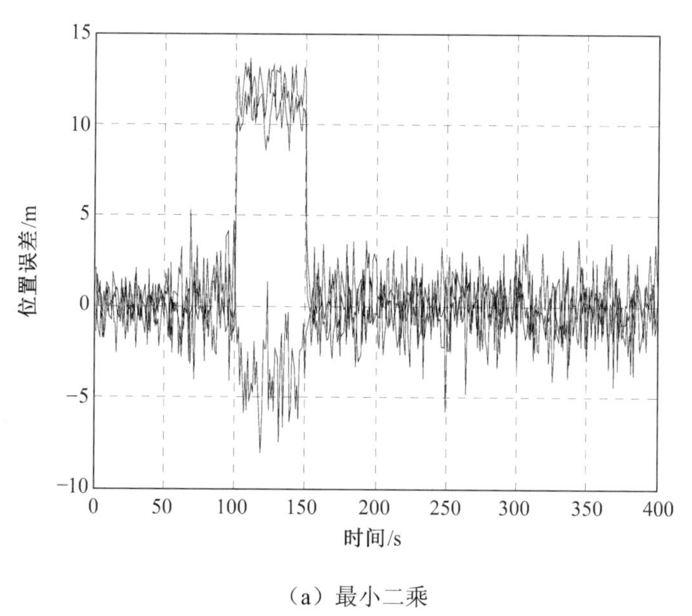

（a）最小二乘

图 9.7　两种方法故障未排除情况下的定位误差

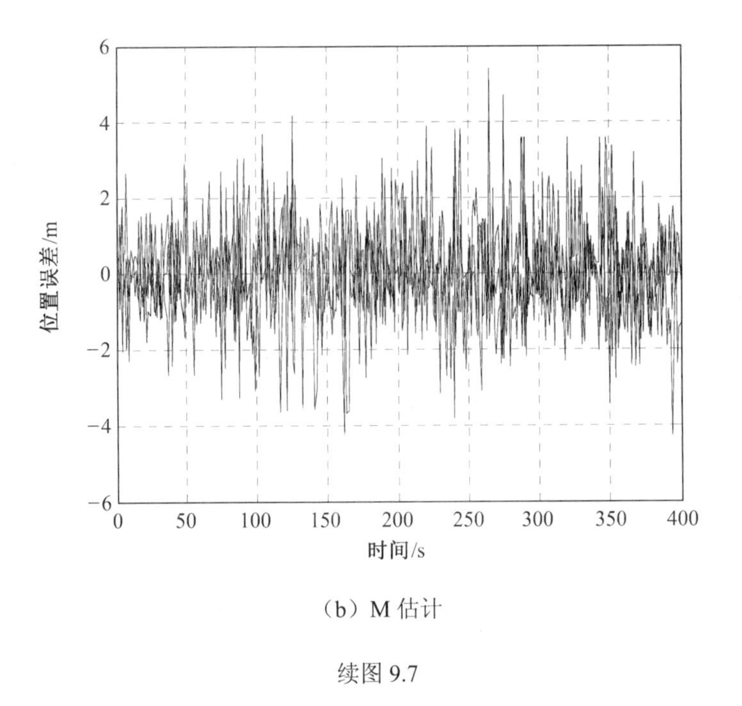

（b）M估计

续图9.7

图9.7所示为在指定时间段内单颗卫星添加10 m的偏差，如果故障未被排除，直接参与定位解算，两种方法的定位结果展示，显然，M估计有很好的抗差性能。

因此，本书选择基于M估计的多星座单星故障RAIM方法对第三章中提到的5种方案分别进行仿真分析，选取某颗卫星为故障星，分别在该颗故障卫星的伪距偏差中添加5 m到120 m的偏差，步长为5 m，采用蒙特卡洛法进行仿真，5种方案分别对应的单星故障检测概率和故障识别概率如图9.8和图9.9所示。

由图9.8和图9.9可以看出，随着故障偏差的增大，各方案的故障检测率和故障识别率均不断提升，偏差量大于某一个值时，故障检测率和故障识别率能够达到100%。此外，多星座GNSS的故障检测能力和故障识别能力均优于单星座的故障检测能力和故障识别能力，随着星座数的增加，故障检测能力和故障识别能力也逐渐提升，多星座GNSS对较小的故障偏差更为敏感，这是由于多星座GNSS通过增加可见卫星数目，增加了RAIM的冗余信息，从而提高了故障检测率和故障识别率。同时，相同的故障偏差下，同一方案的故障识别率要低于故障检测率，这是由故障识别的条件比故障检测的条件更为严格造成的。

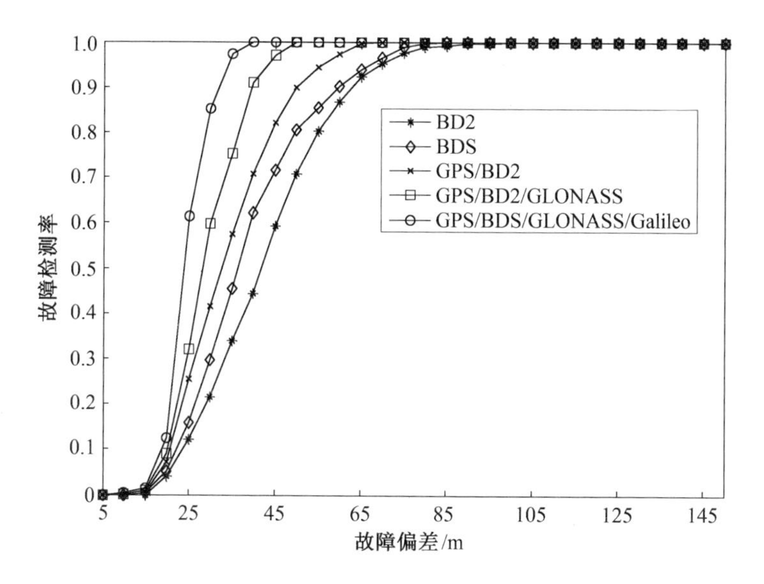

图 9.8　M 估计单星故障检测率

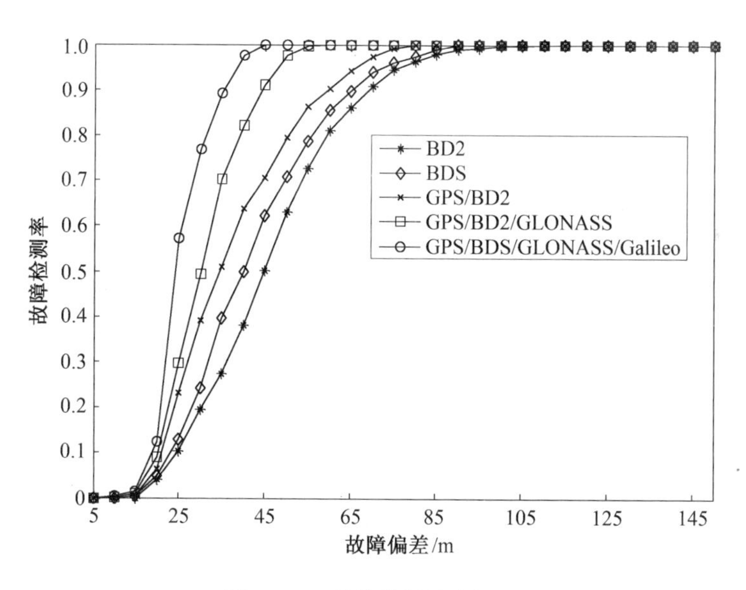

图 9.9　M 估计单星故障识别率

现阶段，北斗区域服务系统在服务区域内，当故障偏差大于 100 m 时，故障检测率达到 100%，当故障偏差大于 110 m 时，故障识别率达到 100%；北斗区域服务系统与 GPS 双星座组合时，在全球范围内，当故障偏差大于 75 m 时，故障检测率达到100%，当故障偏差大于85 m时，故障识别率达到100%；北斗区域服务系统、GPS与GLONASS三星座组合时，在全球范围内，当故障偏差大于55 m时，故障检测率即可达到100%，当故障偏差大于65 m时，故障识别率即可达到100%。未来北斗全球服务系统，当故障偏差大于85 m时，故障检测率即可达到100%，当故障偏差大于95 m时，故障识别率即可达到100%；未来四大卫星导航系统组合后，当故障偏差大于45 m时，故障检测率即可达到100%，当故障偏差大于50 m时，故障识别率即可达到100%。

9.3 基于多星座的双星故障RAIM方法

对于多星座，两颗卫星同时发生故障的可能性相对较大，对于RAIM方法，不管是检测单星故障还是多星故障，其基本原理是相同的，因此，给定伪距测量误差的方差和虚警概率后，不管对于哪种情况，其检测门限都是相同的。但是，利用传统的单卫星故障的RAIM方法进行多卫星故障检测时会出现故障偏差抵消的情况，从而导致漏检或者虚警的情况。

9.3.1 双星故障检测基本原理

本书通过介绍基于奇偶矢量的双星故障检测原理，首先从奇偶矢量的角度分析故障偏差抵消问题。

对式（9.16）中的$\boldsymbol{H}$进行$\boldsymbol{QR}$分解，即

$$\boldsymbol{H}=\boldsymbol{QR} \tag{9.44}$$

式中，$\boldsymbol{Q}$为$n\times n$阶正交矩阵；$\boldsymbol{R}$为$n\times(m+3)$阶上三角矩阵。

对式（9.16）两边同时左乘$\boldsymbol{Q}$的转置$\boldsymbol{Q}^{\mathrm{T}}$，得

$$\boldsymbol{Q}^{\mathrm{T}}\boldsymbol{Y}=\boldsymbol{RX}+\boldsymbol{Q}^{\mathrm{T}}\boldsymbol{\varepsilon} \tag{9.45}$$

$\boldsymbol{Q}^{\mathrm{T}}$和$\boldsymbol{R}$又可以表示为$\boldsymbol{Q}^{\mathrm{T}}=\begin{bmatrix}\boldsymbol{Q}_x\\ \boldsymbol{Q}_p\end{bmatrix}$，$\boldsymbol{R}=\begin{bmatrix}\boldsymbol{R}_x\\ 0\end{bmatrix}$，则有：

$$\begin{bmatrix}\boldsymbol{Q}_x\\ \boldsymbol{Q}_p\end{bmatrix}\boldsymbol{Y}=\begin{bmatrix}\boldsymbol{R}_x\\ 0\end{bmatrix}\boldsymbol{X}+\begin{bmatrix}\boldsymbol{Q}_x\\ \boldsymbol{Q}_p\end{bmatrix}\boldsymbol{\varepsilon} \tag{9.46}$$

式中，$\boldsymbol{Q}_x$ 为 $\boldsymbol{Q}^{\mathrm{T}}$ 的前 m+3 行，$\boldsymbol{Q}_p$ 为 $\boldsymbol{Q}^{\mathrm{T}}$ 其余的 $n-m-3$ 行，$\boldsymbol{R}_x$ 为 $\boldsymbol{R}$ 的前 m+3 行。

$$\boldsymbol{Q}_p\boldsymbol{Y} = \boldsymbol{Q}_p\boldsymbol{\varepsilon} \tag{9.47}$$

当考虑伪距偏差时，观测方程为

$$\boldsymbol{Y} = \boldsymbol{H}\boldsymbol{x} + \boldsymbol{\varepsilon} + \boldsymbol{b} \tag{9.48}$$

式中，$\boldsymbol{b}$ 为伪距偏差，当无伪距偏差时，$\boldsymbol{b}$ 为 $n\times1$ 阶零矩阵。

此时，定义奇偶矢量

$$\boldsymbol{p} = \boldsymbol{Q}_p(\boldsymbol{\varepsilon} + \boldsymbol{b}) \tag{9.49}$$

由式（9.49）可以看出，奇偶矢量 $\boldsymbol{p}$ 只与观测误差量及可见星的几何分布有关，其中 $\boldsymbol{Q}_p$ 为奇偶空间矩阵。

当有两颗卫星同时发生故障，即第 i 颗卫星和第 j 颗卫星同时发生故障，其偏差分别为 b_i 和 b_j，忽略观测噪声的影响，奇偶矢量 $\boldsymbol{p}$ 可表示为

$$\boldsymbol{p} = \boldsymbol{Q}_p(:,i)b_i + \boldsymbol{Q}_p(:,j)b_j \tag{9.50}$$

由式（9.50）可以看出，当出现双星故障时，卫星故障偏差的大小不能够正确地反映到奇偶矢量中，双星故障示意图如图 9.10 和图 9.11 所示。

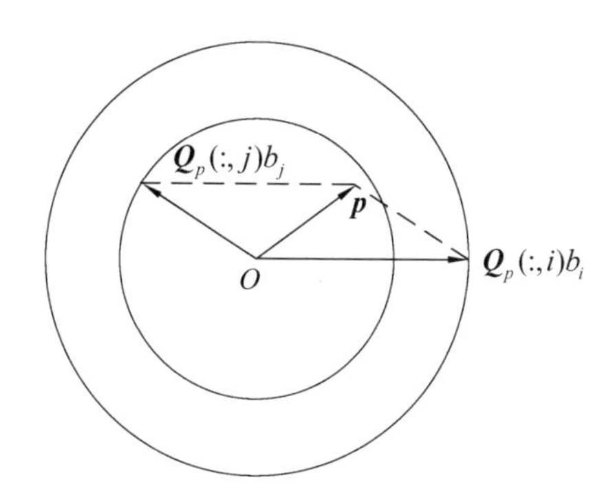

图 9.10　双星故障导致漏检示意图

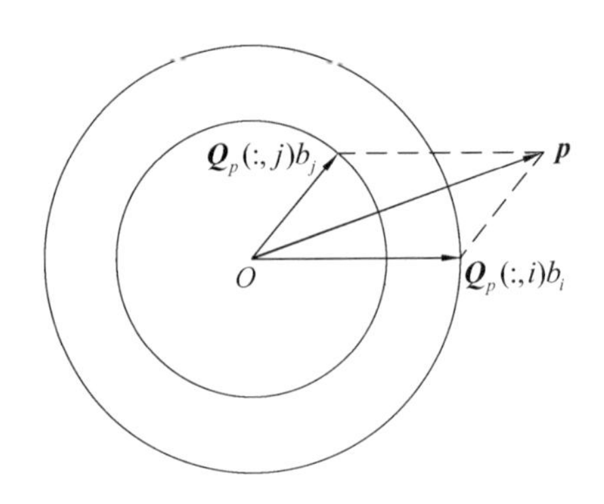

图 9.11　双星故障导致虚警示意图

如图 9.10 和图 9.11 所示，当双星故障反映到奇偶矢量中，有可能使故障大小缩小导致小于检测门限而造成漏检情况，也有可能将故障大小放大造成虚警情况。

9.3.2　改进的奇偶矢量双星故障 RAIM 方法

本书提出一种直接利用奇偶矢量与奇偶空间矩阵对应的故障列向量之间的几何关系进行双星故障识别的方法。

由式（9.41）可以看出，当出现双星故障时，卫星故障偏差通过每一列反映到 $\boldsymbol{p}$ 中，由向量关系可知，$\boldsymbol{p}$ 应该位于 $\boldsymbol{Q}_p(:,i)$ 与 $\boldsymbol{Q}_p(:,j)$ 构成的平面上，因此，当双卫星发生故障时，考虑到观测噪声的影响，$\boldsymbol{p}$ 与该平面之间的夹角越小，说明构成该平面的两颗卫星是故障卫星的可能性越大。这样故障检测问题转化为几何问题，求线面夹角问题。如图 9.12 所示。

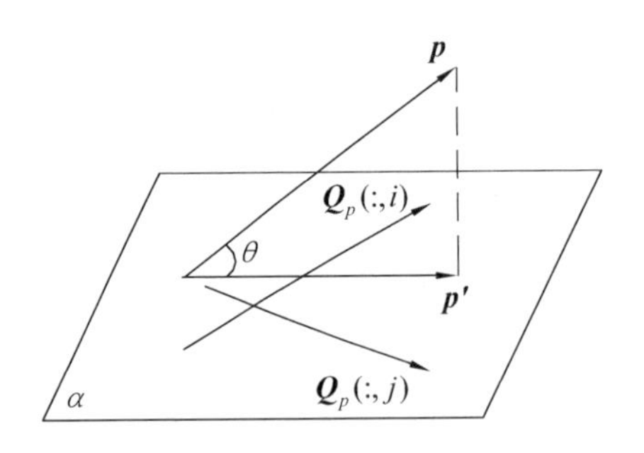

图 9.12　双星故障识别求解示意图

如图 9.12 所示，$\boldsymbol{Q}_p(:,i)$ 与 $\boldsymbol{Q}_p(:,j)$ 构成的平面为 α 平面，奇偶矢量 $\boldsymbol{p}$ 在 α 平面内的投影为 $\boldsymbol{p}'$，求取奇偶矢量 $\boldsymbol{p}$ 与 α 平面的夹角可以转化为求取 $\boldsymbol{p}$ 与 $\boldsymbol{p}'$ 之间的夹角 θ。

$$\theta = \arccos\left(\frac{\boldsymbol{p}\cdot\boldsymbol{p}'}{|\boldsymbol{p}||\boldsymbol{p}'|}\right) \tag{9.51}$$

其中，“·”为向量内积运算符。

当 θ= 0°，即 $\boldsymbol{p}$ 与 $\boldsymbol{p}'$ 重合时，$\boldsymbol{p}$ 位于 $\boldsymbol{Q}_p(:,i)$ 与 $\boldsymbol{Q}_p(:,j)$ 构成的平面 α 平面内，此时，由上述分析可知，$\boldsymbol{Q}_p(:,i)$ 与 $\boldsymbol{Q}_p(:,j)$ 对应的卫星为故障卫星。下面简述 $\boldsymbol{p}'$ 的求法，$\boldsymbol{p}'$ 位于 α 平面内，即 $\boldsymbol{p}'\in\alpha$，且 $\boldsymbol{p}'$ 与 $\boldsymbol{Q}_p(:,i)$ 和 $\boldsymbol{Q}_p(:,j)$ 线性相关，可表示为

$$\boldsymbol{p}' = k_1\boldsymbol{Q}_p(:,i) + k_2\boldsymbol{Q}_p(:,j) \tag{9.52}$$

由于 $\boldsymbol{p}-\boldsymbol{p}'\perp \boldsymbol{Q}_p(:,i)$，且 $\boldsymbol{p}-\boldsymbol{p}'\perp \boldsymbol{Q}_p(:,j)$，则，

$$(p-p')\cdot\boldsymbol{Q}_p(:,i) = 0 \tag{9.53}$$

$$(p-p')\cdot\boldsymbol{Q}_p(:,j) = 0 \tag{9.54}$$

由式（9.54）可得

$$\begin{cases} k_1 = \dfrac{(\boldsymbol{p}\cdot\boldsymbol{Q}_p(:,i))(\boldsymbol{Q}_p(:,j)\cdot\boldsymbol{Q}_p(:,j)) - (\boldsymbol{p}\cdot\boldsymbol{Q}_p(:,j))(\boldsymbol{Q}_p(:,i)\cdot\boldsymbol{Q}_p(:,j))}{(\boldsymbol{Q}_p(:,i)\cdot\boldsymbol{Q}_p(:,i))(\boldsymbol{Q}_p(:,j)\cdot\boldsymbol{Q}_p(:,j)) - (\boldsymbol{Q}_p(:,i)\cdot\boldsymbol{Q}_p(:,j))^2} \\ \\ k_2 = \dfrac{(\boldsymbol{p}\cdot\boldsymbol{Q}_p(:,j))(\boldsymbol{Q}_p(:,i)\cdot\boldsymbol{Q}_p(:,i)) - (\boldsymbol{p}\cdot\boldsymbol{Q}_p(:,i))(\boldsymbol{Q}_p(:,i)\cdot\boldsymbol{Q}_p(:,j))}{(\boldsymbol{Q}_p(:,i)\cdot\boldsymbol{Q}_p(:,i))(\boldsymbol{Q}_p(:,j)\cdot\boldsymbol{Q}_p(:,j)) - (\boldsymbol{Q}_p(:,i)\cdot\boldsymbol{Q}_p(:,j))^2} \end{cases} \tag{9.55}$$

由此，使得 θ 最小的 $\boldsymbol{Q}_p(:,i)$ 与 $\boldsymbol{Q}_p(:,j)$ 对应的两颗卫星即为故障卫星。

9.3.3　仿真分析

选取某两颗卫星为故障星，分别在这两颗故障星的伪距偏差中添加 -150 m 到 150 m 的偏差，步长为 5 m，其他仿真条件与 9.2.3 节一致，采用蒙特卡洛的方法进行仿真，5 种方案分别对应的双星故障识别概率如图 9.13 所示。

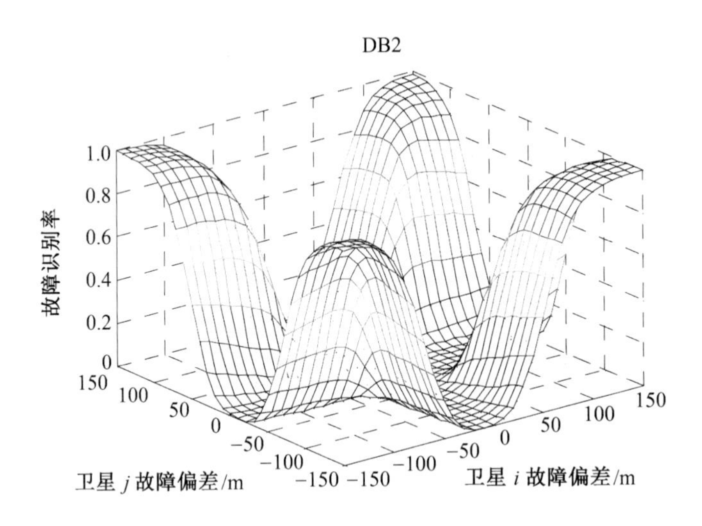

（a）

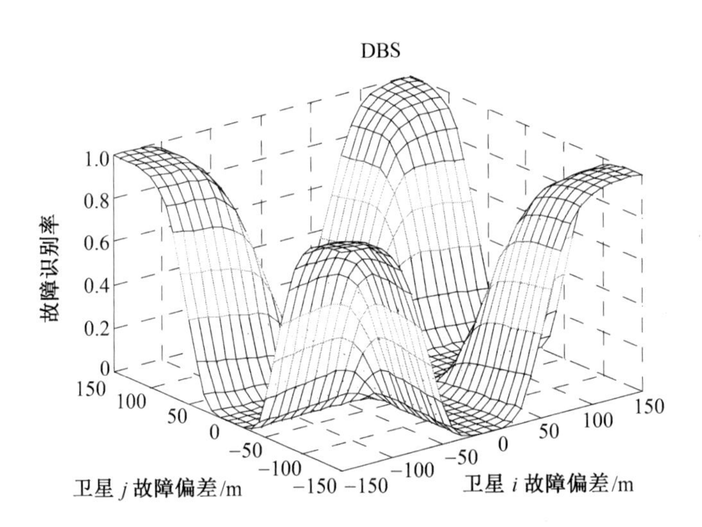

（b）

图 9.13　双星故障识别率

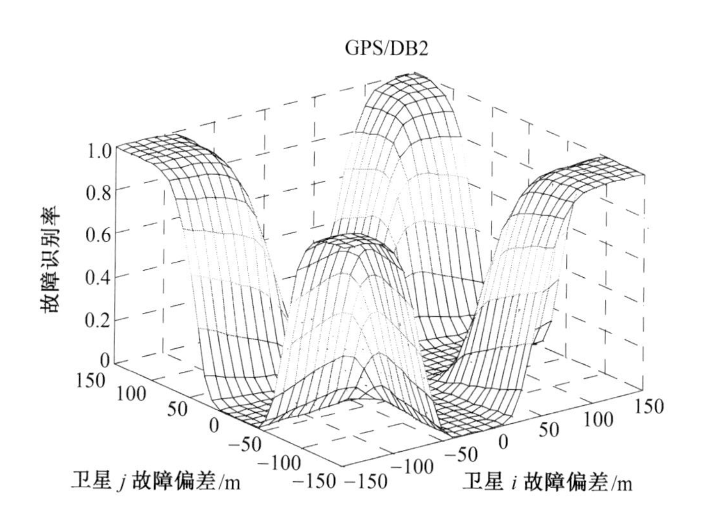
GPS/DB2
1.0
0.8
0.6
0.4
0.2
0
故障识别率
150
100
50
0
−50
−100
−150
卫星 j 故障偏差/m
−150
−100
−50
0
50
100
150
卫星 i 故障偏差/m

（c）

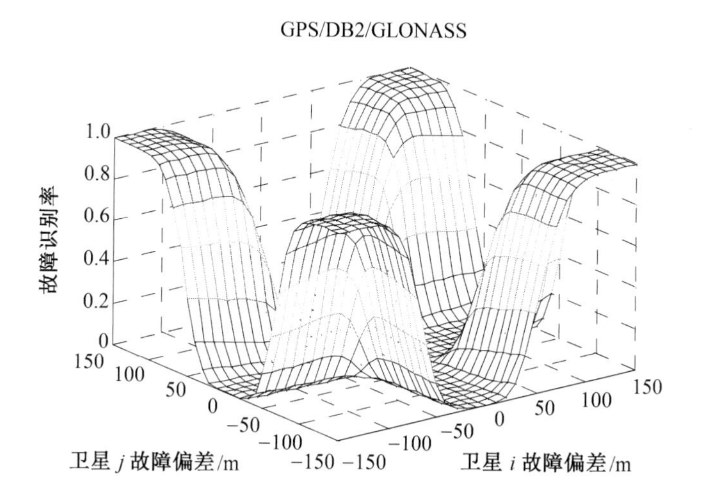
GPS/DB2/GLONASS
1.0
0.8
0.6
0.4
0.2
0
故障识别率
150
100
50
0
−50
−100
−150
卫星 j 故障偏差/m
−150
−100
−50
0
50
100
150
卫星 i 故障偏差/m

（d）

续图 9.13

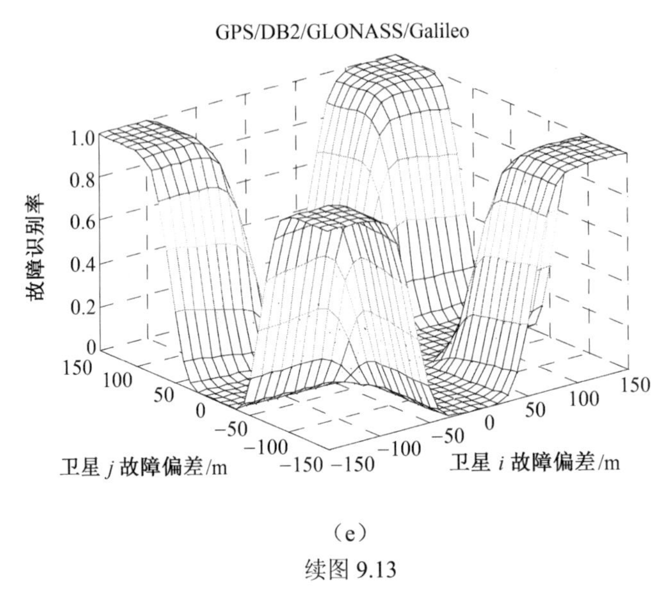

（e）

续图 9.13

随着星座数的增加，双星故障的故障识别率不断增加，但是，同一方案的双星故障识别率要低于单星故障识别率，这是由于利用单星故障识别的方法进行双星故障识别时，会产生故障偏差抵消，因此，本书直接利用改进的奇偶矢量法进行故障识别，故障识别率如图 9.14 所示。

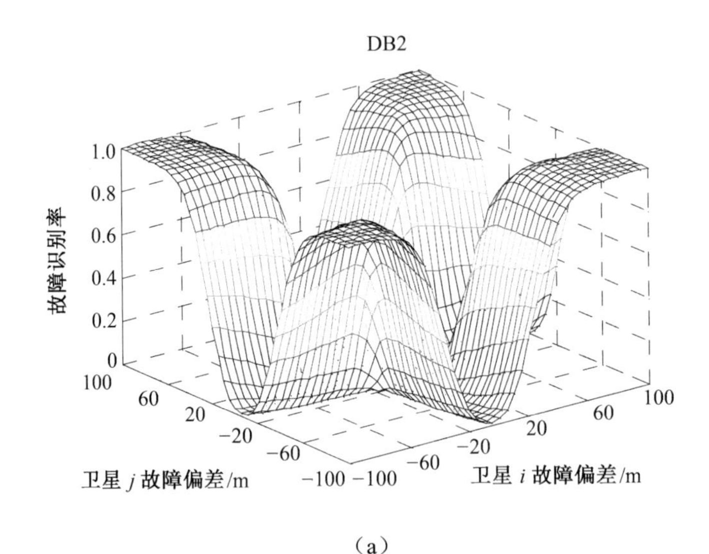

（a）

图 9.14　改进的奇偶矢量双星故障识别率

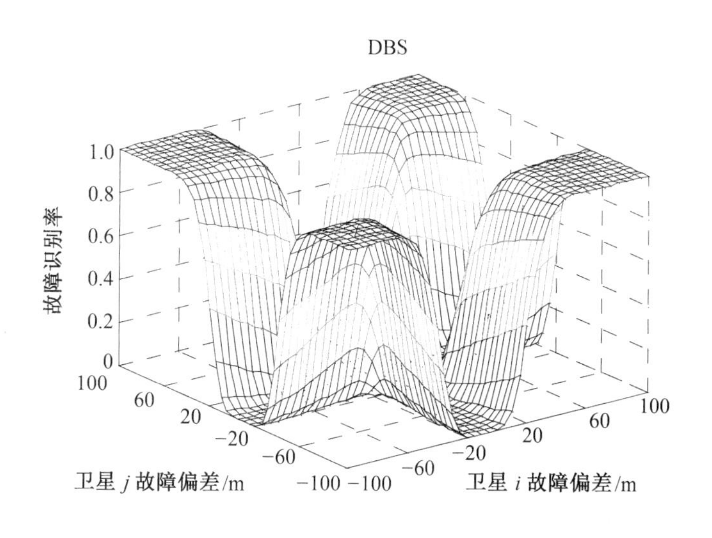
DBS
1.0
0.8
0.6
0.4
0.2
0
故障识别率
100
60
20
−20
−60
−100
卫星 j 故障偏差/m
−100
−60
−20
20
60
100
卫星 i 故障偏差/m

（b）

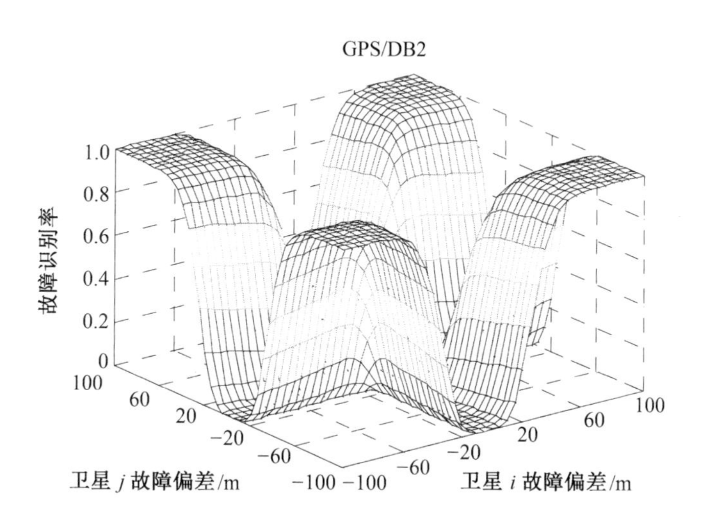
GPS/DB2
1.0
0.8
0.6
0.4
0.2
0
故障识别率
100
60
20
−20
−60
−100
卫星 j 故障偏差/m
−100
−60
−20
20
60
100
卫星 i 故障偏差/m

（c）

续图 9.14

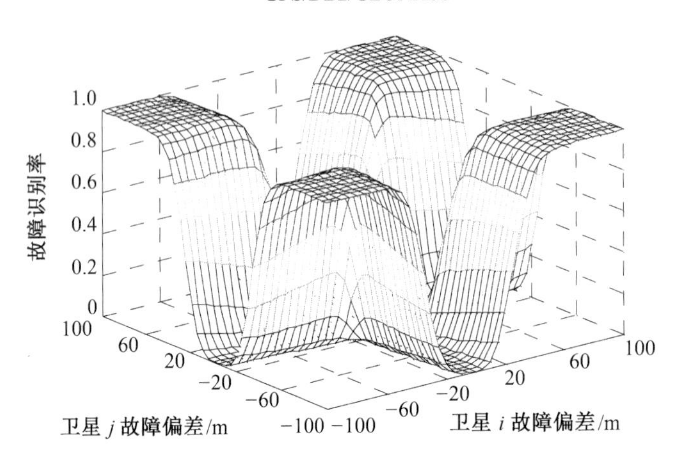
GPS/DB2/GLONASS
1.0
0.8
0.6
0.4
0.2
0
故障识别率
100
60
20
−20
−60
−100
卫星 j 故障偏差/m
−100
−60
−20
20
60
100
卫星 i 故障偏差/m

（d）

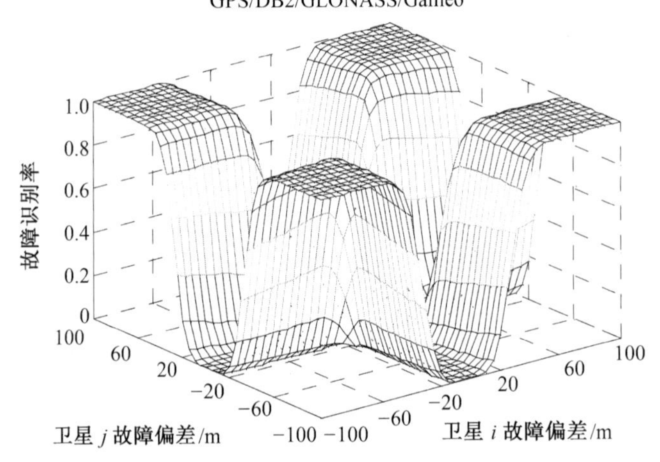
GPS/DB2/GLONASS/Galileo
1.0
0.8
0.6
0.4
0.2
0
故障识别率
100
60
20
−20
−60
−100
卫星 j 故障偏差/m
−100
−60
−20
20
60
100
卫星 i 故障偏差/m

（e）

续图 9.14

用改进的奇偶矢量法进行双星故障识别时，识别率明显高于传统的单星故障奇偶矢量法用于双星故障时的识别率，有效避免了故障偏差抵消的问题，同时，用改进的奇偶矢量法进行双星故障识别时，不需要识别门限的设置，从而避免了由于识别门限选取问题导致的漏检和虚警现象。

本书提出的改进的奇偶矢量法在计算时间上稍大于传统算法，但是故障识别率却大大提升，有一定的实用价值。但是，本书提出的方法也存在一个缺陷，就是需要在已知有两颗卫星故障的前提下，因此在今后的工作中，双星故障的检测方法还需要进一步研究。

第 10 章　GNSS 数学仿真系统总体方案

GNSS 数学仿真系统的设计与开发可以为卫星导航系统设计以及系统性能评估等提供验证手段，减少实物仿真带来的不必要的资源浪费。从本章开始将介绍 GNSS 数学仿真系统的具体设计与实现。本章首先介绍了系统的总体架构和各子系统研发的技术路线，然后就系统运行的软件和硬件环境进行了介绍，最后介绍了系统的工作流程和具体的仿真流程。

10.1　系统总体设计

系统设计工作应该自顶向下地进行，首先进行总体设计，然后再逐层深入，直至进行每一个子系统的设计。本节在对数学仿真系统分析的基础上首先给出了系统的总体架构，然后将整个系统划分为若干子系统并对各子系统的研发技术路线进行分析。

10.1.1　系统总体架构

GNSS 数学仿真系统可从信息层面实现对 BDS、GPS、GLONASS 和 Galileo 四大全球卫星导航系统的卫星导航信号的数学建模与仿真计算，生成观测数据；可对用户场景进行实时模拟，生成真实的用户运动数据；可利用模拟的观测数据解算用户的位置速度，实现数学仿真意义下的卫星导航仿真。根据整体要求，将 GNSS 数学仿真系统划分为仿真任务设计子系统、仿真任务运行子系统、数据管理子系统、仿真模型管理子系统和综合显示子系统五大子系统，数学仿真系统的总体架构如图 10.1 所示。

其中，仿真任务设计子系统负责完成新建任务、打开任务以及对任务设计子系统各模块单独设计的开发；仿真任务运行子系统负责完成坐标系统之间的转换，时间系统之间的转换，GPS、GLONASS、Galileo、BDS 四星座的卫星轨道计算，空间环境仿真，典型用户运动场景的仿真，观测数据的仿真以及利用观测数据进行定位测速解算；数据管理子系统包括用户信息管理模块、仿真任务管理模块以及运行数据管理模块，针对以上各模块负责在数据库中建立相应的数据表；仿真模型管理子系统负责实现模型的录入、模型的查询以及模型的调用和管理；综合显示子系统对数据管理子系统中数据进行可视化，包括卫星二维地图分布图、站心图、载体运动仪表以及载体二维运动轨迹图等。

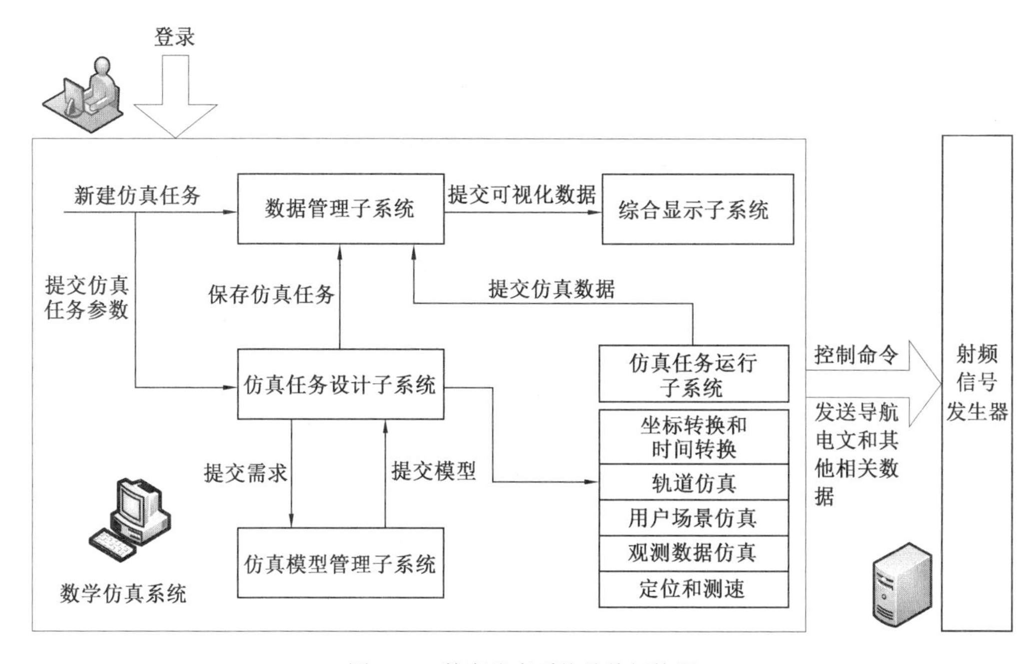

图 10.1　数字仿真系统总体架构图

图 10.1 中同时展示了系统 5 个子系统之间的调用关系和数据传递关系。

(1) 用户登录数仿系统，用户的登录信息（用户名和密码等）存储于数据管理子系统。

(2) 用户新建一个仿真任务或者打开一个现存的仿真任务，仿真任务（包括任务名称、任务存储路径和任务描述）存储于数据管理子系统。

(3) 用户将常用的仿真模型添加到数学仿真系统，模型的相关信息存储于仿真模型管理子系统。

(4) 针对不同的仿真任务，用户在仿真任务设计子系统中设置不同的仿真参数，这些参数存储于一个 xml 文档，不同的 xml 文档代表不同的仿真任务。

（5）用户通过仿真任务运行子系统控制仿真流程，数仿系统通过计算产生导航电文和观测量等相关数据，并将这些数据传递给射频信号发生器，同时，数仿系统将相关仿真数据提交给数据管理子系统以供存储和调用。

（6）综合显示子系统调用数据管理子系统中的相关数据进行分析和可视化。

10.1.2 各子系统研发技术路线

下面对GNSS数学仿真系统的5个子系统研发的技术路线进行具体分析。

1. 仿真任务设计子系统技术路线

首先对仿真需求进行分析，针对系统“灵活配置”仿真任务的需求，进行仿真任务灵活配置实现技术的研究，然后分别进行“载体运动配置技术”“仿真场景配置技术”“环境因素配置技术”“多系统星座与信号配置技术”和“新体制信号配置技术”的研究，同时形成典型的“载体运动库”“仿真场景库”“环境因素库”和“新体制信号的数据库”，开发对应的交互界面，完成仿真任务设计子系统的研发。仿真任务设计子系统研发的技术路线图，如图10.2所示。

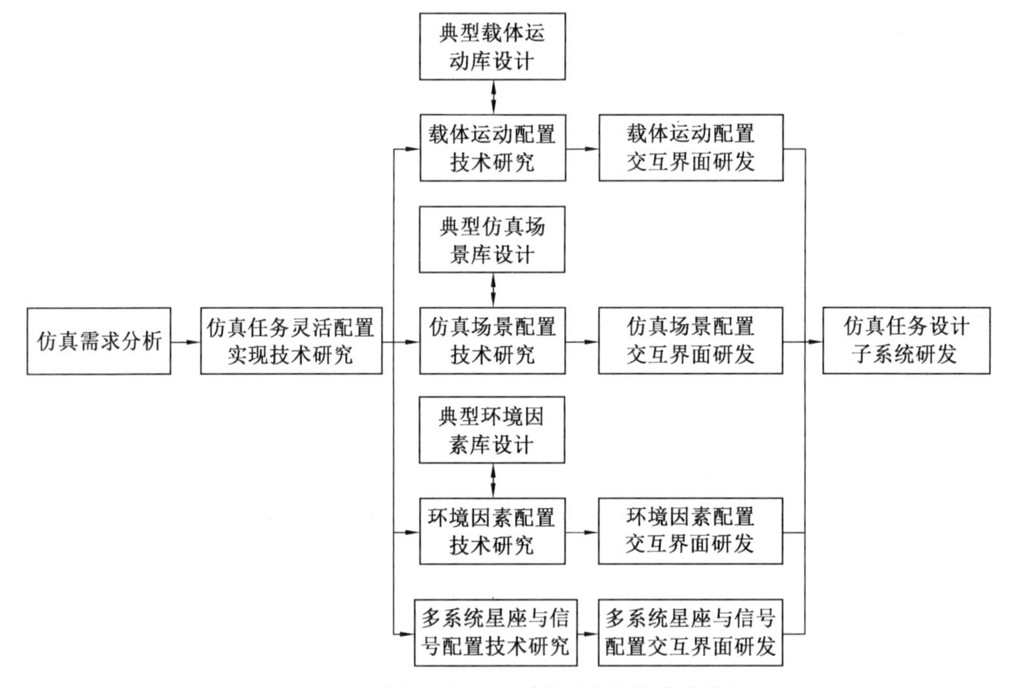

图10.2　仿真任务设计子系统研发的技术路线图

2. 仿真任务运行子系统

首先对仿真场景特性进行分析，对仿真任务的管理技术进行研究，一方面对时间同步技术进行研究，另外一方面对仿真任务的运行状态监控与管理进行研究，开发仿真任务运行状态监管交互界面，还要进行并行计算技术的研究，对仿真任务并行计算算法、仿真任务集群并行计算、仿真模型并行调度算法进行研究，最后要对相关的数学仿真算法进行研究，研究时空转换相关算法、卫星轨道确定相关算法、载体运动轨迹算法、空间环境仿真算法、观测数据解算算法以及定位测速解算算法等，开发仿真运行子系统。仿真任务运行子系统研发的技术路线图，如图 10.3 所示。

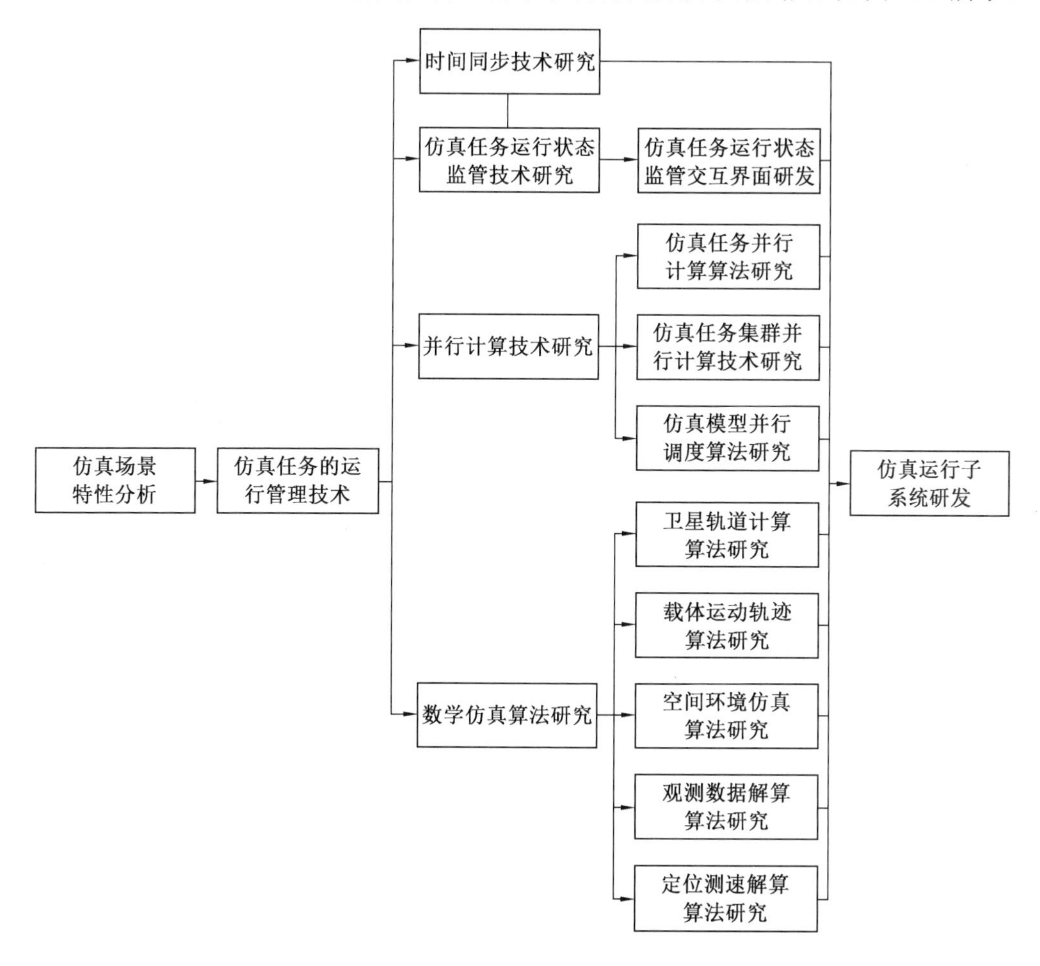

图 10.3　仿真任务运行子系统研发的技术路线图

3. 数据管理子系统

对仿真数据特性进行分析，研究不同类型信息的获取技术，研究大容量仿真数据的存储技术、高速数据存储技术，搭建仿真数据大容量、高速存储系统；研究仿真数据回放技术，开发仿真数据回放子系统；研究仿真任务参数管理技术，开发仿真任务参数管理子系统，研究仿真数据对外服务接口技术，开发仿真数据对外服务子系统；同时开发对应的用户交互界面，完成仿真数据管理子系统研发。数据的调用、显示和打印具有方便、便捷和灵活组织能力，数据的修改具有权限范围的设定和版本的管理能力。分析系统运行中产生的各类数据（包括输入、输出、显示和中间过程数据等），对数据进行分类，开展信息获取的技术研究，重点研究系统数据管理技术，构建系统不同要求和目的的数据库，开发系统数据管理交互界面，方便数据的调用、显示、打印和管理，完成系统数据管理子系统研发。数据管理子系统研发的技术路线图，如图 10.4 所示。

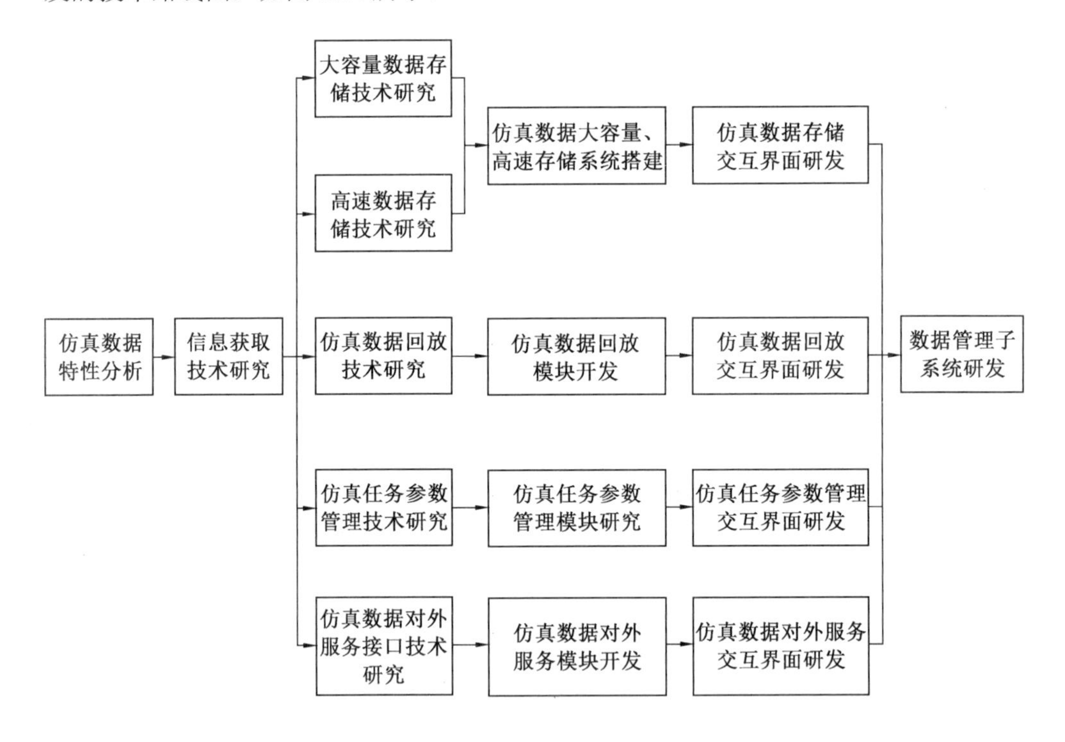

图 10.4　数据管理子系统研发的技术路线图

4. 仿真模型管理子系统

分析仿真过程中会用到的仿真模型，对模型的管理与集成方法进行研究，随后对仿真模型的集成框架进行研究，制定模型集成接口，设计仿真模型数据库，将现有和现存的仿真模型集成入库，开发仿真模型管理交互界面，具备模型升级和版本修改的能力，完成仿真模型管理子系统的研发。仿真模型管理子系统研发的技术路线图，如图 10.5 所示。

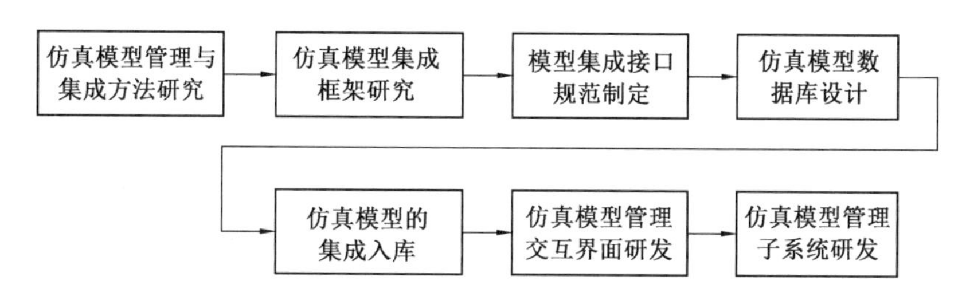

图 10.5　仿真模型管理子系统研发的技术路线图

5. 综合显示子系统

对系统运行过程中可显示的信息进行分析和分类，制定信息管理规范，研究系统部件运行状态信息的监测技术、仿真系统内部计算机节点状态信息监测技术、控制流和数据流可视化技术，开发对应的界面，完成综合显示子系统研发。综合显示子系统研发的技术路线图，如图 10.6 所示。

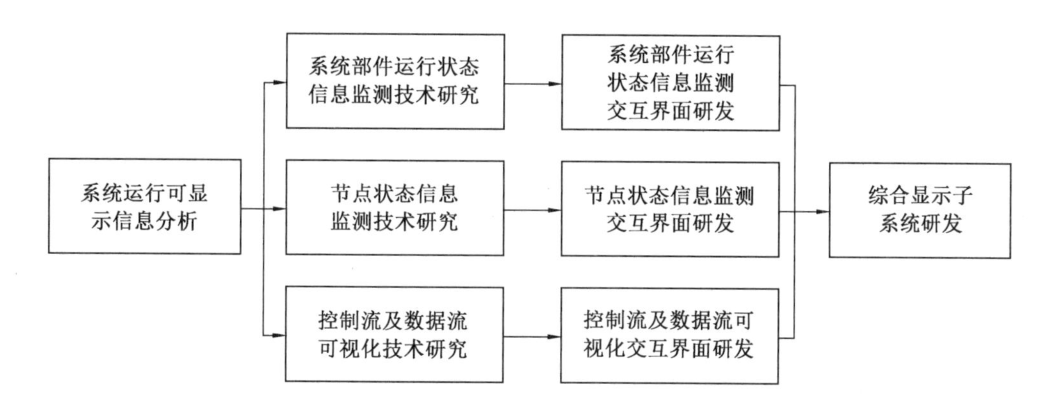

图 10.6　综合显示子系统研发的技术路线图

10.2 系统运行环境构建

图10.7展示了仿真运行环境构建与实施的技术路线，首先对仿真运行环境相关的国内外研究状况进行调研，然后针对数仿系统的实现目标进行需求分析，分别从硬件及网络设计与构建、软件设计与实施两方面开展研究。

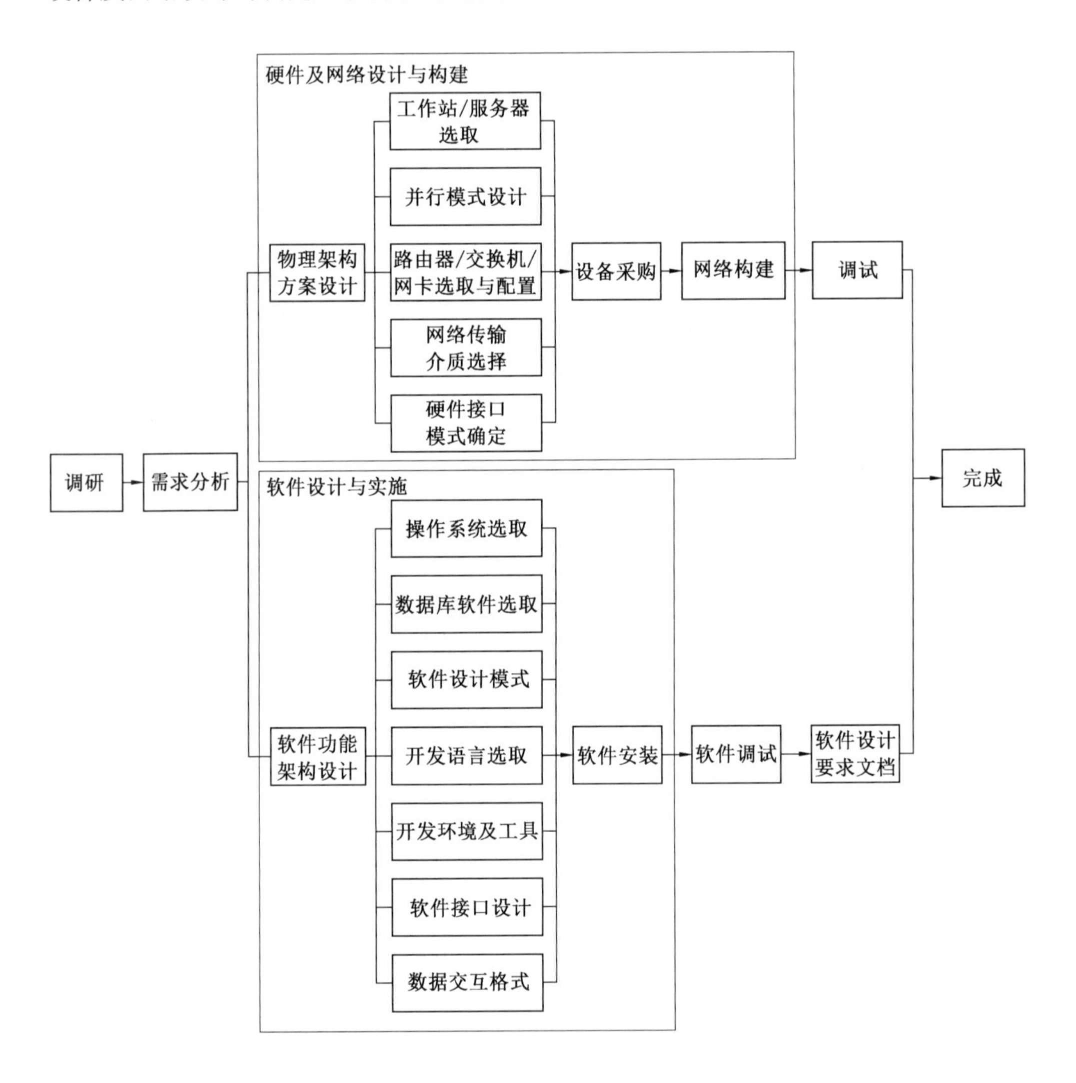

图10.7　仿真运行环境构建与实施的技术路线图

硬件及网络设计与构建方面根据系统要实现的目标初步进行物理架构方案设计，然后对工作站/服务器的选取、并行模式设计、路由器/交互机/网卡选择与配置、网络传输介质选择、硬件接口模式确定等内容进行研究，确定合适硬件选型及配置，采购设备搭建网络，最后进行网络调试。

软件设计与实施方面，根据系统的需求进行软件功能架构设计，然后对操作系统选择、数据库软件选择、软件设计模式、开发语言选取、开发环境及工具、软件接口设计、数据交换格式、与外网的信息交互等内容进行研究，随后对必要的开发软件进行安装，配置和调试软件环境，同时形成软件设计要求文档，完成本部分的工作。

10.2.1　系统运行环境硬件架构

根据 GNSS 数学仿真系统开发和设计的需求，对此仿真运行环境进行硬件及网络设计，如图 10.8 所示。

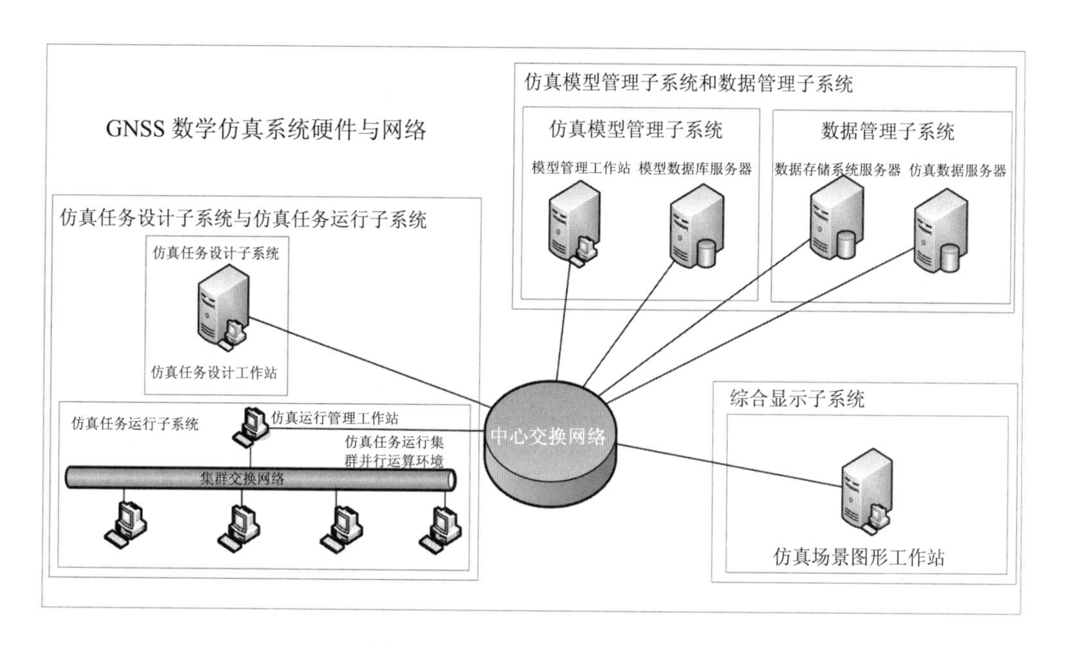

图 10.8　系统运行环境硬件架构

图10.8所示为GNSS数学仿真系统的硬件架构图。系统利用一台工作站实现仿真任务的设计，在此工作站上部署仿真任务设计子系统，实现用户对仿真任务的设计；利用一台主控终端和集群服务器实现仿真任务的并行运算，在主控终端上部署仿真任务运行子系统，实现仿真任务并行仿真的控制；利用一台模型管理工作站和一台模型数据库服务器实现仿真模型管理子系统，在模型管理工作站上部署模型管理子系统，在模型数据库服务器上部署模型库，实现用户对仿真模型的管理；利用一台数据管理工作站和一台数据服务器实现仿真数据管理和运行数据管理，在数据管理工作站上部署数据管理子系统，在数据服务器上部署仿真和运行数据库，实现对仿真数据和运行数据的管理；利用一台图形工作站实现系统的综合显示，实现系统运行状态的监控和系统仿真数据的二维及三维显示。

10.2.2 系统运行环境软件架构

根据系统需求及其实现目标，对此仿真运行环境进行软件结构设计，如图10.9所示。

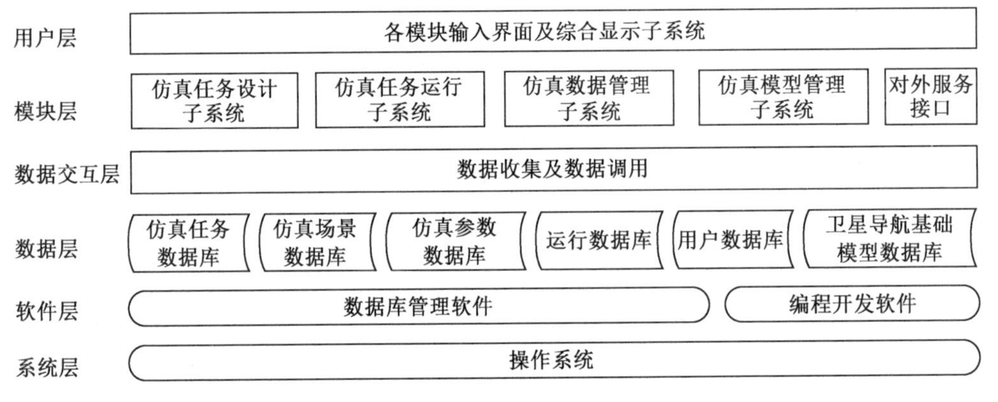

图10.9　仿真运行环境软件结构设计图

其中系统层负责提供软件运行所必需的操作系统；软件层提供软件运行所必备的软件，包括数据库管理软件、三维可视化软件及其他第三方软件；数据层存储平台运行过程中的各种数据，包括仿真任务库、仿真场景库、仿真参数库、运行数据库、用户库、卫星导航基础模型库等；数据交互层负责对数据库中的数据进行读取、写入等操作；模块层负责实现系统的各个功能；用户层负责收集用户的输入及将结果返回。

系统整体运行环境界面如图 10.10 所示。

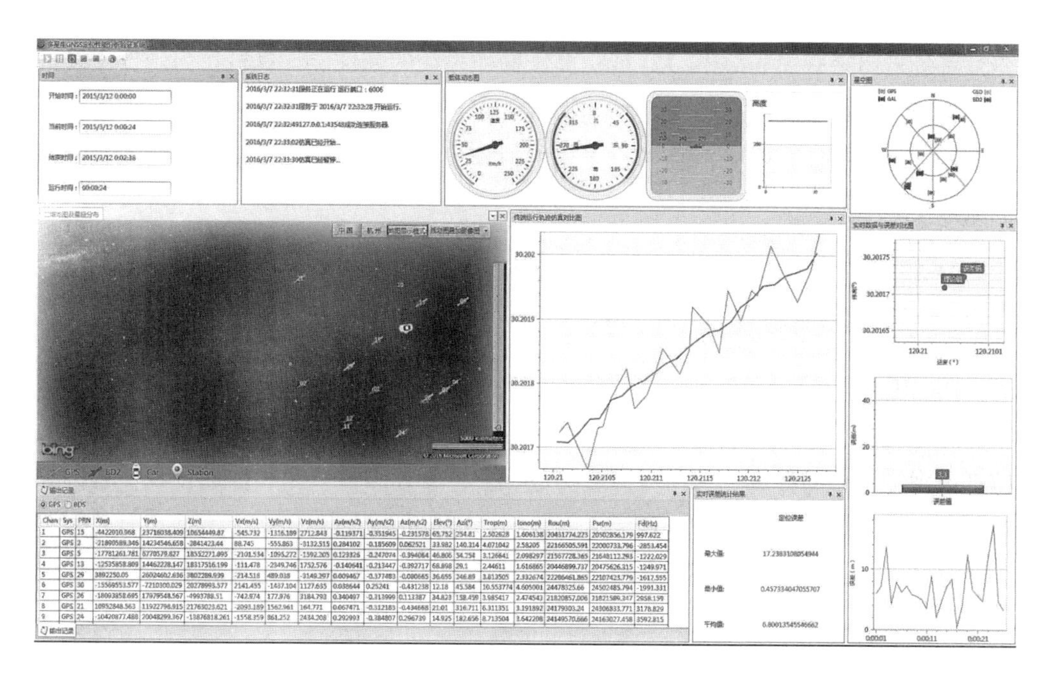

图 10.10 系统整体运行环境界面图

系统整体界面设计采用 WPF（Windows Presentation Foundation）应用程序。WPF 是一款微软推出的基于 XML、NET Framework 和矢量绘图技术的显示系统开发框架。WPF 采用 XAML（eXtensible Application Markup Language）语言对界面进行开发，这种用户界面描述语言有着 HTML 的外观，又揉合了 XML 语法的本质，这样可以使系统的开发更加灵活。根据可视化数据的特点和整个系统的应用背景，系统选取了 Bing Maps 和 Developer Express 两个插件。这两个插件可以使界面更加美观，也可以使可视化的内容更加直观。对于星下点轨迹和载体运动轨迹，传统的可视化方法是选择一张地图图片作为背景，这种方法不能够缩放而且也不灵活。本系统采用了插件 Bing Maps，Bing Maps 的工作原理类似 Google Maps、Google Earth、MapQuest 和雅虎地图，可以逐级地改变地图的比例尺，并提供矢量地图和卫星地图这两种常见的显示模式。开发者可以利用 Bing Maps WPF 控制软件开发工具将 Bing Maps 很好地结合到 WPF 应用程序中，这样星下点轨迹图和载体运动轨迹图可以更直观灵活地显示在地图中。系统的整体界面风格采用了插件 Developer Express WPF 控制包，这种插件提供的控件易于使用而且功能丰富。

系统采用装有 Windows XP 或更高级操作系统的高性能计算机作为硬件开发平台，选择 Visual Studio 2010 编程环境及 C# 编程语言作为软件开发平台。作为一种完全面向对象的编程语言，C# 综合了结构抽象和功能抽象的特点使系统模块化设计更加方便。

10.3 系统工作流程

图 10.11 为数仿系统的工作流程图，其中仿真任务运行包括了坐标系统之间的转换、时间系统之间的转换、卫星轨道计算、空间环境仿真、典型用户运动场景的仿真、观测数据的仿真、利用观测数据进行定位测速解算以及相应的仿真流程的控制。

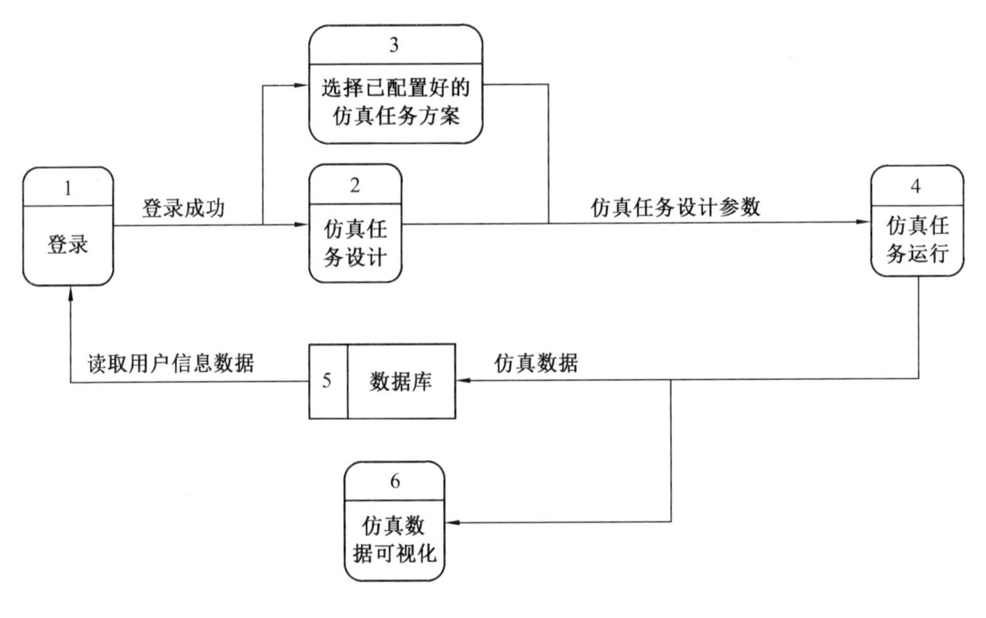

图 10.11　系统工作流程图

首先用户登录系统，用户的登录信息提前录入相应的数据库，系统读取用户的登录信息并判断是否正确，若正确则登录成功，否则禁止登录。用户登录成功后可以选择已经配置好的仿真任务方案，也可以重新配置新的仿真任务。系统根据用户配置的仿真任务控制相应的仿真流程（仿真开始、仿真暂停、仿真恢复、仿真结束等），并进行相应的数学仿真。系统仿真得到的数据存入相应的数据库，用户可以对入库的数据进行相应的管理，并提取需要可视化的数据进行相关可视化。

针对从用户输入仿真需求到生成仿真伪距、导航电文、载波相位、信号功率等仿真结果的过程，对一颗卫星进行仿真的主要仿真流程、模型调用、解算、数据传递关系如图 10.12 所示（对于多颗卫星只需要添加卫星星历和卫星发射功率等信息即可，多卫星的仿真会利用并行技术同步运算）。

本流程包括三层，第一层是用户输入层，主要是用户根据仿真需求对一颗卫星星历信息、用户运动参数、卫星发射功率进行配置，用户输入层的内容主要在仿真任务设计模块予以体现；第二层是中间层，负责根据用户的输入调用相应的模型进行数据解算，并将每个模块解算的数据按照控制流传递给相应的模块，中间层的内容主要在仿真任务运行模块予以体现；第三层是输出层，负责将最终生成的仿真伪距、载波相位、导航电文、信号功率等信息交给上位机生成基带信号，输出层的内容主要在数据管理模块和综合显示模块予以体现。

此流程具备较强的可配置性和可扩展性，可配置性体现在①用户对仿真任务的自由配置上，②系统对不同的模型的调用上；可扩展性体现在①仿真流程可以自由添加新模型进行仿真，包括新体制信号的模型，②可以调整仿真流程对生成的结果类型进行调整。

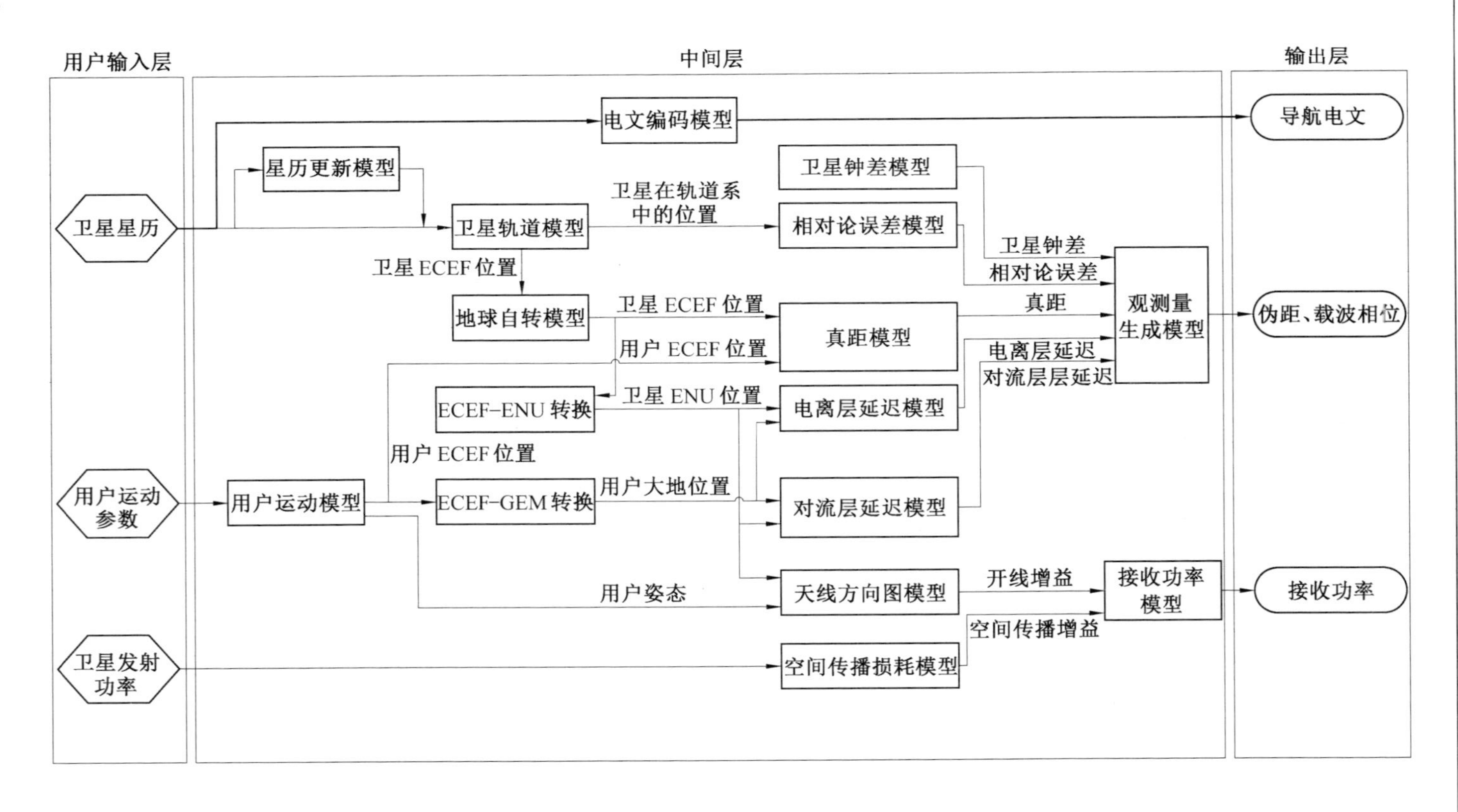

图 10.12　单颗卫星导航电文和观测数据仿真流程

第 11 章　GNSS 数学仿真系统设计与实现

根据第 1 章提出的 GNSS 数学仿真系统需求分析，我们要对 GNSS 数学仿真系统进行合理的设计与实现。本章通过对 GNSS 数学仿真系统五大子系统——仿真任务设计子系统、仿真任务运行子系统、数据管理子系统、仿真模型管理子系统和综合显示子系统各用例的详细介绍，使读者了解 GNSS 数学仿真系统设计与实现的过程，为读者深入了解 GNSS 数学仿真系统提供素材。

11.1　仿真任务设计子系统设计与实现

根据 GNSS 数学仿真系统需求分析，将仿真任务设计子系统分为五大部分：坐标系统设置、GNSS 仿真基本参数设置、用户运动场景设置、环境因素设置和定位解算算法设置。

11.1.1　用例设计

“坐标系统设置”旨在为操作员提供不同的坐标框架，使 GNSS 数学仿真能够在不同的坐标框架下进行；“GNSS 仿真基本参数设置”旨在为操作员提供便捷的 GNSS 仿真基本参数配置菜单，操作员可根据需要配置不同的仿真时间、导航系统及频点，选择不同的星历，并且以不同的方式判别可见星；“用户运动场景设置”为操作员模拟不同用户运动场景提供了可能，根据一般的实验需要，结合真实生活，设计了静态、匀加速直线运动、匀速圆周运动、车辆、舰船、火箭和飞机 7 种模式；考虑到现实生活中，GNSS 信号受到外界环境的干扰，除典型的电离层延迟、对流层延迟外，还有多径干扰、相对论效应等，因此，我们设计了“环境因素设置”环节，操作员可根据需要对电离层误差、对流层误差和其他误差进行模拟；“定位解算算法设置”提供了相关的定位算法供用户选择，以便用户分析不同定位解算算法的优劣。仿真任务设计子系统用例如图 11.1 所示。

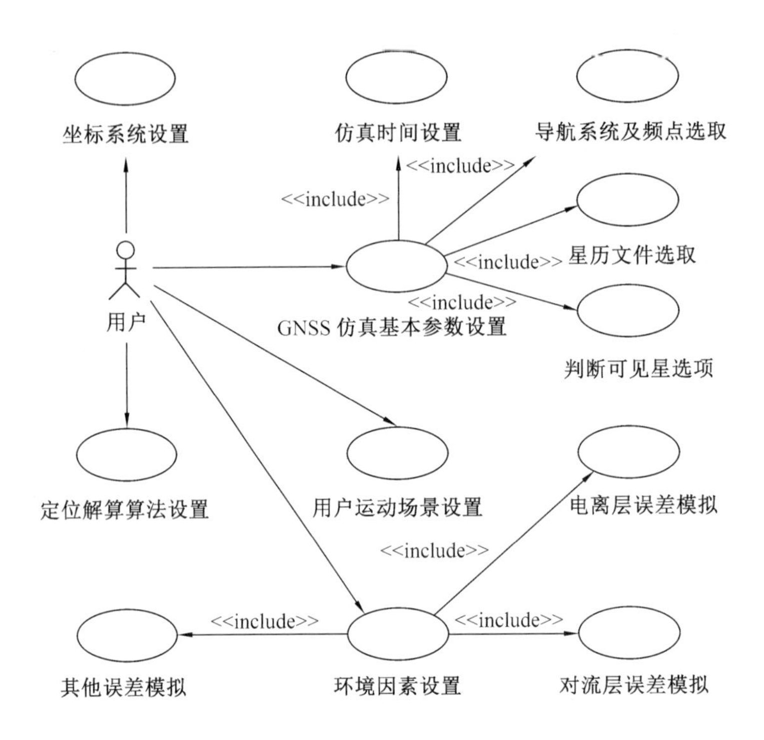

图 11.1 仿真任务设计子系统用例

1. 坐标系统设置用例

（1）参与者。

操作员。

（2）功能概述。

操作员对坐标系统进行设置。

（3）前提条件。

操作员已经登录到 GNSS 数学仿真系统主界面。

（4）主事件流。

①操作员单击主界面中“坐标系统设置”按钮，弹出“坐标系统选择”窗口。

②操作员在“坐标系统选择”窗口选择一个坐标框架作为仿真任务的坐标框架（WGS-84、PZ-90、ITRF-96 以及 CGCS2000）。

2. GNSS 仿真基本参数设置用例

（1）仿真时间设置用例。

①参与者。

操作员。

②功能概述。

操作员对仿真开始时间、仿真持续时间和仿真步长进行设置。

③前提条件。

操作员已经登录到 GNSS 数学仿真系统主界面。

④主事件流。

a. 操作员单击主界面中“仿真时间设置”按钮，弹出“仿真时间设置”窗口。

b. 操作员在“仿真时间设置”窗口中设置仿真开始时间（UTC）、仿真持续时间和仿真步长。

c. GNSS 数学仿真系统将 UTC 时间自动转换为 GPS、GLONASS、Galileo 和 BDS 的系统时，并在窗口中显示。

d. 操作员单击“仿真时间设置”窗口中的“确定”按钮，完成仿真时间设置，退出“仿真时间设置”窗口。

⑤子事件流和异常事件流。

a. 操作员单击“仿真时间设置”窗口中的“取消”按钮，退出“仿真时间设置”窗口，仿真时间各参数保持不变。

b. 操作员直接关闭“仿真时间设置”窗口，仿真时间各参数保持不变。

（2）导航系统及频点选择设置用例。

①参与者。

操作员。

②功能概述。

操作员对导航系统及其频点进行设置。

③前提条件。

操作员已经登录到 GNSS 数学仿真系统主界面。

④主事件流。

a. 操作员单击主界面中“导航系统及频点选择”按钮，弹出“导航系统及频点选择”窗口。

b. 操作员在“导航系统及频点选择”窗口中选择导航系统及频点。

c. 操作员单击“导航系统及频点选择”窗口中的“确定”按钮，该窗口关闭。

⑤子事件流和异常事件流。

操作员直接关闭“导航系统及频点选择”窗口，所选导航系统和频点维持原状态。

（3）星历文件选取用例。

①参与者。

操作员。

②功能概述。

操作员对星历文件进行设置。

③前提条件。

操作员已经登录到GNSS数学仿真系统主界面。

④主事件流。

a. 操作员单击主界面中“星历文件选取”按钮，弹出“星历文件选取”窗口。

b. 操作员在“星历文件选取”窗口的“导航系统”下拉菜单中选择导航系统。

c. 操作员根据需要选择载入星历的格式，单击“载入Yuma”“载入精密”或“载入Rinex”。

d. 操作员单击“应用”按钮，保存星历设置。

⑤子事件流和异常事件流。

a. 操作员载入星历后，轮换卫星号，可查看对应卫星的轨道参数。

b. 操作员直接关闭“星历文件选取”窗口，星历保持上次的设置状态。

（4）判断可见星选项设置用例。

①参与者。

操作员。

②功能概述。

操作员对判断可见星的方法进行设置。

③前提条件。

操作员已经登录到 GNSS 数学仿真系统主界面。

④主事件流。

a. 操作员单击主界面中“判断可见星选项”按钮，弹出“判断可见星选项”窗口。

b. 操作员在“判断可见星选项”窗口中选择判别可见星方式，在“Type”下拉菜单中选择“earth tangent”或“local horizontal”。

c. 操作员设定判别可见星的遮挡角度，默认为 5°。

d. 操作员单击“确定”按钮，保存有关可见星判别的设置。

⑤子事件流和异常事件流。

a. 如果选择判断可见星方式为“DOP 值”，则需要选择 DOP 类型和 DOP 值算法。

b. 无论选择哪种可见星判别方式，都需要设置判别可见星的高度截止角度数。

c. 操作员直接关闭“Earth_obscuration”窗口，判别可见星选项保持上次的设置状态。

3. 用户运动场景设置用例

（1）参与者。

操作员。

（2）功能概述。

操作员对用户运动场景进行设置。

（3）前提条件。

操作员已经登录到 GNSS 数学仿真系统主界面。

（4）主事件流。

①操作员单击主界面中“用户运动场景设置”按钮，弹出“用户运动场景设置”窗口。

②操作员在“用户运动场景设置”窗口中选择一种用户场景。

（5）子事件流和异常事件流。

①如果选择的用户运动场景为“静态”，单击“确定”按钮，则弹出静态场景设

置窗口，在静态场景设置窗口中完成用户静态场景的设置。

②如果选择的用户运动场景为“匀加速直线运动”，单击“确定”按钮，则弹出匀加速直线运动场景设置窗口，在匀加速直线运动场景设置窗口中完成用户运动场景的设置。

③如果选择的用户运动场景为“匀速圆周运动”，单击“确定”按钮，则弹出匀速圆周运动场景设置窗口，在匀速圆周运动场景设置窗口中完成用户运动场景的设置。

④如果选择的用户运动场景为“车辆”，单击“确定”按钮，则弹出车辆场景设置窗口，在车辆场景设置窗口中完成用户运动场景的设置。

⑤如果选择的用户运动场景为“舰船”，单击“确定”按钮，则弹出舰船场景设置窗口，在舰船场景设置窗口中完成用户运动场景的设置。

⑥如果选择的用户运动场景为“火箭”，单击“确定”按钮，则弹出火箭场景设置窗口，在火箭场景设置窗口中完成用户运动场景的设置。

⑦如果选择的用户运动场景为“飞机”，单击“确定”按钮，则弹出飞机场景设置窗口，在飞机场景设置窗口中完成用户运动场景的设置。

⑧操作员单击“确定”按钮，保存有关用户运动场景的设置。

4. 环境因素设置用例

（1）电离层误差模拟用例。

①参与者。

操作员。

②功能概述。

操作员对电离层误差进行设置。

③前提条件。

操作员已经登录到GNSS数学仿真系统主界面。

④主事件流。

a. 操作员单击主界面中“电离层误差模拟”按钮，弹出“电离层误差设置”窗口。

b. 操作员在“电离层误差设置”窗口中完成电离层误差的各项设置。

c. 操作员完成电离层误差各参数配置后，单击“确定”按钮，有关电离层误差配置的参数被保存，返回 GNSS 数学仿真系统主界面。

d. 如果选择“关闭”，则表示不加载电离层误差。

e. 操作员单击“确定”按钮，保存有关电离层误差的设置。

⑤子事件流和异常事件流。

a. 如果选择使用 8 参数 Kolbuchar 模型模拟电离层误差，则需要填写 Alpha 和 Beta 参数。

b. 如果选择使用 14 参数 Kolbuchar 模型模拟电离层误差，则需要填写 Alpha、Beta 和 Gamma 参数，以及参数 A 和 B。

c. 如果选择使用常值模拟电离层误差，则需要对常值进行设置。

（2）对流层误差模拟用例。

①参与者。

操作员。

②功能概述。

操作员对对流层误差进行设置。

③前提条件。

操作员已经登录到 GNSS 数学仿真系统主界面。

④主事件流。

a. 操作员单击主界面中“对流层误差模拟”按钮，弹出“对流层误差设置”窗口。

b. 操作员在“对流层误差设置”窗口中完成对流层误差的各项设置。

c. 操作员单击“确定”按钮，保存有关对流层的设置。

⑤子事件流和异常事件流。

a. 如果选择“使用模型”描述对流层误差，则需要选择相应映射函数。

b. 如果选择“使用常值”描述对流层误差，则需要对常值进行设置。

c. 如果选择“关闭”，则表示不加载对流层误差。

（3）其他误差模拟用例。

①参与者。

操作员。

②功能概述。

操作员对其他误差进行选择，包括星钟误差、星历误差、多径误差和相对论效应误差。

③前提条件。

操作员已经登录到GNSS数学仿真系统主界面。

④主事件流。

a. 操作员单击主界面中“其他误差模拟”按钮，弹出“其他误差设置”窗口。

b. 操作员在“其他误差设置”窗口中完成对其他误差的选择。

c. 操作员单击“确定”按钮，保存有关其他误差的设置。

5. 定位解算算法设置用例

（1）参与者。

操作员。

（2）功能概述。

操作员对用户位置和速度信息解算方法进行设置。

（3）前提条件。

操作员已经登录到GNSS数学仿真系统主界面。

（4）主事件流。

①操作员单击主界面中“用户信息解算方法选择”按钮，弹出“用户信息解算方法选择”窗口。

②操作员在“用户信息解算方法选择”窗口中设定解算载体信息所用的算法。

③操作员单击“确定”按钮，保存有关用户位置和速度信息解算方法的设置。

11.1.2 界面设计

由于仿真任务设计所涉及的配置参数多、种类杂，因此，采用层叠菜单的方式作为仿真任务设计的界面，置于主界面的左侧，如图11.2所示。

自11.1.2节是对仿真任务设计各子模块界面的设计。

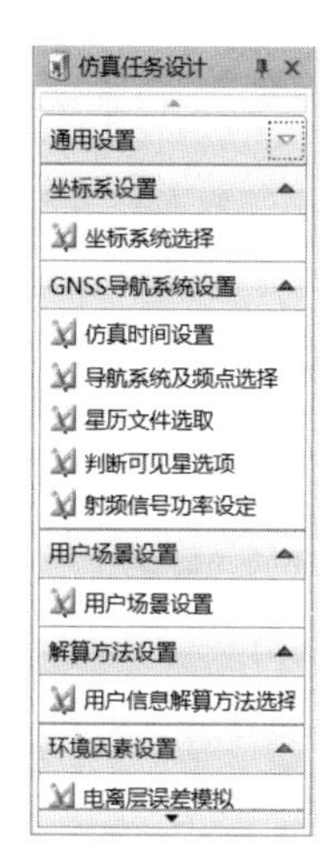

图 11.2　仿真任务设计列表

1. 坐标系统设置界面

“坐标系统设置”界面，如图 11.3 所示。

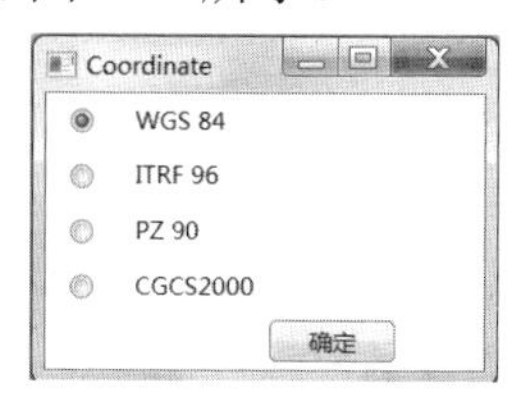

图 11.3　坐标系统设置界面

2. GNSS 仿真基本参数设置界面

“仿真时间设置”界面，如图 11.4 所示。

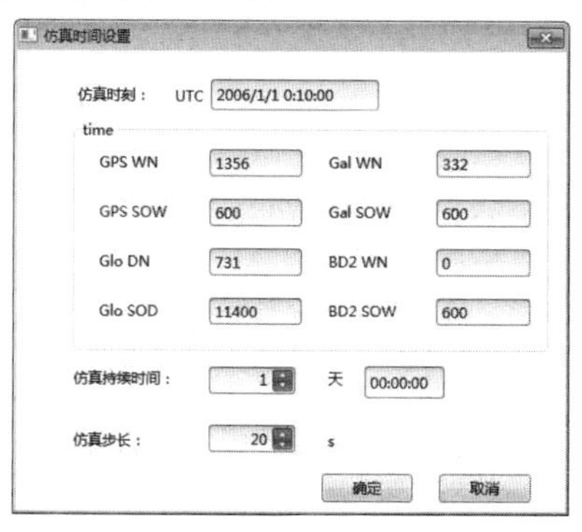

图 11.4　仿真时间设置界面

“导航系统及频点选择”界面，如图 11.5 所示。

图 11.5　导航系统及频点选择界面

“星历文件选取”界面，如图 11.6 所示。

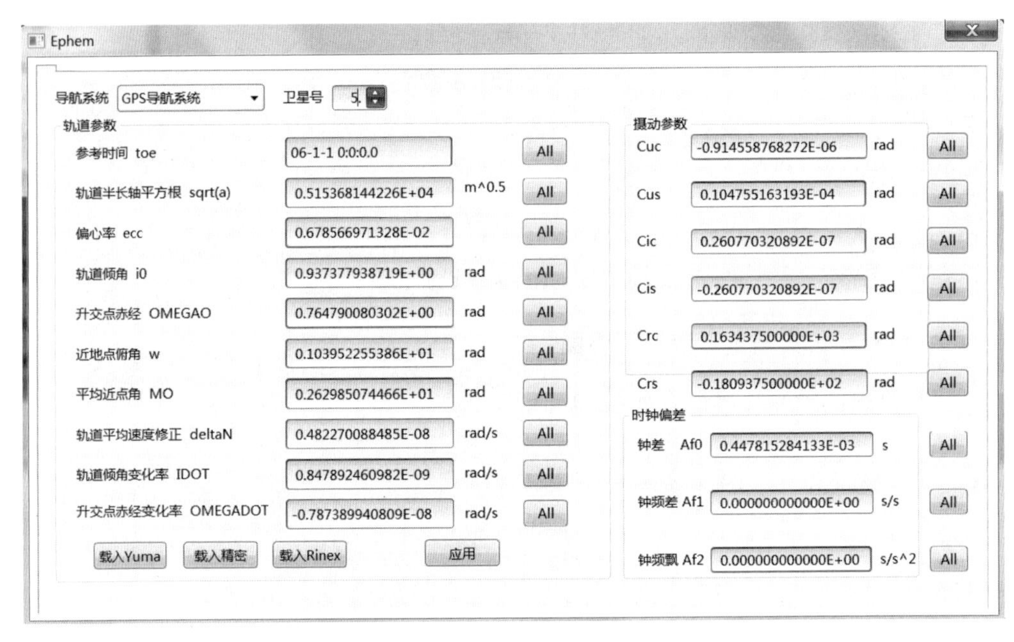

图 11.6　星历文件选取界面

“判断可见星选项”界面，如图 11.7 所示。

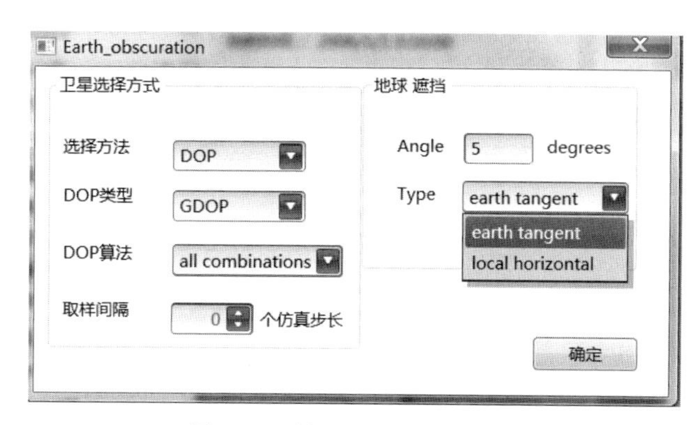

图 11.7　判断可见星选项界面

3. 用户运动场景设置界面

“用户运动场景设置”界面如图 11.8 所示，“静态场景设置”界面如图 11.9 所示，“匀加速直线运动场景设置”界面如图 11.10 所示，“匀速圆周运动场景设置”界面如图 11.11 所示，“车辆运动场景设置”界面如图 11.12 所示，“舰船运动场景设置”界面如图 11.13 所示，“火箭运动场景设置”界面如图 11.14 所示，“飞机运动场景设置”界面如图 11.15 所示。

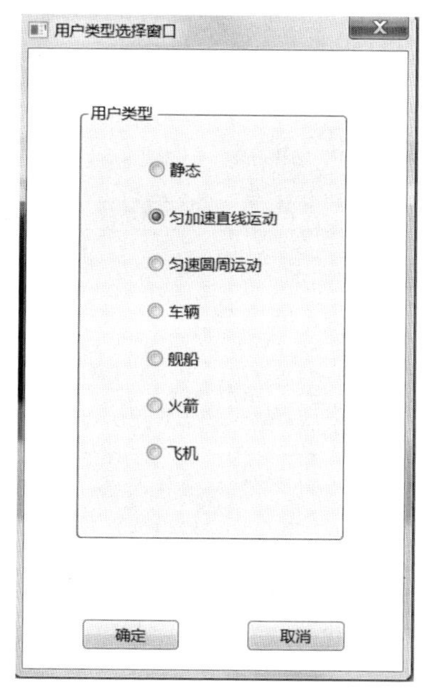

图 11.8　用户运动场景设置界面

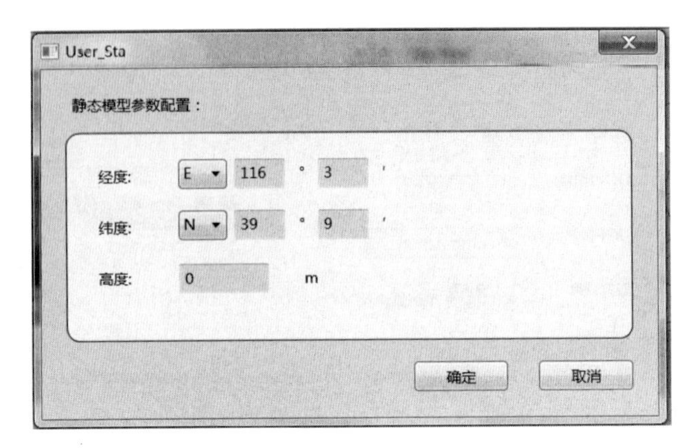

图 11.9　静态场景设置界面

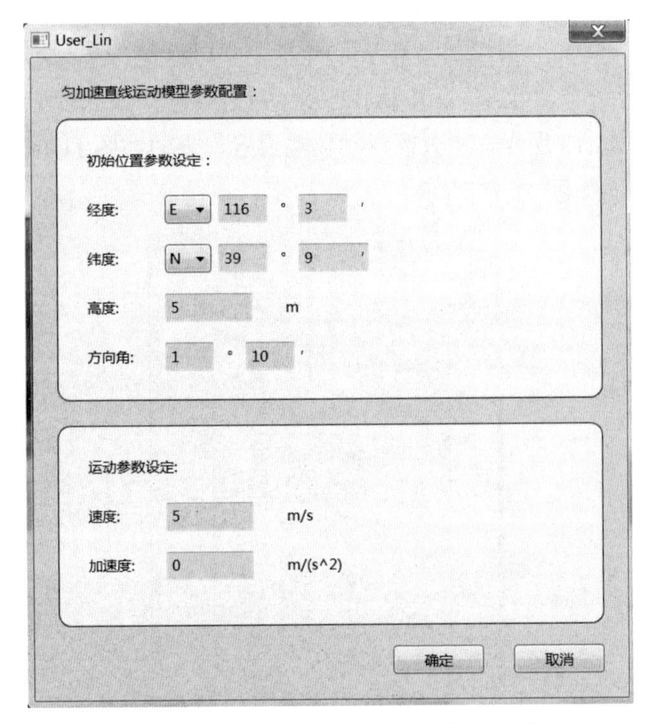

图 11.10　匀加速直线运动场景设置界面

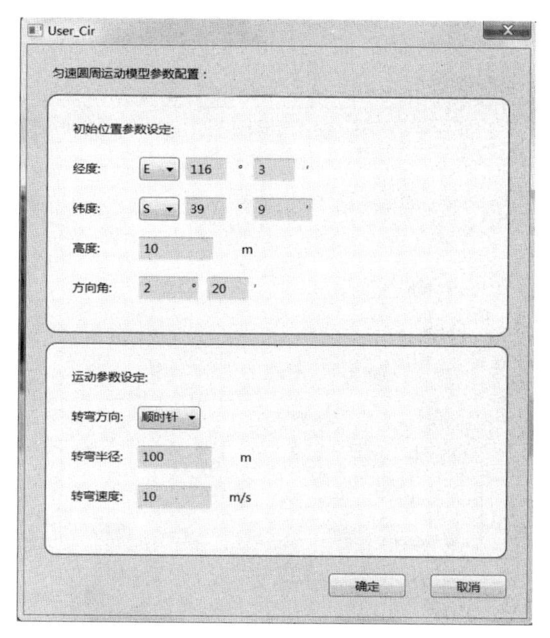

图 11.11　匀速圆周运动场景设置界面

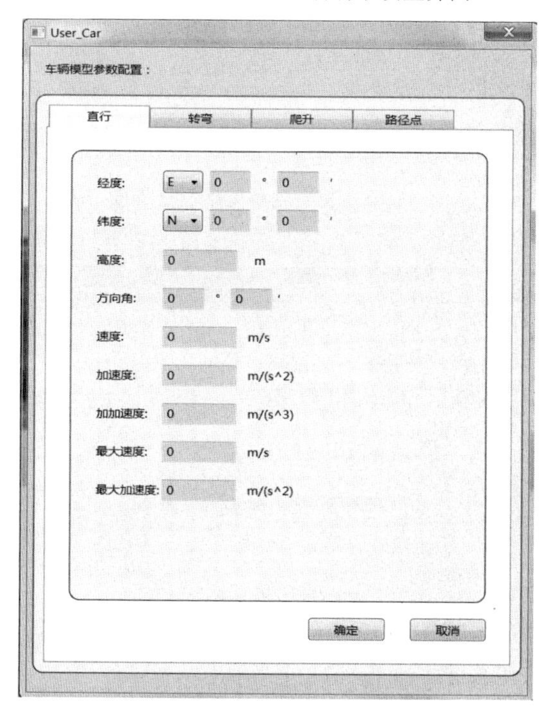

图 11.12　车辆运动场景设置界面

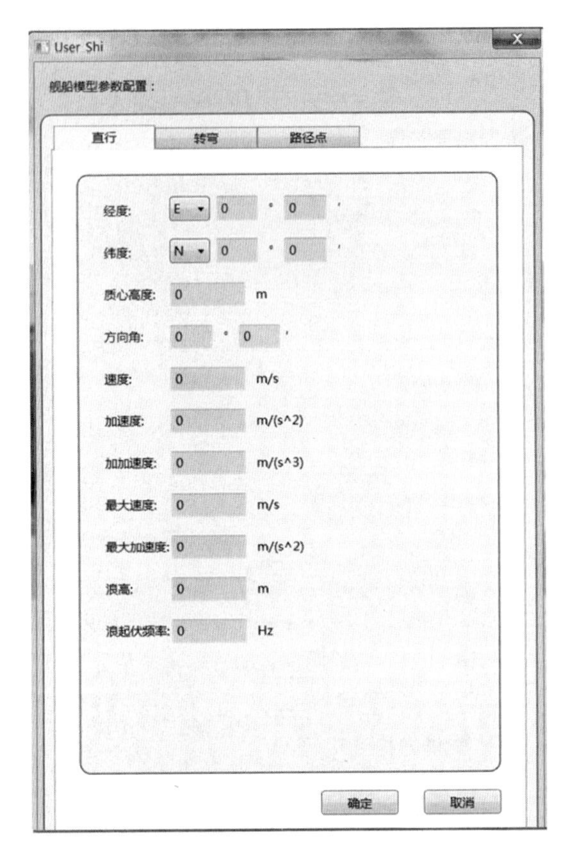

图 11.13 舰船运动场景设置界面

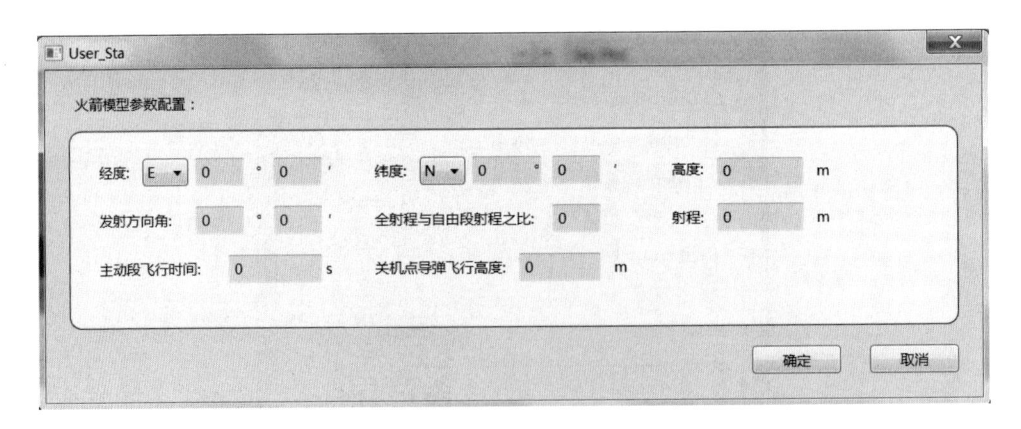

图 11.14 火箭运动场景设置界面

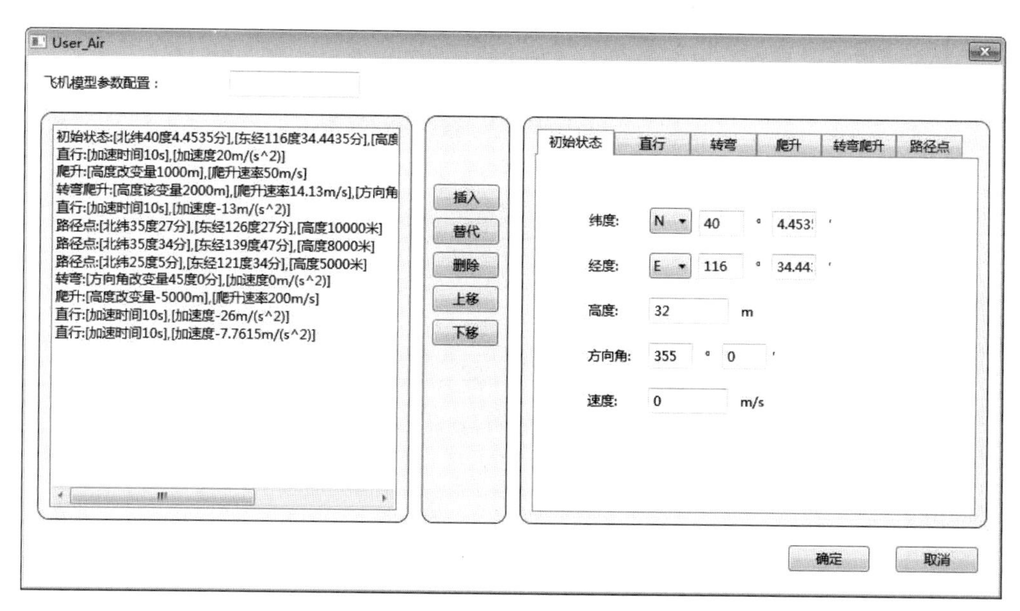

图 11.15　飞机运动场景设置界面

4. 环境因素设置界面

“电离层误差设置”界面如图 11.16 所示。

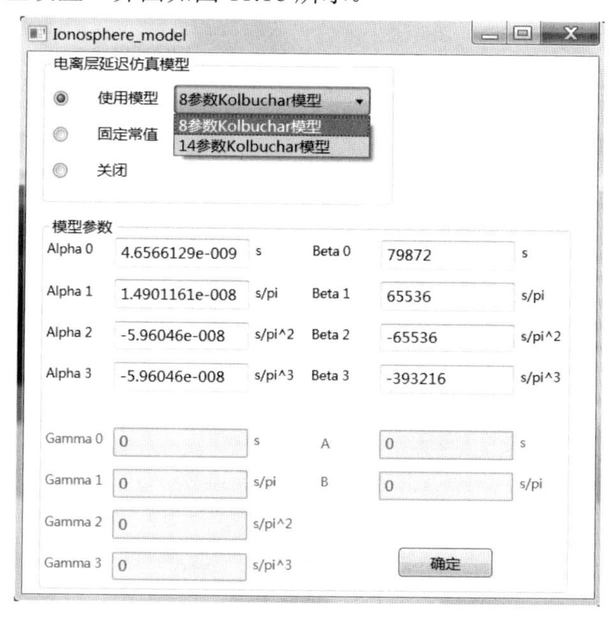

图 11.16　电离层误差设置界面

“对流层误差设置”界面如图 11.17 所示。

图 11.17　对流层误差设置界面

“其他误差设置”界面如图 11.18 所示。

图 11.18　其他误差设置界面

5. 定位解算算法设置界面

“用户信息解算方法选择”界面如图 11.19 所示。

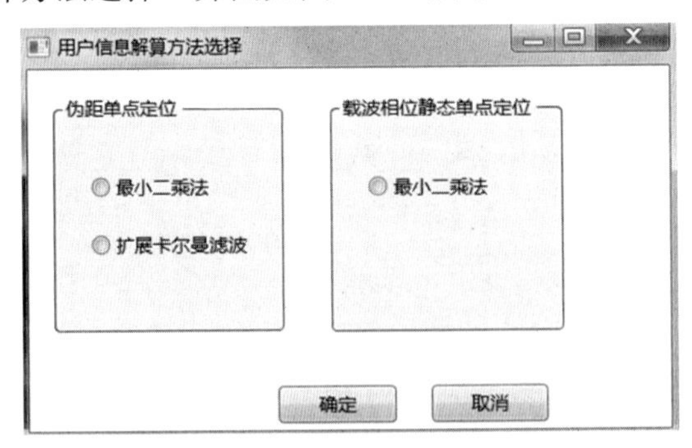

图 11.19　用户信息解算方法选取界面

11.2　仿真任务运行子系统设计与实现

根据 GNSS 数学仿真系统需求分析，将仿真任务运行子系统细化为 6 个命令：仿真任务初始化，用于将仿真任务恢复为默认状态；开始仿真、暂停仿真、恢复仿真和结束仿真用于控制仿真任务的进行；仿真数据存储用于方便用户查看某些仿真数据。仿真任务运行子系统如图 11.20 所示。

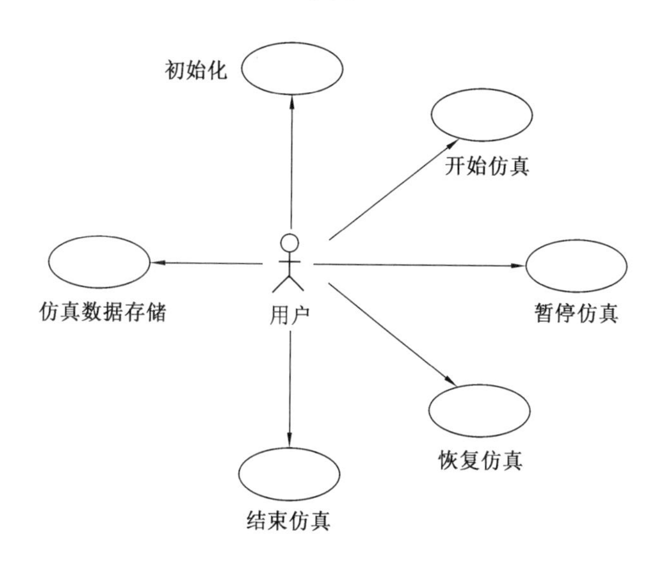

图 11.20　仿真任务运行子系统用例

11.2.1　用例设计

1. 仿真任务初始化用例

（1）参与者。

操作员。

（2）功能概述。

在操作员的控制下，初始化仿真任务设计的各项参数。

（3）前提条件。

上次仿真任务已结束，新的仿真任务还未开始进行。

（4）主事件流。

①坐标系统选择初始化。

②GNSS 仿真基本参数设置初始化。

③用户运动场景设置初始化。

④环境因素设置初始化。

⑤定位解算算法设置初始化。

（5）子事件流和异常事件流。

GNSS 数学仿真系统仿真初始化时，如果不能打开默认数据文件，则提示用户。

（6）界面需求与约束。

GNSS 数学仿真系统主界面，“仿真任务初始化”按钮。

2. 仿真任务开始用例

（1）参与者。

操作员。

（2）功能概述。

在操作员的控制下，GNSS 数学仿真系统开始运行仿真任务。

（3）前提条件。

操作员已完成仿真任务的设计或已完成仿真任务初始化。

（4）主事件流。

操作员通过界面上的“开始仿真”按钮，发出“开始仿真”命令。

（5）子事件流和异常事件。

①GNSS 数学仿真系统禁用“仿真任务初始化”按钮，“仿真任务恢复”按钮。

②GNSS 数学仿真系统使用“仿真任务暂停”按钮，“仿真任务停止”按钮。

③仿真数据以仿真步长为间隔，以数据包的形式存储在 bin/debug/20130727 文件夹下（文件夹以仿真任务开始运行的时刻命名）。

（6）后置条件。

仿真任务运行中产生仿真数据存入仿真数据库。

（7）界面需求与约束。

GNSS 数学仿真系统主界面，“仿真任务开始”按钮。

3. 仿真任务暂停用例

（1）参与者。

操作员。

（2）功能概述。

在操作员的控制下，GNSS 数学仿真系统的仿真任务暂停。

（3）前提条件。

仿真任务正在运行。

（4）主事件流。

操作者单击“仿真任务暂停按钮”。

（5）子事件流和异常事件流。

①GNSS 数学仿真系统弹出误差统计窗口。

②GNSS 数学仿真系统禁用“仿真任务初始化”按钮和“仿真任务开始”按钮。

③GNSS 数学仿真系统使用“仿真任务恢复”按钮，“仿真任务停止”按钮。

（6）界面需求与约束。

GNSS 数学仿真系统主界面，“仿真任务暂停”按钮。

4. 仿真任务恢复用例

（1）参与者。

操作员。

（2）功能概述。

在操作员的控制下，对 GNSS 数学仿真系统发出仿真任务恢复的指令。

（3）前提条件。

仿真任务处于暂停状态。

（4）主事件流。

操作者通过界面上的“仿真任务恢复”按钮，发出“仿真任务恢复”命令。

（5）子事件流和异常事件流。

①GNSS 数学仿真系统禁用“仿真任务初始化”按钮和“仿真任务开始”按钮。

②GNSS 数学仿真系统使用“仿真任务暂停”按钮，“仿真任务停止”按钮。

（6）后置条件。

仿真任务运行中产生仿真数据存入仿真数据库。

（7）界面需求与约束。

GNSS数学仿真系统主界面，“仿真任务恢复”按钮。

5. 仿真任务停止用例

（1）参与者。

操作员。

（2）功能概述。

在操作员的控制下，仿真任务停止。

（3）前提条件。

GNSS数学仿真系统处于非受控模式，仿真任务处于运行状态或暂停状态。

（4）主事件流。

操作员通过界面发出停止仿真命令。

（5）子事件流和异常事件流。

①GNSS数学仿真系统使用“仿真任务初始化”按钮，“仿真任务开始”按钮，“仿真数据回放”按钮，“仿真任务暂停”按钮，“仿真任务停止”按钮。

②GNSS数学仿真系统禁用“仿真任务恢复”按钮。

（6）后置条件。

数仿处于停止仿真状态，仿真数据库关闭。

（7）界面需求与约束

GNSS数学仿真系统主界面，“仿真任务停止”按钮。

6. 仿真数据存储用例

（1）参与者。

操作员。

（2）功能概述。

在操作员的控制下，完成所选仿真数据的存储。

（3）前提条件。

仿真任务设计已经完成，仿真任务开始运行。

（4）主事件流。

①操作员单击 GNSS 数学仿真系统主界面的“数据存储”按钮，弹出“选择要存储的数据”窗口，“结束存储”按钮禁用。

②操作员勾选要存储的数据（可多选）。

③操作员单击“保存到文件夹”，打开文件保存对话框，任意选择文件保存的位置。

④操作员单击“开始存储”按钮，GNSS 数学仿真系统将所选数据存入文件，使用“结束存储”按钮。

⑤操作员单击“结束存储”按钮，存储数据停止。

⑥操作员单击“关闭”按钮，退出数据存储界面。

（5）子事件流和异常事件流。

①存储数据的选择和所存文件夹的选择可在仿真任务运行前完成。

②存储过程中不要关闭“选择要存储的数据”窗口，否则将停止所选数据的存储。

11.2.2　界面设计

仿真任务运行子系统在 GNSS 数学仿真系统界面以一排按钮呈现，如图 11.21 所示，从左到右依次为：仿真任务初始化、开始仿真、暂停仿真、恢复仿真、结束仿真和仿真数据存储按钮。

图 11.21　仿真任务运行按钮

GNSS 数学仿真系统主界面、“数据”按钮和“选择要存储的数据”窗口如图 11.22 所示。

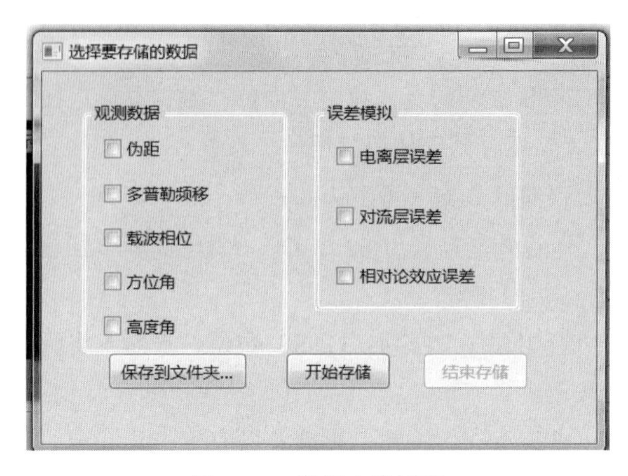

图 11.22　数据存储界面

11.3　数据管理子系统设计与实现

根据 GNSS 数学仿真系统需求分析，将数据管理子系统细化为三个部分：用户信息管理、仿真任务管理和仿真数据管理。

11.3.1　用例设计

用户信息管理部分提前将用户信息录入数据库，包括用户名、登录密码和用户权限，在用户登录系统时需填入正确的信息，登录系统后可以对用户信息进行管理，包括添加、修改和删除；仿真任务管理部分在仿真任务设计模块中新建仿真任务后，该仿真任务的基本信息（任务名称、任务存储路径以及任务描述等）也将存入相应的数据库中，可以对已存入数据库的仿真任务信息进行添加、修改和删除；仿真数据管理部分将系统仿真产生的数据按类别录入数据库，用户可以对已存入数据库的数据进行调用、查询、回放以及数据分析及可视化等操作。用例如图 11.23 所示。

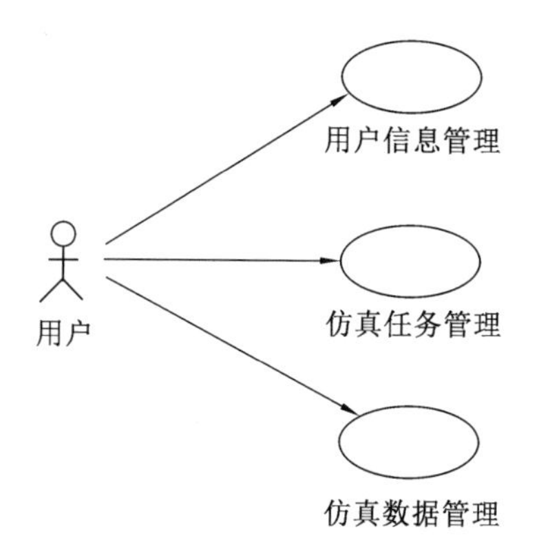

图 11.23　数据管理子系统用例

1. 用户信息管理用例

（1）参与者。

操作员。

（2）功能概述。

对用户的登录信息（登录名、登录密码）进行管理。

（3）前提条件。

用户的登录信息提前录入数据库。

（4）主事件流。

①操作员单击 GNSS 数学仿真系统主界面的“管理”按钮，选择“数据管理”下的“用户信息管理”弹出用户信息管理窗口。

②操作员添加新的用户信息。

③操作员对现有用户信息进行修改。

④操作员删除现有的用户信息，可选中全部删除，也可单独删除。

（5）子事件流和异常事件流。

①添加新的用户信息时用户名和密码要符合要求。

②用户登录系统前要确保已提前录入登录信息。

2. 仿真任务管理用例

（1）参与者。

操作员。

（2）功能概述。

对仿真任务信息（任务名称、任务存储路径以及任务描述等）进行管理。

（3）前提条件。

仿真任务信息已配置好并存储于数据库中。

（4）主事件流。

①操作员登录系统，选择已存储的仿真任务或新建仿真任务，若选择已存储的仿真任务，进入系统主界面；若选择新建仿真任务则弹出“新建仿真任务信息”窗口。

②操作员添加新建仿真任务的相关信息。

③操作员单击GNSS数学仿真系统主界面的“管理”按钮，选择“数据管理”下的“仿真任务管理”弹出仿真任务管理窗口。

④操作员可以在仿真任务管理窗口中对已添加的仿真任务进行管理（添加、修改、删除）。

（5）子事件流和异常事件流。

①添加新的仿真任务时仿真任务信息要符合要求。

②用户对仿真任务进行管理前要确保已提前录入仿真任务信息。

3. 仿真数据管理用例

（1）参与者。

操作员。

（2）功能概述。

在操作员的控制下，完成仿真数据的管理。

（3）前提条件。

仿真数据已经在仿真运行模块中存储于相应的数据库。

（4）主事件流。

①操作员单击GNSS数学仿真系统主界面的“管理”按钮，选择“数据管理”下的“仿真数据管理”弹出仿真数据管理窗口。

②操作员选择需要管理的数据进行相应的管理（提取、绘图、删除）。

（5）子事件流和异常事件流。

①仿真数据的存储在仿真运行模块中完成。

②对仿真数据的管理需在每次仿真开始之前或仿真结束之后进行。

11.3.2　界面设计

数据管理的部分界面设计如下。

数据管理主界面如图 11.24 所示。

数据管理

编辑　查询

任务管理　用户管理

TaskID	TaskName	TaskVersion	TaskTime	TaskFileName	TaskFilePath
1	TEST1	1.0	4/8/2013 12:00:00 AM	sim1	e:/simu/
4	dagrwh3h	1.0.0	4/12/2013 3:53:48 PM	dagrwh3h	E:\范国超\数据管理\GNSSPF20121204课题三\GNSSPF\bin\DebugTest\2013412 星期五\155
5	rhgweftrhb	1.0.0	4/12/2013 3:55:06 PM	rhgweftrhb	E:\grehb
6	edgtnjdezg	1.0.0	4/12/2013 4:03:47 PM	edgtnjdezg	E:\范国超\数据管理\GNSSPF20121204课题三\GNSSPF\bin\DebugTest\2013412 星期五\160
7	arhftgh	1.0.0	4/12/2013 4:05:37 PM	arhftgh	E:\范国超\数据管理\GNSSPF20121204课题三\GNSSPF\bin\DebugTest\2013412 星期五\160
8	qegvFRGB	1.0.0	4/12/2013 4:10:33 PM	qegvFRGB	E:\范国超\数据管理\GNSSPF20121204课题三\GNSSPF\bin\Debug\Test\2013412 星期五\16
9	RGAWSRHB	1.0.0	4/12/2013 4:11:28 PM	RGAWSRHB	E:\DFGAREOJH
10	jwedgr	1.0.0	4/12/2013 4:18:38 PM	jwedgr	E:\范国超\数据管理\GNSSPF20121204课题三\GNSSPF\bin\Debug\Test\2013412 星期五\16
11	sgahher	1.0.0	4/12/2013 4:38:32 PM	sgahher	E:\范国超\数据管理\GNSSPF20121204课题三\GNSSPF\bin\Debug\Test\2013412 星期五\16
12	afhrtrfh	1.0.0	4/12/2013 4:53:20 PM	afhrtrfh	E:\范国超\数据管理\GNSSPF20121204课题三\GNSSPF\bin\Debug\Test\2013412 星期五\16
13	rhygetr	1.0.0	4/12/2013 4:54:53 PM	rhygetr	E:\范国超\数据管理\GNSSPF20121204课题三\GNSSPF\bin\Debug\Test\2013412 星期五\16
14	dbvgf	1.0.0	4/12/2013 4:56:01 PM	dbvgf	E:\范国超\数据管理\GNSSPF20121204课题三\GNSSPF\bin\Debug\Test\2013412 星期五\16
15	wrghetdfhe	1.0.0	4/12/2013 4:59:33 PM	wrghetdfhe	E:\范国超\数据管理\GNSSPF20121204课题三\GNSSPF\bin\Debug\Test\2013412 星期五\16
16	dgrsfbhswrf	1.0.0	4/12/2013 5:18:18 PM	dgrsfbhswrf	E:\范国超\数据管理\GNSSPF20121204课题三\GNSSPF\bin\Debug\Test\2013412 星期五\17
30	testT4	1.0.0	4/13/2013 3:53:10 PM	testT4	E:\范国超\数据管理\GNSSPF20121204课题三\GNSSPF\bin\Debug\Test\2012124\145601\
31	gwrhkjog	1.0.0	4/14/2013 9:23:47 AM	gwrhkjog	E:\范国超\数据管理\GNSSPF20121204课题三\GNSSPF\bin\Debug\Test\2013414 星期\9234
32	bhaerfehgf	1.0.0	4/14/2013 9:35:46 AM	bhaerfehgf	E:\范国超\数据管理\GNSSPF20121204课题三\GNSSPF\bin\Debug\Test\2013414 星期\9354
33	agkiujo0arwhjo	1.0.0	4/14/2013 9:37:46 AM	agkiujo0arwhjo	E:\范国超\数据管理\GNSSPF20121204课题三\GNSSPF\bin\Debug\Test\2013414 星期\9374
34	sagrdhb	1.0.0	4/14/2013 9:39:23 AM	sagrdhb	E:\范国超\数据管理\GNSSPF20121204课题三\GNSSPF\bin\Debug\Test\2013414 星期\9392
35	kjdgaowij	1.0.0	4/14/2013 9:42:56 AM	kjdgaowij	E:\范国超\数据管理\GNSSPF20121204课题三\GNSSPF\bin\Debug\Test\2013414 星期\9425
36	sdgklrhn	1.0.0	4/14/2013 9:43:24 AM	sdgklrhn	E:\范国超\数据管理\GNSSPF20121204课题三\GNSSPF\bin\Debug\Test\2013414 星期\9432
37	rhgrfsb	1.0.0	4/14/2013 9:45:20 AM	rhgrfsb	E:\范国超\数据管理\GNSSPF20121204课题三\GNSSPF\bin\Debug\Test\2013414 星期\9451
38	erhyt cvj	1.0.0	4/14/2013 9:46:14 AM	erhyt cvj	E:\范国超\数据管理\GNSSPF20121204课题三\GNSSPF\bin\Debug\Test\2013414 星期\9461
39	ewgdfr	1.0.0	4/14/2013 9:49:04 AM	ewgdfr	E:\范国超\数据管理\GNSSPF20121204课题三\GNSSPF\bin\Debug\Test\2013414 星期\9490
40	testT4	1.0.0	7/2/2013 7:29:35 PM	testT4	E:\范国超\数据管理\GNSSPF20130702f\GNSSPF\bin\Debug\Test\2012124\145601\
41	testT3	1.0.0	7/22/2013 9:31:55 AM	testT3	E:\范国超\数据管理\GNSSPF20121204课题三\GNSSPF\bin\Debug\Test\2012124\93848\
42	testT4	1.0.0	10/28/2013 5:27:35 PM	testT4	E:\范国超\数据管理\GNSSPF20131028\GNSSPF\bin\Debug\Test\2012124\145601\
43	testT3	1.0.0	11/5/2013 4:38:49 PM	testT3	E:\范国超\数据管理\GNSSPF20131028\GNSSPF\bin\Debug\Test\2012124\93848\

图 11.24　数据管理主界面

在任务列表中，选择一条任务，点击右键，如图 11.25 所示，选择查看详细信息，进入仿真任务详细信息界面，如图 11.26 所示，点击确定按钮关闭。

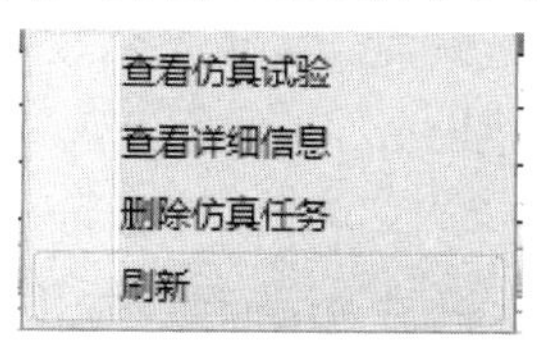

图 11.25　任务列表右键菜单

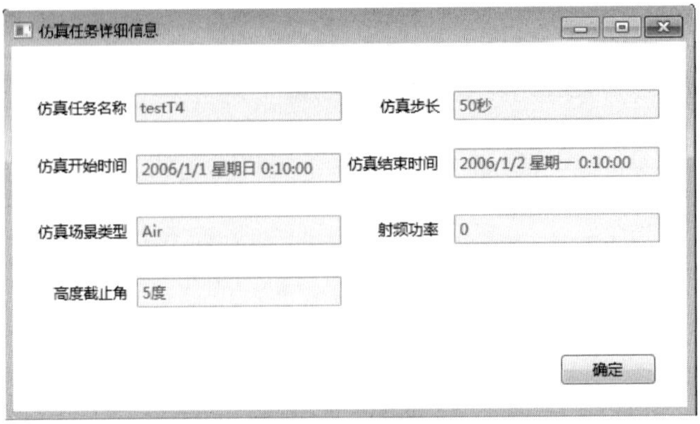

仿真任务详细信息

仿真任务名称 testT4　仿真步长 50秒

仿真开始时间 2006/1/1 星期日 0:10:00　仿真结束时间 2006/1/2 星期一 0:10:00

仿真场景类型 Air　射频功率 0

高度截止角 5度

确定

图 11.26　仿真任务详细信息界面

在任务列表中，点击右键，选择删除仿真任务，可完成仿真任务删除操作。在任务列表中，点击右键，选择查看仿真实验，进入仿真实验管理界面，如图 11.27 所示。

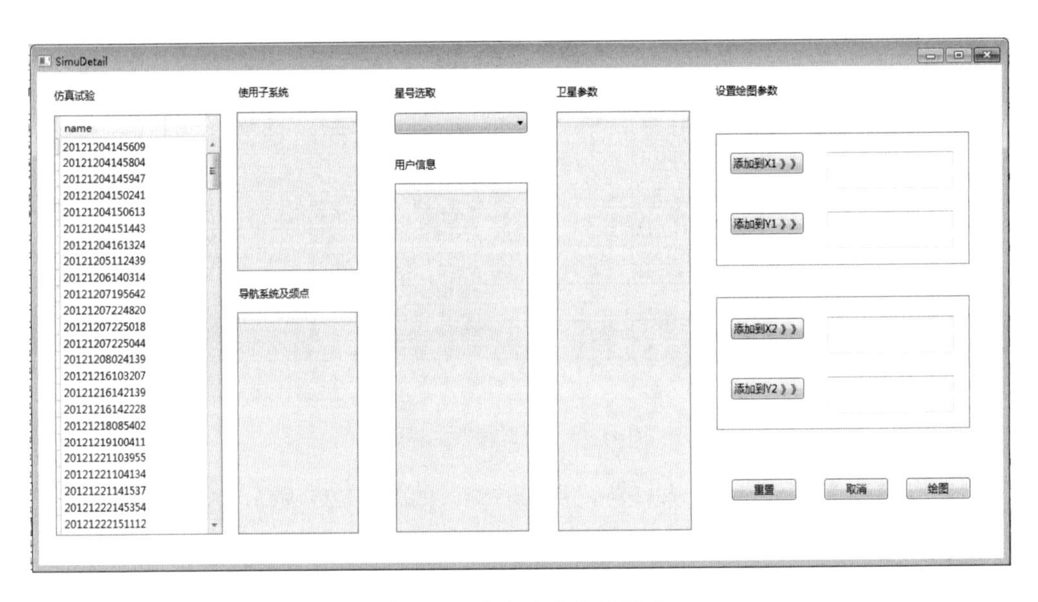

图 11.27　仿真实验管理界面

选择任一仿真实验，可查看该仿真实验，根据其包含的导航系统频点信息，选择相关仿真数据，点击绘图，可绘制二维曲线，如图 11.28 所示。

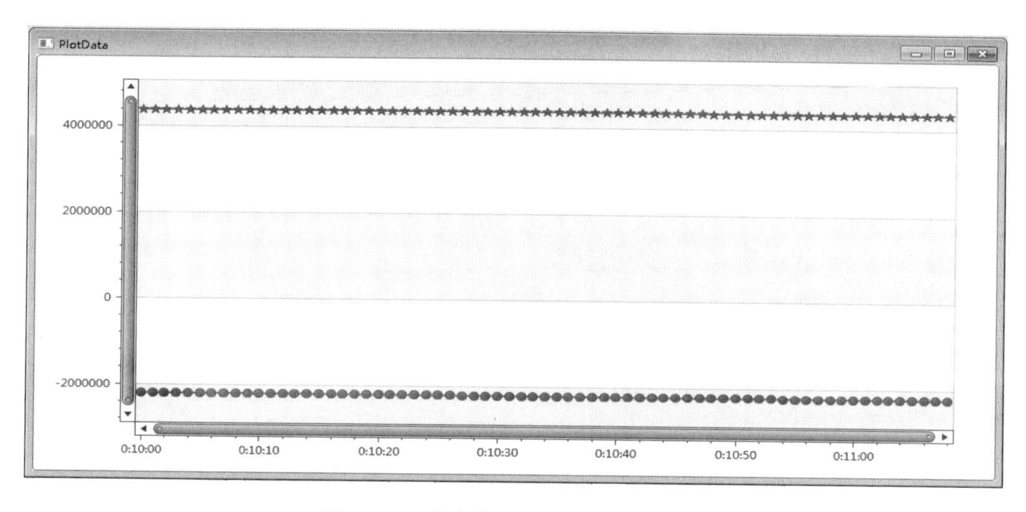

图 11.28　仿真数据二维曲线绘制窗口

11.4　仿真模型管理子系统设计与实现

根据 GNSS 数学仿真系统需求分析，将仿真模型管理子系统细化为两大部分：模型的录入和模型的管理。

11.4.1　用例设计

其中模型的管理包括对模型的添加、修改和删除。用例如图 11.29 所示。

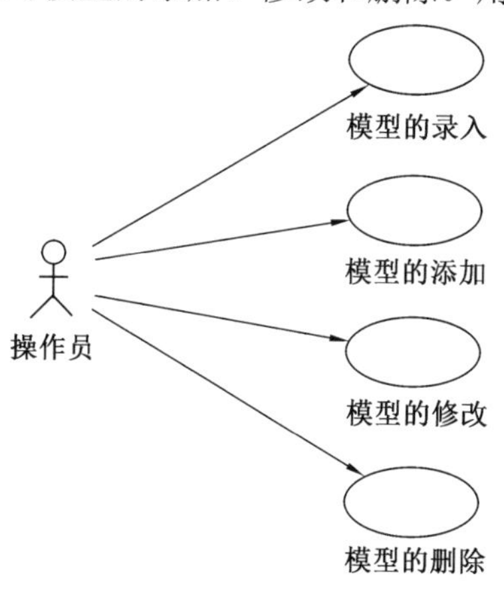

图 11.29　仿真模型管理子系统用例

1.“模型的录入”用例

（1）参与者。

操作员。

（2）功能概述。

操作员通过软件录入一个新的模型。

（3）前提条件。

已经掌握模型的类型和模型的初始化参数、输入参数以及输出参数。

（4）主事件流。

①操作员点击“管理”菜单的下拉菜单“模型管理”的子菜单“录入新模型”。

②数仿子系统弹出“录入新模型”界面。

③操作员录入初始化参数、输入参数和输出参数，并载入相应的模型并点击“确定”按钮。

④数仿子系统将该模型信息存入数据库以待调用。

（5）子事件流和异常事件流。

用户在录入模型参数时，如果输入的配置参数异常（参数格式不正确、参数超出范围），提醒用户，并要求用户重新输入。

（6）后置条件。

操作员向数据库中添加了一个新模型。

2.“模型的添加”用例

（1）参与者。

操作员。

（2）功能概述。

操作员通过软件向仿真模块添加一个模型以供调用。

（3）前提条件。

模型库中已经录入了部分模型。

（4）主事件流。

①操作员点击“管理”菜单的下拉菜单“模型管理”的子菜单“添加模型”。

②数仿子系统弹出“添加模型”界面，界面显示已经录入数据库的所有模型信息。

③操作员选择需要添加的模型，点击“添加”按钮。

④数仿子系统仿真模块中则添加了该模型。

（5）子事件流和异常事件流。

若添加模型成功，对应的仿真模块中会增加新添加的模型选项，仿真时可以选择该模型作为仿真模型。

（6）后置条件。

仿真模块中添加了一个新模型。

3.“模型的修改”用例

（1）参与者。

操作员。

（2）功能概述。

操作员对已录入模型库的模型进行修改。

（3）前提条件。

模型库中已经录入了部分模型。

（4）主事件流。

①操作员点击“管理”菜单的下拉菜单“模型管理”的子菜单“修改模型”。

②数仿子系统弹出“修改模型”界面，界面显示已经录入数据库的所有模型信息。

③操作员选择需要修改的模型，点击“修改”按钮，弹出该模型详细信息界面。

④操作员对相应的信息进行修改，点击“确定”按钮。

⑤数仿子系统模型库中对此模型进行了对应的修改。

⑥数仿子系统仿真模块中则添加了该模型。

（5）子事件流和异常事件流。

用户在修改模型参数时，如果输入的配置参数异常（参数格式不正确、参数超出范围），提醒用户，并要求用户重新输入。

（6）后置条件。

操作员对数据库中某个模型信息进行了修改。

4.“模型的删除”用例

（1）参与者。

操作员。

（2）功能概述。

操作员可对已录入模型库的模型进行删除。

（3）前提条件。

模型库中已经录入了部分模型。

（4）主事件流。

①操作员点击“管理”菜单的下拉菜单“模型管理”的子菜单“删除模型”。

②数仿子系统弹出“删除模型”界面，界面显示已经录入数据库的所有模型信息。

③操作员选择需要删除的模型，点击“删除”按钮，该模型即被删除，而且模型库中也将删除该模型的所有信息。

（5）子事件流和异常事件流。

若模型删除成功，则模型库中也将删除该模型的所有信息。

（6）后置条件。

操作员对数据库中某个模型进行了删除操作。

11.4.2 界面设计

仿真模型管理的部分界面如下。

录入模型信息界面如图 11.30～11.33 所示。

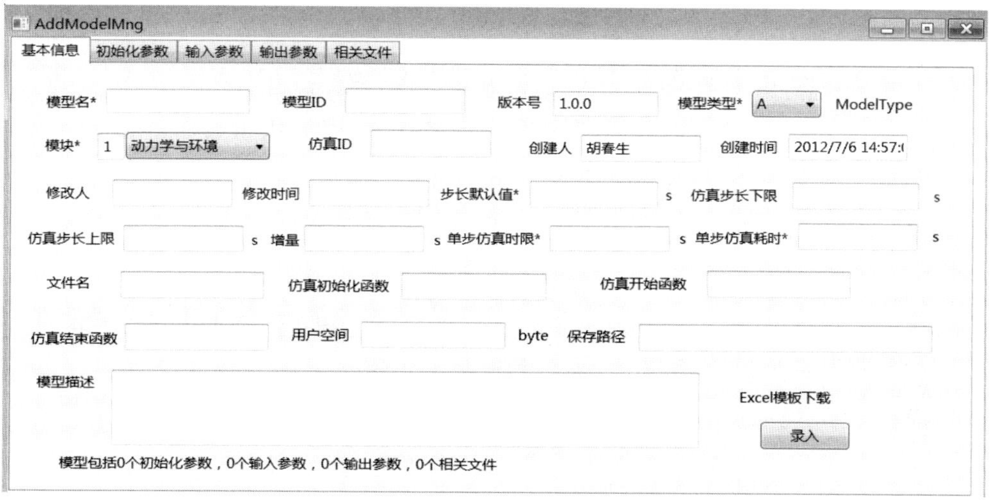

AddModelMng

基本信息 | 初始化参数 | 输入参数 | 输出参数 | 相关文件

模型名*　模型ID　版本号 1.0.0　模型类型* A　ModelType

模块* 1 动力学与环境　仿真ID　创建人 胡春生　创建时间 2012/7/6 14:57:(

修改人　修改时间　步长默认值* s　仿真步长下限 s

仿真步长上限 s　增量 s　单步仿真时限* s　单步仿真耗时* s

文件名　仿真初始化函数　仿真开始函数

仿真结束函数　用户空间 byte　保存路径

模型描述　Excel模板下载

录入

模型包括0个初始化参数，0个输入参数，0个输出参数，0个相关文件

图 11.30　模型基本信息录入界面

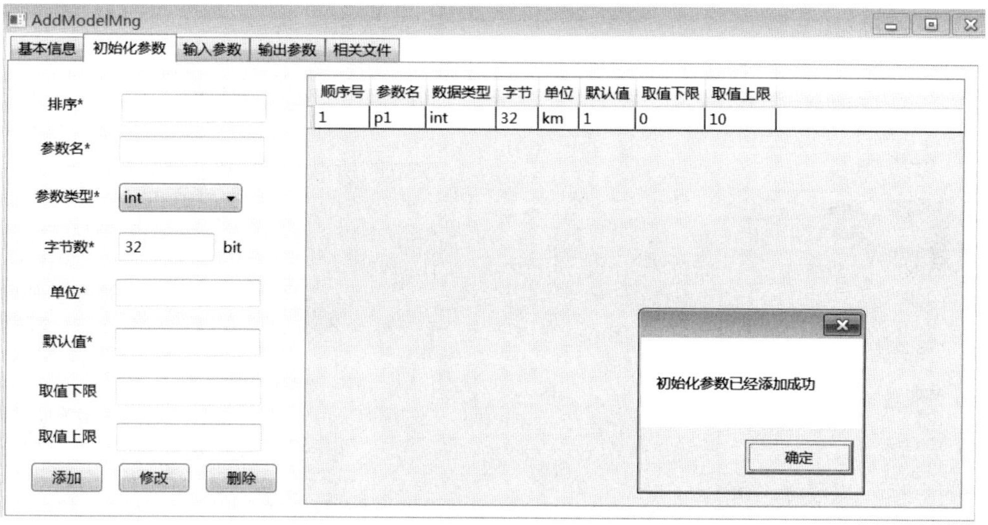

AddModelMng

基本信息 | 初始化参数 | 输入参数 | 输出参数 | 相关文件

排序*

参数名*

参数类型* int

字节数* 32 bit

单位*

默认值*

取值下限

取值上限

添加　修改　删除

顺序号	参数名	数据类型	字节	单位	默认值	取值下限	取值上限
1	p1	int	32	km	1	0	10

初始化参数已经添加成功

确定

图 11.31　模型初始化参数录入界面

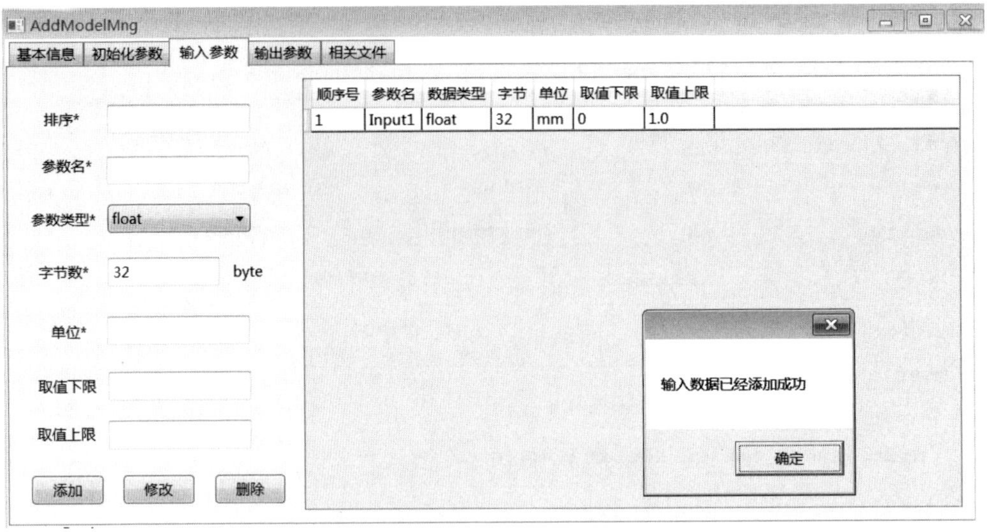

图 11.32　模型输入参数录入界面

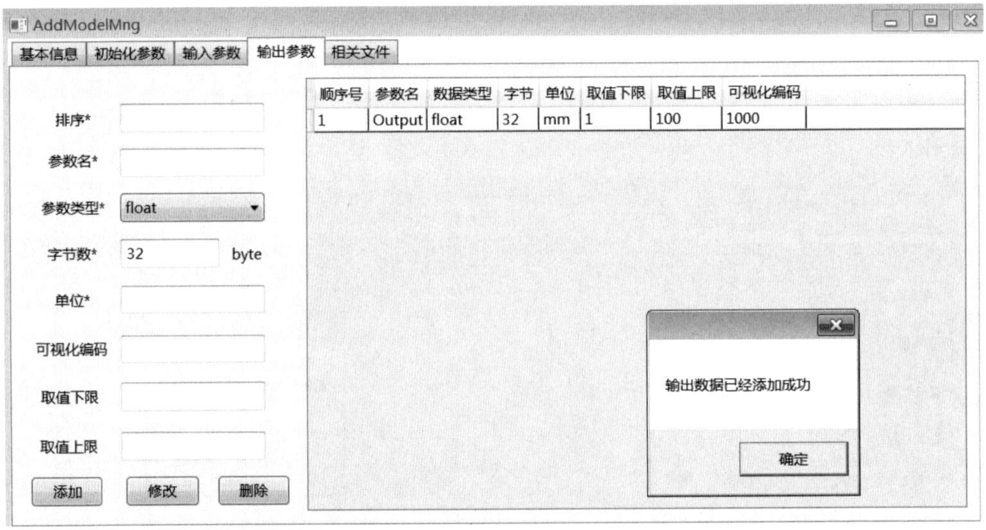

图 11.33　模型输出参数录入界面

对仿真模型的管理界面如图 11.34 所示。

数据库管理(操作者：胡春生)

文件　编辑　查询　帮助

Test　Simulation　Model

ModelID	ModelName	ModelVersion	ModelType	ModuleID	SimID	Moc
55	凝视相机工作状态	0.9.0	B	1	1	3
59	弹道+时间	0.9.0	B	1	1	3
66	高精度测控状态判断	0.9.0	B	1	1	3
82	重量分析	1.0.0	C	1	1	1
83	性能分析	1.0.0	C	1	1	1
84	C1	1.0.1	C	1	1	1
85	C2			1	1	1
86	C3			1	2	1
87	C4			1	3	1
88	C5			1	3	1
89	M2008C1			1	3	1
90	M2008C2			1	3	1
91	M2008C3			1	3	1
92	M2008C4	1.0.0	D	1	2	1
93	M2008C5	1.0.0	C	1	2	1
100	Zero	0.9.0	B	1	2	3
103	ModelA1	1.0.0	A	1	2	1

修改模型信息

删除模型

刷新

查看模型参数

图 11.34　仿真模型管理界面

11.5　综合显示子系统设计与实现

综合显示子系统可根据参与者不同分为两部分：一部分为图形化的仿真数据显示：在仿真任务开始后，由 GNSS 数学仿真系统自动完成，包括二维地图展示、站心视图和载体动态仪表图；另一部分为表格化的仿真数据显示：在仿真任务进行时，由操作员点选得以显示，包括观测数据记录、定位结果和定位误差显示。综合显示子系统的用例图如图 11.35 所示。

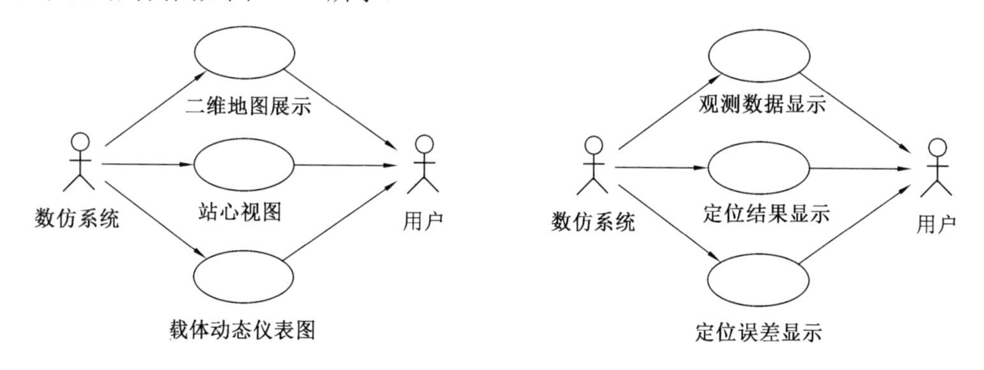

图 11.35　综合显示子系统用例

11.5.1 用例设计

1. 图形化仿真数据显示用例

（1）参与者。

操作员、数仿系统。

（2）功能概述。

①将可见星的位置、速度信息由二维地图和站星视图描述如图 11.36 所示。

②将真实载体的位置、速度信息由二维地图描述，速度、高度、姿态由仪表盘描述如图 11.37 所示。

③将通过可见星观测信息反推的载体的位置、速度信息由二维地图描述。

（3）前提条件。

GNSS 数学仿真系统的仿真任务已开始运行，仿真数据已经产生。

（4）主事件流。

①GNSS 数学仿真系统主界面的二维地图窗口显示可见星的经纬度。

②GNSS 数学仿真系统主界面的二维地图窗口显示载体的真实位置（经纬度）。

③GNSS 数学仿真系统主界面的站心图窗口显示载体的可见星。

④GNSS 数学仿真系统主界面的二维地图窗口显示由可见星观测信息解算的载体的位置（经纬度）。

⑤GNSS 数学仿真系统主界面的载体动态仪表显示窗口显示载体的速度、高度和姿态等信息。

（5）子事件流和异常事件流。

如果二维地图无法加载，GNSS 数学仿真系统主界面弹出窗口提示。

2. 观测数据显示用例

（1）参与者。

操作员、数仿系统。

（2）功能概述。

显示不同星座、不同频点可见星的观测数据：ECEF 坐标系下的三维位置、速度和加速度，以及高度角和方位角，用户和可见星之间的真距和伪距、电离层和对流层误差等。

（3）前提条件。

GNSS 数学仿真系统的仿真任务已开始运行，仿真数据已经产生。

（4）主事件流。

①仿真任务开始后，点选“输出记录栏”的星座选项按钮。

②针对所选星座，点选其对应频点按钮，则可显示所选星座及频点的观测数据。

（5）子事件流和异常事件流。

如果点选的星座及频点没有在仿真任务设计时进行选择，则该栏观测数据为空。

3. 定位结果显示用例

（1）参与者。

操作员、数仿系统。

（2）功能概述。

显示定位和测速结果，其中定位结果包括 ECEF 坐标系下的三维位置和经纬高，测速结果包括 ECEF 坐标系下的三维速度和北东天三向速度。

（3）前提条件。

GNSS 数学仿真系统的仿真任务已开始运行，仿真数据已经产生。

（4）主事件流。

仿真任务开始后，点选任务栏的“显示定位结果”图标，弹出“解算的用户信息窗口”。

4. 定位误差显示用例

（1）参与者。

操作员、数仿系统。

（2）功能概述。

显示定位和测速误差，包括 ECEF 坐标系和北东天坐标系下的定位和测速误差。

（3）前提条件。

GNSS 数学仿真系统的仿真任务已开始运行，仿真数据已经产生。

（4）主事件流。

①单击“仿真任务暂停”或“仿真任务停止”按钮，弹出“误差统计量”窗口。

②点选“ECEFP”“ECEFV”“NEUP”和“NEUV”，可分别查看ECEF坐标系下的定位误差和测速误差（X、Y、Z），北东天坐标系下的定位误差和测速误差（包括北向N、东向E、天向U和水平方向H）。

11.5.2 界面设计

界面有二维地图窗口、站星视图窗口（如图11.36所示）、载体动态仪表视图窗口（如图11.37所示）。

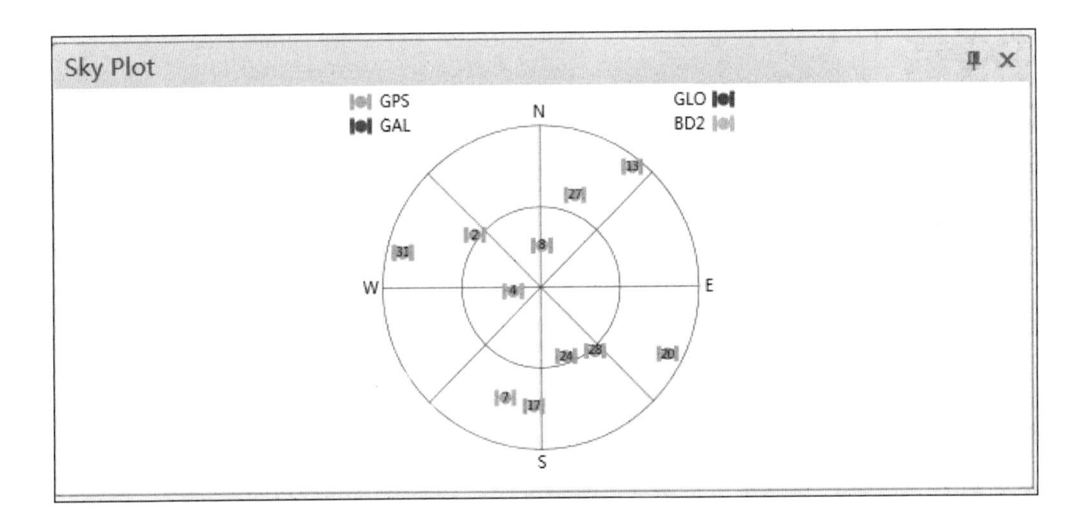

图11.36　站星视图地图

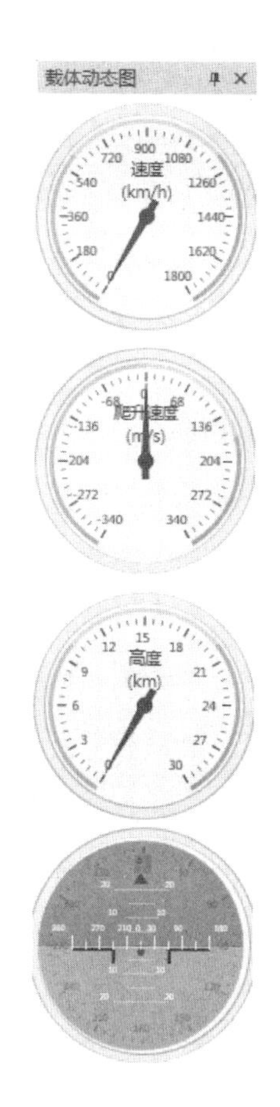

图 11.37 载体动态仪表图

观测数据输出记录窗口如图 11.38 所示。

输出记录

GPS GLO GAL BD2 L1 L2 L5

Chan	Sys	PRN	X(m)	Y(m)	Z(m)	Vx(m/s)	Vy(m/s)	Vz(m/s)	Ax(m/s2)	Ay(m/s2)	Az(m/s2)	Elev(°)	Azi(°)	Trop(m)	Iono(m)	Rou(m)	Psr(m)	Fd(Hz)
1	GPS	2	21000219.827	-12537170.034	9875382.218	1332.841	-32.461	-2814.455	-0.349233	0.267694	-0.214555	42.496	308.227	3.563818	2.10788	21645071.324	21652055.095	1916.68
2	GPS	4	26166494.36	-5553317.884	-671760.308	-16.356	290.431	-3130.974	-0.362971	0.071898	0.013984	74.215	263.103	2.506172	1.53806	20563795.575	20532713.239	-43.856
3	GPS	7	16227840.445	-6619628.373	-19497310.165	-413.598	2553.222	-1197.677	0.099738	0.055808	0.43132	25.565	198.753	5.556748	2.899571	22825013.503	22687233.723	-547.024
4	GPS	8	25482417.969	272954.684	8029184.58	-965.382	408.13	2953.481	-0.337503	-0.067383	-0.167823	67.192	1.947	2.615661	1.591264	20724764.428	20740334.378	-1362.159
5	GPS	13	8793538.416	15388397.677	19727148.374	-820.874	2375.209	-1475.879	0.20527	-0.275787	-0.421608	5.514	37.956	22.777815	4.485475	25135578.968	25125915.673	-1139.853
6	GPS	17	15881029.301	-1454735.12	-21253005.805	-673.103	2609.834	-689.797	0.1277	-0.029141	0.45158	24.041	183.916	5.881379	2.993263	23326197.12	23321597.373	-1006.628
7	GPS	20	10356181.319	21760322.361	-11274332.658	-1168.408	-840.67	-2712.435	-0.286719	-0.378809	0.238664	9.22	117.389	14.453523	4.131145	24828351.591	24839319.7	-1618.588
8	GPS	24	22604145.299	4812896.373	-13053432.114	-1615.289	535.184	-2528.733	-0.283577	-0.177944	0.278304	49.39	159.761	3.173276	1.899514	21373801.879	21351677.244	-2304.695
9	GPS	27	19660825.738	6632444.099	17375909.117	-1941.18	762.389	1935.562	-0.179554	-0.228576	-0.349417	35.533	20.892	4.138286	2.381324	22854788.393	22845922.954	-2967.564
10	GPS	28	21305382.985	10305084.282	-12138281.147	913.567	1294.974	2612.366	-0.149158	-0.078368	0.257179	43.152	139.67	3.520324	2.085514	21825565.375	21814793.232	1139.532
11	GPS	29	10462389.444	-23619965.013	5855354.372	17.057	744.708	3129.007	-0.060151	0.340272	-0.125609	9.527	283.923	14.023054	4.103054	24675271.834	24530988.466	-170.038
12	GPS	31	10462389.444	-23619965.013	5855354.372	17.057	744.708	3129.007	-0.060151	0.340272	-0.125609	9.527	283.923	14.023054	4.103054	24675271.834	24530988.466	-169.47

输出记录

图 11.38 观测数据显示界面

定位解算的用户信息窗口如图 11.39 所示。

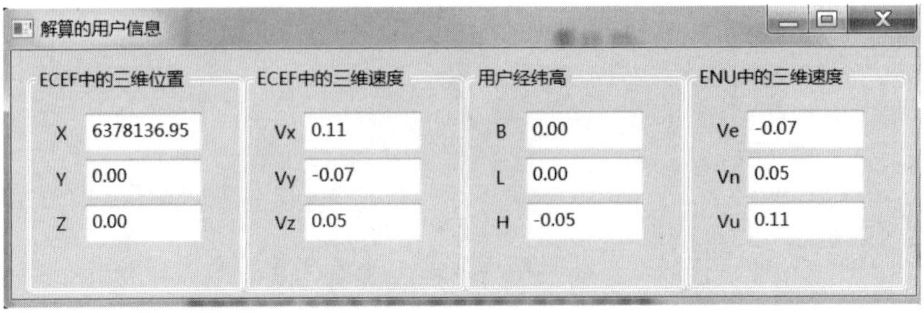

图 11.39　定位结果显示界面

定位误差统计窗口如图 11.40 所示。

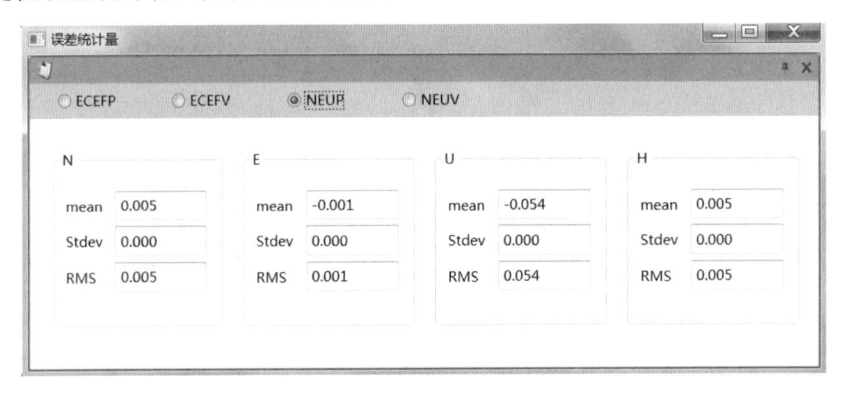

图 11.40　定位误差统计界面

第 12 章　GNSS 数学仿真系统仿真实例

GNSS 数学仿真系统的开发可以为研究卫星导航系统的星座覆盖性能、卫星轨道仿真、载体运动轨迹仿真、观测数据仿真以及定位解算算法等关键技术提供方便。结合前几章介绍的内容，本章将从场景设计出发，首先介绍 GNSS 数学仿真系统中场景的概念及场景的方案设计，然后结合场景设计介绍几个典型的仿真实例，以便读者更好地理解和利用 GNSS 数学仿真系统做相关研究。

12.1　GNSS 仿真系统的卫星导航场景设计

卫星导航应用场景设计是卫星导航仿真任务设计的重要组成部分。用户根据应用要求和测试目的设计仿真任务，再根据不同的卫星导航仿真任务设计与之相适应的卫星导航典型应用场景，以完成仿真任务。本节将首先介绍卫星导航应用场景和卫星导航仿真应用场景的概念，之后将对卫星导航应用场景的设计方法进行简要介绍，最后，将给出两个卫星导航应用场景的设计实例以辅助读者理解。

12.1.1　卫星导航应用场景

卫星导航应用场景指的是，在特定时间间隔内完成卫星导航任务时，所涉及的参与导航任务的主体——导航卫星（以及天基和路基增强系统）与载体的接收机（包括接收机天线），以及载体运动所处的环境和导航信号传播的空间环境的总和。

如图 12.1 所示，卫星导航应用场景的描述应至少包括：

（1）载体类型。

（2）载体的运动（位置、姿态）。

（3）接收机天线在载体上的位置。

（4）天线增益分布。

（5）载体运动地面环境。

（6）地球对流层和电离层环境。

（7）导航星座及增强系统特性。

利用以上内容和信息可以较为完整地对卫星导航全周期任务进行描述。

图 12.1　卫星导航应用场景

卫星导航典型应用场景指的是，针对于某一类具体应用或测试，较之于其他应用场景更有代表性的应用场景。例如：低动态的车辆载体运动场景，城市峡谷多径场景、平原远距离长时间运动场景、停车场长期定点停泊场景和山区越野场景等都是车辆载体的应用场景，然而，车辆载体导航设备更多使用城市峡谷多径场景和平原远距离长时间运动场景，该场景更具有代表性，是车辆载体应用中的典型应用场景。再如：在研究电离层异常活动对接收机影响的测试任务中，太阳活动高峰期赤道附近的测试场景，较之太阳活动正常期其他地区测试场景而言更加有研究价值和测试意义，该场景即为研究电离层异常活动对接收机影响的测试任务下的典型应用场景。

12. 1. 2　卫星导航应用场景设计

基于以上对于卫星导航应用场景和卫星导航典型应用场景的表述，卫星导航应用场景设计应包括对载体类型、载体运动信息、接收机天线在载体上的位置、接收机类型及功能、载体运动环境、空间电离层对流层环境和卫星星座分布及播发信号等信息的描述和设计，即通过对参与卫星导航任务所涉及的主要参量进行设计和配置。卫星导航应用场景的设计可以通过对相关参量进行合理配置的方式完成。如图 12.2 所示，可将需要配置的参量划分为以下四类：仿真基本参量设置、卫星部分参量设置、空间环境部分参量设置和用户部分参量设置。

仿真基本参量设置包括：仿真时间设置和坐标系统设置；卫星部分参量设置包括：星历设置、星历误差设置、高度截止角设置、星钟误差设置、射频信号功率设置、导航卫星星座系统设置和相对论误差设置；空间环境部分参量设置包括：电离层模型设置、对流层模型设置、多径干扰设置、欺骗干扰设置和阻塞干扰设置；用户部分参量设置包括：载体类型设置、载体运动参量设置、天线在载体上位置设置以及接收机参量设置。

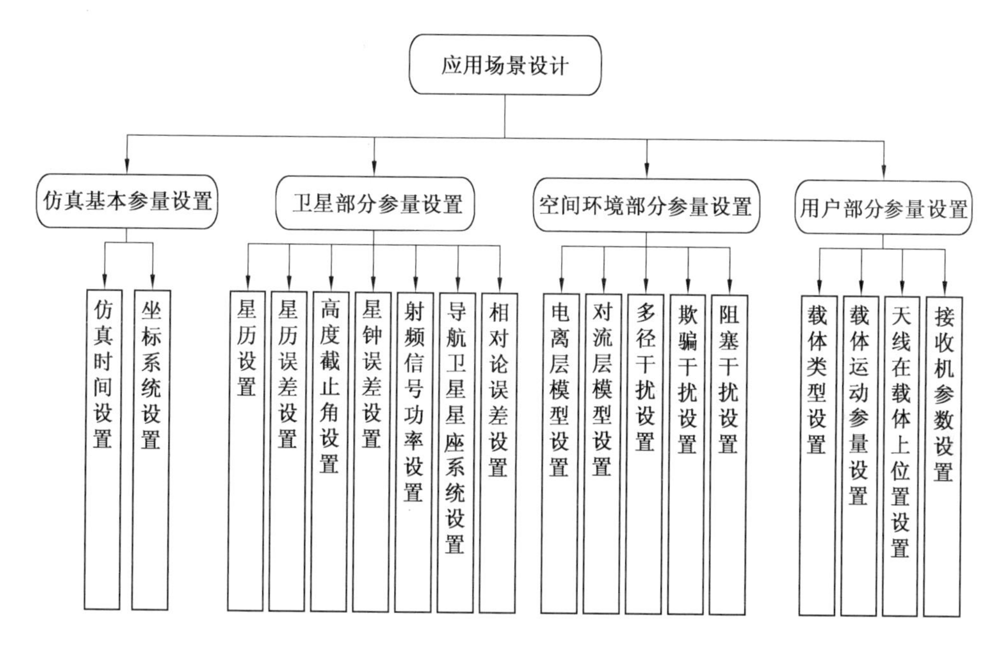

图 12.2　卫星导航应用场景设计

1. 仿真基本参量设置

（1）仿真时间设置。

仿真时间设置包括：仿真开始时间、仿真持续时间和仿真步长。仿真开始时间设置采用 UTC 时，用户应仅需输入仿真开始的 UTC 时，系统可根据不同卫星导航系统时间转换关系自行转换。

（2）坐标系统设置。

坐标系统设置可以选取WGS-84、ITRF-96、PZ-90和CGCS2000。用户可以根据不同仿真任务要求，结合不同星座和场景区域的选择以及仿真目的选取与之相适应的坐标系统。

2. 卫星部分参量设置

（1）星历设置。

仿真系统中的星历文件可选取YUMA、RINEX2.1和RINEX3.0等多种不同版本，用户可根据仿真任务需要，根据不同版本星历格式要求编写或下载星历，并在系统中载入星历文件，以完成星历的设置。

（2）星历误差设置。

用户可以根据仿真任务要求和设置的应用场景需要选择是否添加星历误差。

（3）高度截止角设置。

高度截止角设置选项允许用户根据设计的应用场景中接收机天线周围的环境情况自由设置卫星高度截止角，以控制调节可见星的情况。

（4）星钟误差设置。

星钟误差设置选项允许用户根据设计的应用场景需要自由选取是否调节星钟误差，选择添加星钟误差后，系统应根据星历文件和相应算法添加合适的星钟误差。

（5）射频信号功率设置。

射频信号功率设置功能满足用户根据不同应用场景设计相应的射频信号功率的需求。该射频信号功率值表征的是信号产生子系统产生的射频信号经过合路器之后到达接收机的信号功率。

（6）导航卫星星座系统设置。

通过导航卫星星座系统设置，用户可以根据仿真任务需要灵活地设置需要仿真的卫星系统以及相应卫星系统的频点，以建立不同应用场景中不同时间和空间环境下的有区分的导航卫星几何构型和导航卫星信号空间结构。

（7）相对论误差设置。

用户可以通过相对论误差设置选项卡选择是否添加相对论误差。此处的相对论误差主要考虑相对论效应对卫星钟的影响。

3. 空间环境部分参量设置

（1）电离层模型设置。

电离层模型设置可以提供以下三种模式，见表 12.1。

表 12.1　电离层模型设置模式

<table>
<tr><th>模式</th><th>内容</th></tr>
<tr><td rowspan="2">使用模型模式</td><td>8 参数 Kolbuchar 模型</td></tr>
<tr><td>14 参数 Kolbuchar 模型</td></tr>
<tr><td>固定常值模式</td><td>用户选取由电离层干扰造成的无差别固定延迟（单位：m）</td></tr>
<tr><td>关闭模式</td><td>默认信号不受电离层干扰</td></tr>
</table>

8 参数 Kolbuchar 模型需设定参数：Alpha0，Alpha1，Alpha2，Alpha3，Beta0，Beta1，Beta2，Beta3。

14 参数 Kolbuchar 模型需设定参数：Alpha0，Alpha1，Alpha2，Alpha3，Beta0，Beta1，Beta2，Beta3，Gamma0，Gamma1，Gamma2，Gamma3，A，B。

（2）对流层模型设置。

对流层模型设置可以提供以下三种模式，见表 12.2。

表 12.2　对流层模型设置模式

<table>
<tr><th>模式</th><th colspan="2">内容</th></tr>
<tr><td rowspan="5">使用模型模式</td><td rowspan="2">Hopfield 模型</td><td>Chao 映射函数</td></tr>
<tr><td>Danis 映射函数</td></tr>
<tr><td rowspan="2">Saastamoinen 模型</td><td>Chao 映射函数</td></tr>
<tr><td>Danis 映射函数</td></tr>
<tr><td colspan="2">ModifiedHopfield 模型</td></tr>
<tr><td>固定常值模式</td><td colspan="2">用户选取由对流层干扰造成的无差别固定延迟（单位：m）</td></tr>
<tr><td>关闭模式</td><td colspan="2">默认信号不受对流层干扰</td></tr>
</table>

（3）多径干扰设置。

用户根据设计的仿真应用场景情况，通过判断卫星、接收机天线和反射面之间的几何关系及相对运动情况得到产生多径的相关信息，再通过多径干扰设置选项卡配置应用场景中多径干扰所属导航系统类型及其数量、相位延迟情况和功率衰减等信息，完成多径干扰的配置工作。

（4）欺骗干扰设置。

用户可以根据仿真任务要求自由选择是否在应用场景设计中添加欺骗干扰，添加欺骗干扰时需选择欺骗卫星的系统类型、PRN码以及相应的导航文件。

（5）阻塞干扰设置。

用户可以根据仿真任务要求自由选择是否在应用场景设计中添加阻塞干扰，阻塞干扰主要包括四种不同类型：单频干扰、扫频干扰、宽带干扰和窄带干扰。根据选取的阻塞干扰类型不同，设置的参量也不同，单频干扰需设置参量包括：阻塞频点和阻塞功率；扫频干扰需设置参量包括：中心频点、时间间隔、频率间隔、阻塞宽度和阻塞功率；宽带干扰需设置参量包括：中心频点、阻塞宽度和阻塞功率；窄带干扰需设置参量包括：中心频点、阻塞宽度和阻塞功率。

4. 用户部分参量设置

（1）载体类型和载体运动参量设置。

载体类型可分为：简单运动载体、汽车运动载体、舰船运动载体、飞机运动载体和导弹运动载体。具体载体运动的划分和设置可参见本书第6章内容和其他参考资料。

（2）天线在载体上位置设置。

用户可以通过天线在载体上位置设置选项卡确定天线在载体上的位置，以便于特殊应用场景下的研究，例如利用同一载体不同部分安装多枚天线的方法可以得到载体的姿态信息。同时结合天线信息、天线在载体上的位置以及载体运动信息和载体运动环境信息可以得到可见星的情况。

（3）接收机参数设置。

用户可以通过接收机参数设置调节接收机接收模式，如：接收哪个系统的信号，接收哪个频点的信号，利用哪些信号定位，存储哪些信息，等等。

12.1.3　卫星导航应用场景设计实例

基于上述卫星导航应用场景设计方法，结合仿真系统应用与测试以及仿真任务要求，下面给出一些卫星导航应用场景设计实例。

1.“城市峡谷”应用场景

场景描述：城市中高楼林立，汽车穿行其中，存在着大量多径和卫星信号遮挡等现象。场景参量配置见表 12.3。

表 12.3　“城市峡谷”应用场景参量配置

时　间	参　量	内　容
2012-08-12 9:00:00—2012-08-12 10:00:00	坐标系统	WGS-84
	导航系统及频点	GPS-L1 Galileo-E1 BD-B1
	星历文件	RINEX 2.1 2012.08.12 星历
	高度截止角	≥10°，高度截止角根据障碍物情况变化
	射频信号功率	-117 dBm，卫星信号功率根据障碍物遮挡情况衰减
	星钟误差	存在
	相对论误差（相对论效应对卫星钟的影响）	存在
	星历误差	存在
	电离层模型	8 参数 Kolbuchar 模型
	对流层模型	Hopfield 模型、Chao 映射函数
	阻塞干扰	无
	欺骗干扰	无
	多径干扰	根据障碍物情况产生多径干扰
	用户载体类型	车辆
	用户载体运动	汽车载体按日本东京市中心设计的路径，在“城市峡谷”中行驶
	天线在载体上的位置	质心
	接收机参数	GPS-L1 Galileo-E1 BDS-B1

2. 恶劣电磁环境应用场景

场景描述：载体运动为静止，且载体处于高楼之中，存在多径干扰，阻塞干扰和欺骗干扰。场景参量配置见表12.4。

表12.4 恶劣电磁环境应用场景参量配置

时 间	参 量	内 容
2012-08-12 09:00:00— 2012-08-12 10:00:00	坐标系统	WGS-84
	导航系统及频点	GPS-L1 Galileo-E1 BDS-B1
	星历文件	RINEX 2.1 2012-08-12 星历
	高度截止角	当地水平线模式 高度截止角 30°
	射频信号功率	-117 dBm
	电离层误差	8 参数 Kolbuchar 模型
	对流层误差	Hopfield 模型、Chao 映射函数
	星历误差	存在
	星钟误差	存在
	相对论误差（相对论效应对卫星钟的影响）	存在
	阻塞干扰	阻塞器 1：单频干扰 阻塞频点：1 575.42 MHz 阻塞器 2：扫频干扰 中心频点：1 575.42 MHz 时间间隔：0.1 s 频率间隔：10 kMz 阻塞宽度：1 MHz 阻塞器 3：宽带干扰 中心频点：1 575.42 MHz 阻塞带宽：1 MHz 阻塞器 4：窄带干扰 中心频点：1 575.42 MHz 阻塞带宽：1 MHz

续表 12.4

时　间	参　量	内　容
2012-08-12 09:00:00—2012-08-12 10:00:00	欺骗干扰	欺骗干扰器 1 GPS PRN：1/3/5/12/16/21
	多径干扰	存在较为复杂的多径干扰，根据固定、移动反射面和卫星运动情况添加
	用户载体类型	静态载体
	用户载体运动	经度：E 116° 24′23.08″ 纬度：N 39° 54′28.87″ 高度：67 m

12.2　定位算法性能仿真

由于载体的真实运动轨迹是提前设定好的，我们可以将利用观测数据解算所得的定位和测速结果与真值比较，以得到定位和测速误差。运用不同的定位测速算法，定位和测速误差不同，通过对不同算法定位和测速误差的分析，可比较不同定位算法的优劣。本节以一个简单的仿真场景，比较最小二乘法（LS）和扩展卡尔曼滤波算法（EKF）的定位和测速性能。

12.2.1　场景设计

场景描述：简单的载体匀速运动场景。

场景参量配置，见表 12.5。

表 12.5　定位算法性能仿真场景参量配置

时　间	参　量	内　容
2012-04-30 2:00:00—2012-03-30 2:05:10 仿真步长为 1 s	坐标系统	WGS-84
	导航系统及频点	GPS-L1
	星历文件	YUMA 星历（2012-04-30）
	高度截止角	5°
	射频信号功率	−117 dBm
	星钟误差	存在
	相对论误差（相对论效应对卫星钟的影响）	存在
	星历误差	存在
	电离层模型	8 参数 Kolbuchar 模型
	对流层模型	Hopfield 模型 Chao 映射函数
	阻塞干扰	无
	欺骗干扰	无
	多径干扰	无
	用户载体类型	匀速运动
	用户载体运动	载体的初始位置为纬度 5°，经度 5°，高度 0 m，其速度在 ECEF 坐标系下为[5, 5, 5] m/s
	天线在载体上的位置	质心
	接收机参数	GPS-L1

12.2.2　仿真流程

分别用 LS 和 EKF 算法，在 12.3.1 所述的仿真场景下，完成载体的定位和测速，并对两种算法的定位和测速误差进行统计，具体流程，如图 12.3 所示。

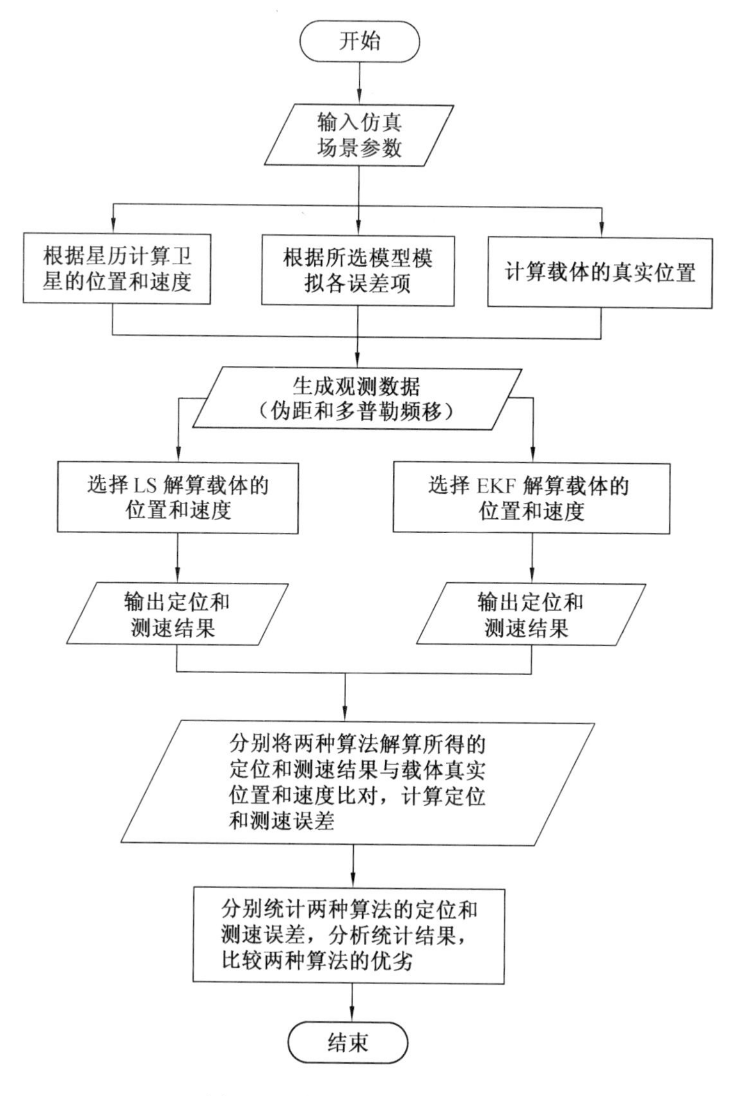

图 12.3　定位算法性能仿真流程

12.2.3　仿真结果分析

分别对 LS 算法和 EKF 算法的 ECEF 坐标系下的定位和测速误差的均值、方差和均方根误差（RMS）进行统计，结果见表 12.6，表 12.7。

表 12.6　定位误差统计　　单位：m

方向	算法	均值	方差	RMS
X	LS	−0.304 1	8.934 6	8.939 7
	EKF	−0.026 9	1.378 4	1.378 6
Y	LS	0.465 4	5.001 0	5.022 6
	EKF	−0.184 1	0.708 1	0.731 6
Z	LS	−0.010 9	3.973 4	3.973 4
	EKF	−0.091 2	0.477 8	0.486 4

表 12.7　测速误差统计　　单位：$m \cdot s^{-1}$

方向	算法	均值	方差	RMS
X	LS	−0.003 8	0.040 7	0.040 9
	EKF	0.003 8	0.012 9	0.012 4
Y	LS	0.000 6	0.025 9	0.025 9
	EKF	−0.001 2	0.008 4	0.008 4
Z	LS	−0.001 8	0.018 4	0.018 5
	EKF	−0.001 1	0.007 0	0.007 1

将两种算法的 ECEF 坐标系下 *Z* 向定位和测速误差绘制成图 12.4，直观显示两种算法的定位和测速结果。由于运用 EKF 算法有一个收敛过程，前几个历元的定位和测速结果与真值相差很大，故计算误差统计量和绘图时，舍弃前 5 个历元的数据。

分析表 12.6，结合图 12.4 可知，LS 算法的定位误差 *X* 向为小于 10 m，*Y* 向为小于 6 m，*Z* 向为小于 4 m；EKF 算法的定位误差 *X* 向为小于 1.5 m，*Y* 向为小于 0.8 m，*Z* 向为小于 0.6 m；分析表 12.7，结合图 12.5 可知，LS 算法的测速误差 *X* 向为小于 0.05 m/s，*Y* 向为小于 0.03 m/s，*Z* 向为小于 0.02 m/s；EKF 算法的测速误差 *X* 向为小于 0.015 m/s，*Y* 向为小于 0.01 m/s，*Z* 向为小于 0.01 m/s。可见，EKF 算法较 LS 算法，定位精度有很大的提升（8 倍左右），测速精度也有提升（2 倍左右）。

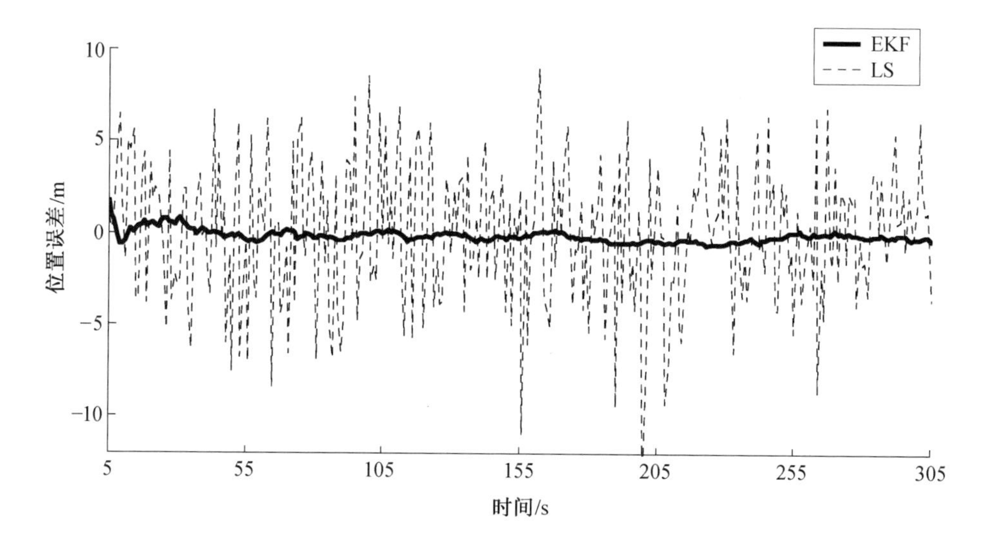

图 12.4　Z 向位置误差

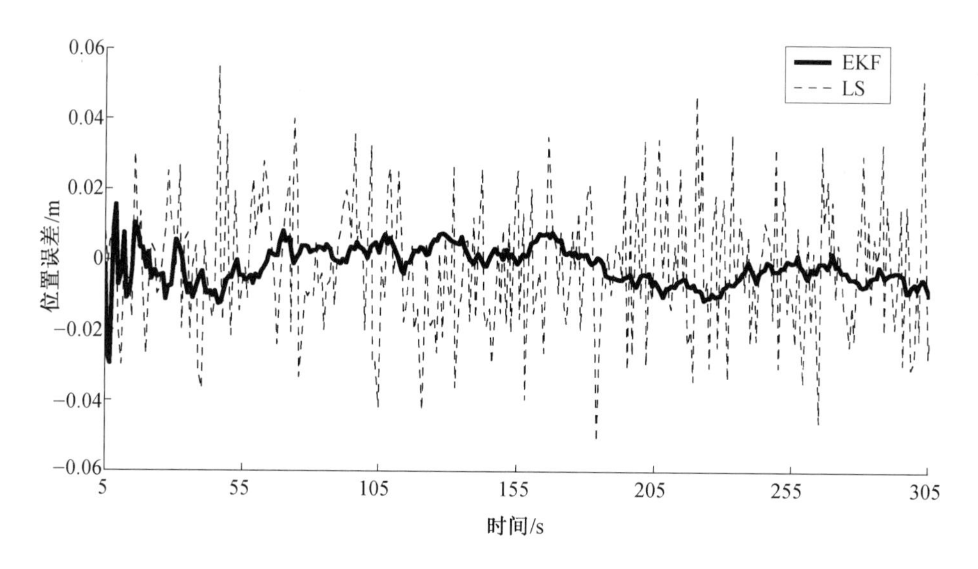

图 12.5　Z 向速度误差

根据上述实验，可以证明EKF算法的定位精度比LS的高。但是，这一算例是在载体匀速的情况下进行的，也就是载体并未发生运动状态的变化，对于运用EKF算法定位测速是有利的。此外，由于EKF算法有滤波收敛的过程，运用其在定位测速时，前几个历元的解算结果是无效的，相较之下，LS算法的定位和测速精度虽然较低，但每个计算结果都是接近真值的。当载体高度机动（运动状态变换频繁）时，由于EKF算法高度依赖上一历元的解算结果，每次载体发生机动，要解算机动后的载体位置和速度，又需要一个收敛过程（几个历元），这一过程中的定位和测速结果不准确。但是，LS算法不存在这个问题，原因是每个历元的定位测速结果只根据本历元的观测数据求得，不受前一历元的解算结果的影响。

此外，根据表12.6和表12.7的统计数据，我们可以发现，无论是EKF算法还是LS算法，*X*向的定位和测速结果较*Y*向和*Z*向差，这就印证了GPS定位和测速高程方向误差大的特点。

12.3　混合星座DOP值仿真

DOP（精度衰减因子）值是评判定位卫星定位精度的标准之一，DOP包括几何精度因子GDOP、空间位置精度因子PDOP、接收机钟差精度因子TDOP、高程精度因子VDOP和平面位置精度因子HDOP。PDOP小于3时，可见星与接收机之间的空间几何图形有利于定位。PDOP越小，定位精度越高。

随着参与定位星座增加，可见星增多，PDOP值会越来越小，意味着定位精度越来越高，我们可以运用数仿系统，完成不同星座个数下，PDOP值的计算，直观地观察PDOP值与可见星数目之间的关系。

12.3.1　场景设计

以位置P（东经114°，北纬22°）为例，设定判别可见星的仰角为5°，在数仿系统中，对P点一天内单GPS星座，GPS和Galileo双星座，GPS、Galileo和GLONASS三星座的可见星数目以及PDOP值采样，采样间隔为10 min。

场景描述：简单的载体匀速运动场景。

场景参量配置，见表12.8。

表 12.8　混合星座 DOP 值仿真场景参量配置

时　间	参　量	内　容
2012-04-30 2:00:00—2012-04-31 2:00:00 仿真步长为 10 min	坐标系统	WGS-84
	导航系统及频点	GPS-L1 Galileo-E1 GLONASS-G1
	星历文件	YUMA 星历（2012-04-30）
	高度截止角	5°
	射频信号功率	-117 dBm
	星钟误差	存在
	相对论误差（相对论效应对卫星钟的影响）	存在
	星历误差	存在
	电离层模型	8 参数 Kolbuchar 模型
	对流层模型	Hopfield 模型、Chao 映射函数
	阻塞干扰	无
	欺骗干扰	无
	多径干扰	无
	用户载体类型	静态
	用户载体运动	载体的位置为纬度 5°，经度 5°，高度 0 m（记作点 P）
	天线在载体上的位置	质心
	接收机参数	GPS-L1 Galileo-E1 GLONASS-G1

12. 3. 2　仿真流程

本仿真实例目的在于研究星座个数不同对 DOP 值的影响，根据 12.4.1 中设计的仿真场景以及仿真目的，设计如图 12.6 所示的仿真流程。

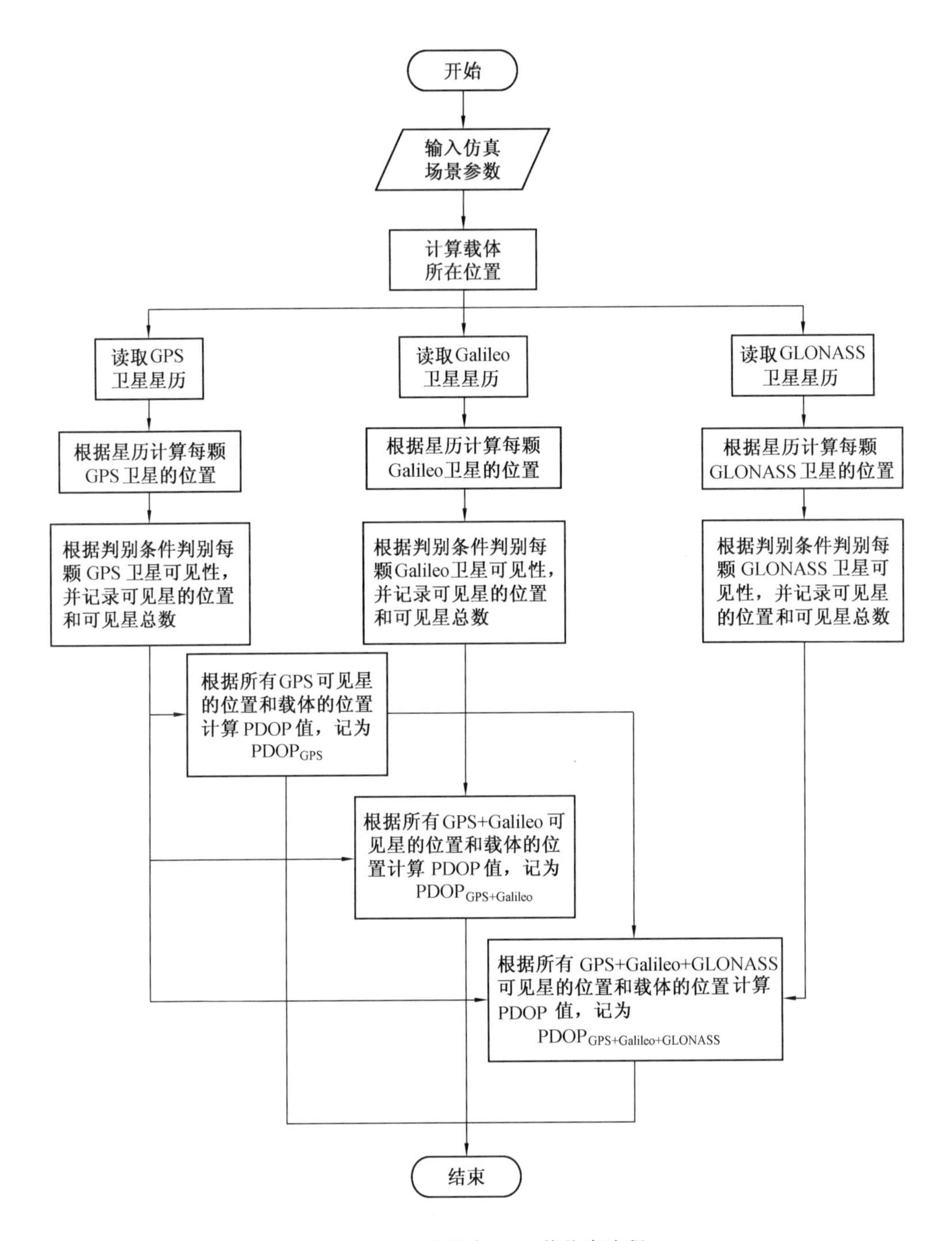

图 12.6　混合星座 DOP 值仿真流程

如图 12.6 所示，本仿真实例分别计算了单 GPS 星座，GPS 和 Galileo 双星座，GPS、Galileo 和 GLONASS 三星座下，静态载体 24 h 内的可见星个数和 PDOP 值。仿真结果见 12.4.3。

12. 3. 3　仿真结果分析

针对 12.3.3 的场景设计，仿真结果如图 12.7 和图 12.8 所示。

分析表 12.9 中的数据，结合图 12.7 和图 12.8 可知，从单星座到双星座和从双星座到三星座，可见星数目的增幅基本一致（10 颗左右），PDOP 的减小幅度发生了明显的下降（从 0.37 到 0.06）。PDOP 的减小幅度会随着可见星的不断增加而减小，当可见星达到一定数目时（大约 20 颗），再增加可见星数目，PDOP 值不会发生明显变化。由此我们可知，当可见星数目达到一定值时，再通过增加可见星数目来提高定位精度效果并不显著。

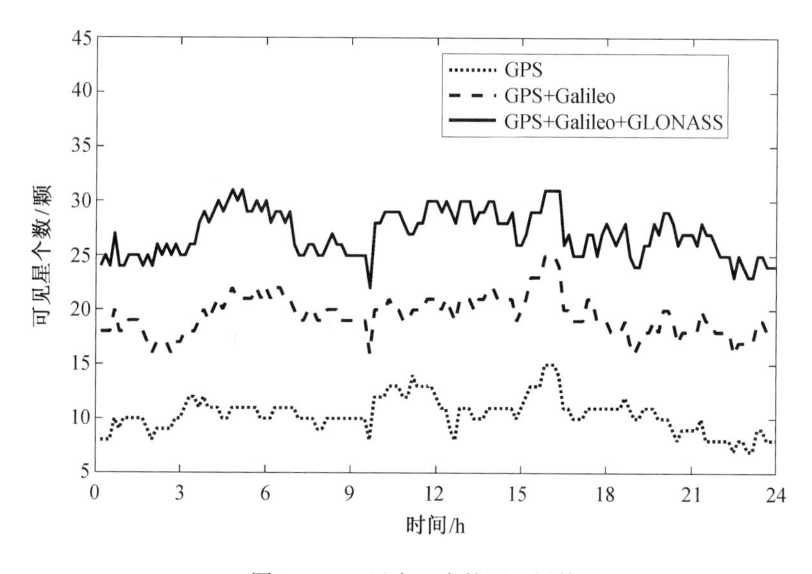

图 12.7　一天内 P 点的可见星数目

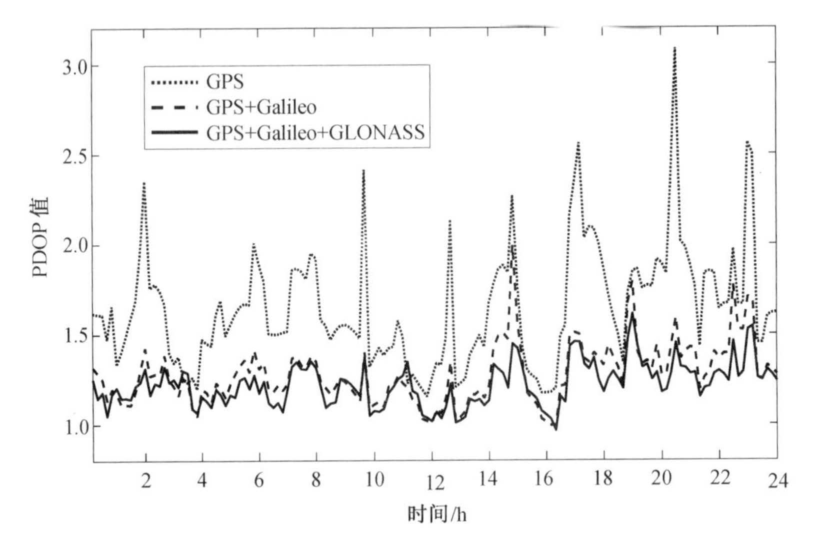

图 12.8　一天内 P 点的 PDOP 值

表 12.9　P 点一天内可见星和 PDOP 值的范围和均值

星座	可见星数目/颗		PDOP 值	
	范围	均值	范围	均值
GPS	7～12	10	3.1～1.15	1.65
GPS+Galileo	16～25	19	2～1	1.28
GPS+Galileo+GLONASS	22～31	27	1.6~1	1.22

12.4　卫星导航系统的星座覆盖性能仿真

GNSS 信号对地面的覆盖范围和空间覆盖范围是衡量该导航系统可用性的重要指标之一。因此，研究 GNSS 的地面覆盖性能和空间覆盖性能可以为 GNSS 在地面和空间的应用提供参考。GNSS 数仿系统可以作为研究各导航系统的星座覆盖性能的仿真工具。国内外专家学者对单 GPS 系统的覆盖性能已经进行了一定的研究，并通过几何推导的方法分析并仿真了地面用户和不同轨道高度用户对单颗卫星的可见性。本节根据第 9 章分析的 GNSS 卫星信号对地面用户和空间用户的覆盖性原理和相应的判别方法，利用项目团队自主开发的 GNSS 数仿系统选取 32 颗 GPS 卫星、24 颗 GLONASS 卫星、27 颗 Galileo 卫星和 12 颗 BD2 卫星分别进行了仿真，并分别比较了各星座对地面和空间的覆盖能力，为各系统的地面和空间应用任务设计提供了参考依据。

12.4.1 场景设计

登录 GNSS 数学仿真系统，新建仿真任务如图 12.9 所示。新建的仿真任务参数将存储于图 12.9 所示存储路径下的 XML 文件中。仿真任务名称、存储路径以及仿真任务描述等信息将存储于对应的数据库中。

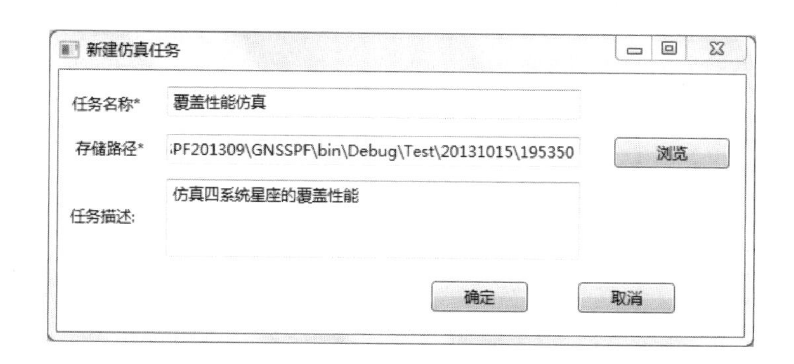

图 12.9 新建仿真任务窗口

选取 32 颗 GPS 卫星、24 颗 GLONASS 卫星、27 颗 Galileo 卫星和 12 颗 BD2 卫星（5 颗地球静止轨道卫星、3 颗倾斜地球同步轨道卫星以及 4 颗中圆地球轨道卫星）分别进行仿真。在 GNSS 数仿系统仿真任务设计中，打开星历选取窗口，选取对应的四星座星历。星历选取窗口，如图 12.10 所示。

四星座选取的星历文件参考时间均为 2006-01-01 00:00:00，设置仿真开始时间为星历参考时间，仿真持续时间为 1 d（大于一个完整的卫星运动周期），仿真步长 $\Delta T = 5$ min，具体仿真时间设置窗口，如图 12.11 所示。

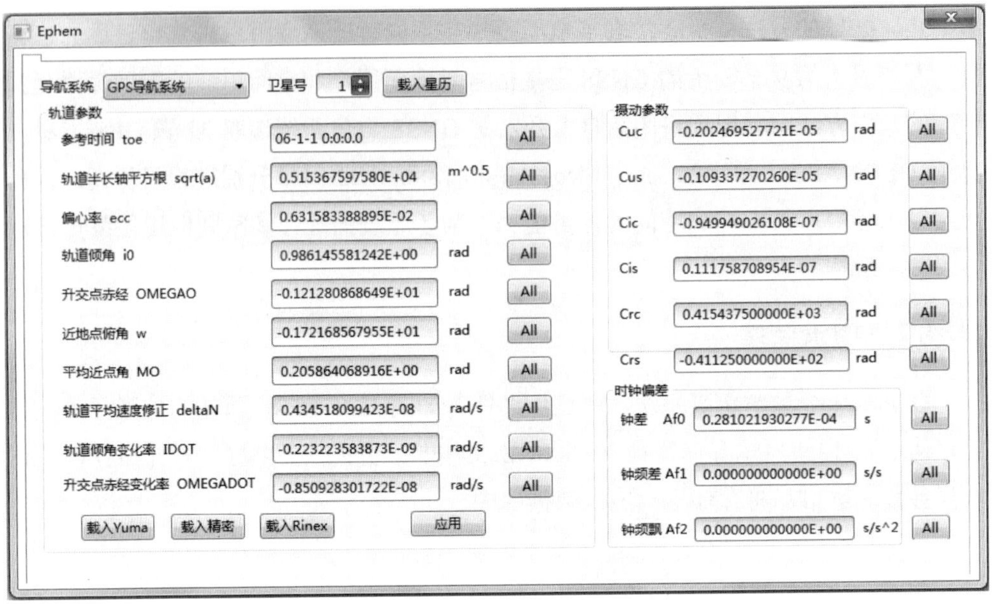

图 12.10　星历文件选取窗口

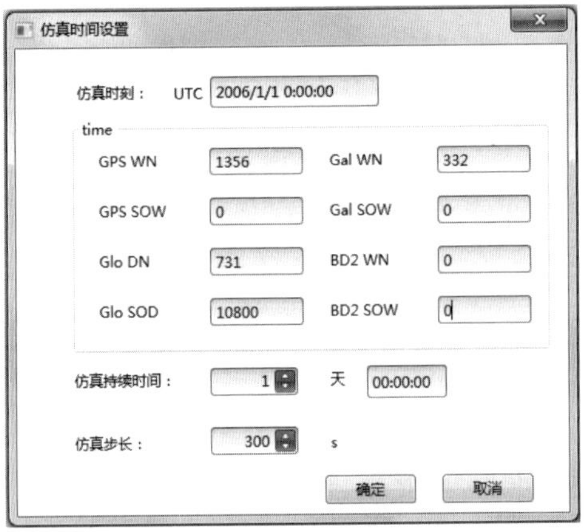

图 12.11　仿真时间设置窗口

设置高度截止角 $\sigma=5^{\circ}$。在仿真持续时间内，仿真全球范围内的地面目标对每个星座的同时可见卫星数。其中纬度取样步长 $\Delta B=2^{\circ}$，经度取样步长 $\Delta L=2^{\circ}$。

各星座的设计要求为全球地面目标和一定轨道高度的空间目标提供全天候、全天时的导航服务。GNSS 对地面和空间的覆盖范围取决于星载传感器的信号辐射角和目标的最小观测角。卫星信号辐射角度的一半为 16°～23°，考虑到四大导航系

统的 α 值均小于 14°，因此，在研究 GNSS 卫星对地面的覆盖性能时可以不考虑卫星信号辐射角的限制，只需考虑用户接收高度截止角的影响。在研究 GNSS 卫星对空间的覆盖性能时需要考虑卫星信号辐射角，因此在仿真 GNSS 对空间的覆盖性能时，选取卫星信号半辐射角 γ= 20°，其他仿真条件与地面覆盖性能仿真中设置一致。

12.4.2　仿真流程

按照场景设计方案以及第 9 章中提出的 GNSS 星座覆盖性能原理，设计仿真流程，如图 12.12 所示。

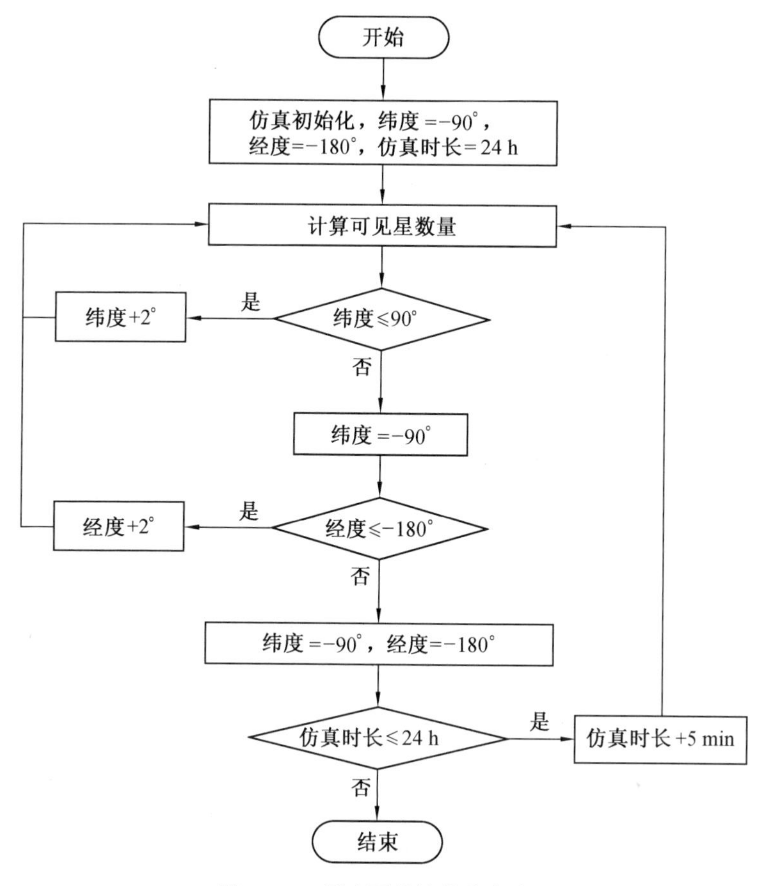

图 12.12　星座覆盖性能仿真流程

按照上述仿真流程，将全球划分为 2°×2° 的网格，在每个时间点仿真判断每个网格点用户的可见卫星数。针对每个导航系统星座统计每个网格点在全天范围内的可见卫星数，从而判断该导航系统星座的覆盖性能。其中计算可见星数量的流程图，如图 12.13 所示。

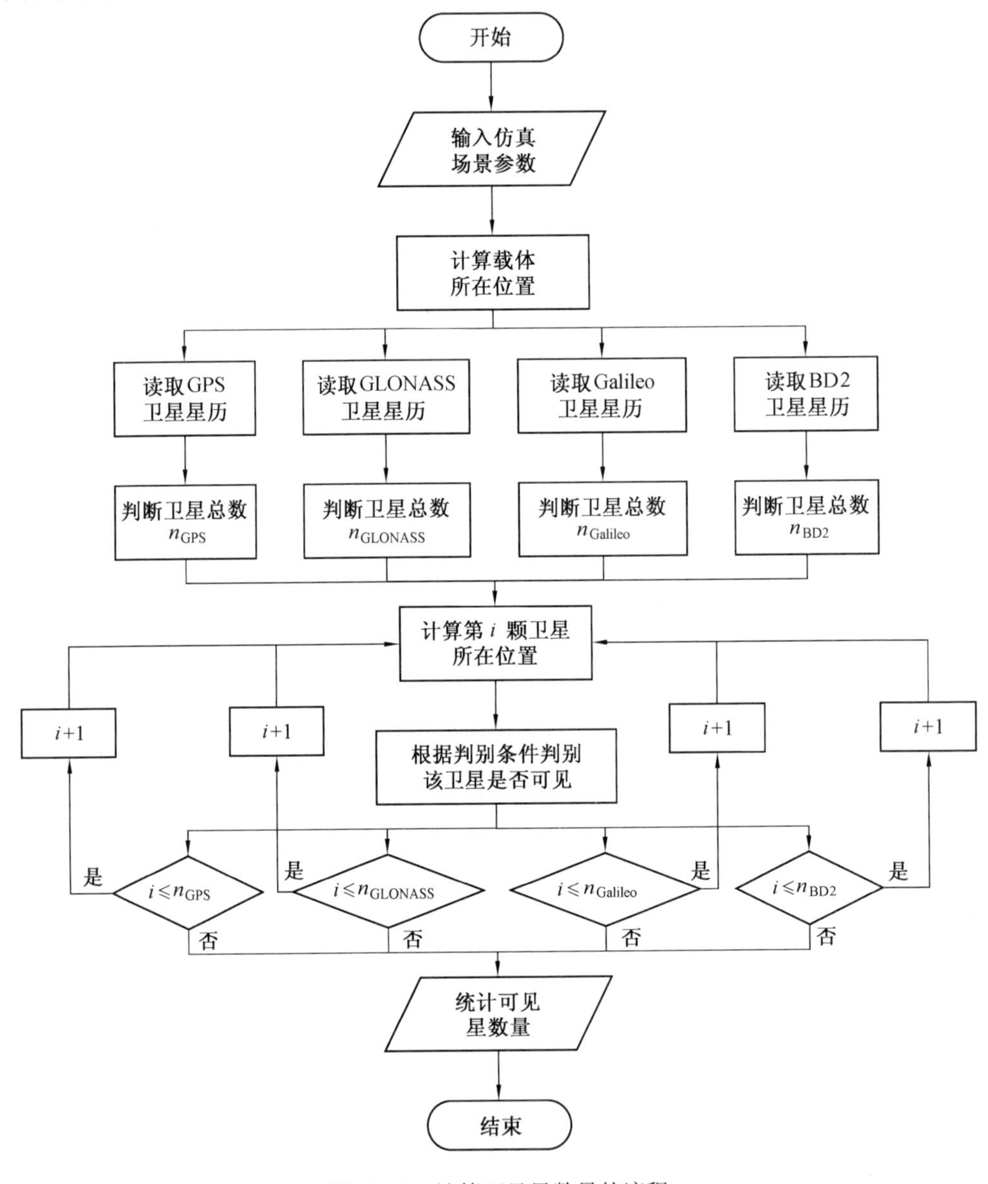

图 12.13 计算可见星数量的流程

如图 12.13 所示，根据第 9 章提出的判别条件分别计算给定用户位置对四系统卫星的可见性，从而判断四系统星座对地面和空间的覆盖性。

12.4.3　仿真结果分析

如果某地面用户可同时对至少 4 颗某 GNSS 卫星可见，则称该 GNSS 对该用户所在地区覆盖率为 100%。假设观测者分布于全球各处视野开阔之地，经统计，地面目标对各星座同时可见卫星数出现的概率，如图 12.14 所示。

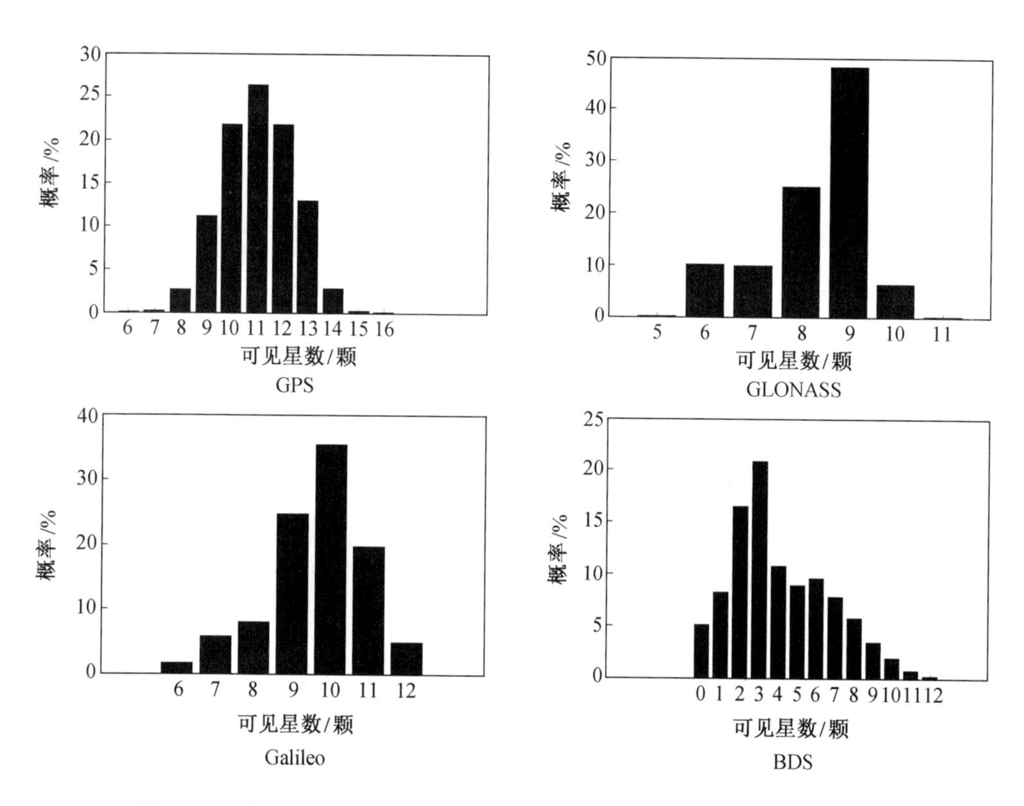

图 12.14　全球范围内的地面用户在全天分别对四系统的可见卫星数直方图

如图 12.14 所示，GPS 星座、GLONASS 星座以及 Galileo 星座对全球地面覆盖率为 100%。北斗二代导航系统目前能观测到不少于 4 颗卫星的区域占到将近 50%。图 12.15 所示为 12 颗 BD2 卫星对地面的覆盖区域。

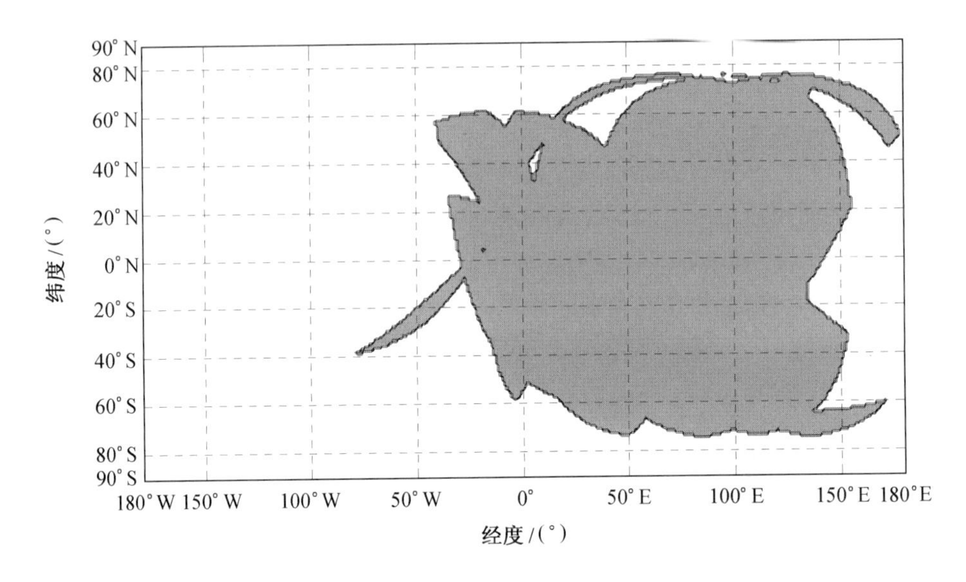

图 12.15　12 颗 BD2 卫星对地面的覆盖区域

图中阴影部分为可同时观测到 4 颗 BD2 卫星的地面区域。由图 12.15 可以看出，BD2 星座布局实现了覆盖亚太地区定位导航的能力。目前 BDS 已建成，可实现对全球地面的覆盖。

下面分别统计不同轨道高度用户对不同 GNSS 可见卫星的最大数、最小数以及平均数。

图 12.16 所示为不同轨道高度空间用户对 GPS 星座卫星的可见性。由图可知，随着空间用户轨道高度的增加，可见星数不断增加，到 2 500 km 左右，可见星数达到最大，这是由于随着轨道高度的增加，因地球遮挡的天球锥体部分减小使得用户可以以一定的负仰角接收 GPS 卫星信号，从而使可见星数不断增加。当高度超过 2 500 km 时，可见星数开始减少，这是由于 GPS 卫星天线对地形成一定的辐射角，用户以正仰角接收的卫星数不断减少，从而使可见星数不断减少。观察最小可见卫星数目可知，当轨道高度小于 3 500 km 时，用户至少可见 4 颗 GPS 卫星。因此，GPS 星座对轨道高度小于 3 500 km 的用户的覆盖率为 100%，可以实现对用户的全程定位覆盖。观察最大可见卫星数目可知，当轨道高度大于 22 000 km 时，用户最多可见的 GPS 卫星数目将小于 4 颗，因此，不能够实现对该区域用户的定位覆盖。

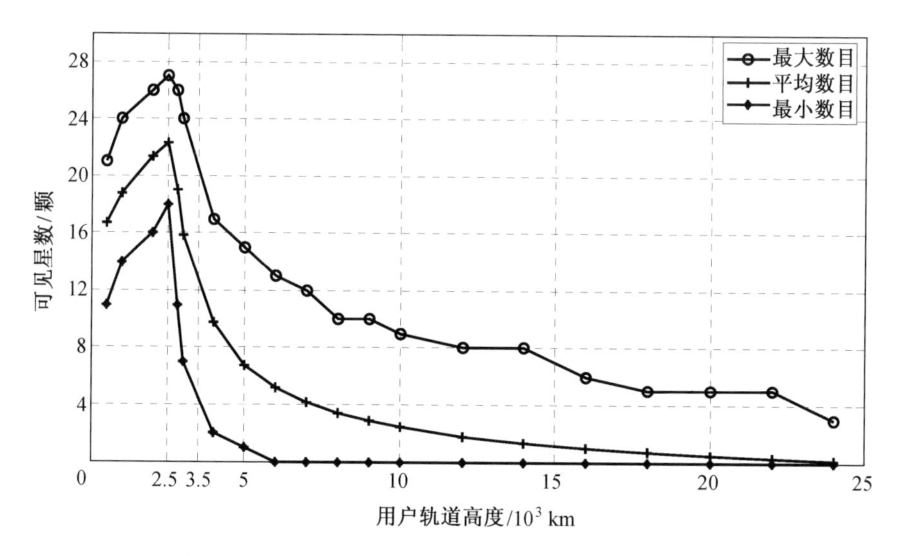

图 12.16　不同轨道高度空间用户对 GPS 的可见卫星数

图 12.17 所示为不同轨道高度空间用户对 GLONASS 星座卫星的可见性。与 GPS 星座对空间用户的覆盖性类似，到 2 500 km 左右，可见星数达到最大。当高度超过 2 500 km 时，可见星数开始减少。GLONASS 星座对轨道高度小于 3 000 km 的用户可实现全程的定位覆盖。当轨道高度大于 18 000 km 时，GLONASS 星座不能够实现对该区域用户的定位覆盖。

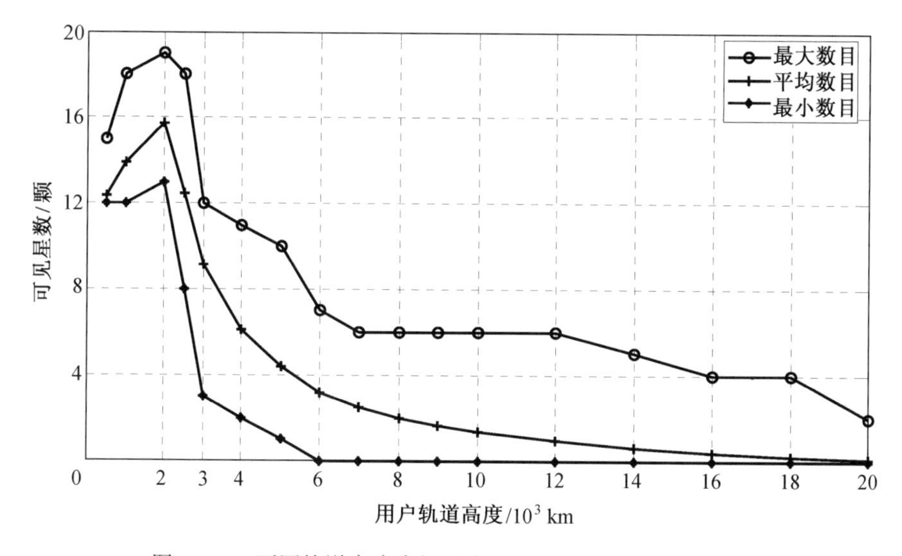

图 12.17　不同轨道高度空间用户对 GLONASS 的可见卫星数

图 12.18 所示为不同轨道高度空间用户对 Galileo 系统星座卫星的可见性。与 GPS 星座和 GLONASS 星座对空间用户的覆盖性类似，空间用户轨道高度到 3 500 km 左右，可见星数达到最大。当高度超过 3 500 km 时，可见星数开始减少。Galileo 系统星座对轨道高度小于 5 500 km 的用户可实现全程的定位覆盖。当轨道高度大于 30 000 km 时，Galileo 系统星座不能够实现对该区域用户的定位覆盖。

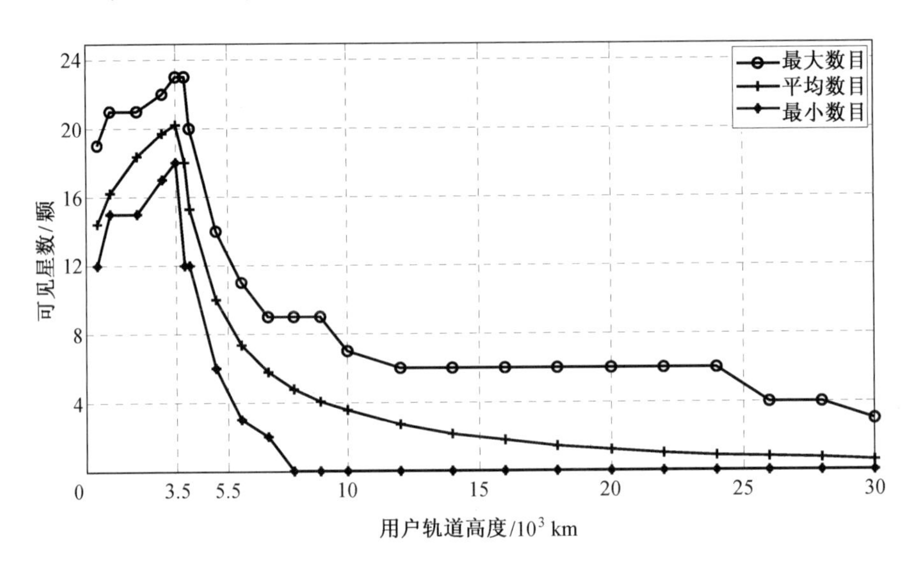

图 12.18　不同轨道高度空间用户对 Galileo 系统的可见卫星数

图 12.19 所示为不同轨道高度空间用户对 BD2 星座卫星的可见性。本书只仿真了 12 颗北斗二代导航卫星对空间用户的覆盖性。根据以上仿真结果可知，当用户轨道高度达到 36 000 km 时，仍然有观测到 4 颗 BD2 卫星的区域，说明 BD2 对地球同步卫星轨道高度范围内的用户有一定的覆盖能力，这一点性能是优于其他三系统的。这是由于 12 颗北斗二代导航卫星中包含了 5 颗地球静止轨道卫星和 3 颗倾斜地球同步轨道卫星。当空间用户轨道高度小于 10 000 km 时，对 BD2 星座的可见星的平均值大于 4 颗，说明 BD2 对该范围的覆盖率达到至少 50%。

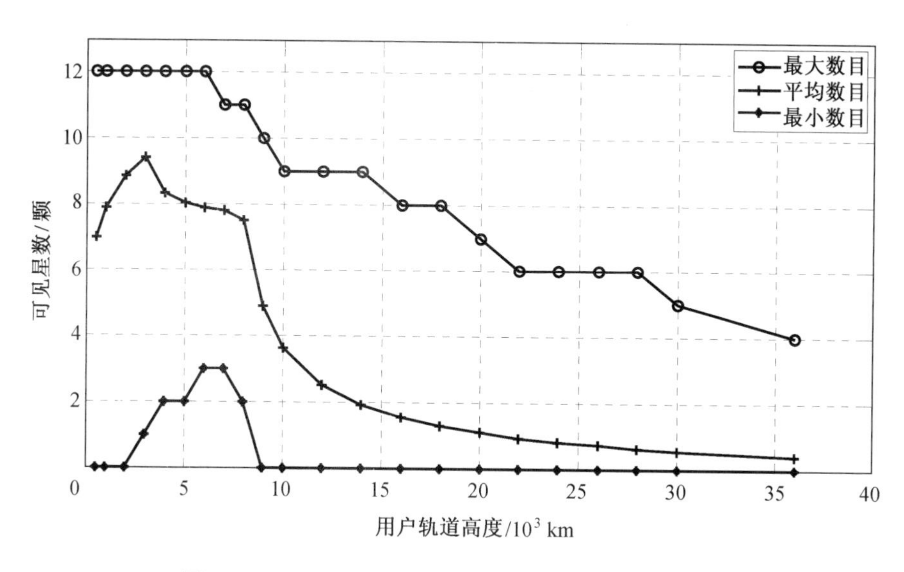

图 12.19　不同轨道高度空间用户对 BD2 的可见卫星数

比较四系统对空间不同轨道高度用户的覆盖率具体统计见表 12.10。

表 12.10　四系统对空间不同轨道高度用户的覆盖率

轨道高度（H_u）/km	GPS	GLONASS	Galileo	BD2
1 000	100.00%	100.00%	100.00%	93.44%
2 000	100.00%	100.00%	100.00%	97.52%
3 000	100.00%	99.98%	100.00%	99.19%
4 000	99.93%	91.36%	100.00%	98.99%
5 000	95.19%	73.91%	100.00%	99.24%
6 000	83.49%	41.10%	95.88%	99.31%
7 000	64.09%	21.83%	92.99%	99.45%
8 000	46.05%	12.36%	83.54%	99.50%
9 000	31.00%	6.59%	66.46%	77.71%
10 000	21.21%	4.53%	51.50%	52.55%
15 000	2.15%	0.03%	7.79%	11.43%
20 000	0.31%	0.00%	5.19%	4.85%
36 000	0.00%	0.00%	0.00%	0.10%

本节利用GNSS数仿系统对GNSS各星座卫星对地面的覆盖性能和不同轨道高度的空间覆盖性能进行仿真分析。32颗GPS卫星星座、24颗GLONASS卫星星座以及27颗Galileo卫星星座对地面用户的覆盖率为100%。12颗北斗二代导航卫星星座对地面的覆盖率达到近50%，对亚太地区的覆盖率基本达到100%。GNSS各星座卫星对空间的覆盖性能不同于对地面的覆盖性能，随着用户轨道高度的不同，覆盖性能有所区别。GPS卫星星座对轨道高度小于3 500 km的空间用户的覆盖率为100%，随着轨道高度的增加，GPS卫星星座对小于22 000 km轨道高度的空间用户有一定的覆盖，当轨道高度大于22 000 km时，GPS卫星星座不能对该范围用户实现覆盖。GLONASS卫星星座对轨道高度小于3 000 km的空间用户的覆盖率为100%，随着轨道高度的增加，GLONASS卫星星座对小于18 000 km轨道高度的空间用户有一定的覆盖，当轨道高度大于18 000 km时，GLONASS卫星星座不能对该范围用户实现覆盖。Galileo卫星星座对轨道高度小于5 500 km的空间用户的覆盖率为100%，随着轨道高度的增加，Galileo卫星星座对小于30 000 km轨道高度的空间用户有一定的覆盖，当轨道高度大于30 000 km时，Galileo卫星星座不能对该范围用户实现覆盖。12颗BD2卫星星座对轨道高度小于10 000 km的空间用户的覆盖率为50%，对于36 000 km轨道高度的用户仍有一定的覆盖。这些覆盖性能都是由各星座的设计特点决定的，在实际应用中，可针对不同的应用任务选取不同的GNSS星座或选取多星座共用，以保证最大同时可见星数。

12.5 多星座GNSS可用性和连续性仿真

可用性和连续性是卫星导航系统服务性能的两个重要指标，本节通过分析PDOP的可用性和连续性对GNSS定位性能进行定量分析，通过对RAIM可用性和连续性定量分析接收机自主完好性的性能。RAIM可用性和连续性分析的基础是保护级别的计算，然后判断保护级别与指标要求的关系确定RAIM的可用性和连续性。因此，在进行RAIM可用性和连续性仿真分析前，首先介绍保护级别的算法，并对指标要求进行介绍，最终通过计算，分析RAIM的可用性和连续性。

12.5.1　PDOP 可用性和连续性仿真分析

导航系统的可用性是系统服务可以使用的时间的百分率，标志着系统在某一指定区域内提供可以使用的导航服务的能力。GNSS 的可用性是指卫星提供的空间信号服务可以被导航接收机应用的时间百分比。对于导航系统精度，在用户测距误差给定的情况下，PDOP 值越大，表明评估位置的偏差越大，定位精度越低。因此对应不同的定位精度要求，用户需要设置不同的 PDOP 阈值。根据《北斗卫星导航系统公开服务性能规范》，PDOP 阈值取为 6。PDOP 可用性即计算仿真时间内，PDOP 值低于用户指定阈值的时间百分比。

假设在第 k 个地区，测试时间段为 $[t_1, t_2]$，仿真步长记为 T，则第 k 个地区在测试时间段内 PDOP 可用性可表示为

$$\text{Ava\_PDOP}_k = \frac{\sum\limits_{t=t_1, t_{\text{step}}=T}^{t_2} \text{bool}(\text{PDOP}_{k,t} \leqslant 6)}{\sum\limits_{t=t_1, t_{\text{step}}=T}^{t_2} 1} \tag{12.1}$$

连续性的定义是指健康的空间信号能够继续健康地工作，在规定的时间区间内不出现异常的中断。PDOP 连续性是指仿真时间段内 PDOP 值持续低于用户指定阈值的时间百分比，是 PDOP 可用性计算的扩展，PDOP 连续性要在瞬时 PDOP 可用性的基础上进行计算。

对于仿真时间段内，指定时间段长 t_{op}，若在 t_{op} 内，起始时刻 PDOP 可用的情况下，所有仿真步长的 PDOP 值均满足可用性条件，则为一连续的 PDOP 可用时段。假设在第 k 个地区，测试时间段为 $[t_1, t_2]$，仿真步长记为 T，则在指定时间段长 t_{op} 的情况下，第 k 个地区在测试时间段内 PDOP 连续性可表示为

$$\text{Con\_PDOP}_k = \frac{\sum\limits_{t=t_1, t_{\text{step}}=T}^{t_2-t_{op}} \left\{ \prod\limits_{t_s=t, t_{\text{step}}=T}^{t+t_{op}} \text{bool}(\text{PDOP}_{k,t_s} \leqslant 6) \right\}}{\sum\limits_{t=t_1, t_{\text{step}}=T}^{t_2-t_{op}} \text{bool}(\text{PDOP}_{k,t} \leqslant 6)} \tag{12.2}$$

其中，一般取 t_{op}=1 h。

PDOP 可用性和连续性受到高度截止角的影响，下面通过仿真分析不同高度截止角对应的 PDOP 可用性和连续性，见表 12.11，见表 12.12。

表 12.11　不同高度截止角的 PDOP 平均可用性统计

高度截止角	BDS	GPS+BDS	GPS+BDS+GLONASS	GPS+BDS+GLONASS+Galileo 系统
0°	100%	100%	100%	100%
5°	100%	100%	100%	100%
10°	99.99%	99.99%	100%	100%
15°	98.88%	99.91%	100%	100%
20°	93.98%	98.70%	99.99%	100%
25°	82.29%	92.67%	99.90%	100%
30°	60.50%	77.23%	99.21%	100%
35°	50.69%	65.52%	98.37%	100%
40°	41.72%	56.89%	93.54%	99.99%

表 12.12　不同高度截止角的 PDOP 平均连续性统计

高度截止角	BDS	GPS+BDS	GPS+BDS+GLONASS	GPS+BDS+GLONASS+Galileo 系统
0°	1.000 0 h	1.000 0 h	1.000 0 h	1.000 0 h
5°	1.000 0 h	1.000 0 h	1.000 0 h	1.000 0 h
10°	0.999 9 h	0.999 9 h	1.000 0 h	1.000 0 h
15°	0.947 0 h	0.993 6 h	1.000 0 h	1.000 0 h
20°	0.778 5 h	0.938 9 h	0.999 3 h	1.000 0 h
25°	0.487 3 h	0.716 0 h	0.993 2 h	1.000 0 h
30°	0.222 1 h	0.446 6 h	0.954 5 h	1.000 0 h
35°	0.159 8 h	0.258 1 h	0.845 9 h	0.999 8 h
40°	0.099 8 h	0.127 9 h	0.625 1 h	0.991 4 h

由表 12.11 和表 12.12 可以得出以下结论：

（1）随着高度截止角的增大，各方案 PDOP 的平均可用性和平均连续性均随之降低。

（2）现行的 GPS 与 BDS 组合，当高度截止角由 20° 增加到 25° 时，PDOP 可用性迅速降低到 90%以下，而 PDOP 连续性则在高度截止角由 15° 增加到 20° 时即降低到 0.9 h 以下。

（3）现行的 GPS、BDS 和 GLONASS 三系统组合可以很好地提高 PDOP 可用性和 PDOP 连续性，当高度截止角达到 40° 时，PDOP 可用性仍然能达到 90%以上，而 PDOP 连续性则在高度截止角为 35° 时已经低于 0.9 h。

（4）BDS 可在高度截止角达到 20° 时，PDOP 可用性仍然大于 90%，而此时，PDOP 连续性却迅速降低到 0.778 5 h，PDOP 连续性迅速变差。

（5）全球四大导航系统的组合大大提高了 PDOP 可用性和连续性，当高度截止角达到 40° 时，仍然能提供 99%以及 0.99 h 以上的可用性和连续性。

（6）综合分析可以发现，PDOP 连续性的要求比 PDOP 可用性的要求更高，其对高度截止角的变化更为敏感，满足 PDOP 连续性的区域一定满足 PDOP 可用性，而满足 PDOP 可用性的区域未必满足 PDOP 连续性的要求。

12.5.2　保护级别

1. 最小可检测偏差

上节中介绍了多星座故障检测和故障识别的方法，在进行 RAIM 故障检测时，还必须考虑卫星几何分布的影响。有时卫星几何条件不佳时，某颗较差的卫星尽管产生较大的定位误差，但 $\hat{\sigma}$ 却很小，导致漏检。所以在故障检测之前，首先要判定卫星几何条件是否满足故障检测的需要，即判断 RAIM 的可用性，这就需要求取保护级别，保护级别分为水平保护级别和垂直保护级别。首先求取最小可检测偏差，最小可检测偏差定义为能够被检测到的概率至少 99.9%的最小卫星偏差，对于这一要求，最小可检测偏差定义为最小的卫星可见偏差，至少 99.9%的概率检测。

最小可检测偏差需要利用检测门限和漏检概率共同确定。漏检概率是当有故障发生的情况下却没有被检测到的概率。根据 9.2.1 节假设，漏检概率可表示为：

$$P_{md} = P\left(\frac{\text{SSE}}{\sigma_0^2} < T_D^2 \mid H_1\right) \tag{12.3}$$

有故障发生情况下，当 $n > m+4$ 时，用具有 $n-m-3$ 个自由度的非中心卡方分布对检验统计量建模，各测量残差的平方之和具有非中心卡方分布。当 $n = m+4$ 时，非中心卡方分布退化为正态分布。其概率密度函数可表示为

$$g(x) = \begin{cases} \dfrac{1}{\sqrt{2\pi}} \mathrm{e}^{\frac{-(x-\lambda)^2}{2}}, & n = m+4, x \in \mathbf{R} \\ \dfrac{\mathrm{e}^{\frac{-(x+\lambda)^2}{2}}}{2^{\frac{k}{2}}} \displaystyle\sum_{i=0}^{\infty} \frac{\lambda^i x^{\left(\frac{k}{2}\right)+i-1}}{\Gamma\left(\left(\frac{k}{2}\right)+i\right) \cdot 2^{2i} \cdot i!}, & n > m+4, x > 0 \\ 0, & n > m+4, x \leqslant 0 \end{cases} \tag{12.4}$$

式中，n 为可见星数；$k = n-m-3$ 为自由度；λ 为非中心参量；Γ为 Gamma 函数。结合式（12.3）、式（12.4），漏检概率可表示为

$$P_{md} = \int_0^{T_D^2} g(x)\mathrm{d}x \tag{12.5}$$

对于漏检概率来说，从 0 到根据虚警概率确定的检测门限进行积分就确定了λ。

假设第 i 颗卫星发生故障，其伪距偏差为 b_i，忽略正常误差影响，其非中心化参数可表达为

$$\lambda = \frac{E(\text{SSE})}{\sigma_0^2} = \frac{E(\varepsilon^{\mathrm{T}} W Q_V W \varepsilon)}{\sigma_0^2} = \frac{Q_{V_{ii}} W_{ii}^2 b_i^2}{\sigma_0^2} \tag{12.6}$$

式中，Q_V 如式（9.32）所示。

令 $A^* = (H^{\mathrm{T}} W H)^{-1} H^{\mathrm{T}}$，式（12.6）分子分母同乘 $A_{1i}^{*2} + A_{2i}^{*2}$，则

$$\lambda = \frac{(A_{1i}^{*2} + A_{2i}^{*2}) W_{ii}^2 b_i^2}{\sigma_0^2 \left(\dfrac{A_{1i}^{*2} + A_{2i}^{*2}}{Q_{V_{ii}}}\right)} \tag{12.7}$$

令 $(A^{*2}_{1i}+A^{*2}_{2i})W_{ii}^2 b_i^2 = RPE_i^2$，$RPE_i$ 表示由偏差 b_i 产生的水平定位误差。同理可以证明有如下关系式成立：

$$\frac{A^{*2}_{1i}+A^{*2}_{2i}}{Q_{V_{ii}}} = \mathrm{HDOP}_i^2 - \mathrm{HDOP}^2 \tag{12.8}$$

式中，HDOP 表示所有观测卫星的水平定位精度因子，HDOP_i 表示去掉第 i 颗卫星后的水平定位精度因子。令 $\delta\mathrm{HDOP}_i = \sqrt{\mathrm{HDOP}_i^2 - \mathrm{HDOP}^2}$，称 $\delta\mathrm{HDOP}_i$ 为平面精度因子变化。如果 $\delta\mathrm{HDOP}_i$ 越大，其对应的卫星出现故障时越难检测。所以有

$$\lambda = \frac{\mathrm{RPE}_i^2}{\sigma_0^2 \delta\mathrm{HDOP}_i^2} \tag{12.9}$$

因此，由偏差 b_i 引起的基于所选虚警概率和漏检概率的最小可检测偏差可以表示为

$$\mathrm{pbias} = \sqrt{\lambda} \tag{12.10}$$

以 4 自由度为例，虚警概率和漏检概率之间关系，如图 12.20 所示。

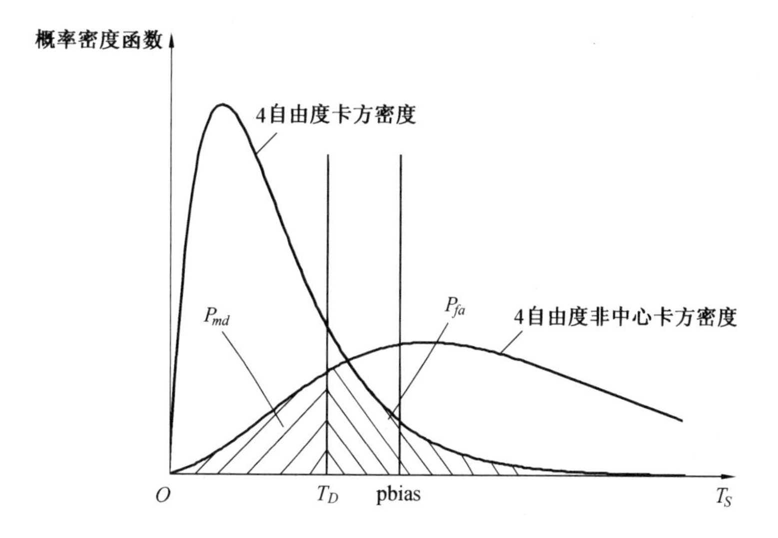

图 12.20　虚警概率与漏检概率之间的关系

在漏检概率已知的条件下，通过式（12.4）～（12.10）结合可见卫星数利用数值积分的方法可以求取不同可见卫星数（即不同自由度）对应的最小可检测偏差，如图 12.21 所示。

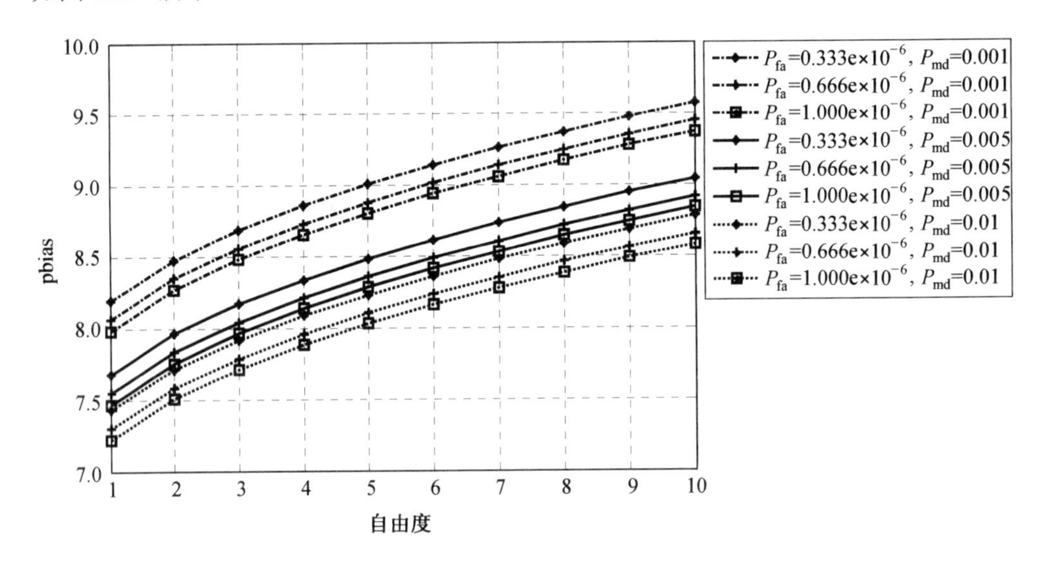

图 12.21　最小可检测偏差

最小可检测偏差与自由度成正比；虚警概率相同的情况下，最小可检测偏差随着漏检概率的增大而减小；漏检概率相同的情况下，最小可检测偏差随着虚警概率的增大而减小。由图 12.21 可知，最小可检测偏差 pbias 与检测门限 T_D类似，在给定虚警概率和漏检概率的情况下是完全确定的，但取决于可见卫星数。

2. 保护级别 PL

保护级别分为水平保护级别和垂直保护级别，水平保护级别的一种表达方式可由式（12.11）确定：

$$\mathrm{HPL} = \mathrm{HSLOPE}_{\max} \times \mathrm{pbias} \tag{12.11}$$

其中，HSLOPE 是水平位置误差与检验统计量之间关系的线性无噪声模型，表征特征斜率。$\mathrm{HSLOPE}_{\max}$表示 n 颗可见卫星中最大的特征斜率值。

$$\mathrm{HSLOPE}(i) = \frac{\sqrt{{A_{1i}}^2 + {A_{2i}}^2}\sigma_i}{\sqrt{S_{ii}}}, \quad i = 1,2,\cdots,n \tag{12.12}$$

式中，A 和 S 分别由式（9.18）和式（9.22）确定，σ_i 为第 i 颗可见星的用户距离测量误差。对于给定的位置误差，斜率最大的卫星具有最小检验统计量，它将是最难检测的。因此，在所要保护的位置误差与在斜率最大的卫星中实际发生偏差时能观测到的奇偶矢量的幅值之间有很小的耦合性。

在相同漏检率和卫星几何条件的情况下，虚警率越低，最小可检测偏差和非中心化参数越大，相应的 HPL 值也越大，势必降低 RAIM 故障检测的可用性；在相同虚警率和卫星几何条件的情况下，当漏警率越低，非中心化参数越大，相应的 HPL 值也越大，也将降低 RAIM 故障检测的可用性；在 RAIM 故障检测的可用性一定的情况下，漏警率与虚警率是相矛盾的，无法同时满足低漏警率和低虚警率。

相应的垂直方向的保护级别可由下式确定：

$$\text{VPL} = \text{VSLOPE}_{\max} \times \text{pbias} \tag{12.13}$$

式中，VSLOPE 是垂直位置误差与检验统计量之间关系的线性无噪声模型，表征特征斜率；$\text{VSLOPE}_{\max}$ 表示 n 颗可见卫星中最大的特征斜率值。

$$\text{VSLOPE}(i) = \frac{\sqrt{{A_{3i}}^2}\sigma_i}{\sqrt{S_{ii}}}, \quad i = 1,2,\cdots,n \tag{12.14}$$

将所求的保护级别与保护限值进行比较，如果保护级别小于保护限制，则判断相应方向的 RAIM 可用。

关于保护限制的指标要求，ICAO（国际民航组织）在 2011 年修订的 SARPS（Standards and Recommended Practices）文档中定义了不同航空飞行阶段对 GNSS 的服务性能的指标要求。除了 ICAO 针对民航用户提出的性能需求外，还有一类服务标准，即具备垂向引导的定位性能标准（LPV 标准），主要包含 LPV-250 及 LPV-200。其中 LPV-200 性能标准与 ICAO 提出的 APVⅡ类似，LPV-250 标准与 APVⅠ相似，几种导航性能标准指标见表 12.13。

表 12.13 列出了与本章内容关系比较紧密的几种性能指标，分别是 LPV-250、LPV-200 和一类精密进近，它们的性能是从左向右依次增高，它们的主要区别在垂直告警门限上，分别是 50 m、35 m 和 10 m，即在越来越小的告警门限需求下实现相同的完好性风险、连续性风险和可用性指标。LPV-250 性能满足引导飞机下降至 250 英尺，LPV-200 和 CATⅠ性能满足引导飞机下降至 200 ft，如图 12.22 所示。

表 12.13 几种导航性能标准指标

	LPV-250	LPV-200	CAT Ⅰ
水平精度/m	16	16	16
垂直精度/m	20	4	4
告警时间/s	6	6	6
水平告警门限/m	40	40	40
垂直告警门限/m	50	35	10
完好性风险	2×10^{-7}/进近	2×10^{-7}/进近	2×10^{-7}/进近
连续性风险	8×10^{-6}/15 s	8×10^{-6}/15 s	8×10^{-6}/15 s
可用性/%	99	99	99

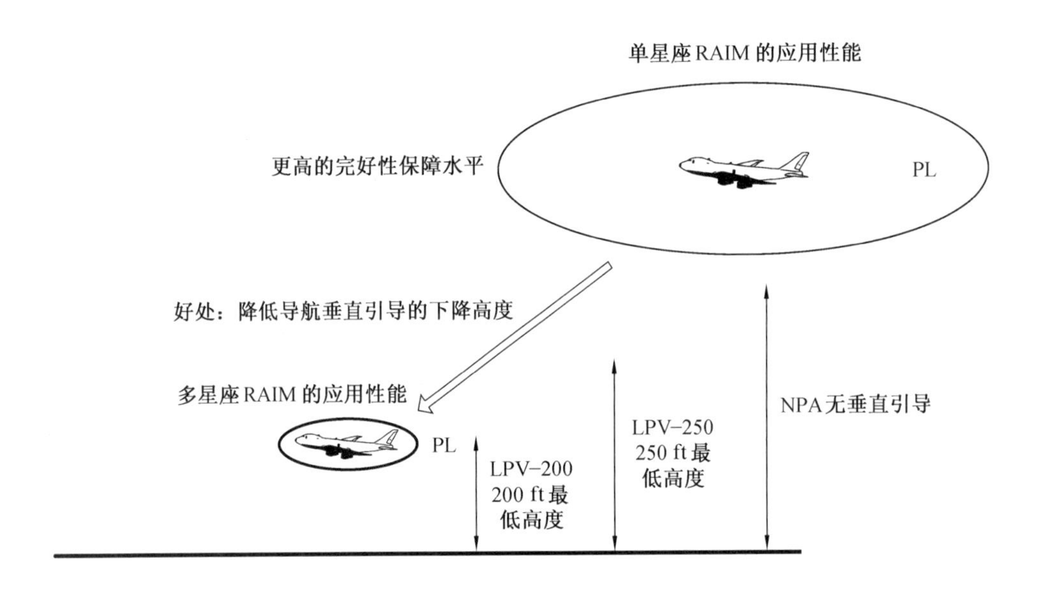

图 12.22 多星座 RAIM 方法的应用目标示意图

多星座 RAIM 的应用性能相对单星座 RAIM 的应用性能会有所提升，也就是多星座 RAIM 相对单星座 RAIM 降低了导航垂直引导的下降高度。

12.5.3　多星座 RAIM 可用性分析

RAIM 的可用性是将 PL 与针对预期工作的最大告警限相比较来确定的，与 HPL 相对应的是水平告警限值（Horizontal Alert Limit，HAL），与 VPL 相对应的是垂直告警限值（Vertical Alert Limit，VAL）。告警限值参照，见表 12.13，NPA 阶段的水平告警限制根据 ICAO 规定取 556 m。RAIM 可用性可描述为在仿真时间内，PL 值低于 AL 值的时间百分比。

假设在第 k 个地区，测试时间段为$[t_1, t_2]$，仿真步长记为 T，则第 k 个地区在测试时间段内 RAIM 可用性可表示为

$$\mathrm{Ava\_RAIM}_k = \frac{\sum\limits_{t=t_1, t_{\mathrm{step}}=T}^{t_2} \mathrm{bool}(\mathrm{PL}_{k,t} \leqslant \mathrm{AL})}{\sum\limits_{t=t_1, t_{\mathrm{step}}=T}^{t_2} 1} \tag{12.15}$$

式中，bool 表示布尔运算。

RAIM 可用性的具体计算流程，如图 12.23 所示。

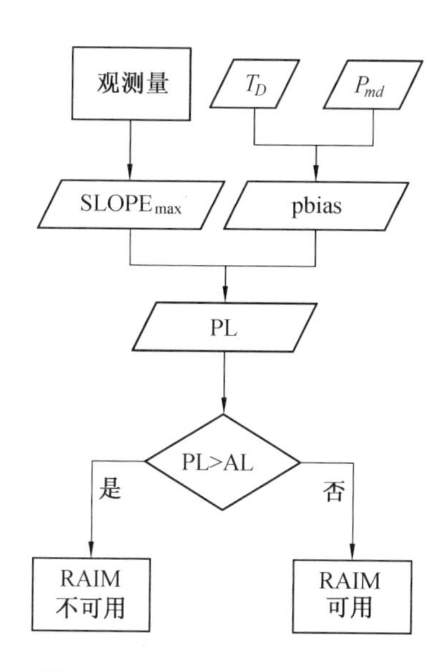

图 12.23　RAIM 可用性计算流程

根据式（12.15）和图 12.23 进行统计分析，24 h 仿真时间内，BDS 和 GPS/BDS 在全球范围内水平方向 RAIM 分别满足 NPA、LPV−250、LPV−200 以及 CAT Ⅰ 的可用性。

统计结果表明，24 h 仿真时间内，BDS 在全球范围内水平方向 RAIM 满足 NPA 的平均可用性达到 99.97%，满足 LPV−250、LPV−200 以及 CAT Ⅰ 水平方向的平均可用性达到 98.32%。GPS、BDS 组合在全球范围内水平方向 RAIM 满足 NPA 的平均可用性达到 100%，满足 LPV−250、LPV−200 以及 CAT Ⅰ 水平方向的平均可用性达到 99.94%。

BDS 和 GPS/BDS 在全球范围内垂直方向 RAIM 分别满足 LPV−250、LPV−200 以及 CAT Ⅰ 的可用性。

统计结果表明，BDS 在全球服务范围 24 h 内垂直方向 RAIM 满足 LPV−250、LPV−200 以及 CAT Ⅰ 的平均可用性分别为 44.91%、23.89%、0%。GPS、BDS 组合在全球服务范围 24 h 内垂直方向 RAIM 满足 LPV−250、LPV−200 以及 CAT Ⅰ 的平均可用性分别为 70.28%、49.55%、0.40%。

由于 GPS、BDS 组合已经能够完全满足 NPA、LPV−250、LPV−200 以及 CAT Ⅰ 水平方向的 RAIM 可用性要求，因此，针对 GPS、BDS、GLONASS 组合以及 GPS、BDS、GLONASS、Galileo 组合，只研究垂直方向 RAIM 分别满足 LPV−250、LPV−200 以及 CAT Ⅰ 的可用性。

GPS、BDS、GLONASS 组合以及 GPS、BDS、GLONASS、Galileo 组合在全球范围内垂直方向 RAIM 分别满足 LPV−250、LPV−200 以及 CAT Ⅰ 的可用性。

统计结果表明，GPS、BDS、GLONASS 三系统组合在全球服务范围 24 h 内垂直方向 RAIM 满足 LPV−250、LPV−200 以及 CAT Ⅰ 的平均可用性分别为 99.93%、98.37%、13.84%。GPS、BDS、GLONASS、Galileo 四系统组合在全球服务范围 24 h 内垂直方向 RAIM 满足 LPV−250、LPV−200 以及 CAT Ⅰ 的平均可用性分别为 100%、100%、66.37%。

其中，三系统组合垂直方向 RAIM 满足 LPV−250、LPV−200 的可用性相对双系统组合有大幅提升，而且 LPV−250 的可用性已经达到可用性指标要求。四系统组合垂直方向 RAIM 满足 LPV−250、LPV−200 的可用性均达到可用性指标要求，引导高度由三系统组合的 LPV−250 降低到 LPV−200。

12.5.4　多星座 RAIM 连续性分析

RAIM 连续性是指仿真时间段内 PL 值持续低于 AL 值的时间百分比，是 RAIM 可用性计算的扩展，RAIM 连续性要在瞬时 RAIM 可用性的基础上进行计算。

对于仿真时间段内，指定时间段长 t_{op}，若在 t_{op} 内，起始时刻 RAIM 可用的情况下，所有仿真步长的 PL 值均满足可用性条件，则为一连续的 RAIM 可用时段。假设在第 k 个地区，测试时间段为$[t_1, t_2]$，仿真步长记为 T，则在指定时间段长 t_{op} 的情况下，第 k 个地区在测试时间段内 RAIM 连续性可表示为

$$\mathrm{Con\_RAIM}_k = \frac{\sum\limits_{t=t_1, t_{\mathrm{step}}=T}^{t_2-t_{op}} \left\{ \prod\limits_{t_s=t, t_{\mathrm{step}}=T}^{t+t_{op}} \mathrm{bool}(\mathrm{PL}_{k,t_s} \leqslant \mathrm{AL}) \right\}}{\sum\limits_{t=t_1, t_{\mathrm{step}}=T}^{t_2-t_{op}} \mathrm{bool}(\mathrm{PL}_{k,t} \leqslant \mathrm{AL})} \tag{12.16}$$

式中，一般取 t_{op}=1 h。

RAIM 连续性的具体计算流程，如图 12.24 所示。

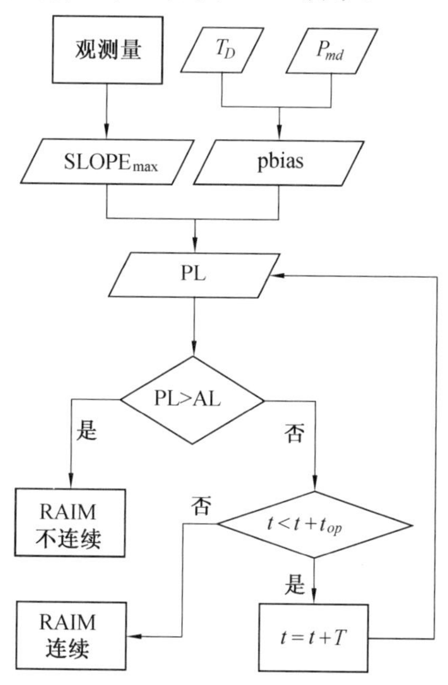

图 12.24　RAIM 连续性计算流程

根据式（12.16）和图 12.24，进行统计分析，24 h 仿真时间内，BDS 单系统和 GPS、BDS 双系统组合在全球范围内水平方向 RAIM 分别满足 NPA、LPV-250、LPV-200 以及 CAT Ⅰ 的连续性。

统计结果表明，BDS 单系统在全球范围 24 h 仿真时间内，水平方向 RAIM 满足 NPA 的平均连续性达到 0.998 1 h，满足 LPV-250、LPV-200 以及 CAT Ⅰ 水平方向的平均连续性达到 0.843 8 h。GPS、BDS 双系统组合在全球范围内水平方向 RAIM 满足 NPA 的平均连续性达到 1.000 0 h，满足 LPV-250、LPV-200 以及 CAT Ⅰ 水平方向的平均连续性达到 0.965 5 h。

BDS 单系统和 GPS、BDS 双系统组合在全球范围内垂直方向 RAIM 分别满足 LPV-250、LPV-200 以及 CAT Ⅰ 的连续性。

统计结果表明，BDS 单系统在全球范围 24 h 内垂直方向 RAIM 满足 LPV-250、LPV-200 以及 CAT Ⅰ 的平均连续性分别为 0.073 0 h、0.016 2 h、0.000 0 h。GPS、BDS 双系统组合在全球服务范围 24 h 仿真时间内，垂直方向 RAIM 满足 LPV-250、LPV-200 以及 CAT Ⅰ 的平均连续性分别为 0.305 5 h、0.139 0 h、0.000 0 h。

GPS、BDS、GLONASS 三系统组合和 GPS、BDS、GLONASS、Galileo 四系统组合在全球范围 24 h 内水平方向 RAIM 满足 NPA 的平均连续性均达到 1.000 0 h，满足 LPV-250、LPV-200 以及 CAT Ⅰ 水平方向的平均连续性也达到 1.000 0 h，因此不对这两种情况做图形分析。

三系统组合和四系统组合在全球范围内垂直方向 RAIM 分别满足 LPV-250、LPV-200 以及 CAT Ⅰ 的连续性。

统计结果表明，三系统组合在全球范围 24 h 内垂直方向 RAIM 满足 LPV-250、LPV-200 以及 CAT Ⅰ 的平均连续性分别为 0.875 2 h、0.573 4 h、0.000 0 h。四系统组合在全球范围 24 h 内垂直方向 RAIM 满足 LPV-250、LPV-200 以及 CAT Ⅰ 的平均连续性分别为 0.999 9 h、0.966 2 h、0.015 7 h。

24 h 仿真时间内，多星座不同组合的 RAIM 平均可用性和平均连续性见表 12.14。

由表 12.14 可以看出，随着导航系统数的增加，RAIM 可用性和 RAIM 连续性无论是水平方向还是垂直方向均不断提升；四种方案均可以达到 NPA 阶段水平方向 RAIM 可用性和连续性的指标要求；双系统、三系统和四系统组合可以达到 LPV-250、LPV-200 以及 CAT Ⅰ 水平方向的 RAIM 可用性要求；三系统和四系统组合可以达到 LPV-250、LPV-200 以及 CAT Ⅰ 水平方向的 RAIM 连续性要求；三系统和四系统组合可以达到 LPV-250 垂直方向的 RAIM 可用性要求；四系统组合可以达到 LPV-250、LPV-200 垂直方向的 RAIM 可用性要求，但是只能达到 LPV-250 垂直方向的 RAIM 连续性要求；四种方案针对 CAT Ⅰ 均不能满足其 RAIM 可用性和连续性要求。因此，针对 CAT Ⅰ 需要寻求其他辅助方案以提升其 RAIM 可用性和连续性。

表 12.14　多星座组合水平、垂直方向的 RAIM 平均可用性和平均连续性汇总表

			BDS	GPS/BDS	GPS/BDS/GLONASS	GPS/BDS/GLONASS/Galileo
RAIM 可用性 /%	水平方向	NPA	99.97	100	100	100
		LPV-250/LPV-200/CAT Ⅰ	98.32	99.94	100	100
	垂直方向	LPV-250	44.91	70.28	99.93	100
		LPV-200	23.89	49.55	98.37	100
		CAT Ⅰ	0	0.40	13.84	66.37
RAIM 连续性 /h	水平方向	NPA	0.998 1	1.000 0	1.000 0	1.000 0
		LPV-250/LPV-200/CAT Ⅰ	0.843 8	0.965 5	1.000 0	1.000 0
	垂直方向	LPV-250	0.073 0	0.305 5	0.875 2	0.999 9
		LPV-200	0.016 2	0.139 0	0.573 4	0.966 2
		CAT Ⅰ	0.000 0	0.000 0	0.000 0	0.015 7

参考文献

[1] 赵静，曹冲. GNSS系统及其技术的发展研究[J]. 全球定位系统，2008（5）：27-31.

[2] 肖田元，张燕云，陈加栋. 系统仿真导论[M]. 北京：清华大学出版社，2000.

[3] MONTENBRUCK O，STEIGENBERGER P，PRANGE L，et al. The Multi-GNSS Experiment（MGEX）of the International GNSS Service（IGS）– Achievements，prospects and challenges[J]. Advances in space research，2017，59（7）：1671-1697.

[4] REN X D，ZHANG X H，XIE W L，et al. Global Ionospheric Modelling using Multi-GNSS：BeiDou，Galileo，GLONASS and GPS[J]. Scientific reports，2016，6（1）：33499.

[5] 中国卫星导航系统管理办公室. 北斗卫星导航系统空间信号接口控制文件公开服务信号B1Ⅰ（1.0版）[EB/OL].（2021-10-25）. http://www.beidou.gov.cn/yy/cy/202204/P020220425500613415216.pdf.

[6] 李建文. GLONASS导航卫星系统及GPS/GLONASS组合应用研究[D]. 郑州：中国人民解放军信息工程大学，2001.

[7] 张鹏飞. 多星座GNSS定位性能分析与接收机自主完好性监测技术研究[D]. 北京：北京理工大学，2016.

[8] 刘亮晴，谭家兵. GLONASS与GPS的坐标转换[J]. 土木与环境工程学报（中英文），2004，24（5）：59-63.

[9] ZHANG P，XU C，HU C，et al. Coordinate transformations in satellite navigation systems[J]. Lecture notes in electrical engineering，2012，140：249-257.

[10] ZHANG P F，XU C D，HU C S，et al.Time scales and time transformations among satellite navigation systems[J]. Lecture notes in electrical engineering，2012，160：491-502.

[11] 谢钢. 全球导航卫星系统原理——GPS、格洛纳斯和伽利略系统[M]. 北京：电

子工业出版社，2013.

[12] MISRA P，ENGE P. 全球定位系统——信号测量与性能[M]. 罗鸣，曹冲，肖雄兵，等译. 北京：电子工业出版社，2008.

[13] 朱祺，李荣冰，邱望彦. 面向精密进近的RAIM故障检测算法研究[J]. 电子测量技术，2020，43（11）：64-68.

[14] HAN C H，YANG Y X，CAI Z W. BeiDou navigation satellite system and its time scales[J]. Metrologia，2011，48：213-218.

[15] 张鹏飞，陈鹏云，胡春生. 北斗及其与GNSS组合的定位性能分析[J]. 电光与控制， 2018，25（6）：90-94.

[16] 郑金华，程松，王岸石. 基于GPS单频的III类GBAS技术研究[J]. 现代导航，2020，11（1）：1-8.

[17] 王爱生. GNSS测量数据处理[M]. 徐州：中国矿业大学出版社，2010.

[18] 张鹏飞，陈鹏云，胡春生. GNSS地面覆盖性仿真分析研究[J]. 航天控制，2017，35（6）：58-63，68.

[19] LI X X，ZHANG X H，REN X D，er al. Precise Positioning with current multi-constellation Global Navigation Satellite Systems：GPS，GLONASS，Galileo and BeiDou[J]. Scientific reports，2015，5（0）：8328.

[20] 张鹏飞，常建龙，胡春生. GNSS空间覆盖性仿真分析[J]. 电讯技术，2018，58（6）：675-681.

[21] WU C H，HO Y W. Genetic Programming for the Approximation of GPS GDOP [C]. Proceedings of the ninth international conference on machine learning and cybernetic，Qingda，2010.

[22] 宋丹，许承东，胡春生，等. 基于遗传算法的多星座选星方法[J]. 宇航学报，2015（3）：300-308.

[23] 王尔申，孙彩苗，佟刚，等. 基于PSO的多星座GNSS垂直保护级优化方法[J]. 北京航空航天大学学报，2021，47（11）：2175-2180.

[24] 许国昌. GPS理论、算法与应用[M]. 李强，刘广军，于海亮，等译. 2版. 北京：清华大学出版社，2011.

[25] KIM M. SBAS-Aided GPS positioning with an extended ionosphere map at the

boundaries of WAAS service area[J]. Remote sensing，2021，13（1）：151.

[26] 吴清波. 多系统卫星导航兼容接收机关键技术研究[D]. 长沙：国防科学技术大学，2011.

[27] CHEN P Y，ZHANG P F，MA T，et al. Underwater Terrain Positioning Method Using Maximum a Posteriori Estimation and PCNN Model[J]. Journal of navigation，2019，72（5）：1233-1253.

[28] 吴有龙，杨忠，陈维娜，等. 北斗单系统及多GNSS系统组合全球卫星可用性分析[J]. 弹箭与制导学报，2021，41（1）：18-23.

[29] LEE Y C. Analysis of range and position comparison methods as a means to provide GPS integrity in the user receiver[C]. Institute of navigation 42nd annual meeting，1986.

[30] PARKINSON B W，AXELRAD P. Autonomous GPS Integrity Monitoring Using the Pseudorange Residual[J]. Navigation，1988，35（2）：255-274.

[31] 赵靖，许承东，张鹏飞. 基于简化SSKF的SINS/GNSS紧耦合算法[J]. 系统工程与电子技术，2017，39（11）：2529-2534.

[32] STURZA M A. Navigation system integrity monitoring using redundant measurements[J]. Navigation，1988，35（4）：483-501.

[33] FARRELL J，vanGRAAS F. Receiver Autonomous Integrity Monitoring（RAIM）：techniques，performance andpotential[C]. Proceeding of ION the 47th annual meeting of the institute of navigation，Williansburg，VA，1991.

[34] 沙海，黄新明，刘文祥，等. 基于非相干积累的微小伪距偏差RAIM方法研究[J]. 宇航学报，2014，35（6）：708-712.

[35] ZHANG P F，XU C D，CAI X. et al. Performance analysis of BDSfor regional services with considerationon weighted factors[J]. Proceedings of the institution of mechanical engineers（Part G：Journal of aerospace engineering），2016，230（1）：146-156.

[36] 刘健，曹冲. 全球卫星导航系统发展现状与趋势[J]. 导航定位学报，2020，8（1）：1-8.

[37] BROWN G，HWANG P Y C. GPS failure detection by autonomous means within

the cockpit[J]. Navigation，1986，33（4）：335-353.

[38] 蔡熙，刘松林，张鹏飞，等. 基于三维城市模型的GNSS性能定量研究[J]. 计算机仿真，2016，33（12）：13-19.

[39] BHATTACHARYYA S，GEBRE-EGZIABHER D. Kalman filter-based RAIM for GNSS receivers[J]. IEEE transactions on aerospace and electronic systems，2015，51（3）：2444-2459.

[40] JIANG G，LI X T，CHEN X Y，et al. Performance analysis of Multi-GNSS precise point positioning[J]. China Satellite Navigation Conference (CSNC) 2017 proceeding: Volume III，2017，439：377-387.

[41] KHANAFSEH S，JOERGER M，CHAN F C，et al. ARAIM integrity support message parameter validation by online ground monitoring[J]. Journal of navigation，2015，68（2）：327-337.

[42] ZHANG P，XU C，HU C，et al. Coordinate transformations in satellite navigation systems[J]. Lecture notes in electrical engineering，2012，140：249-257.

[43] ZHANG P F，XU C D，HU C S，et al. Time scales and time transformations among satellite navigation systems[J]. Lecture notes in electrical engineering，2012，160：491-502.

[44] ZHOU P，ZHIWEI L V，CONG D，et al. Simulation of GNSS/SINS/Photogrammetry inteqrated navigation using asynchronous federal UKF algorithm[J]. GNSS World of China，2018.

[45] 北斗卫星导航系统空间信号接口控制文件公开服务信号（2.0版）[EB/OL].（2021-10-22）. http://www.beidou.gov.cn/zt/zcfg/201710/P020171202709829311027.pdf.

[46] 赵昂，杨元喜，许扬胤，等. GNSS单系统及多系统组合完好性分析[J]. 武汉大学学报（信息科学版），2020，45（1）：72-80.

[47] MONTENBRUCK O，STEIGENBERGER P，KHACHIKYAN R，et al. IGS-MGEX：preparing the ground for multi-constellation GNSS science[J]. InsideGNSS，2014，9（1）：42-49.

[48] 许承东，李怀建，张鹏飞，等. GNSS数学仿真原理及系统实现[M]. 北京：中国宇航出版社，2014.

[49] 徐肖豪，杨传森，刘瑞华. GNSS用户端自主完好性监测研究综述[J]. 航空学报，2013，34（3）：451-463.

[50] LI M，XU T H，FLECHTNER F，et al. Improving the performance of Multi-GNSS（global navigation satellite system）ambiguity fixing for airborne kinematic positioning over Antarctica[J]. Remote sensing，2019，11（8）：992-998.

[51] ZHANG P F，XU C D，CAI X. et al. Performance analysis of BDSfor regional services with considerationon weighted factors[J]. Proceedings of the institution of mechanical engineers（Part G：Journal of aerospace engineering），2016，230（1）：146-156.

[52] NIU F，ZHANG P，XU J，et al. Study and experimental analysis of new RAIM algorithm based on BDS/GPS multi-constellation[C]. The 7th China satellite navigation conference（CSNC 2016），2016.

[53] 吴倩倩，冯涛. GPS模拟器导航电文关键参数生成[J]. 杭州电子科技大学学报，2012，32（5）：5-8.

[54] 胡倩. 卫星导航模拟系统中用户轨迹及姿态仿真技术研究[D]. 北京：北京理工大学，2012.

[55] Elliott D. Kaplan，Christopher J. Hegarty. GPS原理与应用[M]. 寇艳红，译. 2版. 北京：电子工业出版社，2007.

[56] 刘磊磊，张鹏飞，马振华，等. 飞机进近阶段的接收机自主完好性监测研究综述[J]. 中北大学学报（自然科学版），2023，44（6）：605-615.

[57] CHUI C K，CHEN G. Kalman filtering: with real-time applications[M]. New York：SpringerVerlag，1991.

[58] HAMPTON R L T，COOKE J R. Unsupervised tracking of maneuvering vehicle[C]. IEEE transaction on aerospace and electronic systems，1973.

[59] ZHAO J，XU C D，JIAN Y M，et al. A Modified range consensus algorithm based on GA for receiver autonomous integrity monitoring[J]. Mathematical problems in engineering，2020（1）：1-13.

[60] MOOSE R L，VANLANDINGHAM H F，MCCABE D H. Modeling and estimation for tracking maneuvering targets[C]. IEEE transaction aerospace and electronic

systems，1979.

[61] SINGER R A. Estimating optimal tracking filter performance for manned maneuvering targets[J]. IEEE transaction on aerospace and electronic systems，1970（4）：473-483.

[62] 2020年民航行业发展统计公报[EB/OL].（2021.10.22）. http://www.caac.gov.cn/XXGK/XXGK/TJSJ/202106/P020210610582600192012.pdf.

[63] 李臻，宋丹，张鹏飞，等. 基于抗差扩展卡尔曼滤波和外推-积累的RAIM方法[J]. 系统工程与电子技术，2017，39（9）：2094-2099.

[64] 张宇，李岱若. 基于RAIM的解决多星故障监测算法[J]. 指挥控制与仿真，2020，42（3）：47-51.

[65] 王尔申，杨迪，宏晨，等. ARAIM技术研究进展[J]. 电信科学，2019，35（8）：128-138.

[66] 姚诗豪，李晓明，庞春雷. 基于多假设解分离的CRAIM算法研究[J]. 弹箭与制导学报，2019，39（1）：31-34，44.

[67] JIANG Y P. Ephemeris monitor with ambiguity resolution for CAT II/III GBAS[J]. GPS solutions，2020，24（4）：116.

[68] 宋丹，许承东，张鹏飞，等. 卫星导航系统多星座互用定位算法研究[J]. 导航定位学报，2013（4）：31-35.

[69] 黄丁发，熊永良，周乐韬，等. GPS卫星导航定位技术与方法[M]. 北京：科学出版社，2009.

[70] MERINO M M R，ALARCON A J G，VILLARES I J，et al. An integrated GNSS concept，Galileo & GPS，benefits in terms of accuracy，integrity，availability and continuity[C]. The proceedings of the 14th international technical meeting of the satellite division of the instituteof navigation（ION-GPS-01），Nashville，TN，2001.

[71] 曾庆化，刘建业，胡倩倩，等. 北斗系统及GNSS多星座组合导航性能研究[J]. 全球定位系统，2011（1）：53-57.

[72] BLANCO-DELGADOU，NUNES F. Satellite selection method for multi-constellation GNSS using convex geometry[J]. IEEE transactions on vehicular

technology，2010，59（9）：4289-4297.

[73] JIN H，ZHANG H Y. Optimal parity vector sensitive to designated sensor fault[J]. IEEE transactions on aerospace and electronic systems，1999，35（4）：1122-1128.

[74] 许龙霞，张慧君，李孝辉. 多模卫星导航系统的RAIM算法研究[J]. 时间频率学报，2011，34（2）：131-138.

[75] 胡春生，许承东，张鹏飞. 一种高度可配置的模块化仿真系统设计模式[J]. 系统仿真学报，2020，32（4）：627-637.

[76] 吕志平，张建军，乔书波. 大地测量学基础[M]. 北京：解放军出版社，2005.

[77] 李征航，黄劲松. GPS测量与数据处理[M]. 2版. 武汉：武汉大学出版社，2010.

[78] 陈秀万，方裕，尹军，等. 伽利略导航卫星系统[M]. 北京：北京大学出版社，2005.

[79] 牛飞. GNSS完好性增强理论与方法研究[D]. 郑州：中国人民解放军信息工程大学，2008.

[80] 陈金平. GPS完善性增强研究[D]. 郑州：中国人民解放军信息工程大学，2001.

名词索引

B

北斗卫星导航系统 1.2
布尔莎模型 2.2

C

差分定位 8.1

D

大地坐标系 2.1
当地地理坐标系 2.1
导航电文 前言
地球惯性坐标系 2.1
地球自转效应 7.1
地心地固坐标系 2.1
电离层延迟 前言
对流层延迟 前言
多普勒频移 1.1

G

广播星历 前言
轨道六根数 3

H

恒星时 2.3
后处理星历 前言

J

奇偶矢量法 1.4
接收机自主完好性监测 前言
近地点幅角 2.1

K

卡尔曼滤波 1.4

L

历书时 2.3
历书数据 前言
龙格-库塔法 3.3

P

偏近点角 3.2
平近点角 3.2

Q

全球导航卫星系统 前言

S

摄动力 3.2
升交点赤经 1.2
时间尺度 2.3
世界时 2.3
数学仿真系统 前言

T

天文时 2.3
跳秒 2.3

W

伪距单点定位 8.1
伪码 7.3
卫星导航系统时 2.3
卫星轨道坐标系 2.1
卫星星历误差 7.1
卫星钟差 4.1

X

系统仿真 1
相对论效应 7.1
协调世界时 2.3

Y

遥控制导规律 6.1
有翼导弹 6.1
原子时 2.3

Z

载体坐标系 2.1
载波相位 前言
真近点角 3.2
自寻的制导规律 6.1
最小二乘 1.4